心理评估与测量学

主　编　梁瑞琼
　　　　任滨海

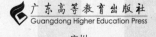

广东高等教育出版社
Guangdong Higher Education Press

·广州·

图书在版编目（CIP）数据

心理评估与测量学/梁瑞琼，任滨海主编. -- 广州：广东高等教育出版社，2024.9

ISBN 978 - 7 - 5361 - 7683 - 6

Ⅰ.①心… Ⅱ.①梁…②任… Ⅲ.①心理测验—高等学校—教材②心理测量学—高等学校—教材 Ⅳ.①B841.7

中国国家版本馆 CIP 数据核字（2024）第 112008 号

"好的课"微信公众号　　　　　　"好的课"网站

★特别说明：本书用到的素材图像请关注"好的课"微信公众号，注册并登录后，使用"扫一扫"扫描相应的二维码，即可获得教学资源。也可以打开网站"好的课"（www.heduc.com），在"学习资源"页面搜索"心理评估与测量学教学资源"，打开并下载。

XINLI PINGGU YU CELIANG XUE

广东高等教育出版社出版发行

地址：广州市天河区林和西横路

邮政编码：510500　电话：020 - 87554153

http://www.gdgjs.com.cn

佛山市浩文彩色印刷有限公司印刷

787 毫米×1 092 毫米　1/16　27 印张　575 千字

2024 年 9 月第 1 版　2024 年 9 月第 1 次印刷

定价：48.00 元

如发现印装质量问题，请与承印厂联系调换。

编委会名单

主　审

邱鸿钟

主　编

梁瑞琼　任滨海

副主编

陈彩琦　党彩萍　江雪华　刘晓秋　曾伟南

编　委

（按姓氏拼音排序）

陈彩琦　陈玉霏　党彩萍　江雪华　梁倩蓉　梁瑞琼

林杰才　刘晓秋　邱鸿钟　任滨海　图　雅　曾伟南

内 容 简 介

　　本书立足于临床心理咨询、心理治疗、心身医学，以及应用心理学科学研究的实际需要，广泛吸收国内外心理测量学的最新研究成果，系统介绍了心理测量的基本概念、中西方心理测量思想和方法的发展历史、心理测量的基本原理、心理测量的应用原则、心理测验的编制与项目分析、心理测验的误差及其检验，以及神经心理测验、智力测验、艾森克人格问卷、卡特尔16种人格测验、明尼苏达多项人格测验、MBTI人格类型测验、投射测验、心理卫生评定量表、生存质量评定相关量表、自我意识与应付方式评定相关量表、行为类型测验、少年儿童心理测量、中医五态人格测验等常用的心理测验工具及其现代应用状况。

　　本书收集的心理测验工具代表性强，应用面广，操作性强，可供心理咨询、心理治疗和心理矫治专业人员，心身医学等临床医护人员，应用心理学专业、教育心理学专业本科生和研究生，以及卫生事业管理部门、医疗机构和医药企业的相关研究者使用。

《心理评估与测量学》的编写与出版是我们对应用心理学专业进行双实（实验与实践）教学模式改革探索的成果，与同步新编的《咨询心理学》和《心理治疗学》构成一套相互关联的系列教材。就本书编写内容和体例的创新性而言，有如下几个特点：

其一，以心理咨询和心理治疗服务的实际需要为导向，大大扩充了以往心理评估与测量教材的内容。如增加了神经心理测验、心理与行为问题评估、应激及相关问题评估、生存质量评定相关量表、中医五态人格测验等多种临床常用的心理测量工具的介绍，扩充了心理评估的服务范围和适用对象，能更好地满足心理测量在科研、教育、临床等多个领域的需求，既适用于精神卫生领域，也适用于健康人群心理测量和人力资源管理开发等相关领域。

其二，以临床技能提高为导向，心理评估与测量方法的传授更为详细和可操作化。本教材介绍了常用的心理测量工具的翔实内容、测量程序与方法，以及计分方法与常模，而这些工具性知识曾经被心理学界视为是本行业秘而不宣的"机密"并加以保守，以至于以往心理评估与心理测量学更倾向于理论知识的教学，导致学习者只是"知道了"理论和考试及格，而并不懂得实际操作的程序与方法。大多数学习者缺乏实际操作训练，且没有在科研、咨询工作中实际运用心理评估与测量工具的经验。

其三，教学内容与心理咨询师国家职业标准中对心理咨询师心理测量技能的要求相接轨，使心理咨询人员所掌握的心理评估与心理测量技能更为规范和适应标准化考核。根据心理咨询师国家职业标准，心理评估与心理测验模块要求主试熟悉测验材料、问卷的构成、工具的适用范围、施测步骤、测验的计分方法、结果的分析与解释、中国常模标准，以及其他相关的注意事项等。本教材除能满足以上技能考核的要求之外，还增加了测量工具在临床和科研中实际运用概况的介绍，以拓宽学习者的眼界，促进知行结合，学以致用。

其四，本书的编写还受益于多所高等院校的专业教师和医院临床专家的协同创新，在制订编写计划、内容选取、应用经验等方面均较好地实现了理论梳理建设与实践经验的结合。多年来的教学实践证明，采用两支专业教师队伍互补式的教学方式，以及课堂理论教学、实验室操作训练、临床体验咨询和毕业论文调查研究中的实际运用相结合的教学模式，极大促进了学习者基本知识和基本技能的融会贯通。

基于 2016 年出版的版本，本版在不少章节中有了新内容的补充，如近些年随着现代信息技术、神经电生理技术和认知心理学的发展，心理测量学中逐渐发展出眼动、面部表情识别，以及脑电、肌电等多种客观性测评方法和相应的检测设备等，而这些测量技术被广泛地应用于心理学的各类研究和临床之中，我们希望学习者能与时俱进，学习掌握这些前沿的、先进的心理测评技术。

全书由梁瑞琼教授统稿，邱鸿钟教授审定。在此，对参与本书编写的各位编委和相关人员表示崇高的敬意和衷心的感谢。

编　者
2024 年 1 月 16 日

目　录

第一章 绪 论

导读

　　了解和评价一个人的心理发展水平、心理能力、心理特质以及个体之间的差异，一直是应用心理学孜孜不倦追求的目标，更是教育心理学实现个性化教育和临床心理学诊断评估的基础。本章主要介绍心理测量的基本概念、心理测量的功能与用途、心理测量的发展历史、心理测量的应用原则等。

第一节 概 述

一、心理测量

　　美国心理学家桑代克（E. L. Thorndike）曾说过："所有存在的事物都是以某种量化的形式存在的。"美国教育测量学家麦柯尔（W. A. McCall）进一步推论："所有以量化形式存在的事物都是可以测量的。"心理测量或心理测评正是心理学家为了了解和客观评价个体心理发展的水平、心理能力和心理特征的差异而发明的一种手段。所谓心理测量（mental measurement）是依据一定的心理学理论，遵循相应的法则，使用标准的操作程序对个体的认知、情绪、人格等心理特点和行为予以量化并对其状况实施测验和解释的过程。心理测量包括使用多种手段和方法收集个体的相关信息，并通过整合这些信息对个体的心理特质和能力进行综合评估和预测其行为倾向等。心理测量既可以使用行业内专业性的心理测验工具，也可以运用结构性或非结构性访谈、言行或肢体语言观察、问卷、图画投射、生活场景测试等多种方法。心理测量甚至还可以使用非标准化的拟似测量（quasi measurement）方式进行，即按评定法将研究对象的某项特质以分级等方式直接赋予数值。在古代，心理测量大多是非标准化的，即主要通过观察个体的言语、步态、表情等外部特征来推断个体的心理特质或进行人格分类；而标准化意义上的心理测量发展历史较短。心理学史学一般认为，19 世纪法国实验心理学家比奈（A. Binet）发明的智力测验是一个标志性事件。由此可见，心理测验只是心理测量过程中收集个体信息所使用的其中一种方法。从科学的数学化意义上说，心理测量是实现心理研究量化评估目的的一种活动。众所周知，心理学体系有心理测量学，而没有心理测验学，说明"心理测量"是一个比"心理测验"更为普遍的属概念，是诸多心理测验的统称。

心理评估（psychological assessment）是一个与心理测量近似，但有差别的概念，心理评估通常是指根据一定的心理学原理与方法，对个体的心理健康状况、个性特点、心理功能、心理问题的性质和程度、心理防御机制等心理特质进行判断的过程。评估的程序主要包括观察、倾听、提问和测量等环节。全面准确的心理评估是做出正确诊断，制订有针对性的咨询目标和咨询方案，有效地解决心理问题的前提。心理评估的常见内容有心理发育的评估（如问题的性质是冲突还是发展受挫）、防御或应对机制的评估（如退行、转换和躯体化）、情绪情感的评估（如情感表达是否恰当）、认同的评估（如当事人对爱的客体的情感依附，对攻击者的认同和反向认同等）、关系模式的评估（如反复出现的人际问题常常反映了当事人内化的某种客体关系）、自尊的评估、病态信念的评估等。由此可见，心理测量只是心理评估中的一个内容和方法，心理评估的内容与方法更为宽泛，既有定量的，也有定性的，但以质性分析与判断为主。此外，还有心理检查（psychological examination），这是一个与医学身体检查相对应的术语，通常是指运用观察、晤谈、心理测验、色谱、他评量表、脑电图等相关检查手段对当事人心理问题的性质和程度进行评估的过程。

二、心理测验

心理测验（mental test）是指根据一定的心理学理论，使用标准化的工具和依照一定的操作程序，给人的行为确定出一种数量化的价值，以实现对个体心理的发展水平、心理功能、心理特质和心理健康的状况差异进行评估。美国心理与教育测量学家布朗（F. G. Brown）认为："所谓测验，就是对一个行为样本进行测量的系统程序。"美国著名的心理测量学家安娜斯塔斯（A. Anastasi）认为："心理测验实际上是对行为样本的客观的和标准化的测量。"

心理测验一般必须使用专门研制的标准化的心理测量量表（measurement scale）、心理问卷（questionnaire）或专门设计的图片等测验工具。心理测验具有三个基本性质：其一，心理测验只是一种间接性的非实验性测量。因为迄今为止，我们还无法直接测量人的心理，而只能通过测量人的外显行为，即通过测量人们对测验题目的反应来间接推论出其内在的心理特质。其二，心理测验的结果和评价只具有相对性。众所周知，任何测量都必须具备参照点和单位两个基本要素。参照点是测量和计算的起点。参照点有绝对零点（如重量）和相对零点（如摄氏温度以冰点为相对零点）两种。心理测验中在比较不同个体之间的行为或心理特征时并没有绝对的标准，也没有绝对的零点，而只有一个连续的行为序列。单位是测量精确性的重要指标，单位是心理测验中衡量心理特质和心理能力的尺度，理想的单位应该具有确定的意义，没有歧义，并且相邻两个单位间的差值恒等，而心理测验所采用的单位大多是 1～10 的数值分数，只有等级差，但并没有确切的内涵。因此，心理测验的解释和推论只具有相对性，其精确性和准确性都有一定的局限性。其三，心理测验具有相对的科学客观性。心理测验虽然由于取样、被试或测量工具带来了误差，但因为测验时给予所有被试的刺激是客观的和同一的，个体对刺激反应的量化标准也是标准化的，从个体的反应结果推论其内在的心理特质也是依据心理学原理的，所以心理测验还是具有相当的准确性或复测一致性的。前者称之为效度（validity），即指对测量准确性程度的评估；后者称之为信度（reliability），即指多次评分之间是否具有稳定性和一致性。

三、心理测验的类型

心理测验可以按照以下不同的标准进行分类。

（一）按测量的目的分类

1. 智力测验

智力测验（intelligence test），是指用以评估个体智力高低的标准化测验。常用的智力测验工具有比奈—西蒙智力量表、韦氏成人和儿童智力量表等。

2. 人格测验

人格测验（personality test），是指用以评估个体性格差异、人格特质和人格类型的标准化测验。常用的人格测验工具有艾森克人格测验、卡特尔 16 种人格测验（16PF）、明尼苏达多项人格测验、迈尔斯—布里格斯人格类型测验等。

3. 成就测验

成就测验（achievement test）或能力倾向测验（aptitude test），是指用以评估个体学习和掌握某些知识的程度，或成功完成某些任务的能力的测验。成就测验大多包含阅读、数学、语言、科学等几个分测验，大多数成就测验也同时是能力倾向测验，因为两者的区别主要是测验的使用目的，而不是测验内容本身。成就测验或能力倾向测验的内容依据不同的测量目的而不同。

4. 创造力测验

创造力测验（creativity test），是指用以评估个体对解决复杂问题或进行艺术创作时的创造力所进行的测验。创造力测验的内容依据测验目的和要求而不同。例如，如何用一笔将排列成 3×3 矩阵的 9 个点连接起来就是一个关于创造力的测验。

5. 兴趣测验

兴趣测验（interest test），是指用以评估个体对于某些行为或者主题的偏好程度的测验。常见的兴趣测验工具有爱德华个人偏好量表、霍兰德职业兴趣量表等。

6. 神经心理测验

神经心理测验（neuropsychological test），是指用以评估个体疑似脑功能障碍的程度与定位的一类测验。最常用的神经心理测验工具有韦克斯勒记忆量表、数字—符号替换测验、霍尔斯特德—威浦曼失语症筛选测验、本顿视觉保持测验、霍尔斯特德—雷坦神经心理成套测验等。

7. 其他测验

可以说，人类有多少种心理品质被定义、有多少种心理测量的目的，就会有多少种相应的心理测验工具诞生，这种创新的过程永远不会停止。

（二）按测验的人数分类

1. 团体测验

团体测验（group test），是指为了解某一人群样本的心理特质或差异，在同一时间点上对这种被纳入研究的大样本同时实施同一种心理测验的方式。例如多水平团体智力测验等。

2. 个体测验

个体测验（individual test），是指按一对一的方式，对个体的某种心理特质和差异进行心理测量的方式。例如韦氏幼儿智力量表等。

（三）按测验使用言语的情况分类

1. 言语测验

言语测验（verbal test），是指运用文字自陈或问答进行测量的方式。目前大多数的心理测验是使用文字来表达测验题目或施加测验刺激的，例如语文量表等。

2. 非言语测验

非言语测验（nonverbal test），是指运用图形或墨迹进行测量的方式。例如罗夏墨迹投射测验、主题统觉测验、非文字智力测验、艺术心理评估等。

（四）按测验的标准化程度分类

1. 标准化测验

标准化测验（standard test），是指经过标准化程序所编制的心理测验工具，即具备常模、信度、效度和施测程序以及计分方法等基本条件的心理测验。

2. 非正式测验

非正式测验（informal test），是指未按正式程序编制的测验，此种测验缺乏常模，也未经过信度、效度检验。

第二节　心理测量的功能与用途

作为测评个体心理健康水平和评价心理能力的一种科学方法，心理测量具有多种功能与用途。

一、分类与识别功能

既然承认人与人之间在智力、性格、心理特质、心理健康水平等方面存在着差异，就应该有客观科学的方法将这些差别揭示出来。心理学家正是依据不同的心理学假设编制了各种各样的心理测验，将被试分成不同的类别。如中医五态人格测验将人的体质情态分为 5 类，而智力测验依据 IQ 值则可以将人的智力等级分为天才、极超常、超常、平常智力、边缘智力、轻度低下、中度低下、重度低下、极重度低下 9 级。类似的，几乎所有的心理测验都具有相应的分类功能，只是分类的目的与维度不一样而已。

心理测量的分类功能具有多种用途，如：智力测验可以区分被试之间智力的个体差异，有助于选拔人才，检验教育效果；可帮助识别智力障碍儿童和智力发育不全者，判断脑器质障碍和精神障碍；可帮助诊断知觉障碍和老年性痴呆症等。

二、匹配与安置功能

心理测量可以对个体的心理特质与工作岗位的要求进行匹配，以便帮助被试更好地规划自己的职业生涯，找到适合自己性格和能力的工作岗位，促进人尽其才和自我实现。如 MBTI 人格类型测验和霍兰德职业兴趣量表等工具，可以按被试的兴趣、能力倾向、人格特质等差异，对被试的职业选择提出具有参考价值的决策意见。许多国家的中学和大学都采用入学摸底考试来决定对学生分班的安置和指导课程选择，就是利用了心理测验的这一类功能。

三、筛选与选拔功能

依据智力、性格等人才选拔标准，心理测量还具有筛选与选拔人才的功能。如奥林匹克数学考试可以筛选出具有数学天赋的少年儿童，体育项目测试可以选拔出优秀的体育人才，托福和雅思考试能选拔出英语能力强的人才等。从知识掌握的程度来看，高考就是将学习能力相对较好的学生筛选出来，是选拔继续深造的人才的普遍适用形式。

四、准入与认证功能

为了保证进入某种行业的职业人具备应有的基本能力，行业管理者往往会设置一个职业准入的门槛，如医生、律师、心理咨询师等职业都有相应的职业准入条件。这就意味着需要判断个体是否达到某种认证标准，其中心理测量就是常使用的一种评判手段。通过心理测量（如入职聘任考试、驾驶员考试、钢琴级别认证考试等）可决定是否录用被试或是否颁发某种职业资格证书给应试者。获得某种认证也就意味着被试得到了某种权利、职业资格或者具备了某种职业能力。

五、辅助诊断与评估功能

在心理咨询和心理治疗领域，心理测量具有帮助识别精神障碍、辅助诊断和鉴别诊断、指导制订心理治疗方案的功能。如症状自评量表（SCL - 90）、焦虑自评量表（SAS）、抑郁自评量表（SDS）等量表都有助于帮助心理医生发现被试的情绪问题，以及是否具有神经症等其他精神障碍的早期症状；MMPI 对神经症、躁狂症、精神分裂症有较高的诊断参考价值符合率，有助于发现精神障碍的类型并评估其严重程度，为临床诊断和治疗提供参考。

心理测量还有助于个体的自我认知，个体可以通过诸如自我效能感、自我意识与自尊的评定，以及心理控制源评定等的测量结果来提高对自我心理品质的认识和对问题的察觉能力，促进自我完善与成长。

六、研究与鉴定功能

心理测量还是心理科学研究中探索人类心理规律的基本工具与手段，是检验心理教育、心理矫治和心理治疗、药物治疗疗效的重要参考标准之一。如临床常用 SAS、SDS 等情绪量表衡量与评价某些精神类药物和心理治疗方法对改善症状的作用之大小，用他评量表鉴定精神障碍的严重程度或儿童的行为等。心理测量在劳动鉴定、司法鉴定、疗效评估等方面具有其他方法所不可替代的作用。

第三节　心理测量的发展历史

心理测量思想与实践的发展在历史上源远流长，但现代心理测量学却只有一个短暂的发展历史。

一、中国古代的心理测量思想和实践

中国古人很早就观察到人与人之间在人格、智力和心理能力方面的个体差异，而且记载了许多关于如何评定人格、识别人才能的经验。与西方心理测量相比，中国古代心理测量更具有浓厚的民族文化特色。

（一）对体质和心理差异的认识

（1）关于智力差异。春秋时期的教育学家孔子已经认识到人与人之间智力的差异，他说"生而知之者，上也；学而知之者，次也；困而学之，又其次也；困而不学，民斯为下矣"（《论语·季氏篇》）。智力受遗传因素的影响较大，所以孔子还认为"唯上知与下愚不移"（《论语·阳货篇》）。如果从受教育程度和来访者的悟性差异而言，从咨询的可行性的角度来看，孔子关于"中人以上，可以语上也；中人以下，不可以语上也"（《论语·雍也篇》）的观点还是恰当的。

（2）关于人格差异。基于人的品格和行为特点，孔子将人分为君子和小人两种类型，并且认为两种人的差异可以从表现在日常生活中的多个方面来进行观察。如："君子义以为质，礼以行之，孙以出之，信以成之。君子哉！"（《论语·卫灵公篇》）"君子惠而不费，劳而不怨，欲而不贪，泰而不骄，威而不猛。"（《论语·尧曰篇》）还可

以从话语方式及其言行关系来测评人格，他认为："文质彬彬，然后君子"（《论语·雍也篇》）；"君子耻其言而过其行"（《论语·宪问篇》）；"君子欲讷于言而敏于行"（《论语·里仁篇》），"先行其言而后从之"（《论语·为政篇》）。从与他人的关系来看，"君子周而不比，小人比而不周"（《论语·为政篇》），"君子和而不同，小人同而不和"（《论语·子路篇》）。

（3）关于体质气质与个性差异。于春秋战国至两汉时期成书的《黄帝内经》（以下简称《内经》）根据阴阳比例的不同及人的体质和性格的差异，将人分为太阴之人、少阴之人、太阳之人、少阳之人与阴阳和平之人 5 型，认为"凡五人者，其态不同，其筋骨气血各不等"（《灵枢·通天篇》）。典籍中还对五种类型的人的体形、语言、动作习惯、生理和病理特点，以及气质、性格等心理特点都一一做了描述，与西方气质理论相比，有许多共性之处。但中医气质个性学说具有将体形、生理和心理特质及其易患疾病和相应的治疗原则统合起来的优势，也具有明显的临床实用性。除此之外，中医还有阴阳气质分类、五行气质分类、勇怯分类、肥瘦体形分类等多种关于体质与个性差异的学说。

（4）关于心理测量的观察方法。孔子已经注意到个体心理的观察方法："视其所以，观其所由，察其所安。"（《论语·为政篇》）孟子不仅明确指出了人的心理特征的可测性，"权，然后知轻重；度，然后知长短。物皆然，心为甚"（《孟子·梁惠王上篇》），而且还发现可以从一个人的眼神来推断观察其内心活动："存乎人者，莫良于眸子。眸子不能掩其恶。胸中正，则眸子了焉；胸中不正，则眸子眊焉。听其言也，观其眸子，人焉廋哉？"（《孟子·离娄上篇》）中医认为，可以通过望闻问切的四诊方法推断患者的身心状况，曰："善诊者，察色按脉，先别阴阳；审清浊，而知部分；视喘息，听音声，而知所苦；观权衡规矩，而知病所主。按尺寸，观浮沉滑涩，而知病所生；以治无过，以诊则不失矣。"（《素问·阴阳应象大论篇》）

（二）心理测量方法的发明和各种实践

中国古代不仅有个体心理差异性和可测量性的理论论述，而且还将这些方法应用于人才选拔、个性教育、中医辨证施治的诊断和治疗及司法等多种实践领域。

其一，中国古代封建社会兴盛 1 300 多年的科举取士制度与现代的智力测验、成就和能力测验以及高考制度中体现的测评思想是非常类似的。从某种意义上说，科举取士制度是中国古代官方实施的规模宏大的、有组织的测量活动。三国时刘劭所著《人物志》是中国最早关于人事测量与人才选拔的理论著作。该书主张运用内部心理观察和外部行为考核相结合的"考课核实"方法，提倡从人的体貌、言语、行为等多维度入手，"观其感变，以审常度"，判定个体"心志"之大小，而且还可以通过回答法（"应赞"）来观察人的智力。1937 年曾有美国学者将这本书译成英文，书名译改为《人类能力的研究》。

其二，中国民间还发明了世界上最早的婴儿发展性测验。据史籍载，早在 1 500 多年前的南北朝的许多地区，特别是在江南地区就已广为流传一种"周岁抓阄"的测试活动。《颜氏家训·风操篇》中有如下记载:"江南风俗,儿生一期(一周岁),为制新衣,盥浴装饰。男则用弓矢纸笔,女则刀尺针缕,并加饮食之物,及珍宝服玩,置之儿前,观其发意所取,以验贪廉愚智,名之为试儿。"颜氏认为:"人之虚实真伪在乎心,无不见乎迹。"(《颜氏家训·名实篇》)相比之下,美国心理学家格塞尔(A. L. Gesell)到 20 世纪 20 年代才发明了在实验室条件下记录幼儿的动作和顺应行为等方面的心理测试。清代后期,民间还发明了七巧板益智游戏(俗称七巧板),利用形状大小不同的七块小板能够组合近百种图形,可谓是世界上最早发明的创造力测验方法。还有九连环,其设计之巧妙,可以和现代的魔方相媲美。而直到 1914 年,西方人才发明了五巧板。后来刘湛恩先生用英文写了《中国人用的非文字智力测验》一书,把七巧板、九连环游戏介绍到海外,伍德沃斯(R. S. Woodworth)对九连环游戏极为赞赏,把它称作"中国式的迷津"。后来,五巧板、七巧板发展成纸笔测验,可应用于个体测验和团体测验,目前已实现了测验的标准化。

其三,在个性化教育方面,孔子认为"性相近也,习相远也"(《论语·阳货篇》)。基于人与人之间人性相近,承认可以通过后天的教育和环境影响人的行为习惯的形成。如荀子主张"习俗移志,安久移质"(《荀子·儒效篇》)。

其四,在中医临床方面,中医十分注重根据不同的体质与性格进行辨证施治,如《灵枢·通天篇》中就提出了中医针灸个性化治疗的规则:"古之善用针艾者,视人五态乃治之,盛者泻之,虚者补之。"《灵枢·阴阳二十五人篇》中详细地阐述了木形之人、火形之人、土形之人、金形之人、水形之人的体格、体质、人格、行为的特点,及其易患病和诊断要点,提出了"必先明知二十五人,则血气之所在,左右上下,刺约毕也"的治疗原则。

二、西方心理测验的产生与发展

(一)心理测验产生的背景

西方心理测验的产生主要得益于精神病学和实验心理学的推动。在精神病学领域,19 世纪,随着社会文明的发展,西方社会开始注意到对智力落后和精神失常者实行人道主义,在许多城市开设了一些护理精神障碍患者的特别医院,因而急需对患者进行客观化分类的方法,以区分精神错乱与智力落后。法国医生伊斯奎洛尔(T. E. D. Esquirol)认为,一个人驾驭语言的能力,是判断其智力水平高低的最可靠的标志。他的观点对后来智力测验的研制具有重要的影响,言语能力在智力测量中占有很大的权重。1864 年,法国医生沈干(E. Seguin)出版了《白痴:用生理学方法来诊断与治疗》一书,介绍了训练智力落后儿童的感觉辨别力和运动控制力的方法,其中形状板等方法被后来的非言语智力测验所采用。1885 年,德国医生戈那歇(H. Grashey)开发了一个用于检验脑损伤的"记忆鼓"装置,通过检测患者对呈现的语词、符号、图片的识别能力来推断其脑损伤情况。

促使心理测验产生的另一个动力来自实验心理学研究。1879 年，冯特（W. Wundt）在德国莱比锡大学设立了世界上第一个心理学实验室。冯特时代的实验心理学所选择的研究主题和内容大多受生理学和物理学的影响，研究的问题多为视觉、听觉及其他感觉器官的敏感性，所测量的也大多为简单的反应时。冯特当时受天文学中长期争论的一个问题①的启发，发明了一种被称为"思想测量仪"（thought meter）的工具来测量被试的反应时和思维灵活程度。因为天文学家早就发现，两个或者多个观察者，即使同时使用同一个望远镜来观察同一个天文现象，他们所报告的恒星通过网格线的时间也是不同的。冯特认为，人与人之间的思维速度（或反应时）的差异是客观存在的，这种差异并非由于偶然的实验误差造成，而是由于个人能力上的真正差别所致，是由人无法超越的生理结构所决定的。于是，这件事引起了人们对个体心理差异的研究，而要研究个别差异就必须有测量工具。但是，早期实验心理学错误地认为简单的感觉过程就是智力的核心成分，于是努力探索发明各种铜质的仪器来测量个体的感觉阈值和反应时，因此，这个时代也被戏称为心理测验的铜质仪器时代。实验心理学的开拓者费希纳（G. T. Fechner）开展了视觉亮度测验、触觉的两点差别阈限实验以及重量判断实验，建立了经典的心理物理学法则，尤其是他所建立的心理实证研究方法得到心理科学界的广泛认同，实验心理学提出的严格控制观察条件的要求给心理测量学研究对测量条件的控制起到了示范作用。如实验证明，在一个测量反应时的实验中，给予被试的指导语可能明显地提高或降低被试的反应速度，而实验环境的光照度和色调可能明显地改变视觉刺激物的形象。这说明，只有在标准状况下对被试观察所做的报告才是有价值的。这种对观察条件进行控制的方法对心理测验的标准化影响深远。

（二）心理测验的先驱

美国著名学者波林（E. G. Boring）曾经评论道："在心理测验领域中，19 世纪 80 年代是高尔顿的 10 年，90 年代是卡特尔的 10 年，20 世纪头 10 年则是比奈的 10 年。"这高度概括了心理测量学早期发展中几位杰出人物的历史影响。

优生学创始人、英国生物学家和心理学家高尔顿（F. Galton）爵士非常热衷于个体心理差异的研究和心理测量工具的发明，他在《遗传的天才》（1869）一书中用实证的方法证明，在人类的智力中遗传是决定性的因素。高尔顿受 17 世纪英国哲学家洛克"一切知识来之感官"观点的影响，试图从各种感觉辨别力的测量结果来间接评估个人智力的高低。他在《人类才能及其发展的探究》（1883）一书中认为，"外部的信息是

---

① 1796 年，英国格林尼治天文台的皇家天文学家马斯基林（N. Maskelyne）发现助手金内布鲁克观察星体通过的时间总是比自己慢 0.8 秒，他以为是助手的不专心或观察能力缺陷而导致的，于是将他辞退。这一事件在 20 年后受到另一天文学家贝塞尔的注意，他通过研究认为，这是一种不可避免的个人观察的误差，而不是因为态度不认真造成的。从此，个体心理的差异性受到关注。

通过我们的感觉到达我们大脑的。我们的感觉越敏锐，获得的信息便越多；获得的信息越多，我们的判断与思维便越有用武之地"。高尔顿在研究中还注意到，白痴对于热、冷、痛的鉴别能力较低。这一观察结果使他进一步确信，感觉辨别力"基本上是心智能力中最高的能力"。为了证明和研究智力等个体心理的差异性，他继承了冯特等实验心理学家运用心理物理学方法研究个体差异的范式，开发了一系列感觉运动测量的工具。在1884年的国际健康博览会上他设立了一个心理测量实验室，参观者支付3个便士就可以测量出自己的某些身体素质和视听觉的敏锐性、肌肉力量、反应时以及其他一些简单的感觉—运动功能。后来这个实验室迁到伦敦南克圣顿博物馆，在那里继续开办了6年之久。据说在这期间有17 000人参与了这套测验，其中有7 500人的测试结果保存至今。

高尔顿还是应用等级评定量表、问卷法、自由联想法，以及把统计方法应用于对个体差异资料进行分析的先驱。他将以前数学家们所研究出来的统计技术改造为简单形式，使那些未经专门训练的调查者也能使用。他不但扩充了古特莱特（Guetelet）的百分位法，还创造了一种计算相关系数的简单方法。他的学生皮尔逊（K. Pearson）进一步推进其事业，创立积差相关法，这使得判断心理测量的信度、效度和因素分析成为可能，甚至成为测验学者寸步不离的工具。

美国心理学家卡特尔（J. M. Cattel）早年留学德国，师从冯特学习实验心理学。1888年，卡特尔接受了剑桥大学一份为期两年的研究员工作，继续他关于个体差异的研究。回美后，他在哥伦比亚大学任教期间建立了自己的实验室，在高尔顿工作的基础上，开发和编制了一系列的心理测验。1890年他发表了《心理测验与测量》一文，介绍了疼痛感觉的测量等10个可以为大众实验的测量工具。在这篇论文中，他首创了"心理测验"这个术语。卡特尔认为，"心理学若不立足于实验与测量上，绝不能够有自然科学之准确"，"心理测验若有一普遍的标准，则其科学与实际的价值一定可增加不少"。他极力主张测验和考试方法应有统一规定，并要有常模以便比较，卡特尔的这些思想给心理测量学带来深远的影响。卡特尔还为美国培养了桑代克、伍德沃斯和威瑟尔（C. Wissler）等一大批杰出的心理学人才。值得一提的是，正是因为威瑟尔一项关于学生智力测验成绩和学业成绩数据的相关性统计的研究报告给当时的心理测量方法以致命的打击，因为他的研究报告显示，智力测验的分数与学业成绩之间几乎没有相关性。之后，实验心理学家大多放弃了原来使用反应时和感觉阈值的仪器来测量个体智力水平的方法。尽管这种放弃和转向是急促和草率的，但却启发了后来的研究者通过高级心理过程的测量来评估智力的探索。

在19世纪末至20世纪初，还有许多心理学家为心理测验的发展做出了贡献。例如德国实验心理学家、现代联想主义的开创者艾宾浩斯（H. Ebbinghaus）受费希纳用数学方法研究心理现象的思路的启发，尝试通过严格、系统的测量来研究记忆，因为在这之前，冯特曾声称学习和记忆等高级心理过程不能用实验研究。艾宾浩斯花了5年时间，用自己做被试，独自进行实验，完成了一系列有控制的研究。最终他发现了记忆材料在学习后头几小时遗忘得最快，随着时间的推延，材料遗忘越来越少，由此建立了著名的艾宾浩斯遗忘曲线。1885 年，他出版的《记忆》一书被看作是实验心理学突破了研究高级心理过程障碍的标志，其研究给联想或学习的研究带来了客观性、数量化和实验方法。后来他进一步发展了句子填充测验，这也是第一个研究高级心理过程的成功测验，其变式为现今许多普通智力测验所采用。

法国实验心理学家、智力测验的创始人比奈，1878 年获得法学博士学位，后师从沙可（J. M. Charcot）学习催眠术。1894 年比奈获科学博士学位。不过，他最感兴趣的还是心理学。1886 年他发表第一部著作《推理心理学》；1889 年建立第一所法国心理实验室，研究测量个体不同类型记忆的测验方法；1894—1911 年任巴黎大学心理学教授；1895 年他创办第一份法国心理学杂志《心理学年报》，他与同事联名发表文章，批评当时流行的心理测验太偏重感觉，过于集中测量简单的、特定的能力方面。比奈发现试图依靠测量一个人头盖骨的尺寸、握力的大小等体质的方法来评价智力是徒劳的，他否认英国学者高尔顿爵士提倡的生物计量方法。他以自己的两个女儿作为被试并提出一些问题让女儿们回答，随后要求她们说出其在解答问题过程中进行思考的每一步骤。这项研究促使他形成"智力"的概念。因此，他开创了一种操作智力测验法（performance method），即要求被试运用理解能力、数学运算、文字推理等完成某些指定的任务，以此对其智力做出评价。1898 年比奈发表《个性心理学的测量》一文，他认为心理测量的根本原理就在于将个人的行为与他人进行比较和归类。他创立了许多测验的方法，如画方形、比较线的长短、记忆数目、词句重组、折纸、回答含有道德判断的问题、了解抽象文章的意义等。1903 年，他出版了《智力的实验研究》一书，他认为智力表现在推理、判断以及运用旧经验解决新问题的行为上。1904 年，当时的法国公共教育部部长任命比奈为智力落后儿童委员会委员，要求该委员会就巴黎学校中智力落后儿童的教育方法提出建议。比奈在佩雷·沃克卢斯精神病医院医生西蒙（T. Simon）的协助下，用了不到一年的时间就为小学正常与异常儿童的智力水平诊断制定了新的方法。1905 年，比奈在第 11 期《心理学年报》上发表了《诊断异常儿童智力的新方法》一文，介绍了世界上第一个智力测量量表，经过 1908 年和 1911 年两次修改和增订，终于成为流传至今的比奈—西蒙智力量表（Binet - Simon Intelligence Scale）。基于智力测验，比奈提出了智龄概念（the concept of a mental age）。所谓智龄，即智力年龄，是指正常人（特别是儿童）以实龄为单位的智力发展水平。比奈—西蒙智力量表被美国心理学家戈达德（H. H. Goddard）翻译为英文，并很快在特殊儿童教育、士兵选拔和移民甄别工作中发挥重要的作用。

虽然现在世界上的智力测验工具众多，但其基本原理和主要方法都源自比奈。美国心理学家宾特纳（R. Pintner）这样评论道："在心理学史上，假使我们称冯特为实验心理学的鼻祖，我们不得不称比奈为心理智力测量的鼻祖。"

（三）心理测验的完善与应用发展

比奈—西蒙智力量表问世后，迅即传至世界各地。其中最值得一提的是美国斯坦福大学心理学家刘易斯·麦迪逊·推孟（L. M. Terman）对该量表所做的修改。1923 年担任美国心理学会主席的麦迪逊·推孟，认为借助于智力测验可以深入研究两个方面的问题：个体之间的先天差异究竟有多大；个体差异在不同的总体中呈现怎样的特定变异模式。为此，他决定将比奈—西蒙智力量表修订成一个美国版本，这项工作于 1916 年完成，产生了著名的斯坦福—比奈智力量表。该量表采用了智商概念作为评估个体智力水平的标准，严格规定了测验编制的标准化程度，从而提高了测验的信度，使智力测验能用于高龄组而扩大了它的应用范围，遂使其成为公认的最好的智力测验工具之一。麦迪逊·推孟选择了 1 500 名高智商儿童进行 50 年的追踪研究。这项关于智力出类拔萃儿童的研究结果表明：天才儿童并不像有些人认为的那样会体弱多病而且容易夭折，事实上情况刚好相反；天才儿童的智力优势保持到成人期甚至老年期，因此个体的智力是相当稳定的。

斯坦福—比奈智力量表有 90 个项目，其最大特点是提出了智力商数（intelligence quotient，即 IQ，简称智商）的概念。所谓智商，就是心理年龄（MA）与实际年龄（CA）之比，也称比率智商，作为比较人与人之间聪明程度差异的相对指标。从此"智商"一词便成为全世界所熟悉的热词，麦迪逊·推孟被称为"智商之父"。

第一次世界大战期间，哈佛大学心理学家耶科斯（M. Yerkes）说服美国政府对每年征召的 175 万名士兵进行智力测验，以便更好地进行选拔和安置。于是，包括麦迪逊·推孟、戈达德等心理学家在内的招募委员会，在麦迪逊·推孟的研究生奥蒂斯（A. S. Otis）原先工作的基础上开发出陆军甲种和陆军乙种两种团体测验。前者是一个和言语相关的测验，而后者则是一个非言语测验。

麦迪逊·推孟不但修订和编制了智力测验量表，还在 1936 年与人合作编制了第一个男子气—女子气量表，认为男子气—女子气的心理差异是导致许多异常行为和婚姻问题的一个根源，为此他还编制了评估婚姻幸福的量表，希望能够帮助人们预先提高婚姻的美满程度。他还与同事们一道开发了斯坦福成就测验（Stanford Achievement Test），这个测验的修订版一直沿用至今。

在比奈—西蒙智力量表问世之后，许多心理学家认识到这种以言语能力为重点的智力测验完全不适合那些听力受损和其他语言能力障碍的对象，甚至也不适合那些不以英语为母语的个体。因此，在智力测验普及发展的 20 多年来，出现了许多非言语的能力测验。如沈干发明的形状板，即要求被试或智力障碍儿童选用不同形状的小木块从有镂空的模板上穿过，后来这个测验被标准化后仍在霍尔斯特德—雷坦（Halstead - Reitan）神经心理成套测验中使用。还有科洛斯（H. Knox）为鉴别移民中的智力障碍者而发明的 13 项非言语测验，如视觉比较测验、拼图测验等。此外，还有寇赫斯（Kohs）发明的积木设计测验，珀尔特留斯（Porteus）发明的迷宫测验，皮艾尔（Pyle）开发的包括记忆广度、数字符号替换、语言词汇连接等测验组合的团体智力测验。

第一次世界大战后，以军队团体测验为基础开发的各种团体测验迅速普及各类学校和企业，成为人才选拔和入学招工录取的重要依据。20 世纪初美国大学考试委员会成立，耶科斯的一位学生布利哈姆（C. C. Brigham）是这个委员会的主席，该委员会开发了一个学术能力测验作为大学入学考试的测试。卡特尔的学生桑代克等人，开发了一批标准化的教育测验，因此后人尊称桑代克为教育测验的鼻祖。

第二次世界大战促使选拔高素质和特殊能力的人才成为一种迫切的需要，能力测验逐渐受到重视。尤其是到了 20 世纪 30 年代后，统计学中的因素分析方法得以完善，才得以帮助研究者去发现个体的哪种能力是最为关键的，并与其他能力区分开来。瑟斯顿（L. L. Thurstone）认为，像斯坦福—比奈这样的整体智力测验并不能体现智力这个变量的本质，如果想要确定个体智力上的优缺点，必须使用多项能力测验。于是美国军队开发了 20 多种具体的能力测验，使用全新的多项能力测验之后，选拔飞行员、导航员以及投弹员时被淘汰的比率大大下降了。

普通能力倾向测验也向多元分析方向发展。主要代表有美国医生韦克斯勒（D. Wechsler）在 1949 年编制的儿童智力量表、在 1955 年编制的成人智力量表和在 1967 年编制的学前智力量表，其特点是用离差智商代替比率智商，由各个分测验结果可以得到言语智商（VIQ）、操作智商（PIQ）和全智商（FIQ）三个分数，既可以区分个体间差异，也可以评定个体内差异。对人的智力的描述，从笼统地谈聪明、不聪明，转向区分智力的不同侧面，更客观地说明人人皆有所长和所短。韦氏智力量表是目前世界上最为通用的智力量表。

在社会需求的推动下，心理测验还逐渐向人格测试、兴趣测量等方向发展。为了满足在军队中筛选出那些患有神经症的个体的需要，1917 年伍德沃斯开发出用于士兵的人格测量工具——个人资料调查表。这个调查表由 116 个条目组成，这些条目大多涉及包括一些神经症状在内的外在行为表现。日后建立的 MMPI 等大多数人格测验都受到伍德沃斯的影响。1921 年，瑞士精神科医生罗夏（H. Rorschach）受精神分析和荣格理论的影响，开发了由 10 个墨迹图组成的人格投射测验。他认为，当个体面对一些模棱两可或非结构化的刺激时，个体可能会投射出内心深处的需求、幻想和冲突。1926 年由古德内夫（F. L. Goodenough）等人基于前人的研究开发的画人测验、1928 年由帕亚讷（Payne）开发的句子完成法以及 1931 年由莫尔干（Morgan）和莫瑞（Murray）开发的主题统觉测验也应运而生，旨在通过检视个体的图画作品、基于图片讲述的故事或完成的句子来分析其内心的人格和各种需求。

为了更准确地鉴别精神疾病，20 世纪 40 年代明尼苏达大学教授哈撒韦（S. R. Hathaway）和麦金利（J. C. McKinley）开发编制了 MMPI，这是迄今为止世界上被使用次数最多的人格测验。据说被翻译成 100 多种文字，有关研究文献浩如烟海，已经发表的文献或专著超过万篇（本）。该工具不仅仅应用于精神科临床和研究工作，也广泛用于其他各科以及人类行为的研究、司法审判、犯罪调查、教育和职业选择等多个领域。虽然 MMPI 能提供十分丰富的信息，但是实施起来比较费时，尤其对患者更为困难。因此，为了缩小这一测验的规模，缩短测验所需的时间，有人或从 MMPI 演化出多达 200 种以上的工具性量表，或尝试减少测验题目。

在针对精神障碍者开发临床测量工具的同时，还有一些心理学家着力开发出职业兴趣等服务于正常人的心理测验。如卡内基兴趣问卷，经过卡德瑞（Cowdery）修改，并实际研究比较了医生、工程师和律师三个职业群体与非职业群体之间的差异，后又经过斯特朗（E. K. Strong）的修改完善，成为世界上运用最为广泛的职业兴趣（清单）问卷（Strong Interest Inventory，SII），可以为职业选择者提供一定的指导。

至此，现代心理测量学的基本框架基本形成，测量的范围扩大到社会生活的许多领域，心理测验成为心理学中一个独特的学科，心理测验所发挥的社会作用也越来越大，在人们日常生活中的渗透面日益扩大。

三、心理测量发展的趋势与展望

纵观心理测量理论和方法的发展历史，我们可以归纳出心理测量学发展的几种趋势。

其一，古典心理测量学首先发现了个体外观体质和性格的区别，建立了基于生理特征的分类和测量方法。例如在古代有中医阴阳五态学说、古希腊四体液学说，以及面相学和颅相学等；在近现代有实验心理学发展的反应时、感觉阈值测量等。这种基于生理特质和生理反应的心理测量一方面开辟了后来神经心理学测量的道路，促进了个体心理差异的研究；另一方面也因为遇到了难以预测个体智力的难题而被草率地放弃了 70 余年。

其二，当用高尔顿发明的简单的感知觉物理测量方法评价个体智力发展水平受挫之后，心理测量学研究开始转向对语言和认知等高级心理活动的测量。比奈建立的智力测验标志着这种重大突破和新的测量研究范式的开始。

其三，从单一的量或整体的心理评估逐渐转向多项能力等个别差异定性与定量综合评估。例如智力的整体测验向多项能力测验的发展；从单纯的智力评估向人格和兴趣、成就测验的发展；从单一的人格向多项人格测验的发展；等等。

其四，心理测量学的发展不仅受实验心理学方法影响，而且也与心理学理论假设密切相关。例如，1904 年英国心理学家斯皮尔曼（C. E. Spearman）提出智力的二因素论，认为人类智力可分为普通因素和特殊因素两部分，而比奈测验所测得的只是普通智力因素的部分。后来人们又对特殊智力因素产生兴趣，从而开发出各种特殊能力测验。20 世纪 30 年代智力的多因素理论兴起，瑟斯顿由因素分析求得 7 种基本的心理能力，随之发展出一批多重能力倾向测验。60 年代美国南加州大学教授吉尔福特（J. P. Guilford）的智力结构理论代之而起，提出发散思维是智力的因素之一，从而开拓了测量创造力的新领域。

其五，心理测量学的发展还与数学统计学方法的进步相关。早期的心理测验主要应用相关分析法进行研究；20 世纪 30 年代后，因素分析法盛行，不但推动了能力测验的发展，还促进了人格测验的发展，16PF 就是用因素分析法编制而成的；60 年代后，由于认知心理学的崛起，将实验法与测验法结合，产生了信息加工测验，心理测验出现了新的发展趋势。

其六，心理测量与现代信息技术和电生理技术相结合。随着现代信息技术和电生理技术的进步和认知心理学的发展，心理测量逐渐发展出眼动和各种生物电等客观性测评方法和相应的检测设备，能测试包括内隐注意转移、眼动时间与空间运动特征、瞳孔直径变化、面部表情变化、脑电、心率变异性、皮肤导电性、外周皮肤温度、肌电、血管容积变化等多通道生理心理变化的指标，有助于研究者对认知加工、思维与问题解决、动机与情绪、躯体反应等生理心理过程的观察、分析与评价。

其七，本土化的心理测量工具的开发和测量工具的本土化修改也逐渐受到重视。前者如中国人的生存质量量表、中医的五态人格测验的开发等，后者如世界卫生组织的生存质量量表、韦氏智力量表的中文翻译与中国本土化常模的制定等。

第四节　心理测量的应用原则

心理测量是一种专业性的测评技术工具，应用领域十分广泛，一方面在人才选拔、疾病鉴别、司法鉴定、分类教育、职业和婚姻指导等方面发挥积极的作用，但另一方面其不正确的使用将可能导致极其严重的不良后果，并带来消极的暗示等负面作用。因此，如何合理选用心理测量的工具，如何看待和解释心理测量的结果，如何把握心理测量的结果在诊断精神障碍、评估心理能力和选拔人才等方面的作用等一系列科学和伦理问题，应该引起我们的高度重视。

根据心理测量的性质和工作经验，运用心理测量工具时应该遵循如下基本原则。

一、明确使用测量的目的，合理选择测验的种类与数量

事实上，一个人的一生中会经历许多次的测量和评估。例如，妇女在怀孕期间，需要接受唐氏综合征的筛查试验，以预测未出生婴儿的心智发育情况。婴儿在出生后的 1 分钟和 5 分钟，都要例行接受亚培格量表（Apgar Scale）的快速评估，该量表是由亚培格博士所命名，分为外观（appearance）、脉搏（pulse）、面部扭曲（grimace，反射的敏感性）、活动（activity）、呼吸（respiration or breathing）五个分测验。到了学龄期，少年儿童需要接受无数次学业成绩、体能、体质和心理健康的测试。无论是入职或应聘考试、驾驶员考证、职业资格考试，还是个体在年度体检、接受医疗服务时进行的无数次检查检测，直至死亡前接受的心跳、呼吸或脑电图的检查，可以说，每一次检测和评估都影响甚至决定了一个人的前途命运。因此，心理测量事关人生发展的重要节点，绝不可轻视。

具体要求是：心理测量应在咨询关系尚未建立之前进行。明确测量的具体目的和意义；心理测量既不是完美无缺的，也不是无用有害的，端正测量的目的很重要；每一个测量工具都是依据一定的心理学假设设计的，都有自己设计的测量维度和测量功能，自然也没有万能的测量工具；我们应选择最接近测量目的的工具，而不是漫无目的地做"大包围"的检测。慎重选择测验量表，了解其信度和效度，以及了解量表的适用范围和年龄范围；不使用未经过标准化处理的量表；选用测量工具宁少勿多，宁缺毋滥，能用观察和晤谈判断清楚的，就没必要实施心理测量；能用一种方法实现测量目的的，就没必要选用两种测量工具；能用简便方法鉴别的，就没必要使用复杂的工具；测量一次能达到目的的，就没必要反复做多次的测量。

　　实施心理测量应坚持知情同意的原则，向被试说明测验的目的和意义，并取得被试的自愿同意，以求测验反映真实情况，防止被试作假；测量时不要漏题，做后应复核。滥用心理测试还包括使用未经过标准化处理的和随意编制的量表或问卷等。值得提醒的是，目前在网络上常见的非标准化心理测试，如星座、属相、姓名、测字术、色谱观察之类，只能当作娱乐游戏，而绝非有效的心理测试，不要因此而受到不良的心理暗示。

二、坚持测量程序的标准化，避免测量使用的随意性

　　20 世纪初，美国一些心理学家，包括当时最具有影响力的心理学家戈达德等人，将当时刚开发出来的比奈—西蒙智力量表广泛应用于对移民的筛选，他们当时认为，智力障碍者在移民中似乎达到了惊人的比例，而这些智力障碍者还降低了国民的基本素养，是造成犯罪、酗酒和卖淫等很多社会问题的主要人群。他们还是坚定的遗传决定论者，认为应该对智力障碍者和痴呆者采取殖民统治，限制他们的生育。为了证明每天进入美国的移民中存在着大量的智力障碍者，戈达德派遣他的学生对刚刚到达美国的移民进行测试。结果许多移民需要在翻译的帮助下才能勉强完成比奈—西蒙智力量表。比奈—西蒙智力量表源自法语国家，在美国使用时，必须先翻译成英语，再翻译成匈牙利语、意大利语、俄语等其他语种才能对当时来自南欧和东欧的新移民进行测试。不难设想，这样一种没有经过世界各国本土化处理的量表，加之语言障碍和文化差异，对于千里迢迢来到美国的移民来说意味着什么？被试不明不白、稀里糊涂地就被宣布为不受欢迎的移民而遭拒签。尤其不可思议的是，他们只对乘坐三等舱的移民做心理测试，结果只是依据小的移民样本的测试，他们就得出 83% 的犹太人、80% 的匈牙利人、79% 的意大利人和 87% 的俄国人都是智力障碍者这样荒谬的结论。即便是戈达德这样一个非常专业的知名心理学家及其受过良好训练的弟子也会犯这样的低级错误，其原因在于：其一，遗传决定论的观点和对待新移民的偏见。其二，测量时的程序和方法没有坚持严格的标准化规定，包括样本采集的代表性、测量的时间、测量工具未经过本土化处理，还使用了法国常模；未考虑被试的文化程度与当时的状况等因素对测试的影响。

事实证明，测验使用者必须具备一定的资格。样本采集的代表性、测量的时间、测量工具的本土化处理、施测者的态度、施测者的性别和经验，测试前的指导语、测试的环境条件、条目呈现的方式，被试的背景和动机以及当时的情绪状况都会直接或间接影响测试的结果。因此，实施心理测试都要严格遵循标准化程序和方法。在迫不得已需要改变某些程序和条件时，需要在提供报告时加以特别说明。

三、准确解释测量结果，避免片面、武断和含糊的解释

心理测量的结果只具有极其相对的意义，只能作为鉴别和诊断心理问题的参考指标。首先，心理测量是通过外部行为习惯或被试对试题进行自陈回答的结果来间接推测被试内在心理活动的方法，因此，心理测量是一种研究心理的间接方法，而不是像解剖那样是一种直接观察的方法。何况，大多数言语测验都涉及言语作答，施测者很难百分百地排除被试故意隐瞒自己真实想法的可能，或诈病或美化自己的作答行为等情况。其次，心理测量的结果是通过与他人（或对照组）或与常模（或一般普遍情况）相比较来进行解读的，但这只能表明被试与他人或常模相比有差异，并不能直接说明被试不正常。最后，心理测量的设计大多是言语性的，但人的心理活动和心理特质并不都是言语性的。以言语智商和操作智商为例，被试某一维度的测量结果较差，并不意味着其另一维度的测量结果也会差。加之语言等文化的巨大差异，按照西方文化和生活习惯所编制的问卷和量表未必适合其他地区的人所熟悉，因此，全面、准确解释测量结果非常重要。此外，还应注意对测验结果的保密。

要准确解释测量结果，必须坚持：心理测量与观察、晤谈以及向其他相关人了解的情况等多维度、多方面采集的资料相互参照，注意前后测量的对比，注意与常模的对比，注意与对照组的对比，注意发布结果时持谨慎的态度与用词。为了避免对测试结果的滥用和含糊不清的解释对被试造成不良的心理暗示，建议在测试结果报告单上只显示出测量数据，而不直接将电脑自动分析的文字结果打印给被试。来自不同测验工具的分数不能直接进行比较。

心理测验结果的报告的具体要求是：使用被试所能理解的语言进行报告；让被试认识到测验分数只是一个估计；让被试知道自己的得分是和什么常模在进行比较；帮助被试了解这个测验的结果预测什么；要考虑测验分数将会给被试带来什么样的心理影响；鼓励被试积极参与自己测验分数的解释。

技能训练

1. 整理中国古代文献和中医经典著作中有关某一种心理测量的思想与方法，并写出相应的文献综述。

2. 调查了解各类学校心理咨询机构、医院、人力资源管理部门应用心理测量方法的现状，包括心理测量发挥的作用和存在的问题。

┊参考文献┊

[1] 格雷戈里. 心理测量：历史、原理及应用 [M]. 施俊琦，等译. 北京：机械工业出版社，2012.

[2] 张春兴. 张氏心理学辞典 [M]. 上海：上海辞书出版社，1992.

[3] 郑日昌. 心理测验与评估 [M]. 北京：高等教育出版社，2005.

[4] 金瑜. 心理测量 [M]. 上海：华东师范大学出版社，2005.

[5] 洪炜. 心理评估 [M]. 天津：南开大学出版社，2006.

 教学资源清单

使用说明：建议每位学习者在教师课堂讲授本章教材之前，先通过手机扫码的方式链接到教学资源平台，自学和练习相应的教学内容，以便在课堂上能够与教师更深入和更有效率地进行教与学的研讨，见表 1 - 1。

表 1 - 1　教学资源清单

编号	类型	主题	扫码链接
1 - 1	PPT 课件	绪论	

 拓展阅读

郑建民，张璐菲，车洪生. 心理测验学技术发展史（述评）[J]. 中国健康心理学杂志，2005（1）：66 - 68，53.

第二章　心理测验的编制与项目分析

导读

　　一般而言，物理学是对客观事物的客观化，而心理测量学则是对人的内心世界主观现象的客观化。那么，主观的东西能客观化吗？若能，又如何客观化？经典测验理论（Classical Test Theory，CTT）认为："凡客观存在的事物都有其数量"（爱德华·李·桑代克），"凡有数量的东西都可以测量"（麦柯尔）。这就是说，心理现象和心理特质是一种客观存在，因此，它具有可测量和可数量化的特性。要进行心理测验，首先需要有标准化测量工具，如各种心理量表（psychological scale）。心理量表是通过一套事先拟定的用语、记号和数字来测定人们心理活动的度量工具。它是测量人心理特征的一把尺子。心理测验的编制就是制造这把尺子的具体过程，是一个复杂且需要专业知识和经验的过程。虽然，各种测验工具编制的具体过程各有不同，但由于测验的基本原理相同，故各种测验编制都遵循一些共同的步骤。本章围绕编制心理测验的主要步骤及对组成一个心理测验的主要项目进行介绍。

第一节　编制心理测验的目的、用途、待测属性

一、心理测量的目的与用途

　　心理测量（psychological measurement）是指依据一定的心理学理论，使用一定的操作程序，对个体的心理特质和行为倾向进行评价并确定一个数值的方法。根据测验目的的不同，心理测量有不同的类型，如智力测试、人格测验、情绪测验、情商测试、职业能力倾向测试、生存质量测验、行为类型测验，以及各种心身疾病诊断和健康状况评估等。编制者必须明确编写的测验属于上述哪一类型，才能决定题目素材的选择和测验形式的设计方案。

　　明确心理测验的目的是指确定该测验的类型、功能和用途，测验针对什么对象的何种心理特征、待测心理特征的属性等。测验目的不同，测试对象、测试特征不同，

则编制测验时的取材范围、试题难度和测试方法的设计也不尽相同。

编制心理测验首先要明确设计的测验准备用于做什么，即其功能和用途是什么。不同用途的测验可能需要不同类型的测验和评分方法，明确测验的用途对于设计测验、确保测验结果的有效性、确保解释结果以及使用结果做出的决策具有科学性都是至关重要的。

心理测验常见的功能和用途包括以下几点。

（1）诊断：用于确定个体是否具有特定的心理特质（如应对方式、自我效能感等）、心理问题（如学习障碍、人际敏感等）、精神症状（如焦虑状况、抑郁状况、躁狂等）、心身障碍（如睡眠障碍）等。

（2）筛选与选拔：用于从一群人中识别出可能存在特定问题或需求的个体，以便进一步评估或干预。例如，运用 SCL－90 等对新入学的大学生或新员工实施心理普查，以便将有疑似心理问题的学生或新员工筛选出来进行面谈。也可以用于特殊人才的选拔，如飞行员，用以选择最适合某个岗位的人才。

（3）分类：根据管理者的需求，以一定的心理特质或行为标准将一群人中的个体分为不同类别。例如，根据学生考试成绩因材施教。

（4）预测：用于预测个体在未来的行为表现或发展趋势。例如在高考前开展的几次模拟考试，有助于学生对自己在高考中的成绩水平心中有数，及时发现自己在哪些学科上的不足；又如运动员、航天员、飞行员、潜艇军人等特殊工作人员的心理素质和操作技能的测试，有助于预测他们在实际场景中的可能表现。

（5）评价：用于评估个体的某些心理特质或操作技能或成就水平。例如，对心理咨询师的个案督导，既可以评价其实际咨询技能，为心理咨询师的成长提供有价值的参考信息，也可以作为是否有资格进入该行业的准入依据，还可以作为教学评估、培训效果评估或其他项目实施有效性评估的指标等。

（6）监测：用于对个体的心理健康或其他心理状况的变化进行动态观察，以确定其进步或退步的方向与程度。例如，在心理咨询或心理治疗过程中的初期、中期和后期进行心理测试，有助于监测心理咨询或心理治疗的效果。

（7）研究和调查：用于收集行为样本心理测验的大数据，为研究对象的心理问题或精神障碍提供数据支持。例如，研究某个职业样本群体的自我效能感与其工作成就之间的相关性，就需要用到多个心理测试。

二、确定测验的待测属性

明确了心理测验的用途后，就要确定所编制的测验用来测量哪种心理现象或心理特质，比如是智力、人格，还是态度、情绪等。明确了待测属性才能有的放矢地寻找其定义、特征和理论依据等。以待测属性是"疾病感知"为例，首先在知网、PubMed等数据库输入关键词，如疾病感知、疾病认知等获得相关文献，确定了"疾病认知"

是拟测验的心理特质；其次确定其公认的定义是指个体在疾病状态或健康受到威胁时，利用已有的疾病知识经验分析、解释当前症状（或疾病），进而形成对疾病的理解及情绪反应的心理；再次查文献，明确其特点和已研发的相关测验。如果待测属性是智力，则可以先明确智力的定义和特征，再查询智力的主要理论，如斯皮尔曼的二因素论、瑟斯顿的群因素论、斯腾伯格的智力三元理论，并参考已有的韦克斯勒智力言语测验和操作理论测验。总之，心理测验要测量的是内在的心理特征，但它却要通过测量人的外部行为反应（例如言语或反应时等）来实现，进而从行为指标来推测其内在的心理特征。

三、选择合适的测验对象

任何一个测验都有针对性的施测对象。由于年龄、受教育程度、文化背景等不同，人们的心理呈现出较大差异。如果测验能够降低这些差异对测量结果的影响，就能使测验结果较好地反映出个体间心理现象的差异。这一点在编制测验时必须把握，但真正操作起来有一定难度。以下针对年龄、受教育程度、文化背景这三个重要因素举例说明。

（一）年龄因素

年龄是影响个体认知、情感和行为发展的重要因素，编制心理测验时需要针对不同年龄段的特点来设计测验内容和形式，以确保测验适合被试的认知发展水平。心理测验编制中要考虑到年龄对测验的如下影响：①认知和语言能力的差异。不同年龄段的被试在认知能力和语言能力上存在差异。对于年幼的儿童，可能需要使用更简单的语言和直观的表达方式；而对于成年人，则可以使用较为复杂的概念和抽象的表述。如韦氏智力量表就依据年龄编制了三个测验，分别为适用于 16 岁以上被试的韦氏成人智力量表（WAIS），适用于 6～16 岁被试的韦氏儿童智力量表（WISC），以及适用于 4～6 岁被试的学龄前和学龄初期韦氏幼儿智力量表（WPPSI）。虽然这三个量表采用的是同样的智力结构理论，但其所选用的测验材料却有很大不同。如在译码分测验中，WISC 用的是数字符号，而 WPPSI 用的是动物房，这就是考虑到材料对被试年龄的适合性问题。②注意力和耐心的差异。年幼的被试通常注意力集中时间较短，因此测验设计应简短且有趣；而年长的被试则可以承受更长时间。③兴趣和文化背景的差异。选择测验材料时，需要考虑不同年龄段的被试可能有不同的兴趣和文化背景，以提高被试的参与度和测验的有效性。④道德和伦理问题。对于涉及个人隐私或敏感话题的测验，需要特别注意保护未成年人和成年人的权益，避免对他们造成不必要的伤害。

（二）受教育程度因素

被试的受教育程度直接影响被试的知识、技能和理解能力，具体影响被试对测验内容的理解、解题策略的运用以及测验结果的解释。在这一维度上的设计需注意以下几点：①知识背景。受不同教育水平的被试具有不同的知识背景，从而影响他们对测验内容的理解和回答。如较高教育水平的被试可能对某些概念或理论理解更深入,而较低教育水平的被试可能更注重实际应用。②语言和表达能力。教育水平较高的被试通常具有较强的语言和表达能力,这有助于他们准确地理解和回答问题;而教育水平较低的被试可能需要更直观、简单的方式来表达自己的观点。③解题策略:教育水平较高的被试可能会运用复杂的解题策略,而教育水平较低的被试可能需要更基础和直观的方法。在编制测验时应考虑这些差异,以确保测验的公平性和有效性。

(三) 文化背景因素

不同被试可能来自不同的文化背景,而文化差异对于个体的认知、情绪和行为都有显著影响,也会影响他们的价值观、思维方式、信仰、习俗和行为习惯。因此,在编制心理测验时需要考虑的因素有:①语言和表达方式。不同文化背景的被试使用的语言和表达方式存在差异,这可能会影响他们对题目的理解和回答。因此,需要确保测验的语言清晰易懂,并尽量避免使用特定文化背景下的俚语或习语。②价值观。不同文化背景的被试对于某些概念和价值观的理解可能存在差异。如在某些文化中,个人主义和自我实现可能被视为重要的价值观,而在另一些文化中,集体主义和社会和谐可能更受重视。设计测验题目时应考虑到这些差异,以确保测验内容的普适性。③社会规范和期望。不同文化背景的人们对社会规范和期望的理解也可能存在差异。如在某些文化中,对权威的尊重和服从可能被视为重要的社会规范,而另一些文化中,独立思考和质疑权威可能更受鼓励。设计测验题目时应考虑这些因素造成的文化诱导。④情境和环境因素。不同文化的人在面对特定情境时的反应可能存在差异。如在某些文化中,面对压力和挫折时人们会表现出非常强烈的情绪反应。⑤文化背景的差异对测验结果解释的影响。智力测验多元智能理论的提出者霍华德·加德纳(Howard Gardner)认为,智能的取向往往就是文化价值的取向,某种行为在一种文化背景中被视为智力行为,但在另一种文化背景中却不被认为是智力行为。例如,罗高夫和莫累利曾做过这样的实验:实验者要求来自非洲一土著部落的被试将 20 种物品按照他们认为最聪明的方式进行分组,结果被试将锄头和土豆分成一组,将小刀和椅子归为一类。实验完毕后,主试询问被试"愚笨的人会怎样分类",被试又迅速地将物品分为两类:食物和工具。这种分类方式更加抽象化和理论化,可能与更广泛的文化和知识体系中的分类方式相符,也是主试认为理所应当的。这个实验表明,来自非洲土著部落的被试在将物品分类时,更注重物品的实际用途和功能,而不是按照一种固定的分类标准(例如按照形状、颜色等)。这种分类方式更加实用和直观,反映了他们日常生活中对于物品的使用和认知。总之,这个实验展示了人们对于物品的分类方式可能受到文化、知识和日常经验的影响。不同的分类方式反映了人们对于物品的不同认知和使用习惯。这种情况在主流文化与非主流文化的对比中显得尤为突出。如黑人在一般的常模参照测验中的分数平均要低白人一个标准差。那么,这种差异是由测验编制的文化公平性引起的,还是应该归因于种族间的智力差异?不管黑人和白人之间是否真的存在智力的种族差异，但作为衡量智力程度的智力测验都必须考虑到智力测验不可能在脱离文化的真空中进行。心理测验的编制首先应站在测验实施对象的文化立场上，这一点应该引起测验编制者的重视，并贯穿于测验编制的实践中。

第二节　心理测验的素材、形式和行为样本

一、选择心理测验的素材

有了编制心理测验的初步计划之后，就要搜集和选择题目素材，开始编写题目。一个测验的功能强弱与测验材料选择有密切关系，为此要注意所选素材的丰富性和普遍性。随着所编测验的性质与种类不同，其题目素材的搜集也可能有其特殊的要求。心理测验素材包括用于设计和实施各种心理测试的图片、背景、模板等元素。这些素材通常具有较强的专业性和针对性。素材一般具有如下特点：①素材形式应该丰富多样。比如，智力的结构成分复杂，不是一两种简单刺激材料就能判定一个人智力高低的。像韦氏智力量表中就有文字、图形、词汇、拼图、译码等十余种测验材料，可以通过被试在多方面的反应行为来评判其智力水平。②素材应具有适宜性。比如，智力主要体现在高级、复杂的认知和交往活动中，因此，要侧重于选择那些能显露被试判断、推理、分析、综合、独创、随机应变和灵活反应的测验素材。③素材应尽量避免受个别文化的影响。比如，智力主要体现在解决问题的认知活动中，离不开对知识的掌握和技能的传授，但智力不等于知识和技能。因此，智力测验的材料不应与某个学科的具体内容相联系，要尽量避免受被试文化知识水平的影响。④素材应具有普遍性。比如智力测验，一般要选择那些社会各个阶层和团体，以及不同文化背景之下的人都熟悉的素材，这样的测验结果才更公平、更具有可比性。

对于学科测验来说，测验题目应是该学科全部内容的代表性取样，并能较好地反映各级教学目标的要求，题目要有适宜的难度和较大的区分能力，能把学习水平不同的学生很好地区分开来。

对于人格测验的设计比较复杂，根据不同的人格理论会有不同的设计。例如用经验法编制人格量表时，主要是搜集能反映经验效标组被试行为特点的材料。在第一次世界大战期间，机能心理学的主要代表伍德沃斯受美国国防部的委托，针对美国士兵中出现的恐惧、多疑、失眠、紧张、过度疲劳等情况的增多编制了一个测量美国士兵在情绪方面是否有精神崩溃倾向的人格量表，即《伍德沃斯个人资料调查表》（Woodworth Personal Data Sheet）。为了编制这个量表，伍德沃斯从精神科医生那里搜集了大量神经质患者的临床表现，以及患者在病前的一些行为特点作为素材，他还编写了许多问句，其中包括恐怖反应、强迫观念与行为、幻觉、噩梦、颤抖、抽搐，以及某些变态心理与行为等方面。然后把这些题目分别施测于效标组（神经质被试）和对

照组（正常人），把能将两组被试区分开的题目保留下来。这一方法被视为自陈式个性测验的发端。类似的例子还有 MMPI 和加州心理问卷的编制。

如果运用因素分析的统计方法来指导编制人格量表，就会从社会生活的各方面搜集与主题有关的材料作为素材，再通过因素分析做筛选、精炼和补充，也就是化繁为简，从众多的观测变量中概括和提取出少数"共同因素"，根据共同因素精炼和编制出一批题目组成心理量表。例如瑟斯顿对美国著名心理学家吉尔福特早期编制的几个人格问卷进行了因素分析，概括出活动、冲动、精力、支配、社交、反射、稳定 7 种人格因素，并于 1953 年根据这 7 种人格因素编制了"瑟斯顿气质量表"。类似的例子还有卡特尔 16 种人格测验和艾森克人格测验等。

还有些人依据某种心理理论所阐述的各种心理成分的概念来指导编制心理量表，选择具有表面效度的材料作为素材。例如，爱德华个人偏好量表就是以美国哈佛大学默瑞（H. A. Murray）教授提出的"需要—压力理论"为依据，提出 15 种心理需要，从而编制出 15 个分量表，组成爱德华个人偏好量表。类似的例子还有泰勒显相焦虑量表，是根据把焦虑划分为特质性焦虑和状态性焦虑的理论编制的。迈尔斯—布里格斯类型指标（Myers – Briggs Type Indicator，MBTI）人格测验是依据荣格的人格类型理论编制的；吉尔福特的创造力测验是依据他认为发散式思维是创造力的主要成分的理论编制的。

常见的心理测验素材有：①平面图片素材。包括用于心理测验的背景图片、海报模板、插画、元素图片等，这些图片通常与心理测验的主题紧密相关，能够帮助被试更好地理解和回答问题。②矢量素材。所谓矢量（vector），又称为向量，是既有大小又有方向的量，一般是面向对象的图像或绘图图像。矢量素材可以用于心理测试的平面设计，有助于设计出更具吸引力和解释性的测试内容。③动图素材。动图即动画，使用 gif 等格式的动图可以更好地表达情绪或行为的典型动作，有助于帮助被试更直观地理解问题。④文字描述素材。主要用于阐述测试目的、指导语或者作为测试题目的一部分。⑤音频视频素材。音频或视频材料可以更好地模拟特定的环境或情境，观察被试的反应。⑥评分标准素材。为了确保测验结果的准确性和一致性，评分标准也是必须收集的素材。⑦数据记录表格。用于记录被试的回答和反应时间等信息，对于后续的数据分析和解读至关重要。⑧授权素材。心理测验素材的版权和使用授权也必须得到重视和妥善处理，以确保合法合规地使用这些素材。

综上所述，心理测验素材的选择和应用对于提高测验的有效性和参与者的体验感都有重要影响。在选择素材时，应考虑到不同被试对素材的适用性。随着技术的发展，心理测验素材也在不断创新，例如虚拟现实技术（VR）的引入，可以为心理测验提供更加沉浸式的环境。

二、选择合适的心理测验形式

收集了丰富的题目素材之后，还要选择适当的题目表现形式。例如，是个别测验或是团体测验，是纸笔测验或是口头测验，是投射测验或是操作测验，是常模参照测验或是标准参照测验。原则上，任何一种测验都可以用几种形式的题目来表现，但设计者要根据设计的测验特点和要求选择"最优"的表现方式。在一个测验中，既可以采取一种形式的题目，例如卡特尔 16 种人格问卷都是用 A、B、C 三种答案的选择题，艾森克人格问卷都是用"是"与"否"两种答案的是非题。也可以采用几种形式的题目组合，例如：韦氏 6~16 岁智力测验量表就采用了常识、计算、拼图、译码等多种形式的题目。

在选择测验题目的表现形式时，要注意以下几点。

第一，考虑测验的目的和材料的性质。例如，如果考查学生对概念和原理的记忆，宜用简答题；考查对事物的辨别和判断的能力，宜用选择题；考查综合运用知识的能力，宜用论述题；等等。

第二，考虑受测对象的特点。例如，对幼儿宜用口头测验，对文盲或识字不多的人不宜采用要求读和写的题目，而对有言语缺陷（如聋哑、口吃）的人则要尽量采用操作项目。

第三，考虑实施影响因素。例如：当被试人数过多，测验时间和经费又有限时，宜用选择题进行团体纸笔测验；而人数少，时间充裕，又有辅助仪器和设备时，则可用操作测验。

第四，考虑多种测量形式的结合实施。例如，将主观性测量（如自评）依赖于被试的自我报告或心理医生的他评，而客观测量（如生理、心理测试）则基于可观察的行为或生理指标，两种不同的测验方式的交叉实施有助于提高测验的信度和效度。

总之，选择测验形式的原则是：使被试容易明了测验的方法；在测验时不容易出错；做法简明、省时；计分省时、省力和经济。

三、确定心理测验的行为样本

在编制心理测验时，确定行为样本（behavior sample）是非常重要的步骤，因为它决定了测验的内容和目标，也直接影响到测验结果的可靠性和有效性。通过合理的行为样本选择，可以为全面评估个体的某些心理特质提供有价值的信息。所谓行为样本是指在心理测验中，根据某些条件从总体中抽取的有代表性的标准样本。有代表性的样本可以反映待测属性的典型特征。抽取部分行为样本代表和研究全体犹如临床医学中采集几毫升血液样本对人体疾病状况进行诊断的意义相同。从操作上说，行为样本就是指一组被抽取出来的、作为直接的测量对象的行为或心理特质。例如，如果想知道学生的数学运算能力，就可以要求学生解答若干有代表性的数学问题，学生在解答这些问题时的行为就是我们要测量的直接对象，我们便可以根据这一组行为来推断学生总体的数学运算能力，这一组行为就是数学运算能力的行为样本，而引起学生数学运算行为的过程就是测验。

在选择行为样本时，需要充分考虑所要测量的心理特质、测验的目的和适用范围，以及被试群体的特点等因素，尤其要基于对所要测量的心理特质的理解和研究。例如

美国心理学家瑟斯顿将智力分解为语文理解、语词流畅、数字运算、空间关系、机械记忆、知觉速度和一般推理7种基本心理特征，据此编制了"基本心理能力测验"。

虽然行为样本的数量是有限的，但是被选定的一组行为能有效地反映待测量的心理特质，具有较好的代表性，而较少出现与所代表的总体特质的偏离。因此，选择的行为样本应满足如下要求。

1. 代表性

行为样本应该能够代表所要测量的心理特质，即能够涵盖该特质的各个方面，并且被试在样本中的表现能够反映其在总体中的表现。

2. 多样性

行为样本应该包括多种不同方面的行为或任务，以便能够全面评估被试的心理特质，避免被试在测验中出现重复或类似的行为。

3. 实际应用性

行为样本应该考虑到实际应用的需要，例如在职业选拔中，测验题目应该与实际工作情境相关，以便选拔出具备所需技能的候选人。

4. 难度适宜性

行为样本的难度应该适宜，既不能过于简单，也不能过于复杂。难度适宜的样本才能够区分不同水平的被试，保证测验的可靠性和有效性。

5. 伦理和法律限制

行为样本的选择应该符合伦理和法律规定，例如不涉及被试的隐私、不违反法律规定等。

第三节　心理测验的初编、试验性测验与标准化

一、心理测验初编

经过收集和编写有了一批测验题目之后，就要对它们进行初步的编写，即将已有的题目组合成一个或几个预备测验的过程。初编测验需要经过精心的规划和设计，包括：明确测验目的、选择合适的测验方法和工具、制订详细的计划和时间表、编写高质量的题目和内容、进行试测和修订、评估和验证测验以及收集反馈意见并改进。这是一个不断试验性测验和修改的过程，在获得一套满意的题目之前，这个过程是可以不断循环重复的。

（一）初编测验项目的基本原则

第一，测验项目的取样应能反映被试的心理特质。第二，测验项目的难度应有一定的分布范围。第三，编写测验项目的用语要力求精练简单、浅显明了。第四，初编

题目的数量要多于最终所需要的数量，以便筛选或编制复本。初始题目的数量要比最后实际使用的题目数量多一倍以上，才能满足进一步筛选题目和编制复本的需要。

（二）初编题目的注意事项

1. 初编选择题的注意事项

①题干所提的问题必须明确，尽量使用简单而且明晰的词语，使题干意义完整，即使被试不看选项亦能完全理解。②选项切忌冗长，要简明扼要。③每题只给一个正确答案，其他属诱答。若是找最合适的答案，则应用问句"下列答案中哪个最合适？"以免引起困惑。④各选项长度应相等，尽量不要有长有短。⑤选项与题干的联系要非常密切。诱答项目也必须保持一致，以免被试很容易就排除诱答项目。

2. 初编是非题的注意事项

①内容应以有意义的概念、事实或基本原则为基础，不要在叙述中出现琐碎细节或无关信息。②每题只能包含一个概念，避免两个或两个以上的概念出现在同一个题目中，造成"半对半错"或"似是而非"的情况。③尽量避免否定叙述，尤其是要避免用双重否定。④若是表达意见的题目，最好说明意见的来源和依据，以便测出被试是否了解某些意见、信念或价值观念等。⑤是非题的选项应有适应比例，基本相等，且要随机排列。⑥是非题的编写在长度和复杂性上应尽量保持一致。

3. 初编简答题的注意事项

①宜用问句形式。若使用未完成的句子，则空格尽量放在最后。②如果是填充形式，空格不宜太多，且所空出的应该是关键词句。③每题应只有一个正确答案，而且答案要简短。④对不完整的答案，应事先规定评分标准。

4. 初编操作题的注意事项

①明确所要测量的目标，并将其操作化。②进行工作分析，辨认出操作中最重要的活动，找出具有代表性的工作样本。③建立作业标准，指出通过此项作业的最低标准。④指导语要简明扼要，让被试明白要他们做什么和在什么条件下做，使用什么工具、时间限制以及评价的依据等。⑤阐明评分标准，确定计分方法。有些操作项目可根据完成的数量和错误次数客观计分，有些项目的评分则可以采取规定的标准给出。⑥可作为纸笔测验题的补充。

二、心理测验试验性测试

初编项目的性能优劣需要做进一步检验。试验性测验（experimental test）是指在小范围内进行的用于评估初编项目可行性的测验。

（一）试验性测试的步骤

①确定测验目的和目标受众。在开始设计试验性测验之前，首先需要明确测验的目的和目标受众。这有助于确定测验内容和格式，并确保测验与目标受众的需求和背景相匹配。②制订测验计划和程序。根据测验目的和目标受众，制订详细的测验计划

和程序。这包括选择适当的测验材料、确定测验的格式和时间安排，以及规划测验的执行和评分过程。③选择样本和参与者。选择具有代表性的样本和参与者，以确保测验结果的可靠性和有效性。根据试验的目的和规模，可以选择一定数量的参与者，并确保他们符合特定的要求或标准。④实施测验并收集数据。按照计划和程序实施测验，并对参与者进行必要的指导和说明。在测验过程中，要密切关注参与者的反应和表现，并记录相关数据。⑤分析数据并评估结果。在收集到足够的数据后，对数据进行统计分析，以评估新测验的效度、稳定性和可行性。这包括比较新旧测验的结果、检查参与者在不同阶段的反应和表现等。

（二）试验性测验的注意事项

①试验性测验的对象应选自将来正式测验时准备应用的群体对象。例如编制一个将来准备用来测验大学生人格特征的量表，试验性测验的对象应是大学生。又如对于一个成功的测验来说，进行试验性测验的学生必须和以后的测验对象属于同一个年级，并且具有相同的课程背景，取样时应注意其代表性，人数不必太多，亦不可过少。②取样时要注意样本的代表性，一般可以用分层随机抽样的方法来选取试验性测验中的样本。例如大学生中可以不同类型的学校或不同系科为层，再从中抽取一定数量的学生。又如抽取某年级的学生样本，不能只选择城市生源的学生，而没有来自农村的，或者只面向重点学校，而忽视了一般学校，应该保证各种不同的样本都有适当比例，这样才能保证样本具有代表性。③试验性测验的实施过程与方法应力求和以后实施的正式测验相同，这样可以较好地控制无关变量对测验结果的影响。④试验性测验的时间应适当延长一些，让被试把题目完全做完，以便获得较充分的反应资料，使统计分析测验的结果更加可靠。⑤在测验过程中，应随时记录被试在反应中的各种表现，弄清哪些项目意义不清、容易引起误解等质量方面的信息，了解检验时限以多长为合适，在施测过程中还有哪些因素需要进一步控制等。⑥在完成测验后，收集参与者的反馈意见，优化测验，修改表意不清的题目和区分度不强的题目等，明确施测过程中需要进一步控制的条件，调整测验内容、改进评分标准和测验形式等。

三、心理测验标准化

有了一套好题目不等于就有一个好测验，因为可能会有一些无关的变量对测验产生干扰，导致测量误差。一般将控制无关因素对测验影响的这个过程称为测验的标准化（standardization of test）。测验标准化是指对测验的编制、实施、计分以及测验分数解释程序的一致性规定。测验的标准化包括以下5个方面的内容。

（一）测验内容标准化

测验内容标准化是指测验题目必须能测量出所要测量的目标，题目内容是总体的代表性取样，对所有被试施测相同或等值的题目。

（二）测验编制标准化

测验编制标准化是指在编制测验程序、测验内容确定、测验的信度和效度分析、项目分析等方面严格按照规定的程序进行。

（三）施测过程标准化

施测过程标准化是指所有被试应在相同的条件下施测，有相同的测验情景、相同的指导语和相同的测验时间限制。具体而言，指导语可以分为对被试的和对主试的两种。对被试的指导语属于测验刺激的一部分，一般说明测验的目的和指示被试如何回答问题（包括如何选择反应、记录反应以及时限等）。观察表明，如果同一个测验使用不同的指导语，会直接影响被试回答问题的态度，从而影响测验结果。对主试的指导语一般写在测验的说明书中，一般是对测验的各个细节做进一步的说明，以便更好地规范主试的测验行为，如测验场地如何安排、测验材料如何分发、如何计时计分等。主试的一言一行都会对被试产生影响。因此，主试要严格地按照说明书中的指导语去实施。标准时限的规定依测验目标和内容而有所区别，如测量目标是为了解被试的人格特征，那么反应速度就不是一个重要因素，因此可以不规定严格的时限；如果是教育成就测验，既要考查被试的反应速度，又要考查被试解决难题的能力，那么，这类测验所用时间应当能使大约 90% 的被试做完全部题目。如何确定测验的合适时限，可采用多种方法进行探索，例如要求每个被试在做完题目后即刻将完成的时间写在试卷末尾，研究者可以通过所有被试完成的情况规定合适的时限。

（四）测验评分标准化

测验评分标准化是指测验评分标准的客观化和统一，包括评分者的资格、评分的操作程序、计分标准和计分方法等的统一。只有基于评分标准化才能将测验分数的差异归于被试反应的差异。为保证评分的标准化，常采用两个或两个以上的受过训练的评分者之间的一致性来进行衡量。一般来说，选择题的评分比较客观，习惯上将由选择题所组成的测验叫作客观性测验；而对于被试可以自由反应的题目，不同评分者之间就难以取得完全一致，也极易产生评分误差。一般而言，分数评出后还要进行合成计算，即将各题目分数合成分测验分数，再将分测验分数合成测验总分数。

（五）分数解释标准化

一般要将测验的原始得分转换为标准分数，并与有关群体常模的平均值和标准差进行比较才可以进行解释，即才能知晓测验分数所代表的意义。分数解释标准化包括两类情况，即常模参照评价（norm - referenced assessment）和标准参照评价（criterion - referenced assessment）。二者的区别和联系见表 2 - 1。所谓"常模"是指一群有代表性的样本的平均分数。如大学生四级英语考试的常模来自全国高校 3 万名非英语专业考生的平均分数，因此，常模参照评价是将个体的成绩与同一团体的平均分数（即常模）做比较来确定其成绩等级的一种评价方法，可见，以常模作为评价标准参照点的称为"相对评价"，亦可用于衡量个体在团体中的相对位置和名次。具体评价方法可以是：

①对一个群体的分数进行排序，从而找出某个体在该群体中所处的等级次序位置，常用百分位数这一指标。②群体或常模的分数分布若接近正态，并已知其平均分和标准差时，可通过计算个体分数"高于或低于平均值加/减几个标准差"来判断该个体在群体中所处的等级位置。③将分数标准差转换成一些经典分布，通过套用对应的公式，可以计算出某个体在群体中的等级位置。比如，标准化成 Z 分数、T 分数等。

表 2-1　常模参照评价和标准参照评价的比较

项目	常模参照评价	标准参照评价
含义	以个体的成绩与同一团体的平均成绩或常模相比较，确定其成绩的适当等级的评价方法	以具体体现教学目标的标准作业为依据，确定学生是否达到标准以及达标的程度如何的评价方法
评价内容	衡量个体在团体中的相对位置和名次，也称"相对评价"或"相对评分"	衡量学生的实际水平，即学生掌握了什么以及能做什么，又称"绝对评价"或"绝对评分"
评价标准	参照点：常模——团体测验的平均成绩。学生在团体中的位置就是以学生个体成绩与常模比较来确定的	参照点：教学目标。测试题的关键是必须正确反映教学目标的要求，而不是试题的难易和鉴别力
主要用途	可以作为分类、排队、编班和选材的依据	主要用于了解基础知识、技能的掌握情况，利用反馈信息及时调整、改进教学
不足	忽视个人的努力状况及进步程度，尤其对后进者的努力缺少适当评价	测题的编制很难充分、正确地体现教学目标

第四节　心理测验的项目分析

项目分析（item analysis）是用来判定每一项目的难度和辨别力的过程。它是测验编制质量分析的重要部分，包括定性分析和定量分析。定性分析主要依靠测验编制者丰富的经验和所受的训练，分析项目的内容和形式是否得当，包括考虑内容效度，题目编写的恰当性、教育性和有效性等；定量分析主要是指对项目难度和区分度等进行分析。掌握测验项目分析的概念和方法，有助于测验编制者更好地修订测验题目。

一、难度

（一）难度的含义

测验项目的难度是指测验项目中被试正确作答的比例或概率，也被称为通俗度。它通常用于描述一个测试题目的难易程度，是项目特征函数中的一个重要参数。对于能力测验，可以说一个项目的难度或者容易程度；但对于兴趣、动机和人格这些无所谓正误的测验，题目则不存在难易之说。在心理与教育测量中，每个题目都有自己的难度值，通常以每一个题目的通过率作为难度指标，表示为：

$$P = \frac{R}{N} \qquad （公式2.1）$$

式中：P 为项目难度；N 为全体被试人数；R 为答对或通过该项目的人数。

使用该公式可计算所有项目的难度。

由公式2.1可以看出，难度值的变化范围为 $[0，1]$，难度为0意味着这个题目太难，没有人能够答对；难度为1意味着这个题目很简单，所有人都能答对。答对某一题目的人数越多，说明这个题目越简单，P 值就越大；而答对某一题目的人越少，说明这个题目越难，P 值越小。因此当看到项目难度值的时候，应该注意难度值与项目的难易程度成反比，这与一般的理解可能不同。

（二）难度的计算

对于二分法与非二分法计分的项目，难度的计算公式有所不同。

1. 二分法计分的项目

对于同一题目，采用通过率法和极端分组法计算出来的难度间不具有可比性。

（1）通过率法。二分法计分是指一个题目存在正确答案，对于题目的回答非对即错，不存在半对半错的中间状态。心理与教育测验中的选择题、是非题就是二分法计分。对于这类计分的项目，难度计算有两种方法，其中一种计算方法的计算公式同公式2.1，以通过率作为衡量题目难度的指标，随着统计软件的兴起，利用这种方法进行计算变得十分简单，因此这种方法在实践中很常用。

例2.1　数学考试中的第5题，300个学生中有240个答对了这个题目，按照公式2.1，该题目的难度为 $P = \frac{240}{300} = 0.80$，可见这个题目还是比较简单的。

（2）极端分组法。首先将被试按照总分高低进行排列，然后按照分数的高低对其进行分组。当被试人数较多时，可以把被试分成三组，总分最高的27%的被试作为高分组，总分最低的27%的被试作为低分组，剩下的46%的被试作为中间组；当被试人数较少时，也可以按照50%的标准把被试分成两组。对于标准参照式测验来说，被试分组的规则为测验总分是否达到规定的标准，以这一标准为界，把达到这一标准的被试和没有达到标准的被试分为两组，最后使用下列公式计算某一项目的难度：

$$P = \frac{P_H + P_L}{2} \qquad （公式2.2）$$

或

$$P = \frac{1}{2}\left(\frac{R_H}{N_H} + \frac{R_L}{N_L} \right) \qquad （公式2.3）$$

（3）选择题难度修正。在选择题中，由于允许猜测，通过率可能因机遇作用而变大。备选答案的数目越少，机遇的作用越大，越不能真正反映测验的难度。为了平衡备选项目对难度的影响，吉尔福特提出了一个难度的校正公式：

$$CP = \frac{KP - 1}{K - 1}$$ （公式2.4）

式中：CP 为校正后的通过率；P 为实际得到的通过率；K 为备选项目的数目。

例2.2　假定某题有75%的被试通过。如果该题有5个备选项目，则校正后的通过率为：

$$CP = \frac{5 \times 0.75 - 1}{5 - 1} \approx 0.69$$

同样可以得知，当有4个备选项目时，$CP \approx 0.67$；有3个备选项目时，$CP \approx 0.63$；有2个备选项目（是非题）时，$CP = 0.50$。

当每个试题备选项目的数目不同，而又要比较它们的难度时，使用公式2.4计算通过率是比较合理的。

2. 非二分法计分的项目

对于简答题、论述题以及作文的评分与选择题有所不同，这类题目并无完全的正误之说，其分数可以是从零分至满分，因此不能套用上述公式，这时可以采用如下公式对其难度进行计算：

$$P = \frac{X}{X_{max}}$$ （公式2.5）

式中：X 为被试在某一项目上的平均分；X_{max} 为该项目的满分。

例2.3　语文考试的作文满分为30分。考生在作文上的平均得分为21分，则这次作文题目的难度为：

$$P = \frac{21}{30} = 0.70$$

3. 测验难度的计算

除了衡量测验中每个题目的难度之外，通常被试还想知道整份测验的难度如何。有时在一次考试后，会听到同学普遍反映"这次考试从整体上说题目真难"，这就是关于测验难度的问题。计算测验的难度也有两种不同的方法，一种是计算所有题目难度的平均值，另一种与公式2.5类似，计算这次测验总体平均分与满分的比值。这两种方法的计算结果应该是一致的。由于这两种方法都比较简单，在这里不做详细说明。

（三）难度水平的确定

计算题目的难度是为了评价和筛选题目，那么，一个题目的难度值为多少才是理想的呢？对这一问题的回答是：不一定。题目的最佳难度值受很多因素影响。难度可根据测验目的、项目形式和测验性质来确定。例如在以下不同的情况下难度的确定标准可以有不同。

（1）在学业考试中，其目的是教学内容掌握的情况，所以只要认为内容是重要的，就可以选择，而不论难度。

（2）在人员选择中，应该将项目难度控制在接近录取率左右。如果测验用于挑选少数优秀被试，例如是挑选少数几个人来接受奖学金或者被安置到一个很重要的位置，则测验的难度值应低一些，即测验难一些；如果测验用于鉴别少数偏差的被试，例如是为了鉴别少数学习困难儿童，则测验难度值应高一些，即测验简单一些。录取率为40%，则理想的难度在0.40左右。如果想要对被试做最大限度的区分，那么，测验的难度值为0.50左右最为合适，但是并不是要求所有项目的难度值都为0.50，最好各个分数适当分布。

（3）在教育与心理测验的选择题中，备选项数目（K）的多少直接影响到猜测的概率。两个选项的题目猜对的概率是50%，四个选项的题目猜对的概率是25%，因此在判断题目的最佳难度值时，应该考虑到备选项数目的多少。表2-2列出了备选项的数目与最佳难度值的关系。所以，难度值要大于猜测概率。如难度值等于或小于概率，则鉴别力好，通过者都是水平最高的，也可保留。

表2-2　备选项目的数目与实际得到的通过率的关系

备选项目的数目（K）	实际得到的通过率（P）
2	0.85
3	0.77
4	0.74
5	0.69
开放题（非二分法计分）	0.50

数据来源：AIKEN L R. Psychological testing and assessment ［M］. 10th ed. Boston：Allyn and Bacon，2000.

（4）在人格测验中，项目不存在难度问题，与此相应的指标叫通俗性，即同一类人在答案方向上回答的人数，计算方法同难度计算方法。

上面提到的最佳难度值基本上是针对整个测验而言的。每个题目难度值的变化范围，因所测量能力的范围不同而有所区别。如果测验是一个分测验，即为了在一个较小能力范围内进行鉴别，例如瑞文高级推理测验适用于高智商人群，该测验希望对这些人进行有效的区分，则题目难度值应在表2-2中所列数值的上下浮动，其变化范围以不超过0.20为宜。如果一个测验能够适用于广大的能力范围，如我国的高考，那么题目难度值的变化范围可以比较大，很简单的题目也可以出现在测验中。

（四）难度水平与分数的分布关系

1. 正态分布

平均难度为0.50，即大多数被试通过50%的题目。

2. 偏态分布

正偏态时，分数密集在低分区段，表明整体难度下限太高，缺乏足够的较易的项目。负偏态时，分数集中在高分区段，表明难度上限太低，缺乏足够的难题，所以多数人都得高分。另外，并非所有测验都要求正态分布，有些允许出现偏态，如标准参照测验的分数就常常是偏态，可根据实际需要来确定。

一般能力测验和成就测验的难度在 0.50 左右为宜。出现偏态情况时，宜对项目进行调整，以使测验分数的分布接近正态。但项目难度还与测验的目的有关，正偏态分布适合于筛选性测验（如选拔性测验、竞争性测验），达标考试属于负偏态分布。

总之，项目难度仅仅是评估测验项目的一个方面，另一个方面需要分析某一项目成绩与整个测验成绩之间的关系。

二、区分度

（一）区分度的概述

项目的区分度（discrimination）是指一个测验题目或整个测验能够在多大程度上区分出所要测量的特质。它能够反映测验题目对心理品质区分的有效性。高区分度的测试题目能够有效区分出表现好与表现差的考生，即高能力考生得分高，低能力考生得分低。反之，区分度不好的项目就不能有效地鉴别水平高和水平低的考生。因此，区分度也叫作项目的效度，并作为评价项目质量、筛选项目的主要依据。

区分度的计算可以使用不同的方法，这些方法都是基于被试对项目的反应与某种参照标准之间的关系。如果测验目的是预测被试在工作中的能力高低，就可以使用上级评价作为参照标准；通常情况下，实际研究者往往难以得到这些外部标准，因此常常使用测验的总分作为参照标准。这里的参照标准即为效标，关于效度与效标的概念将在第四章进行介绍。

区分度的取值范围是 -1.00 ~ +1.00。一般情况下，区分度应为正值，称作积极区分，而且值越大，说明区分度越好；如果区分度为负值，称为消极区分，说明这个题目肯定有问题，应该删除或者重新修订；区分度为 0，为无区分作用。

（二）区分度的计算

与难度的计算方法相比，区分度的计算方法相对较多，在实际应用中，可根据具体情况选用其中一种方法，有时也可以使用两种不同方法相互验证。

1. 项目鉴别指数

项目鉴别指数是指在测验编制中用以确定测验项目能将具备所测能力高的个体与能力低的个体区分开来的程度指标。计算项目鉴别指数（D）需要先对被试按照测验总分的高低进行分组，故此计算方法亦被称为极端分组法。分组原则与计算难度时的分组原则相同，公式中各字母所代表的含义也完全相同，计算项目鉴别指数的公式如下：

$$D = P_H - P_L \qquad \text{（公式 2.6）}$$

或

$$D = \frac{R_H}{N_H} - \frac{R_L}{N_L} \qquad \text{（公式 2.7）}$$

例2.4 某小学数学测验，被试共 18 人，高分组和低分组若各取总人数的 27%，则两组各为 5 人。第 8 题高分组 5 人全部答对，低分组 5 人中有 1 人答对，则用公式 2.6 计算第 8 题的鉴别指数为：

$$D = \frac{5}{5} - \frac{1}{5} = 0.80$$

D 值是鉴别项目测量效标有效性的指标，D 值越高，项目的区分度越高，项目越有效。当 $D = 1.00$ 时，高分组全部通过，低分组全部失败。当 $D = 0$ 时，则高分组和低分组通过的人数相同。在一般情况下，D 值很难等于 1.00。那么最优鉴别指数是多少呢？美国测量学家伊贝尔（L. Ebel）根据自己长期编制测验的经验提出了从鉴别指数上评价项目性能的标准。表 2–3 所列内容可以为评价项目提供参考意见。

表 2–3 鉴别指数与项目评价

鉴别指数（D）	项目评价
0.40 以上	非常优良
0.30 ~ 0.39	良好，如能修正更佳
0.20 ~ 0.29	尚可，仍需修改
0.19 以下	劣，必须淘汰

数据来源：戴海崎，张锋，陈雪枫. 心理与教育测量［M］. 广州：暨南大学出版社，1999.

需要注意的是，上述标准不是绝对的，事实上不同的测验对项目的区分能力有不同的要求，所以很难确定一个绝对的水平作为筛选项目的标准。例如：一个用于选拔人才的测验，项目的区分度应该高一些；如果一个测验只是用来考查学生对一些基本知识和技能是否掌握，可不考虑区分度；有些题目即使全体学生都通过，区分度为 0，只要该项内容是重要的，仍应保留。

2. 方差法

方差表示一组数据的离散程度。方差大，数据分散。被试在某一试题上的得分越分散，则该试题鉴别力越大。公式如下：

$$S^2 = \frac{\sum (X_i - \overline{X})^2}{n} \qquad \text{（公式 2.8）}$$

式中：X_i 为第 i 个被试在该题的得分；$\overline{X}$ 为所有被试在该题的平均分；n 为被试总人数。

当 $n < 30$ 时，属统计上的小样本，改用如下公式：

$$S^2 = \frac{\sum (X_i - \overline{X})^2}{n - 1} \qquad \text{（公式 2.9）}$$

实际进行项目分析时，被试不能少于 30 人，但由于练习中 n 不可能很大，所以提到该公式。

3. 项目与总分的相关

用鉴别指数计算项目的区分度比较简单，在一般的测验中比较常用，但其结果不是很精确，在标准化测验中，多采用相关法进行区分度计算，即计算项目分数与效标分数（多用测验总分）之间的相关作为项目的区分度。使用相关法计算区分度又可以分为几种不同的方法，如点二列相关、二列相关。这些相关所适用的具体条件有所不同，但针对同一组数据使用不同方法计算出的结果也没有显著差别，在这里均做简要介绍。

（1）点二列相关。点二列相关法是相关法中计算区分度常用的一种方法，这是由其适应的数据类型所决定的。使用点二列计算相关的两个变量应该满足的条件是：一个变量是连续变量，另一个变量是二分变量或者双峰分布。具体到区分度的计算中，就是项目计分采用二分法，测验总分为连续变量。由于现在的教育考试以及其他测验越来越多地使用选择题，题目大多为二分变量，而且点二列相关的计算并不复杂，因此，点二列相关的使用也随之而变得广泛起来。点二列相关系数（r_{pb}）的计算公式为：

$$r_{pb} = \frac{(\overline{X}_p - \overline{X}_q)}{S_t} \sqrt{pq} \qquad （公式 2.10）$$

其中，

$$S_t = \sqrt{\frac{\sum X^2 - (\sum X)^2/n}{n-1}} \qquad （公式 2.11）$$

式中：$\overline{X}_p$ 为通过该项目的被试测验总分（或其他效标分数，下同）的平均值；$\overline{X}_q$ 为没有通过该项目的被试测验总分的平均值；S_t 为总分的标准差；p 为通过该项目的被试所占百分比；q 为没有通过该项目的被试所占百分比。

例2.5 表2-4记录了20名学生的测验总分与在某选择题上的得分情况，可以采用公式2.10来对这个题目的区分度进行计算。

表2-4 20名学生总分与某题回答得分情况举例

学生	1	2	3	4	5	6	7	8	9	10	11	12	13	14	15	16	17	18	19	20
总分	69	75	82	98	52	88	66	79	85	99	95	73	80	78	79	99	74	79	93	63
某题得分	0	1	0	1	0	0	0	0	0	1	1	0	1	0	1	0	1	0	1	0

首先求得公式中所需要的数值：

$p = 0.35$，$\overline{X}_p = 91.00$；

$q = 0.65$，$\overline{X}_q \approx 74.54$；

$S_t = 12.645$

代入公式2.10，得：

$$r_{pb} = \frac{91.00 - 74.54}{12.645} \times \sqrt{0.35 \times 0.65} = 0.62$$

得出这个相关系数后，如何评价该题目的优劣呢？这就需要对这个相关系数的显著性进行检验。常用的检验方法有以下两种。

第一种，同积差相关系数的检验方法（详见相关统计书）；第二种，可以借助于 t 检验，即检验通过该项目与未通过该项目的两组被试整体测验的平均分是否存在显著差异，若平均分差异显著，则相关系数也显著，反之则不显著。在一般的情况下，尤其是教育考试中的区分度分析，相关系数达到 0.20 即可以被接受。

（2）二列相关。当两个变量都是正态连续变量，其中有一个被人为分成两个类别时，就要用二列相关。这些项目也是正态连续变量，但被人为地分成答对和答错两种情况，比如规定对某个数学题作答，答错就计 0 分，而不管计算过程是否正确。二列相关系数（r_b）的计算公式为：

$$r_b = \left(\frac{\overline{X}_p - \overline{X}_q}{S_t} \right) \left(\frac{pq}{Y} \right) \qquad （公式 2.12）$$

式中：Y 为正态分布下答对百分比 p 所在位置的曲线高度。其余字母的意义与点二列相关公式相同。

例 2.6　表 2-5 是某学校的 15 名学生总分和某项目的解答情况。

表 2-5　15 名学生总分和某项目的解答情况

学生	A	B	C	D	E	F	G	H	I	J	K	L	M	N	O
总分	90	81	80	78	77	70	69	65	55	50	49	42	35	31	10
某项目得分	1	0	1	1	1	1	1	0	0	0	1	0	1	0	0
升学情况	1	1	1	1	1	1	1	1	0	0	0	0	0	0	0

$$p = \frac{8}{15} \approx 0.533\,3$$

$$\overline{X}_p = \frac{90 + 80 + 78 + 77 + 70 + 69 + 49 + 35}{8} = 68.50$$

$$q = 1 - p = 1 - 0.533\,3 = 0.466\,7$$

$$\overline{X}_q = \frac{81 + 65 + 55 + 50 + 42 + 31 + 10}{7} \approx 47.71$$

$$S_t = \sqrt{\frac{58\,936 - (882)^2/15}{15 - 1}} = \sqrt{\frac{58\,936 - 51\,861.6}{14}} = \sqrt{505.31} \approx 22.48$$

由正态分布表得 $Y = 0.397\,5$，代入公式 2.12，得：

$$r_b = \left(\frac{68.50 - 47.71}{22.48} \right) \left(\frac{0.533\,3 \times 0.466\,7}{0.397\,5} \right) = 0.924\,8 \times \frac{0.248\,9}{0.397\,5} = 0.579$$

也可用等价公式：

$$r_b = \frac{\overline{X_p} - \overline{X_t}}{S_t} \times \frac{p}{Y}$$

（公式 2. 13）

式中：$\overline{X_t}$ 为总分的平均数。其余字母的意义与点二列相关公式相同。

三、难度和区分度的关系

难度与区分度并不是完全不相关的两种指标。事实上，从公式 2.2 以及公式 2.6 可以看出，难度与区分度存在紧密的关系。例如，假定某个题目的难度为 1.00，则说明所有人都通过了这个题目，那么区分度为 0.00；如果一个题目的难度为 0.10，那么 $P_H + P_L = 0.20$，由于 P_L 最小为 0.00，因此，P_H 最大为 0.20，则 D 最大也为 0.20，以此类推，结合公式 2.2 与公式 2.6 两个公式，以及 p、P_H 与 P_L 的实际意义，可以得到难度值与相应鉴别指数的最大值。

项目的难度值越接近 0.50，区分度就越好，而离 0.50 越远，其区分度就越小。换句话说，只有当项目的难度值为 0.50 时，项目才可能表现出最好的区分度。

为了使项目具有最好的区分度，是不是应该使所有的题目难度都集中在 0.50 左右呢？事实并不是这样，而是应该让难度分散一些。在一套测验中既有简单的题，又有复杂的题，这样才能保证能力低的被试至少可以做对一些简单题，不至于得零分，而能力高的被试可能做不对一些很难的题，不至于得满分；如果难度很平均，都集中于 0.50，那么能力低的被试可能都是零分，而能力高的被试可能都是满分，这样就不能对被试进行很好的区分。所以当测验所要测量的能力范围比较大时，题目的难度分布也应该比较广，其难度位于 0.50 左右即可；而当测验所要测量的能力范围比较窄，题目的难度分布也应该相应变窄，上下不要超过 0.20。如果难度范围变大，则不能保证区分度，事实上，鉴别指数在 0.40 以上的项目就很优秀了，这时所对应的难度范围为 0.20 ~ 0.80，有时并不需要题目具有很高的鉴别度，这时难度范围就更大了，由此可见，在实际应用中，难度和区分度并不是鱼与熊掌的关系，而是能够彼此兼顾的。

四、项目分析的特殊问题

项目分析主要是分析题目的难度和区分度，但是，由于测验的性质和题目的形式不同，因此，还有些特殊问题需要加以讨论。

（一）速度测验的项目分析

速度测验主要是测量被试心理活动和动作反应的快慢。上述分析题目难度和区分度的方法不适合速度测验。因为速度测验的特点是：题目容易且数量多，在严格规定的时间内，被试不可能全部做完。如果用通过率来表示题目的难度，那么后面题目的通过率必然会低于前面题目的通过率，这样，就会得出后面题目难度很高的错误结论。同样，也正是由于严格控制时间，后面题目的鉴别力也必然会比前面的题目高得多，这显然与事实是不相符合的。由此看来，运用难度和区分度分析题目的方法并不能反映速度测验题目本身的性质，只能在一定程度上反映题目前后的位置关系。

有人认为可以延长测验时间，让被试全部回答完，再来分析题目的难度和区分度。其实这并不是理想的办法。如果速度本身不是测量的目标，这个办法还是可行的。但是速度测验的主要目标就是测验被试的反应速度。因此，学术界至今还没有找到分析速度测验题目质量的理想的数量化方法，一般都是从性质上、取样的代表性上做一些考查。

（二）标准参照测验的项目分析

标准参照测验也称目标参照测验，是将被试的测验分数与某种特定的标准相比较，达到标准的算合格，可以取得升学、毕业或从事某种技术职业的资格。中学生的毕业考试、汽车驾驶员取得驾驶执照的测验等都是典型的标准参照测验。标准参照测验只关注被试的分数是否达到规定的标准，不需要在被试个体之间做比较，被试的等级名次也没有意义。因此，一般情况下，有助于鉴别被试个体差异的题目难度和区分度两项指标，不太适用于标准参照测验中的题目分析。在标准参照测验中，要从能否有效地识别被试达到标准这个角度来评价题目的质量。

1. 项目识别度的分析

标准参照测验的一个主要特征是要确定及格与不及格、通过与不通过的标准。比如，成人自学考试中，确定卷面分只要达到 60 分，这门课程就算自学通过。因此，试卷中的所有题目都应该有助于对学生能否自学通过做出正确有效的判断。所谓项目识别度是指：正确回答某道试题中及格学生比例与不及格学生比例之差。具体的操作步骤是：先将已作答的试卷分为及格、不及格两部分，分别统计两部分学生中正确回答某道试题的学生人数比例，再运用下列公式计算项目识别度。

$$D = P_{及格} - P_{不及格} \qquad （公式2.14）$$

式中：D 为项目识别度；$P_{及格}$ 为及格学生中正确回答某道试题的比例；$P_{不及格}$ 为不及格学生中正确回答某道试题的比例。

例2.7　90个学生接受目标参照测验，根据测验总分有70人及格，20人不及格。对测验中第5题的回答情况是：及格组中有60人通过，不及格组中有10人通过，求第5题的项目识别度。

把数据代入公式2.14，得：

$$D_5 = \frac{60}{70} - \frac{10}{20} \approx 0.36$$

这道题目的识别度为0.36。

因为标准参照测验中的题目难度不会太大，像毕业会考要让大多数人都合格。因此，题目识别度指数不会太高，达到0.36是一个质量优秀的题目。

2. 前测后测比较法

如果大多数被试在预测中没有通过某个题目，在接受教育和训练后的重测中都通过了，说明这道题目对被试有较好的鉴别能力；如果某道题目在教育和训练前后的两次测验中都通过或都没有通过，说明这道题目太容易或太难了；如果一道题目在预测中大部分被试都通过了，在教育或训练后的重测中反而没有通过，说明这道题目在重测中编制错了，或者教育和训练中有错误和缺陷。

当然，在标准参照测验中，测验者或研究者有时要进一步区分出被试成绩的优劣，比如各科教师所主持的学科测验，也可以用难度和区分度作为题目分析的指标。

 技能训练

1．你肯定早就观察到，在班级测验中学生完成测验的速度有很大的个体差异。有的学生用不到 1 小时的时间就能完成时限为 2 小时的测验，而有的学生甚至在时限到了之后还在继续做题。通过你的观察和与学生交谈，你认为决定学生完成测验快慢的主要因素有哪些？

2．小明参加了一个包含 50 个选择题的测验，每个题目有 4 个选项，他答对了 30 个题目，答错了 16 个题目，有 4 个题目未作答。请计算他经过猜测校正和未经猜测校正的总分各是多少？如果这些题目为是非题，并且他答对和答错的情况与上面相同，这时他经过猜测校正和未经猜测校正的总分又各是多少？

3．设计一试验性测验。

下面是测验开发的 3 种情境。请先阅读每一种情境，然后再设计一个预测。就该预测回答下列问题：

a．谁将参加测验？

b．你将得到什么信息，如何得到这些信息？

c．测验的环境应该如何？

d．应该由谁施测该测验？

e．你觉得在预测的过程中还有哪些问题需要考查？

情景 1：你所在的大学的招生办公室为新来的学生开发了一个测验。该测验的目的是鉴别出那些在校园生活适应方面可能有困难的学生。该大学所招收的学生既包括传统年龄范围的，也包括特殊年龄范围的。这些学生的文化和社会经济背景彼此大不相同。测验一共由 50 个题目组成，题目是多项选择形式。被试的答卷可以使用电子扫描系统进行评分。招生办公室准备将该测验放入申请文件中，并要求申请的学生将填好的测验与其他申请材料一起提交。

情景 2：Query 博士有一个临床诊所，面向那些有抑郁症状的患者开放。她发现有些患者在群体治疗中表现比较好，而另外一些患者则在单独治疗中进步更快。她编制了一个 20 分钟的入门面谈测验。该面谈可以由一位办公室里的研究助理或工作人员完成。该面谈的目的是确定每一个患者所适合的治疗类型（群体或个体）。

情景 3：AAAA 会计公司主要业务是负责个人和公司的税金返还。该公司开发了一个测验，用于测量被试关于联邦所得税法律方面的知识，他们将该测验用于招聘新员工。该测验有400道题目，其中100道要求计算。该测验将在公司的办公室对那些应聘者进行施测。

⎪参考文献⎪

[1] 金瑜. 心理测量 [M]. 3版. 上海：华东师范大学出版社，2023.

[2] 戴海琦. 心理测量学 [M]. 3版. 北京：高等教育出版社，2022.

[3] 格雷戈里. 心理测量：历史、原理及应用（原书第5版）[M]. 施俊琦，等译. 北京：机械工业出版社，2012.

[4] 艾肯，格罗思－马纳特. 艾肯心理测量与评估（原书第12版）[M]. 张厚粲，赵守盈，译. 北京：中国人民大学出版社，2011.

[5] 毕重增. 心理测量学 [M]. 重庆：西南师范大学出版社，2016.

 教学资源清单

使用说明：建议每位学习者在教师课堂讲授本章教材之前，先通过手机扫码的方式链接到教学资源平台，自学和练习相应的教学内容，以便在课堂上能够与教师更深入和更有效率地进行教与学的研讨，见表2-6。

表2-6　教学资源清单

编号	类型	主题	扫码链接
2-1	PPT课件	编制心理测验的一般程序	

拓展阅读

1. 潘晨晨，方平，姜媛. 中小学教师教学效能感量表编制 [J]. 心理学探新，2024，44（1）：91-96.

2. 陈国鹏，朱晓岚，叶澜澜，等. 自我描述问卷上海常模的修订报告 [J]. 心理科学，1997（6）：499-503，574-575.

第三章　经典测量理论与测验分数处理

导读

　　经典测量理论是现代心理测量理论中最为重要的测量理论之一。以经典测量理论为基础，现代心理测量学提出了误差、常模、信度、效度等一系列的概念。误差主要是与测量目的无关的因素对测量所造成的，可以分为系统误差与随机误差；常模是对常模参照测验结果进行解释的量尺，目的重在对分数进行解释，具有单位与参照点的特点。要准确地理解被试的分数，必须把握测量分数与误差的关系，并且放到一定的常模中给出恰当的解释。

第一节　心理测验中的误差现象

　　请问大家：当我们使用心理测验工具进行测量时，测到的结果一定就是被试真实的情况与状态么？

　　在测量过程中，会不会存在一些因素的影响，比如被试当时的心情、测量环境等，导致测量得到的结果出现偏差？

　　为了更好地达到指导心理测量进行实践的目标，心理学家构建了广为接受的经典测量理论。

一、经典测量理论

（一）基本理论假设

　　经典测量理论（classical test theory，CTT），又称真分数理论，指测量的观察分数（X）为所测特质的真分数（T）与误差分数（E）之和。观察分数（X）为通过测量工具直接获得的观测值；真分数（T）是指被试在所测特质上的真实值；误差分数（E）则是由与测量目的无关的因素所导致的。

　　应该指出的是，真分数仅是一个理论存在的数值，并不能够直接求取。同时，由于误差分数的存在，真分数并不等于观察分数。测量的目的在于通过测量获得所测特质的真实值，因此，要获得真分数的值，就必须将测量的误差从观察分数中分离出来。

为了解决这一问题，经典测量理论提出了四个基本假设。

假设一：真分数具有不变性。

指测量所欲测的某种特质，必须具有某种程度上的稳定性，或者说在一个相对的时间段内，个体具有的特质为一个常数，基本保持恒定。如被试的智力，在短时间内基本保持不变。

假设二：测量误差为完全随机。

测量误差分数服从平均数为零的正态分布。在多次测量过程中，误差有正有负。如果误差为正值，则观察分数就会高于真分数；如果误差为负值，则观察分数就会低于真分数。根据假设，只要重复测量次数足够多，这种正负偏差会两相抵消，测量误差的平均数恰好为零，即：

$$M_E = 0 \qquad \text{（公式 3.1）}$$

因此，观察分数会出现围绕真分数上下波动的现象。

假设三：测量误差分数与真分数之间相互独立。

测量误差是与测量目的无关的因素所造成的，是测量尽量降低的因素，即：

$$r_{TE} = 0 \qquad \text{（公式 3.2）}$$

不仅如此，测量误差之间，测量误差与所测特质外其他变量间，也是相互独立的。

假设四：观察分数是真分数与误差分数之和，即：

$$X = T + E \qquad \text{（公式 3.3）}$$

（二）基于基本假设进行的推导

1. 真分数平均数与观察分数平均数关系

假设四提出：$X = T + E$，

将上式两边求和：

$$\sum X = \sum (T + E)$$

两边除以样本数 N，求取平均数 M：

$$M_X = M_T + M_E$$

在假设三中，我们假设 $M_E = 0$，所以：

$$M_X = M_T \qquad \text{（公式 3.4）}$$

2. 观察分数、真分数、误差分数三者变异数之间的关系

方差计算公式为：

$$S^2 = \frac{\sum (X - M_X)^2}{N} = \frac{\sum x^2}{N}$$

我们使用小写的 x、t、e 分别代表观察分数、真分数及误差分数的离均差：

$$x = X - M_X$$

$$t = T - M_T$$

$$e = E - M_E = E \quad \text{（因为 } M_E = 0\text{）}$$

所以，代入公式3.4:

$$x = X - M_X = T + E - M_X = T - M_X + E = T - M_T + M_E = t + e$$

（公式3.5）

求取 X 的方差:

$$S_X{}^2 = \frac{\sum (X - M_X)^2}{N} = \frac{\sum x^2}{N} = \frac{\sum (t + e)^2}{N} = \frac{\sum t^2 + 2\sum te + \sum e^2}{N} = S_t{}^2 + 2r_{te} + S_e{}^2$$

代入公式3.2，得:

$$S_X{}^2 = S_t{}^2 + S_e{}^2$$

（公式3.6）

即在一组测量分数中，观察分数的变异数（方差）等于真分数的变异数（方差）与误差分数的变异数（方差）之和。

经典测量理论是现代心理测量理论中的最重要的测量理论之一，在真分数理论假设的基础之上，现代心理测量进一步构建了信度、效度、常模、标准化等基本概念。

（三）平行测验

1．平行测验的定义

平行测验是经典测量理论中的一个重要概念，指如果两个测验测量同一群体的同一特质所得真分数、标准差一致，则称这两个测验互为彼此的平行测验。

针对上述定义可知，两个平行测验的真分数相等、标准差相等。两者所不同的仅在于题目的不同。

实际上，平行测验的定义仅为一个理论上的定义。在实际应用中，由于误差的存在，并不能够编制出严格的平行测验。一般，我们可以近似地将同一个测验重复施测两次看作平行测验。

2．平行测验的相关

为进行推导，我们假设存在严格的平行测验。两个平行测验的相关系数为:

$$r_{x_1x_2} = \frac{\sum x_1x_2}{NS_{X_1}S_{X_2}}$$

其中，

$$\sum x_1x_2 = \sum (t_1 + e_1)(t_2 + e_2) = \sum t_1t_2 + \sum t_1e_2 + \sum t_2e_1 + \sum e_1e_2$$

与公式3.6推导类似，真分数与误差分数之间、误差分数与误差分数之间相关均为零，且平行测验的真分数相等，所以:

$$\sum x_1x_2 = \sum (t_1 + e_1)(t_2 + e_2) = \sum t_1t_2 = \sum t_1{}^2 = \sum t_2{}^2$$

因为平行测验的真分数相等、标准差相等，所以计算相关系数得:

$$r_{x_1x_2} = \frac{\sum x_1x_2}{NS_{X_1}S_{X_2}} = \frac{\sum t^2}{NS_{X_1}S_{X_2}} = \frac{S_t{}^2}{S_x{}^2}$$

（公式3.7）

因此，平行测验的相关系数为真分数的方差变异与总方差变异的比值。

二、误差

（一）误差的定义

误差指在测量过程中的一系列因素，这些因素导致测量结果与所欲测特质的真分数产生不准确或不一致的变化。

这个定义包含两层意思：第一，误差是由与测量目的无关的因素所引起的；第二，误差导致测量结果出现不准确或不一致。

（二）误差的种类

根据误差对观察分数的影响不同，误差可分为以下两种。

1. 随机误差

随机误差（random error），又叫可变误差。指在测量过程中因偶然无关因素的作用所造成的影响，它导致多次测量产生了不一致的结果。此种误差的方向和大小的变化完全是随机的，无规律可循。随机误差既影响信度，又影响效度。

2. 系统误差

系统误差（systematical error），又叫恒定误差。这是由与测量目的无关的因素所引起的一种恒定而有规律的影响，稳定地存在于每一次测量中，此时观察分数虽然一致，但与真分数之间恒定地相差一个数值。系统误差仅影响测量的效度。

随机误差、系统误差都是造成测量结果与真分数不一致的原因。但系统误差更多的是包含在真分数之中，难以单独将其剔除。因此，我们所说的误差控制多指针对随机误差而言，但也应该努力控制及消除系统误差的影响。

学习到此，我们可以知道，通过测量直接获得的分数即为观察分数，但是因为误差的影响，并不一定是被试的真分数，因此，这进一步提醒在进行结果解释的时候，更应该是注意被试可能存在心理偏差，而不能板上钉钉地说一定存在心理偏差。

那么，有哪些因素会带来误差呢？

三、误差的来源

在心理测量中，常见的误差来源主要有三个方面：测验的内部、施测的过程以及被试本身。

（一）测验内部引起的误差

测验内部的误差主要来源于题目取样：当测验题目较少或取样缺乏代表性时，被试的反应受到较大影响。也就是说，如果测验的行为取样所获得行为样本不能有效地代表所测特质相关联的行为总体，这个时候，测量结果势必不能准确衡量被试的真实情况。此外，当几个测验复本不等值时，接受不同的题目的测查，就会获得不同的分数。除此之外，测验题目格式不妥、测验的难度过高或过低、测题或指导语用词不当、测验时限过短等因素均可以造成误差。

（二）由施测过程引起的误差

施测过程也是误差容易产生的环节。具体影响因素包括以下三点。

1. 施测的环境

施测现场的温度、光线、时间等皆会有影响。同时，施测过程中的意外干扰如敲门声等也会造成对测验结果的影响。所以，在开展测量的过程中，要注意施测时环境的适宜性。

2. 主试方面

主试的年龄、性别、外表，施测时的指导语等均能影响测验结果。理想的测验应该是这些方面均加以平衡，如对两组人均是同样的主试进行施测，其他条件均一致，这个时候才有可能将两组结果的不一致归结为是两组被试本身特质的区别。

3. 评分计分

客观题由评分者所造成的误差较小，基本可以杜绝。评分者所造成的误差多集中在主观性题目。由于主观题不同，评分者的评分标准的差异会造成对测验结果的影响。

（三）由被试本身引起的误差

即使一个测验经过精心编制，题目取样具有代表性，又有标准化的施测和计分程序，由于被试本身的变化，仍然会给测验分数带来误差，这种误差是最难控制的。

来自被试的误差因素，有些是属于个人的长期的一般变化，有些是与特定测验内容和形式以及特定施测条件相联系的暂时的特殊变化。

1. 应试动机

被试参加测验的不同动机会导致被试在测验过程中出现不同的反应倾向。如一个应聘某工作岗位的应聘者，在心理测验过程中有可能会力图表现自己比较优秀的一面，从而在作答上存在一定的掩饰，这就是一种误差。

2. 练习效应

在间隔比较短的时间内，施测同一个测验两次，第二次测验的成绩一般都会高于第一次测验，这并不是被试的特质发生了变化，而是很有可能存在了练习效应。因此，在实际测量中，要注意两次施测的间隔时间。一般来讲，操作测验相对于言语测验而言，受到练习效应的影响更大。

3. 生理因素

被试的生理因素也会影响到测验结果的准确与稳定。如生病、疲劳、失眠等。

误差产生的来源有很多，在实际测量过程中，任何与测量目的无关的变因都可能引起误差，这些因素既能引起随机误差，也能引起系统误差。

第二节　心理测量分数的解释

通过第一节的学习我们知道，测验工具直接获得的分数叫作观察分数（X），并不等同于被试的真分数（T），两者之间存在一定的误差因素带来的误差分数（E）。那么，假设我们进行精心的测量，得到的观察分数近似于真分数，这个时候，是不是就能对被试的结果做出解释了呢？答案是：不能。

要理解被试分数的含义，我们还需要进一步地引入一个新的分数解释标准，这就是下面要介绍的常模参照分数与标准参照分数。

一、心理测验分数的解释

（一）常模参照测验

常模参照测验是指将被试的分数与具有某种特征的人所组成的有关团体来做比较，根据被试在该团体内的相对排名位置来报告他的成绩。在这个过程中，用来做比较的参考团体叫常模团体，常模团体中所有被试的分数分布就叫作常模。常模的测验分数是经过统计处理而建立起来的具有参照点和单位的导出分数。注意，常模建立的目的是对被试的分数进行解释。

这种测验的特点是采取了相对的标准，被试的分数与其所在常模团体的常模进行比较后才具有意义。简单来说，就是对被试所测特质相对量的解释。

（二）标准参照测验

标准参照测验是与常模参照测验相对的另外一种类型的测验。标准参照测验是指在对测验结果进行评价的时候不是以常模为标准，而是根据特定的操作标准或行为领域，对被试做出是否达标或达到什么程度进行判断。简单来说，就是对被试所测特质绝对值的解释。

标准参照测验可以分为内容参照测验与结果参照测验两类。

1. 内容参照测验

当使用的标准是按照测验所欲测的内容材料来定义的，目的在于测评被试掌握某领域知识和技能的比例，这时的测验称为内容参照测验。

内容参照测验的目的是测量被试对规定范围内的内容的掌握程度，是以被试在测验上的分数推测其对固定内容的掌握程度。可以通过求取在之后章节要学习的内容效度指标来对内容参照测验的效度进行评估。

2. 结果参照测验

如果被试的测验分数与某个外部效标有关，这个时候则可用被试在效标上的表现直接解释测验分数，这种测验被称为结果参照测验。

结果参照测验的目的在于预测，它关心的是被试达到某种目标特质的可能性，即不同的测验分数的被试在目标行为上的表现。可以通过求取效标关联效度来对结果参照测验的效度进行评估。比如，是否通过某种考试，意味着是否合格等。

标准参照测验的编制较为复杂，在心理测验实际应用中，更多的是常模参照测验。本节内容将更多地介绍常模参照测验。

二、常模团体的获得

常模团体对于常模参照测验至关重要。因为常模团体的分数分布给测验的解释提供了具有参照点与单位的量尺，可以将被试的分数置于该量尺上予以解释。因此，一个测验的分数解释得正确与否，很大程度上取决于常模的准确与否。而常模的准确与否与常模团体的选择密切相关。

（一）常模团体的选择要求

1. 群体的构成必须明确界定

在制定常模时，必须清楚地说明所要测量的群体的性质和特征。对于群体限定，我们一般可以采用年龄、性别、年级、职业、地区、民族、文化程度、社会地位等变量来对群体进行界定。依据不同的变量确定样本，可得到不同的常模。

2. 常模团体必须是所要测量的群体的一个代表性取样

制定某一个测验的常模并不是要将该测验所要涉及的被试全部进行测验之后来构建常模。基于时间、空间以及经济方面等因素的考虑，我们往往通过抽样的方式来选择欲测团体的一部分被试作为欲测被试总体的代表。被选择的这一部分群体就是所测总体的一个代表性样本。如果所选择的常模团体缺乏代表性，会使常模资料产生偏差而影响对测验分数的解释。

3. 取样的过程必须详尽地描述

在一般的测验手册中，都有相当的篇幅介绍常模团体的大小、取样策略、取样时间以及其他有关情况。

4. 样本的大小要适当

根据标准误的计算公式可知：取样误差与样本大小成反比。所以，在其他条件相同的情况下，样本越大越好。但考虑到经济、有效的原则，样本也不能无限制地大，究竟应该达到多少，可根据要求的可信程度与容许的误差范围进行统计推算。一般情况下最小样本量为 30～100 个，全国性常模则 2 000～3 000 个为宜。

5. 要注意常模的时效性

由于教育、时代变迁等多种因素的影响，几年前所编制的常模可能不再适合，因此常模必须定期地修订，并尽可能采用新近的常模。

（二）常模团体抽样的方法

取样是指从研究对象的全体中抽取一部分作为全体的代表进行研究。研究对象的全体称作总体，所抽取的那部分称作样本。取样的意义主要表现在：有效解决总体研究难以进行的困难；节省研究的人力、时间和费用；提高研究结果的准确性和研究深度。常用的取样方式包括简单随机取样法、系统随机取样法、分层随机取样法、整群随机取样法等。

1. 简单随机取样

简单随机取样是一种最简单的抽样方法，常用的具体抽取方式有抽签法和随机数字法。

抽签法指把总体中的每一个个体编上号并做成号签，充分混合后从中随机抽取一部分，这部分签所对应的个体就组成一个样本。

随机数字法同样也是先将总体中的每一个个体编上号并做成号签，然后用随机数字表来抽取数字。

简单随机取样从理论上来讲最符合随机原则，但这种方法在实践中运用受到一些限制，存在一些不足。如简单随机取样需要把总体中的每一个个体编上号，如果总体很大，这种编号几乎是不可能的。这种方法常常忽略总体已有的信息，降低了样本的代表性。

2. 系统随机取样法

系统随机取样法指将已编好号码的个体排顺，然后每隔若干个抽取一个。例如，调查某个年级的学生的心理健康水平，总数为 300 名，取 50 名，每隔 5 个取一名，则抽取第 1 个、第 7 个、第 13 个、第 19 个等。

系统随机取样法的间隔值 k 可以由总体容量与样本容量的比值来确定，即：

$$k = \frac{N}{n} \tag{公式3.8}$$

式中：k 为取样间隔；N 为总体人数；n 为样本取样人数。

系统随机取样法比简单随机取样简便易行，而且它能比较均匀地抽到总体中各个部分的个体，样本的代表性比简单随机取样好。但如果样本存在周期性变化，样本的代表性则不如简单随机取样。如前面的调查，如果男生的编号是奇数、女生的编号是偶数，那么抽到的都将是男生，显然这样的样本缺乏代表性。

3. 分层随机取样法

分层随机取样法克服了简单随机取样与系统随机取样忽视总体已有信息的缺陷，先将总体各单位按一定标准分为若干类型（即层），然后根据类型单位数与总体单位数之比率，确定从各类型中抽取样本单位的数量，最后再按随机原则从各类型中抽取样本。

在分层随机取样各层人数的分配上，在各层内的标准差未知的情况下，基本思想是人数多的层多分配，人数少的层少分配。设总体人数为 N，所需样本容量为 n，各层的人数分别为 N_1，N_2，$\cdots$，N_i，每层应分配的人数为 n_1，n_2，$\cdots$，n_i。则：$n_i = \frac{N_i}{N} \cdot n$。

4. 整群随机取样法

整群随机取样法又称两阶段取样法，指先将研究总体各单位按一定标准分为若干群，作为取样的第一级单位，然后再按一定标准将第一级单位分成若干子群，作为取样的第二级单位，如此类推。在各级单位中依照随机原则抽取样本。

该方法可综合运用各种取样方法，在研究总体范围大、单位多、情况复杂时十分有用，但取样误差较大。

三、几种主要的常模参照分数

（一）常模参照性测验的基本概念

1. 原始分数

原始分数指从测验中直接获得的分数，是通过将被试的反应与标准答案相比较得来，又可以称之为测验粗分或者观察分数。

2. 导出分数

导出分数指在原始分数的基础上，结合常模的分数分布，按照一定的规则，经过统计处理后获得的具有一定参照点和单位，且可以相互比较的分数。常见的导出分数包括百分等级、标准分数及标准分数的变式等。

（二）常见的常模参照分数

1. 发展常模

发展常模就是某类个体正常发展过程中各个特定阶段的一般水平。可以把某个被试的发展程度与该类群体正常发展水平进行比较。分为年龄常模和年级常模。

人的某些心理特质与年龄具有密切的关系。在某个年龄阶段，某种能力特性可能随着年龄的增长而逐渐地发展提高，也可能随着年龄的增长而不断地衰退。年龄常模正是基于这个出发点，对心理特质与年龄的关系进行了描述。

在具体的对不同年龄做出心理特质的区分时，可以采用同一测验不同年龄组的测验分数的不同作为指标。如在比奈智力测验中，用一批能使某年龄组大多被试都能通过的题目（80%的被试）来代表该年龄组的发展水平。

同年龄常模相似的还有年级常模。年级常模就是不同年级学生在某种测验上的正常的一般的表现水平。

2. 百分等级常模

百分等级指在一个群体的测验分数中，得分低于这个分数的人数的百分比。

通过对原始分数进行百分等级分数的转化，可以非常简明地解释被试分数的含义，但百分等级也有单位不等的缺点。百分量表是一种等级量表，它所使用的单位不是等距的，所以把原始分数转换成百分量表是一种非线性的转换。在平均数附近的差别会被放大，而位于两端的差别却被大大缩小了。同时由于百分等级是等级量表，所以百分量表的分数不能进行加减乘除的运算，许多统计方法都无法使用。

百分等级常模具体的计算过程如下。

（1）对常模团体施测，得到原始分数，将原始分数从大到小依次排列。

（2）进行不同得分点的次数统计。

（3）从低分开始向高分方向计算各个得分点分数以下的累计次数。

（4）计算各个得分点分数以下的累计次数占总次数的比例。

（5）确定各得分点分数的百分等级 PR，即将上一步得到的比例值乘上 100。

（6）把原始分数栏和百分等级 PR 栏数据提取出来，用一个专门的表来安排这两栏数据，就形成了测验的百分等级常模表。

（7）根据常模表，可以使用插值公式计算出任意一个原始分数所对应的百分等级，反之亦可以为任意已知的百分等级，确定其相对应的原始分数。

3．标准分数常模

标准分数是一种具有相等单位的量数，又称作 Z 分数。它是将原始分数与团体的平均数之差除以标准差所得的商数，是以标准差为单位度量量表分数离开其平均数之上或之下多少个标准差。

所谓标准分数常模，即通过上述公式在原始分数和标准分数之间，建立起对应关系，从而形成某种测验的标准分数常模，以便解释测验分数。

标准分数是一种以平均数为参照，以测验分数的标准差来衡量原始分数在其常模团体中地位高低的评定方法。

标准分数的分布形态与测验观察分数的分布形态相同，在测验观察分数服从正态分布的情况下，其转换后的标准分数对应的百分等级 PR 可通过查正态分布表确定。

在实际应用中，因为标准分数带有负数与小数点，所以经常对标准分数进行相应的转换以消除负数与小数点。这就是标准分数的变式，包括 T 分数、标准九分、标准十分、标准二十分等。

标准分数的线性转换公式如下：

$$Z' = AZ + B \qquad\qquad （公式 3.9）$$

式中：A、B 为常数；Z 为标准分数。

常用的 T 分数转化公式为：

$$T = 10Z + 50$$

即：T 分数的标准差为 10，平均数为 50。

同样原理之下，也可以获得其他标准分数的变式的平均数与标准差。

标准九分：平均数为 5、标准差为 2、共分 9 级的标准分数系统。2 级表示一个标准差。1、9 两端开放。

标准十分：平均数为 5.5、标准差为 1.5 的 10 级标准分数系统。最常见的为卡特尔 16 种人格测验。

标准二十分：平均数为 10、标准差为 3 的标准分数系统。最常见的为韦氏分量表分。

四、呈现常模资料的方法

常模制作完成后，在应用中并不需要每一次都将观察分数通过计算转化为导出分数，一般都可以通过转化表与剖析图的方式对观察分数与导出分数进行转化。

1. 转换表

转换表指通过表格的方式将原始观察分数与导出分数进行一一对应。在使用时，可以通过查表对原始观察分数进行转换。转换表有简单转换表与复杂转换表两种。简单转换表仅仅是将单项测验的原始观察分数转换为一种或几种导出分数，见表 3 - 1。

表 3 - 1　常模简单转换表

原始分数	百分等级	T 分数
32	99	70
31	96	66
30	89	62
29	78	59
28	67	55
27	54	52
26	42	48
25	31	44
24	21	41
23	13	39
22	6	34
21	1	30
20	1	26

由表 3 - 1 可知，被试在测验的原始分数为 26，则对应的百分等级为 42，T 分数为 48。

复杂转换表则是在一个表上列出了多个分测验或者各种常模团体的测验分数与导出分数的对应关系，见表 3 - 2。

表 3 - 2　韦氏儿童智力量表 6 岁 4 月 0 天 ~ 6 岁 7 月 30 天常模转换表部分

量表分	常识	类同	算术	词汇	理解	量表分
1	0	—	0	0	0	1
2	1	0	1	1	1	2
3	2	—	2	2	2	3
4	3	1	3	3	3	4

续上表

量表分	常识	类同	算术	词汇	理解	量表分
5	—	—	4	4~6	4~5	5
6	4	2	5	7~9	6~7	6
7	5	3	6	10	8	7
8	—	4	7	11~13	9	8
9	6	5	8	14~15	10	9
10	—	6	—	16	11	10
11	7	7	—	17~18	12~13	11
12	8	8	9	19~20	14	12
13	9	9~10	—	21~23	15~16	13
14	10	11	10	24	17	14
15	11	12	11	25~27	18~19	15
16	12	13	12	28~32	20	16
17	13	14	13	33~35	21~22	17
18	14	15~16	14	36~38	23~25	18
19	15~30	17~30	15~19	39~64	26~34	19

2. 剖析图

剖析图是把一套测验中几个分测验分数用图形表示出来（见图3-1）。从剖析图上可以直观、全面地看出被试在各个分测验中的表现及其相对应的位置。

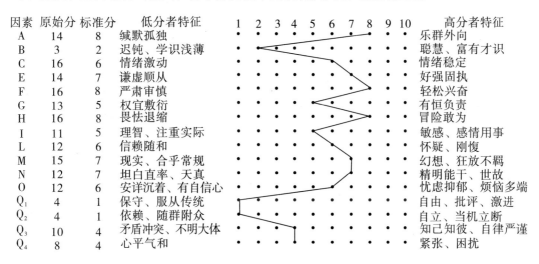

图3-1　十六种个性因素示意图

｜参考文献｜

[1] 郭庆科. 心理测验的原理与应用 [M]. 北京：人民军医出版社，2002.

[2] 张敏强. 教育与心理统计学 [M]. 3 版. 北京：人民教育出版社，2010.

[3] 金瑜. 心理测量 [M]. 3 版. 上海：华东师范大学出版社，2023.

[4] 陈国鹏. 心理测验与常用量表 [M]. 上海：上海科学普及出版社，2005.

[5] 薛薇. 统计分析与 SPSS 应用 [M]. 6 版. 北京：中国人民大学出版社，2021.

 ## 教学资源清单

使用说明：建议每位学习者在教师课堂讲授本章教材之前，先通过手机扫码的方式链接到教学资源平台，自学和练习相应的教学内容，以便在课堂上能够与教师更深入和更有效率地进行教与学的研讨，见表 3-3。

表 3-3　教学资源清单

编号	类型	主题	扫码链接
3-1	PPT 课件	经典测量理论与测验分数处理	

 ## 拓展阅读

1. 刘仁刚. 简论测验等距假设 [J]. 中国临床心理学杂志，2014，22（5）：845-848.

2. 陈平，代艺，黄颖诗. 测验模式效应：来源、检测与应用 [J]. 心理科学进展，2023，31（10）：1966-1980.

第四章　心理测验的信度与效度

导读

　　在测量过程中，好的测量工具是测量准确性的重要保证。如何来判断一个测量工具也就是量表是否为一个好工具呢？在经典测量理论指导下，心理学家开发出衡量量表整体质量的指标：信度、效度。信度是用来衡量一个测验控制误差、抗干扰能力强弱的指标。信度高，是一个优秀量表的必要前提。可是，仅仅有信度是不足够的。我们在应用量表的过程中，能否使用测评心理健康的量表来测查智力？反过来，能否使用智力量表来测查心理健康？答案当然是否定的。那么，有无什么指标来帮助我们衡量对所测心理属性的测查程度呢？这个指标就是效度。

第一节　信度概述

　　信度又称可靠性，是测量稳定性的衡量指标。一个好的测量工具必须稳定可靠，即多次测量的结果要保持一致，否则便不可信。信度只受随机误差影响，随机误差越大，信度越低。因此，信度亦可视为测量结果受随机因素影响的程度。需要指出的是，系统误差产生恒定效应，不影响信度。

　　在经典测量理论下，心理学家提出了信度的三种定义。

　　信度定义一：将信度界定为一组测量分数的真分数变异数与总变异数（观察分数变异数）的比率。用公式表示为：

$$信度 = \frac{S_T^2}{S_X^2} = 1 - \frac{S_E^2}{S_X^2} = r_{xx} \qquad （公式4.1）$$

式中：r_{xx} 代表测量的信度；S_T^2 代表真分数的变异数；S_E^2 代表误差的变异数；S_X^2 代表观察分数的变异数，即总变异数。

　　在这个定义中，观察分数的变异中，真分数的变异所占的比重越大，说明信度越好。这个定义直接体现了经典测量理论中的模型 $X = T + E$ 的基本内涵。

　　信度定义二：信度乃是误差分数变异大小的衡量指标，也就是我们常用的误差的标准差，即标准误的概念。

在进行真分数推测的时候，可以通过观察分数为中点，估计真分数的置信区间。标准误越小，置信区间的范围就越小，估计真分数就越精确，也就是信度越高。

信度定义三：信度也可以被定义为两个平行测验的观察分数的一致性。在测查等值群体后，求取两个平行测验的相关系数。相关系数越接近于1，则表示信度越大。公式为：

$$r_{xx} = r_{xx'}$$
（公式4.2）

注意，公式中 $r_{xx'}$ 指的是平行测验的相关系数。

虽然我们提出了信度的不同定义，但是在实际测量过程中，我们并不能获得真分数的变异，同时，严格的平行测验也无法获得。因此，我们只能在误差分数的变异上进行进一步思考，以便实际获得信度指标。

考虑到现实测量中，我们不能对一个人测无数次，一是时间的考量，二是存在练习效应导致所测特质的变化。因此，我们进行了变通，采用对一群人测量两次的方式来获得测量的误差分数分布。一群人两次分数之间存在差值，这种差值就可以看作是误差的一个样本，以这样的方式获得的误差分布等同于对一个人测量无数次所获得的误差分布，进而可以对实际的信度进行衡量。

第二节　信度的计算

在实际应用中，我们提出了一系列的方法来求取测验的信度。

一、重测信度

（一）重测信度定义

重测信度指用同一个测验对同一组被试在不同时间施测两次所得结果的一致性程度，其大小等于同一组被试在两次测验上所得分数的皮尔逊积差相关系数，又称稳定性信度、再测信度、施测—再施测信度、跨时间一致性。此种信度能表示两次测验结果有无变动，反映测验分数的稳定程度。这是在实际应用过程中最为常用的信度类型。这种方法借鉴了信度的定义三。

例4.1　对10名学生调查其学习倦怠感，两次施测分数如下（见表4－1），问该测验的信度如何？

表4－1　10名学生学习倦怠感调查的两次施测分数

测试	被试对象									
	1	2	3	4	5	6	7	8	9	10
x_1	19	11	16	13	17	10	20	15	14	16
x_2	18	10	17	12	15	9	20	16	13	17

该题计算结果为：

$$r_{xx} = \frac{\sum x_1 x_2 - \sum x_1 \sum x_2 / N}{\sqrt{\sum x_1^2 - (\sum x_1)^2 / N}\sqrt{\sum x_2^2 - (\sum x_2)^2 / N}}$$

$$= \frac{2\,341 - 151 \times 149 / 10}{\sqrt{2\,373 - 151^2 / 10} \times \sqrt{2\,321 - 149^2 / 10}} \approx 0.94$$

（二）重测信度的两次时间间隔

使用重测信度对信度进行衡量，一个最重要的影响因素为重测的间隔时间。一般说来，对两次测验的间隔时间并没有严格的要求，但应注意：间隔时间过短，易受到练习效应的影响；间隔时间过长，则欲测特质有可能发生变化。所以，在应用过程中，应该根据测验的目的、测验的性质、应用的对象等对相隔时间进行灵活调整。因此，针对使用重测信度提出以下要求。

（1）所测量的心理特性必须是稳定的。

（2）遗忘和练习的效果基本上是相互抵消的。

（3）在两次施测的间隔时期内，被试在所要测验的心理特质方面没有获得更多的学习和训练。

（4）易受练习和记忆的影响，两次测试的时间间隔要适当，一般 2~4 周为宜，间隔时间最好不超过 6 个月。

二、复本信度

复本信度，又称等值性系数，指针对同一样本在最短时间内施测两个等值测验所得的两个测验的相关系数。等值测验，又称平行测验，指两个测验在测验内容、题目类型、测验长度、题目难度、题目区分度、指导语、评分计分等方面是等值的，两者所不同的仅在于试题的取样不同，相当于是同一个测验内容的两个题目样本。同时，严格的平行测验还要求施测后的两组数据在所测真分数、误差的标准差上相同。在实际应用中，严格的平行测验是不存在的，两个平行测验之间一定在内容取样或者题目取样上存在一定的误差，我们可以认为两个测验为近似的平行测验。

在施测平行测验时，两个平行测验要在尽可能短的间隔时间内完成。同时，为保证施测的顺序不对结果产生影响，我们一般采用一半被试先 A 后 B，另外一半被试先 B 后 A 的施测方式来平衡顺序效应。

在计算复本信度时，可以采用相关系数来测验其信度。

三、内部一致性信度

内部一致性信度主要应用于同一测验只能测量一次且没有复本的情况下。按照对测验题目间一致性程度求取方式的不同，可以分为分半信度与同质性信度两类。

（一）分半信度

分半信度指将一个测验分成对等的两半，根据被试在这两半测验的分数，计算其相关系数，即分半信度。

要计算分半信度，首先要明确如何将测验分成对等的两半。最简单的分半方法为前后两半，但在实际应用中，这种分半方法基本上是难以进行的。一方面是由于测验的题目难度往往是由易到难，另一方面是由于练习、疲劳、厌倦等各种因素的作用从测验开始到结束是逐渐加强的。

因此，考虑到上述原因，我们一般按照题目的标号奇数偶数分半来解决上述问题。但在进行奇偶分半时，要注意怎样安排一组互相有牵连的题目。譬如，几个题目都与某个案例有关，或者几个问题之间是层层递进的关系，如果将这样的题目分到两半去，则会因为这些题目间的高相关导致高估分半信度。在这种情况下，一般建议将整组题目放到同一半。

分半信度的计算过程首先为计算两半测验的相关系数 r_{hh}，因为这仅是半个测验的信度，所以要衡量整个测验的信度需要对 r_{hh} 进行校正，其校正公式斯皮尔曼—布朗公式如下：

$$r_{xx} = \frac{2r_{hh}}{1 + r_{hh}} \qquad （公式4.3）$$

式中：r_{xx} 为整个测验的预测信度；r_{hh} 为两半测验的相关系数。

斯皮尔曼—布朗公式的应用前提为两半在平均数、标准差等，特别是标准差都相似的假设上，但前面我们说过，这样的类似条件往往难以满足。因此，卢伦（Rulon，1939）与弗朗那根（Flanagan，1941）又分别提出了无须假设两半分测验方差相等的方法来求取分半信度。

卢伦公式为：

$$r_{xx} = 1 - \frac{S_d^2}{S_x^2} \qquad （公式4.4）$$

式中：r_{xx} 为整个测验的预测信度；S_d^2 为两半分测验总分差异分数的方差；S_x^2 为整个测验的总分方差。

弗朗那根公式为：

$$r_{xx} = 2\left(1 - \frac{S_{x_1}^2 - S_{x_2}^2}{S_x^2}\right) \qquad （公式4.5）$$

式中：$S_{x_1}^2$、$S_{x_2}^2$ 分别为两半题目得分和的方差。其他同公式4.4。

（二）同质性信度

同质性信度指一个测验所有题目间的一致性程度。如一个测验所有题目间具有高度的相关，则表明这个测验测量的是同一个特质，因此在测量时，测验才会具有较好的稳定性。

在测验同质性的测量上，用分半相关法可以对测验的内部一致性做出估计，但由于同一个测验划分两半的方法多种多样，而每一种划分方法所得的信度估计量是不同的，因此分半信度并不是内部一致性的最好估计。为弥补分半法的不足，有必要采用测量所有项目间一致性的方法。

求取同质性信度，我们一般使用库德—理查逊公式和克伦巴赫 α 系数来衡量同质性信度。这两种方法所求得的信度通常比分半信度低。因为在把题目分半时，人们总是尽量使两半题目具有可比较性，因此相关系数相对较高。

1. 库德—理查逊公式

库德—理查逊公式是常用的计算二分计分的同质性信度公式，其中最具代表性的是库德—理查逊 20 号公式（KR_{20}）。KR_{20} 公式如下：

$$r_{KR20} = \frac{N}{N-1}\left(1 - \frac{\sum p_i q_i}{S_x^2}\right) \qquad （公式 4.6）$$

式中：r_{KR20} 为测验的同质性信度；N 为测验的题目数；p_i 为通过第 i 题的人数比例；q_i 是未通过 i 题的人数比例（ $q_i = 1 - p_i$ ）；S_x^2 为总分的方差。

2. 克伦巴赫 α 系数

KR_{20} 公式仅适合二分计分项目，而针对多级计分计算其同质性信度可以采用克伦巴赫 α 系数，公式为：

$$r_{\alpha} = \frac{N}{N-1}\left(1 - \frac{\sum S_i^2}{S_x^2}\right) \qquad （公式 4.7）$$

式中：r_{α} 为测验的同质性信度；N 为测验的题目数；S_i^2 为每一题目的方差；S_x^2 为总分的方差。

应该指出的是，克伦巴赫 α 系数也适用于二分计分的情况，KR_{20} 公式是克伦巴赫 α 系数的一个特例。

在实际的应用过程中，很多测验是采用不同的分测验同时对多个心理特质进行测量的。在这种情况下，应该分别对每一个分测验进行同质性信度的求取。

以上这些方法和公式不适用于速度性测验，因为只有每个人都做完全部题目，题目的变异数才是准确的。

四、评分者信度

评分者信度主要是针对多个评分者对同一组被试进行评分时的一致性的程度的衡量。在客观题上，评分者之间的差异可以忽略不计。评分者信度主要应用于主观性的题目，比如高考作文的打分，同样的一篇作文，不同的评分者有可能给出不同的分数，因此，需要采用评分者信度来衡量多个评分者在评分上的一致性程度。

当评分者为两人时，可以采用皮尔逊积差相关系数或者使用斯皮尔曼等级相关法计算评分者信度。

当评分者为三人或三人以上时，可以使用肯德尔和谐系数来计算评分者信度，公式如下：

$$r_w = \frac{\sum R_i^2 - (\sum R_i)^2/N}{k^2(N^3-N)/12}$$ （公式4.8）

式中：R_i 为每个被试所得等级之和；k 为评分者人数；N 为被试人数。

例4.2　三位专家给6位应聘者的面试打分情况如下（见表4-2、表4-3），试求评分者信度。

表4-2　被试得分情况表

被试	评分者		
	甲	乙	丙
1	75	66	45
2	90	72	60
3	81	63	54
4	60	60	42
5	84	75	63
6	96	90	66

表4-3　将得分转换为等级

被试	评分者			
	甲	乙	丙	R_i
1	5	4	5	14
2	2	2	3	7
3	4	5	4	13
4	6	6	6	18
5	3	3	2	8
6	1	1	1	3

该题计算结果为：

$$\sum R_i = 14 + 7 + 13 + 18 + 8 + 3 = 63$$

$$\sum R_i^2 = 14^2 + 7^2 + 13^2 + 18^2 + 8^2 + 3^2 = 811$$

$$r_w = \frac{\sum R_i^2 - (\sum R_i)^2/N}{k^2(N^3-N)/12} = \frac{811 - 63^2/6}{3^2 \times (6^3-6)/12} \approx 0.95$$

第三节　信度的指标与用途

一、信度的指标

(一) 信度系数与决定系数、回归系数的关系

信度系数用 r 来表示，按照信度系数的理论定义，则 $r = \dfrac{S_T^2}{S_x^2}$，即信度系数为真分数的变异数在总的观察分数变异数中所占的比例。但在实际应用过程中，我们并不能够真正计算真分数的变异数，因此，该信度系数仅是一个理论定义。在实际应用中，我们往往用不同的相关系数来作为信度系数的衡量指标。

决定系数又称判定系数或拟合优度，用 r^2 表示。在测量中，多指两列变量的共同变异量，多用在回归分析中。在回归分析中，指一个变量（Y 变量）的变异数在多少百分比上是由另一个变量（X 变量）所引起的。使用公式表示如下：

$$r^2 = \frac{SSR}{SST} = 1 - \frac{SSE}{SST} \qquad （公式4.9）$$

式中：SSR（regression sum of squares）表示回归平方和；SST（total sum of squares）表示总平方和；SSE（error sum of squares）表示残差平方和。

需要注意的是，在统计中，我们学过在线性关系中，决定系数 r^2 是相关系数 r 的平方。因此，在实际应用中，如果 $r = 0.90$，则决定系数 $r^2 = 0.81$，即在所有的变异中，由真分数决定的变异数为 81%，而由误差决定的变异数为 $1 - 0.81 = 0.19$，即 19%。

在回归方程中，我们一般用 X 表示自变量，Y 表示因变量，将回归方程写作：

$$Y = a + bX \qquad （公式4.10）$$

回归系数用 b 来表示，表明变量间增减关系的指标。根据相应的回归计算公式推导，可以得到回归系数与相关系数的关系，得以下公式：

$$b = r \times \frac{S_y}{S_x} \qquad （公式4.11）$$

(二) 信度系数与信度指数的关系

在经典测量理论中，我们将真分数与观察分数的相关系数称为信度指数，用公式表示为：

$$r_{XT} = \frac{\sum xt}{N S_T S_X} \qquad （公式4.12）$$

因为 $x = t + e$，所以：

$$r_{XT} = \frac{\sum xt}{NS_T S_X} = \frac{\sum (t+e)t}{NS_T S_X} = \frac{\sum t^2 + \sum et}{NS_T S_X} = \frac{S_T^2 + r_{TE}S_T S_E}{S_T S_X} = \frac{S_T}{S_X}$$

而通过公式推导，可得 $r_{xx} = \dfrac{S_T^2}{S_X^2}$，所以可得：

$$r_{XT} = \sqrt{r_{xx}}$$ （公式 4.13）

所以，信度指数指真分数与观察分数的相关系数，又为真分数与观察分数的标准差之比，为该测验信度系数的开方。

二、信度的用途

（一）评价测验

信度系数可以衡量真分数变异数在测验总变异数中的比例，因此，信度越高，也就意味着误差越小，测验的结果越接近真分数。最理想的状态当然是信度系数为1.00，但实际上因为误差的存在是不能达到的。

测验对信度要求的一般原则为：当 $r_{xx} < 0.70$ 时，测验不能用于对个人做出评估或诊断；当 $0.70 \leqslant r_{xx} \leqslant 0.85$ 时，只能用于团体比较；当 $r_{xx} \geqslant 0.85$ 时，才能够将测验应用于诊断、鉴别与解释。

（二）解释被试的分数

在实际的测量中，我们并不能够准确地、百分百地测查到被试的心理特质的真实值，我们能够获得的仅为一个观测值。这个观测值有可能高于被试的真实值，也有可能低于被试的真实值，往往围绕在真实值的周边上下浮动。而对浮动范围浮动量的描述指标即为误差的标准差，即标准误（SE）。获知标准误后，即可以通过区间估计对被试的真实值所在范围做一个比较精确的计算。标准误的计算公式如下：

$$SE = S_x \sqrt{1 - r_{xx}} \left(由平行测验 \ r_{x_1 x_2} = 1 - \frac{S_e^2}{S_t^2} \ 推导而来 \right)$$ （公式 4.14）

例 4.3 某测验的信度系数为0.90，标准差为10，某被试的得分为100，试求该被试的真分数范围。

该题计算过程如下：

$$SE = S_x \sqrt{1 - r_{xx}} = 10 \times \sqrt{1 - 0.9} \approx 3.16$$

假定误差的分布为正态分布，则在真分数为 T 的被试的观察分数分布中，上下1.96标准差的范围内的数据百分比为95%，数据有95%的可能性落入这个范围内，即：

$$T - 1.96SE \leqslant X \leqslant T + 1.96SE$$

将上式进行转换，即：

$$X - 1.96SE \leqslant T \leqslant X + 1.96SE$$

所以，该被试的真分数有 95% 的可能性落在 93.81 ~ 106.19 之间。

应该注意的是，我们在此处假定了误差分数的分布为正态分布，但如果实际应用中，误差分数的分布不是正态分布，则 95% 的置信区间随之发生变化。

（三）比较两个测验分数的差异

如果我们希望比较一个人在两个测验上的分数差异或者两个人在不同测验上的分数差异情况，以判断两个真实的分数是否存在显著性的区别，这时可以采用分数差异的显著性检验来完成。

在比较两个分数之前，首先应该将两个分数转化为同一个单位，如 Z 分数、T 分数等。两个分数差异的标准误计算公式为：

$$SE_d = \sqrt{SE_X + SE_Y} \qquad （公式 4.15）$$

因为两个分数转化为相同的单位，所以两个分数分布的标准差相同，即 $S_x = S_y$，代入公式 4.15 得：

$$SE_d = \sqrt{SE_X + SE_Y} = S\sqrt{2 - r_{xx} - r_{yy}} \qquad （公式 4.16）$$

例 4.4　在韦氏智力测验中，某被试的言语智商为 110，操作智商为 96，已知言语智商的信度为 0.97，操作智商的信度为 0.94，请问该被试在言语智商与操作智商方面是否存在显著性差异。

该题解答过程如下：

因为韦氏智力测验中的分数已经转化为离差智商，并服从标准差为 15 的分数分布，所以：

$$SE_d = \sqrt{SE_X + SE_Y} = S\sqrt{2 - r_{xx} - r_{yy}} = 15\sqrt{2 - 0.97 - 0.94} = 4.5$$

要断定两个分数的显著性差异在 95% 的水平，则两个分数之间的差异必须大于 $1.96SE_d = 8.82$，而该被试的差异为 14，所以，该被试在言语智商与操作智商上差异显著。

三、提高信度的方法

信度主要受随机误差的影响，因此，提高信度一方面要从提升测验本身质量入手，另一方面要从控制随机误差入手。

（一）适当增加测验的长度

通过适当增加测验的长度，可以增大测量的行为样本，进而可以更好地测查到所欲测的特质。但在增加题目时，应该注意新增加的题目与原有的测验题目内容一致。

需要注意的是，增加测验的长度应遵循报酬递减规律。即：测验过长有可能引起被试的疲劳和反感，从而降低测量信度。因此，测验并不是越长越好，而是有一个适当的值。测验增加题目与增加信度值之间的关系可以通过公式进行计算，如下：

$$Y'_{xx} = \frac{kr_{xx}}{1 + (k-1) \ r_{xx}}$$ （公式 4.17）

式中：Y'_{xx} 为长度增加后的测验信度；k 为题量增加的倍数；r_{xx} 为原测验的信度。

若已知欲增加的测验题目数量及测验的原有信度，则可以代入公式 4.17 中求出 Y'_{xx} 值。例如，假设有一测验，原先题目数量为 10 个，信度为 0.7，现欲增加题目 20 个，则 $k=2$，其信度则提升为 0.82，即：

$$Y'_{xx} = \frac{kr_{xx}}{1 + (k-1) \ r_{xx}} = \frac{2 \times 0.7}{1 + (2-1) \times 0.7} \approx 0.82$$

（二）使测验中所有试题的难度接近正态分布，并控制在中等水平

测验的难度为中等时，能够对被试做最大限度的区分。因此，在编制测验题目时，应尽量控制测验题目的难度在中等程度。从测验整体来看，尽量使测验的难度接近正态分布，这样对被试的区分才能够最大化，从而能够提升测验的信度。

（三）测验的严格施测

主试严格执行施测规程，评分者严格按标准给分，实测场地按测验手册的要求进行布置，减少无关因素的干扰。

第四节　效度概述

效度指的是测量的准确性或正确性，即一个测验能够测量出其所要测量的心理特质的程度。效度是一个相对的概念。其相对性表现在：任何一种测验有效或无效都是针对一定的目的来说的。例如用尺子量身高较为有效，但用尺子量体重就无效了。

在前面我们学到：观察分数的变异包括真分数的变异与误差分数的变异；系统误差是一个与测量无关的因素所导致的恒定效应，它隐藏在真分数之中。所以，真分数的变异数可以分解为真正真分数的变异数，这称为与测量目的有关的变异数，以及系统误差的变异数。所以，进一步提出公式：

$$S_X^2 = S_T^2 + S_E^2 = S_V^2 + S_I^2 + S_E^2$$ （公式 4.18）

测验分数的总变异包括三部分：真实的（稳定的）与测量目的有关的变异（S_V^2），以及真实的，但出自无关来源的变异（S_I^2）；随机误差的变异（S_E^2）。真分数的变异数（S_T^2）包括前面两者，即真实的（稳定的）与测量目的有关的变异（S_V^2），以及真实的，但出自无关来源的变异（S_I^2）。

在测量理论中，效度可以用比率表示，即在测量中，与测量目的有关的真实变异数（由所要测量的因素引起的有效变异）与总变异数（观察分数变异数）的比率，即：

$$r_{xy} = \frac{S_V^2}{S_X^2}$$ （公式 4.19）

式中：r_{xy} 代表测量的效度系数；S_V^2 代表有效变异数；S_X^2 代表总变异数。

从测验效度的定义可知，效度表示的是在一组测验分数中，有多大比例的变异数是由测验所要测量的因素引起的。和信度一样，效度也是一个构想的概念，并不能够直接求取，在实际的应用过程中，我们往往通过其他的方式求取效度。

第五节 效度的计算

在实际应用中，一般将测验的效度分为三大类，即内容效度、结构效度、实证效度。

一、内容效度

（一）内容效度定义

内容效度指测验题目对欲测内容或行为取样的适当程度，从而确定测验是不是欲测量的行为领域的代表性取样。比如，在学期末，教师希望通过期末考试了解学生对心理测量学知识的掌握程度，最合适的方法当然是将课程讲授中所有的知识点全部考查一遍。但这种方法费时费力，既不科学也不经济，并不具有可行性。因此，在这种情况下，我们从所有可能的考试题目中抽出一部分题目组成考试试卷，通过这个考试试卷来考查学生对整个心理测量学知识的掌握程度。若我们的试卷能够很好地代表心理测量学的全部知识内容，则我们对学生的掌握程度的推论就比较具有可取性；但如果试卷并不能够很好地代表所欲测查的内容总体，则我们的推论很可能就会出错。因此，测验对总体的代表性的衡量指标就是内容效度。

一个测验要有较好的内容效度必须具备两个条件：一是要有定义得完好的内容范围，比如 20 以内的加减法等；二是测验题目应是所界定的内容范围的代表性取样。

从上述描述可知，内容效度比较适用于学业成就测验。

（二）内容效度的确定方法

确定内容效度的方法主要有专家判断法、统计分析法、经验推测法等。

1. 专家判断法

专家判断法指邀请对预测内容比较熟悉的有关专家对测验项目与欲测内容的符合性程度做出判断，看测验的题目是否代表了规定的内容。如果专家认为具有很高的代表性，则认为该测验具有很高的内容效度。这种方法又称逻辑效度法。

在具体应用专家判断法时，可以参照以下几个步骤。

第一，明确规定欲测内容的范围。具体包括知识范围与能力要求。

第二，编制双向细目表，要求测验编制者将各个条目所欲测的内容与技能要求列出，并将条目与第一步确定的要求相结合，示例见表4-4。

表4-4 初中生物学双向细目表

教学要求	内容范围/题					总题数/题
	细胞	能量代谢	光合作用	呼吸作用	生物分子	
了解	0	2	1	1	0	4
熟悉	2	0	1	2	2	7
掌握	1	2	1	1	1	6
应用	1	1	2	1	1	6

第三，制定评定量表来测量测验的整个效度。要求每位评定者在评定量表上针对每一个题目做出判断，该题目为有代表性、代表性不强或无代表性，计算内容效度比，进而获得整个测验的内容效度。内容效度比计算公式如下：

$$CVR = \frac{n_i - N/2}{N/2}$$

（公式4.20）

式中：CVR 为内容效度比；n_i 为专家中认为该题目有代表性的人数；N 为所有专家的人数。

通过计算，可以删除 CVR 低于显著性水平的项目，再计算全部项目的内容效度比的平均数，作为内容效度的衡量指标。

表4-5为专家人数与 $P=0.05$ 时的显著性水平对应关系。

表4-5 $P=0.05$ 时 CVR 的临界值

专家人数/人	CVR 临界值	专家人数/人	CVR 临界值
5	0.99	13	0.54
6	0.99	14	0.51
7	0.99	15	0.49
8	0.85	16	0.42
9	0.78	17	0.37
10	0.62	18	0.33
11	0.59	19	0.31
12	0.56	20	0.29

注：引自姚树桥《心理评估》，人民卫生出版社，2007。

2. 统计分析法

（1）复本信度法。克伦巴赫提出，内容效度还可以用复本信度来衡量。从同一个教学内容总体中抽取两套独立的平行测验，用这两个平行测验来测同一批被试，求其相关。如果相关系数低，则说明至少有一个缺乏内容效度；如果相关系数高，则一般可推论测验有内容效度。但应该注意的是，也有可能是两个测验取样偏向同一个方面所造成的。

（2）再测法。在被试学习某种知识之前做一次测验，在学习过该知识之后再做同样的测验。这时，如果后测成绩显著地优于前测成绩，则说明所测内容正是被试新近所学内容，而测验就测查到了改变的内容。

3．经验推测法

这种效度是通过实践来检验效度。例如欲确定儿童发展量表是否有效，可通过对不同年龄段的儿童进行调查，然后分析其结果，观察不同年龄段的儿童对每个题目的反应是否依年龄的发展而有所不同，如果通过率是随着年龄的增加而增加，就可以推测该测验有内容效度。

二、结构效度

（一）结构效度定义

结构效度，又称构想效度，指某一理论概念或者特质能够被试验分数解释的程度。某一个理论概念或特质更多的是一种心理学的构想，在实际操作中，必须通过具体的操作定义对该概念进行界定。如将心理健康界定为：人的基本心理活动的过程内容完整、协调一致，即认识、情感、意志、行为、人格完整和协调，能适应社会，与社会保持同步。进一步对上述的定义进行细分，症状自评量表从 10 个方面对心理健康进行了界定。结构效度就是通过具体的 10 个分测验的方差解释率来解释这 10 个分测验能够在百分之多少上对心理健康概念进行解释。

通过上述分析可以清晰地看出，结构效度就要回答下述问题。

（1）该测验主要测量什么心理概念或特质。

（2）该测验主要从哪几个方面对该心理概念或特质进行测量。

（3）测验分数的变异数中，由欲测量的概念或特质所造成的变异的比例为多少。

（二）结构效度的确定方法

使用结构效度来衡量测验的效度，必须先从某一构想的理论出发，给出操作定义，并进一步地确认该定义的各个测量目标，编制测验，然后由果求因，以因素分析等方法判断测验结果是否达到期望的标准。

结构效度的衡量方法有多种，包括测验内方法、测验间方法以及效标关联方法等。

1．测验内方法

测验内方法包括采用内容效度、分析被试解答测题时的反应过程、因素分析方法等，在这里我们主要介绍测验内方法中的因素分析方法。

因素分析方法是一种数据的降维方法，其目的在于针对一系列的数据采用几个简单的指标来对这一系列的数据进行最大化的说明。例如：要说明一辆汽车，可能需要许多个数据，但通过降维，可以从动力系统、外观、内饰、驾乘体验等几个简单的维度来最大限度地对汽车加以说明。通过降维，可以将繁多的数据用尽量简化的指标来加以说明。因素分析主要是通过对众多观测数据来挖掘潜变量（又称因素、公因子等）来达到降维的目的。

经过因素分析，观测变量的总变异可以分解为由潜变量解释的共同变异以及误差因素等造成的误差变异两项。因素分析的基本步骤如下。

（1）计算观测变量间的相关系数矩阵。因素分析的前提在于各观测变量之间存在显著相关。变量之间只有存在显著相关才能够认为变量背后有共因素。在因素分析中，可以通过 KMO 检验与巴特利特球形检验来对观察测量相关系数矩阵是否合适做因素分析进行检验。

（2）提取公因素。根据一定的标准，提取公因素。提取公因素的方法有两种：一种为特征根大于 1；另外一种是通过观察碎石图直观地对提取公因素数目进行判断。

（3）进行因子旋转。因子旋转的目的在于将因素的解释率调整至最大，使共同因素的解释更加简单。因素旋轴的方法有两种：正交旋转与斜交旋转。在具体应用中，应根据具体情况选择正交旋转或斜交旋转。

（4）因素命名与解释。因素命名与解释主要是根据各个观测变量对不同公因素的负荷，进一步地对公因素进行命名，从而能够更好地解释该公因素所测量的内容。

2．测验间方法

测验间方法可以包括区分效度与相容效度两种验证方式。

（1）区分效度。一个有效的测验不仅应与其他测量同一构想的测验有关，而且还必须与测量不同构想的测验无关，用此种方法确定的效度称为区分效度。如果该测验与测量其他理论概念或特质的测验呈低相关，则可以证明新测验相对独立于某些无关因素，但并不保证它一定有效；而如果呈高相关，那么这个测验的效度是可疑的。

（2）相容效度。计算被试在新编制测验上的分数与原有的已知信度、效度较高的同类测验上的分数之间的相关。如在心理健康量表方面，症状自评量表是比较公认的效度较高的心理健康量表，新编制的心理健康测验可计算与这些量表的测验分数的相关。如果相关高，则在某种程度上可以提供该测验具有效度的证据。

3．效标关联法

效标关联法涉及后面将要讲述的实证效度，主要指根据测验的内容，选择合适的效标，根据效标选取不同的被试，组成对照组，然后比较两组被试的测验成绩，看应用测验分数能否将他们区分开来。

三、实证效度

（一）实证效度的定义

实证效度，又称效标关联效度，指测验在一个情境中能否将被试按照一定的标准区分为不同的群体，即测验进行预测时的有效性。例如，在招聘时，通过测验我们预测在测验上得高分的应聘者将会是优秀的员工，而得低分的应聘者不是优秀的员工。在员工入职后，通过把员工进行区分为优秀与非优秀员工，然后判断测验的准确性，测验越能区分优秀与非优秀员工，则测验越具有实证效度。

在这里，被预测的行为是检验测验效度的标准，简称效标。效标具有以下两个特点。

（1）效标独立于测验的结果，即效标和测验分数两者是分别独立评定的。

（2）效标反应测验的目的。

根据效标资料搜集的时间，实证效度又可分为同时效度与预测效度。

同时效度的效标资料与测验分数同时获取。此种效度通常与心理特性的评估及诊断有关。如我们要编制一份智力量表，则可以将公认具有效度的韦氏智力量表作为效标，将两份测验同时施测于被试，从而提供我们编制的智力量表是否有效的判断依据。同时效度常用的效标包括学业成绩、临床检查等。

预测效度的效标资料多不是与测验分数同时获得，一般是需过一段时间才可搜集到。此种效度通常与人员的招聘、学业成就的判断等有关。常用的效标资料包括实际工作的绩效、学业成就等。

应该指出的是，同时效度和预测效度的差异不是简单地来源于效标搜集时间的不同，最重要的是两者的测验目的不同。前者与用来诊断现状的测验有关，后者与预测将来结果的测验有关。

既然同时效度的效标在测验时就可得到，那么我们编制测验的目的何在？其实，编制测验的目的在于通过更加简单、实用、有效的方式来代替效标资料的收集。一般同时效度的效标数据的获得都是比较费时费力的，确定同时效度的目的就是看这种取代是否可行，能否用简单的方式取代复杂的方式。如果测验分数与效标的相关高，而且用测验比实际搜集效标资料（如评定等级、临床检查等）更简单、更省时、更廉价、更有效，这种取代就是有价值的。可见，同时效度与预测效度的另一个差异是，前者以测验来取代效标，后者以测验预测效标。

（二）实证效度的确定方法

1. 效度系数法

效度系数法是测验分数与效标分数间的相关系数，是评估测验实证效度的基本方法，根据变量数据类型的不同，可以采用积差相关法、点二列相关法、二列相关法、品质相关法、多元相关法等。

2. 分组检验法

按照被试在效标上的得分分成不同的类型，如果认为测验分数能够把在效标上的不同类型的被试区分开来，则不同类型的测验分数应该是有显著性差异的。也就是将不同类型的被试的测验得分看作是不同的数据样本，求取不同样本的平均数之间是否存在显著性差异。若样本为两个，即为两独立样本的差异显著性检验，计算公式如下：

$$t = \frac{Mx_1 - Mx_2}{S_{x_1-x_2}} \qquad （公式4.21）$$

式中：Mx_1 为高分组被试平均数；Mx_2 为低分组被试平均数；$S_{x_1-x_2}$ 为均数的标准误（即误差的标准差）。

$S_{x_1-x_2}$ 计算公式为：

$$S_{x_1-x_2} = S\sqrt{\frac{1}{n_1} + \frac{1}{n_2}} = \sqrt{\frac{\sum x_1^2 + \sum x_2^2}{n_1 + n_2 - 2}\left(\frac{1}{n_1} + \frac{1}{n_2}\right)} \qquad （公式4.22）$$

式中：S 为样本的总的方差。

例4.5 选取20名被试参加自编智力测验测试，并同时施测瑞文标准推理测验，按照瑞文标准推理测验将被试分成高分组10名，低分组10名。高分组平均成绩 Mx_1 为59.7，S_1 为10.7，低分组平均成绩 Mx_2 为45.7，S_2 为16.9，请分析该自编智力测验的实证效度。

该题分析过程为：

$$t = \frac{Mx_1 - Mx_2}{Sx_1 - x_2} = \frac{Mx_1 - Mx_2}{\sqrt{\frac{\sum x_1^2 + \sum x_2^2}{n_1 + n_2 - 2}\left(\frac{1}{n_1} + \frac{1}{n_2}\right)}} = \frac{Mx_1 - Mx_2}{\sqrt{\frac{S_1^2}{n_1} + \frac{S_2^2}{n_2}}}$$

$$= \frac{59.7 - 45.7}{\sqrt{\frac{10.7^2 + 16.9^2}{10}}} = 2.213$$

$$t = 2.213 > 2.101 = t_{0.05/2(18)}$$

所以，该自编智力测验具有实证效度。

数理统计结果证明，标准误 $SE = \frac{\sigma}{\sqrt{N}}$，其中 σ 为总体标准差，N 为总体人数。但在实际应用中，因为 σ 总体标准差并不是经常为已知，因此，标准误 SE 多为采用样本标准差进行估计，公式为：$SE = \frac{S}{\sqrt{n}}$，其中 S 为样本标准差，n 为样本人数。上述公式中的 $\sqrt{n}$ 在严格意义上讲，为达到对总体标准误无偏估计的目的，应该为 $\sqrt{n-1}$，但在样本数量足够大时，我们一般认为 $\sqrt{n}$ 与 $\sqrt{n-1}$ 近似相同，可以互用。

因为 $SE = \frac{S}{\sqrt{n}}$，所以均数的标准误与样本标准差成正比，与样本容量成反比。同样，在 t 检验中，均数之差的标准误也符合上述规律。因此，当样本容量增大，样本标准差变化不大时，这个时候也就意味着均数之差的标准误 SE 越小，从而使得 t 值增大，进一步增加了拒绝虚无假设的可能性。在这种情况下，做出"两组具有显著性差异"的错误结论的可能性就大大增加了。所以，从某种程度上说，采用分组检验法求取实证效度要特别注意样本容量的大小。为尽量避免因样本容量过大所造成的误判，可以通过考查两个样本分布的重叠量来解决这一问题。

重叠量的计算有两种方法：一种是计算出效标高分组（或成功组）低于效标低分组（或失败组）平均数的人数，再计算出效标低分组（或失败组）超过效标高分组（或成功组）平均数的人数，两数相加除以两组总人数即为重叠量。另一种是计算出处于两组分数分布的共同区域内的人数百分比（即两组分数分布的交叉区域的面积）。重叠量小说明测验是有效的。

因此，研究者在提供效度资料时，应该把平均数、标准差、统计上的显著性、重叠量等一起报告，以防止实际上并无差异，只是由于样组规模大从而造成统计上差异的显著性。

3. 命中率方法

当使用测验做取舍决策时，决策中的正命中率和总命中率是测验有效性比较好的指标。命中率的计算方法为，根据测验的分数将被试分为成功与失败两类，再根据效标将被试也分为成功与失败两类，见表 4-6。

表 4-6　决策的正确性

测验分数	效标	
	成功	失败
成功	正确接受（A）	错误接受（B）
失败	错误拒绝（C）	正确拒绝（D）

在采用命中率方法计算测验的实证效度时，可以采用总命中率与正命中率两个指标。公式分别如下：

$$总命中率 = \frac{A + D}{A + B + C + D} \qquad （公式 4.23）$$

$$正命中率 = \frac{A}{A + B} \qquad （公式 4.24）$$

使用命中率方法一般用于决策，并且在将被试做两分法时使用。

第六节　效度的指标与用途

一、效度的指标与决定系数的关系

此处的效度系数 r_{xy} 指采用相关系数进行计算的实证效度。采用相关系数计算的实证效度，在计算两个测验的联系紧密度时，可以将其看作一个测验重做两次。因此，采用相关系数计算的实证效度类似于信度。效度系数 r_{xy} 的平方即为决定系数 r_{xy}^2。但应该注意的是，这一等式仅在效度系数为实证效度采用相关系数进行计算时才可成立。

二、效度系数的作用

效度系数在应用方面多是针对实证效度而言，实证效度的用途主要应用于做预测和决策方面。内容效度与结构效度更多是对测验本身的关注，并没有太强的预测价值。

（一）预测个人分数点估计值

当测验分数与效标分数两者呈线性关系时，可以通过建立回归方程，在已知某一变量时对另一变量进行预测。回归方程如下：

$$y = bx + a \qquad \text{（公式 4.25）}$$

在信度的内容中，对回归系数与信度系数的关系已经做过解释，在这里，若测验分数与效标分数的相关系数已知，可知回归方程的回归系数 $b = r_{xy}\dfrac{S_y}{S_x}$，而 $a = M_y - bM_x$，所以，可以对回归方程做如下推导：

$$y = bx + a = bx + M_y - bM_x = b(x - M_x) + M_y = r_{xy}\frac{S_y}{S_x}(x - M_x) + M_y$$

进行进一步转换得：

$$\frac{y - M_y}{S_y} = r_{xy}\frac{x - M_x}{S_x}$$

即：

$$Z_y = r_{xy}Z_x \qquad \text{（公式 4.26）}$$

所以，当已知某一变量时，便可通过公式 4.26 求取另一变量。

（二）预测个人分数区间估计值

测验分数对效标分数的预测由于误差的存在并不能保证一定准确，因此，可以采用区间估计的方法对效标分数做出预测。

采用区间估计，必须计算效标变量的标准误。上文提到决定系数 r_{xy}^2 可以被理解为效标变量变异中可以被试验变量解释的变异的百分比。决定系数 r_{xy}^2 等于效标分数 r_{xy} 的平方。所以，在效标变量的总变异中，由测验变量解释的变异量为 r_{xy}^2，而为误差解释的变异量为 $1 - r_{xy}^2$，用公式表示如下：

$$1 - r_{xy}^2 = \frac{S_{ye}^2}{S_y^2}$$

将上式进行进一步的转化，即：

$$S_{ye} = S_y\sqrt{1 - r_{xy}^2} \qquad \text{（公式 4.27）}$$

式中：S_{ye} 为效标变量的误差标准差，即标准误；S_y 为效标变量的标准差；r_{xy}^2 为决定系数。

所以，通过上述公式的使用，可以对分数落入的区间范围进行区间估计。

三、提高效度的方法

效度不仅受到随机误差的影响，同时也受到系统误差的影响。因此，提高效度一方面要像信度一样控制好随机误差，另一方面，要针对系统误差进行有针对性的控制。同时，还要选择恰当的效标，把效度系数准确地计算出来。具体来说，提高测量效度的方法有以下三种。

（一）精心编制测验量表，避免出现较大的系统误差

通过精心编制测验，题目样本能够较好地代表欲测内容或结构，从而避免题目出现偏倚。同时，题目的难易程度、区分度也要恰当，题目的数量也要适中。此外，测验试卷的印刷、指导语的出示，施测的标准化、评分计分的标准等都必须严格检查，避免一切可人为避免的误差的出现。

（二）正确选用有关效度计算方式

应根据编制测验的不同目的，选择使用不同的效度确立方式。内容效度更多地适合于有明确内容范围的类型测验，结构效度多针对有较明确操作定义的理论构想或特质，实证效度多采用选择合适效标的方式计算效度。

（三）针对实证效度，选择正确的效标，进行恰当的效标测量

采用实证效度评价测验效度，效标的选择十分重要。假若所选效标不当，或所选效标无法量化，则很难正确地计算出测量的实证效度。

四、效度与信度的关系

（一）信度是效度的必要而非充分的条件

信度高不一定效度高。但一个测验要想效度高，真分数的变异数必须占较大的比重，即测验的信度必须高。

当随机误差的变异数（S_E^2）减小时，真分数的变异数（S_T^2）、测验信度 $\left(\dfrac{S_T^2}{S_X^2}\right)$ 随之提高。信度的提高只给有效变异数（S_V^2）的增加提供了可能，至于是否能够提高效度，还要看系统误差的变异数（S_I^2）的大小。可见，信度高不一定效度高，但是一个测验想要效度高，真分数的变异数一定要占较大的比重，即测验的信度必须高。

信度和效度的这种关系，从日常经验中也可以看到。一个测量工具对于某一个目的具有一定的信度，但并不一定是有效的；而一个测量工具如果对于某一个目的是有

效的，则也是可信的。如用米尺测量体重，虽然多次量得的结果是一致的，即有较高的信度，但它的效度却很低。

（二）测验的效度受它的信度制约

根据效度和信度的定义可知：

$$效度 = \frac{S_T^2 - S_I^2}{S_x^2} = rxx - \frac{S_I^2}{S_x^2}$$

因为 S_I^2 大于零，所以效度小于信度。

因此，一个测验的效度总是受它的信度所制约。

 **技能训练**

1. 已知韦氏儿童智力量表的标准差为 15，信度系数为 0.95，对一名 12 岁的儿童实施该测验后，智商为 110，那么他的真分数在 95% 的可靠度要求下，变动范围应是多大？

参考答案：

$$S_E = S_x \sqrt{1 - r_{xx}} = 15 \sqrt{1 - 0.95} = 3.5$$

$$X_t = 110$$

$$103.43 = 110 - 1.96 \times 3.35 < X < 110 + 1.96 \times 3.35 = 116.57$$

2. 某被试在韦氏成人智力测验中言语智商为 102，操作智商为 110。假设言语测验和操作测验的信度分别为 0.87 和 0.88，则该被试的操作智商与言语智商有显著性差异吗？

参考答案：

$$SE_d = S_t \sqrt{2 - r_{xx} - r_{yy}}$$

$$SE_d = 15 \times \sqrt{2 - 0.87 - 0.88} = 7.5$$

所以，标准分数差异的范围（95%）：$-1.96 \times 7.5 \sim 1.96 \times 7.5$

即：$-14.7 \sim 14.7$

因为两者相差为 8，未超过临界值，所以被试的操作智商与言语智商无显著性差异。

┊ **参考文献** ┊

[1] 戴海崎，张锋. 心理与教育测量 [M]. 4 版. 广州：暨南大学出版社，2018.

[2] 张厚粲，徐建平. 现代心理与教育统计学 [M]. 4 版. 北京：北京师范大学出版社，2020.

[3] 刘红云. 高级心理统计 [M]. 北京：中国人民大学出版社，2019.

[4] 郑日昌. 心理测量与测验 [M]. 2 版. 北京：中国人民大学出版社，2013.

教学资源清单

使用说明：建议每位学习者在教师课堂讲授本章教材之前，先通过手机扫码的方式链接到教学资源平台，自学和练习相应的教学内容，以便在课堂上能够与教师更深入和更有效率地进行教与学的研讨，见表4-7。

表4-7　教学资源清单

编号	类型	主题	扫码链接
4-1	PPT课件	心理测验的信度与效度	

 拓展阅读

1. 宁盛卫，李秀丽，冯浩. 本科生毕业论文写作自我效能感量表的信效度检验 [J]. 中国临床心理学杂志，2023，31（3）：650-653.

2. 晋争，赵凯宾，于欢，等. 症状自评量表（SCL-90）河南省青少年区域性常模的建立和心理测量特性验证 [J]. 精神医学杂志，2022，35（2）：113-118.

3. 陈雪明. 人格测验中的"作假"识别：来自多模态数据的佐证 [D]. 天津：天津师范大学，2023.

第五章　神经心理测验

导读

　　神经心理学是研究人脑与心理行为的学科，神经心理测验是神经心理学的重要研究工具之一。神经心理测验评估的心理或行为的范围很广，包括感觉、知觉、运动、言语、注意、记忆和思维等，涉及脑功能的各个方面。常规的神经心理测验主要是通过确定脑损伤与人的心理行为的对应关系，从而提供对脑功能的测量、疗效的评定、预后的判断等。神经心理测验除了用于神经心理研究之外，还应用在司法鉴定、儿童心理发展监测、特殊教育、人因工程等领域。

　　神经心理测验或测量的方法可以分为传统的神经心理成套测验和基于人机交互的神经心理测量，前者如霍尔斯特德 – 雷坦神经心理成套测验、鲁利亚—内布拉斯加神经心理成套测验（Luria – Nebraska Neuropsychological Batrery）、韦氏记忆量表等；后者包括眼动仪、生理多导仪、面部表情分析系统等。后者通过对人体生理信号的高频率采样以及计算机的大数据建模，可以做到实时地计算与可视化呈现，使得神经心理测验大大地突破了原先的限制，测量模式也发生了变化。当然，无论是哪一类型的神经心理测验和测量，其主要反映的是脑功能和相关心理变化在神经电功能上的现象，而不是直接反映大脑有无器质性的病变。对患者的诊断，除神经心理测验外，还应包括精神病学和神经病学等医学检查。在神经心理测验结果的解释中还应该注意患者的年龄、性别、躯体与情绪状态、文化教育水平等因素的影响。

第一节　神经心理测验的分类与功能

一、神经心理学与神经心理测验

　　神经心理学是研究人脑与心理行为之间相互关系的科学，是心理学的一个分支学科。神经心理学不同于神经生理学单纯地解释脑的神经活动，也不同于心理学单纯地分析人的行为或心理，它是从神经科学的角度来研究心理学的问题，把人的心理现象及心理过程如感知、学习、记忆、思维、想象、语言、智力、情绪、意志、个性等与脑的生理机能结构之间建立起客观的数量化的关系，从而将人的大脑作为心理活动的物质本体来进行研究。

在国外，神经心理学研究有比较长的历史。1863 年法国神经病学家布洛卡（Broca）发现人的左侧大脑半球额下回后部约 1/3 处，靠近大脑外侧裂处的一个小区是言语产生的关键部位，后来被称为 Broca 区［即布鲁德曼（Brodmann）44、45 区］。该区受到损害可引起运动性失语。之后的大量研究表明，人的大脑脑区与人的心理及行为之间存在对应的关系。1973 年苏联学者鲁利亚（A. R. Luria）编写了《神经心理学原理》一书，该书奠定了近代神经心理学的基础。神经心理学家斯佩里（R. W. Sperry）则因其割裂脑的研究获得了 1981 年诺贝尔生理学或医学奖。从此，神经心理学得以蓬勃发展起来。

神经心理测验是在现代心理测验基础上发展起来的，是用于脑功能评估的一类心理测验方法。神经心理测验是神经心理学的重要研究工具。

神经心理测验用于测量患者在脑病损时所引起的心理变化的特点，从而能够了解不同性质、不同部位的病损以及疾病在不同病程时的心理变化以及仍保留的心理功能的情况。这些信息可为临床神经病学家在进行临床诊断、制订干预计划和康复计划方面提供有益的依据。

二、神经心理测验的分类

神经生理测验在临床上具有巨大的应用价值，可以非常方便、有效地对疾病诊断提供依据。因此，神经心理测验随着神经心理学的发展也日益受到重视。

（一）按照测查功能区分

神经心理测验按照测验的心理功能的单一或复杂可以区分为单项测验和成套测验两类。

1. 单项测验

测量一种主要的神经心理功能，如词语发音流畅测验、范畴流利测验、空间广度测验等。

2. 成套测验

由多个独立测验组成，不局限于研究哪一种性质的心理过程或心理现象，可以对神经心理做比较全面的测量，如 Halstead - Reitan 神经心理成套测验、Luria - Nebraska 神经心理成套测验，这类测验对临床诊断特别有帮助。

在临床使用中，虽然成套测验能够进行比较全面的测量，但是由于使用复杂及耗费时间等原因，在诊断中多结合对疾病的判断，使用单项神经心理测验。

（二）按照测验目的区分

1. 判别有无大脑损伤的测验

韦氏成人智力测验中的数字符号分测验、符号—数字模式测验以及连线测验等均可以在一定程度上对大脑有无损伤进行测查。

2．判别大脑左、右两侧功能的测验

（1）检测右半球机能的测验。韦氏成人智力测验中的操作测验，韦氏记忆量表中的触觉记忆，霍尔斯特德－雷坦神经心理成套测验中的失语甄别测验是如果发现结构性失用、触觉操作测验的记位及记形显著降低，速度测验中左侧差于右侧，握力检查中左侧小于右侧，手指敲击速度左侧慢于右侧，感知觉检查发现左侧存在更明显的障碍，以及本顿视觉保持测验、人面认知测验等均可以对右半球机能进行测查。

（2）检测左半球机能的测验。韦氏成人智力测验中的言语测验、韦氏记忆量表中有关言语记忆的分测验、霍尔斯特德－雷坦神经心理成套测验中的失语甄别是如果发现失语及计算不能，速度测验中右侧差于左侧，握力检查中右侧小于左侧，手指敲击速度右侧慢于左侧，感知觉检查发现右侧存在更明显的障碍等均可以对左半球机能进行测查。

3．具有功能提供定位意义的测验

（1）额叶功能。额叶主要负责接收和综合大脑的各部位传入的各种信息，并给予组织性、指导性和调节性的影响，从而保证整个高级心理过程的机能统一。它对人的思维活动与行为表现有十分突出的作用，是与智力密切相关的重要脑区。

测量抽象能力及概念转换能力的测验有：颜色形状分类测验、霍尔斯特德－雷坦神经心理成套测验中的范畴测验、威斯康星卡片分类测验等。

测量行为计划性及执行能力的测验有：韦氏成人智力测验中的算术运算、霍尔斯特德－雷坦神经心理成套测验中的连线测验等。

测量言语行为和行为的言语控制能力的测验有：韦氏成人智力测验中的言语流畅性、霍尔斯特德－雷坦神经心理成套测验中的言语表达能力测验等。

（2）颞叶功能。颞叶位于外侧裂之下，中颅窝和小脑幕之上。颞叶相关的功能大体包括情绪、记忆、语音听觉及平衡感等，同时颞叶也部分地跟视觉有关系。

与记忆有关的测验有：本顿视觉保持测验、人面识别测验、视觉记忆测验等。

与听知觉有关的测验有：霍尔斯特德－雷坦神经心理成套测验中的音乐节律测验和语音知觉测验等。

（3）顶叶功能。顶叶位于中央沟之后，顶枕裂于枕前切迹连线之前。主要负责响应疼痛、触摸、味觉、温度、压力的感觉，该区域也与数学和逻辑相关。

与结构性失用有关的测验有：本顿视觉保持测验、韦氏成人智力量表中国修订版中的木块图分测验、霍尔斯特德－雷坦神经心理成套测验中的触觉操作测验等。

与空间及准空间结构有关的测验有：小木棒测验、霍尔斯特德－雷坦神经心理成套测验中的触觉操作测验、识别地图、逻辑—语法准空间测验、算术测验（表现为对位不准）等。

（4）枕叶功能。枕叶位于半球后部，在枕顶沟的后方。枕叶主要为视觉皮质中枢，除处理视觉信息以外，枕叶与语言、动作感觉、抽象概念等也有关系。

适用于枕叶功能检查的测验包括：颜色命名测验、人面认知测验、重叠图片认知测验、视觉记忆测验等。

三、神经心理测验的使用

（一）神经心理测验的用途

1. 为大脑损伤诊断提供依据

脑与心理行为的对应性为从心理、行为方面推测脑的功能受损提供了可能。神经心理测验通过对各种心理行为活动的测查，可以对与其对应的脑区进行初步的功能测查，从而为临床诊断提供症状学的根据。

2. 评定治疗的效果

在临床上，对治疗效果的评定一直是一个较为复杂的问题。神经心理测验可以通过客观的数字，通过对治疗过程中测验结果变化的观察，从而较敏感地测出脑损害患者神经心理功能的变化。

3. 为制订神经康复治疗方案提供心理学依据

人的大脑具有一定的代偿性，通过对不同脑区对应的不同心理行为活动的确立，可以更好地帮助我们了解大脑的功能，从而为神经康复治疗提供一定的借鉴。

（二）神经心理测验的应用注意事项

在日常生活中我们往往认为：大脑与个体心理行为之间存在一一对应的关系，通过对个体心理行为的测查，可以推测其是否有脑损伤以及损伤的部位和程度。但很多的研究显示，由于大脑具有较强的代偿功能，使得大脑中一些不具有特异性功能的区域受损后完全可以由其他相应的区域来代偿，而代偿后的功能并不表现出明显的差异。所以，神经心理测验并不能一定得出脑损伤的具体结论。我们在应用中，应该将神经心理测验定位于评定脑功能的变化，而不是直接反映大脑有无器质性病变。

在上述针对神经心理测验的理解基础上，对于神经心理测验的结果的解释还应注意以下几点。

（1）熟悉所要用的测验的功能、对象、施测方式、计分以及解释等，能够针对测验的目的选择使用合适的测验。

（2）很多神经心理测验有赖于多种心理机能的整合才能完成，如前面所提到符号—数字测验，是一种最常用的判别有无脑损伤的非特异性测验，这个作业有赖于完整的知觉、眼球运动、精确的手部运动等心理机能的综合运用。因此，该测验的低分结果，既可以由上述任一机能的受损引起，也可以由几种机能的受损联合造成。

（3）由于脑机能的可塑性，某些心理测验作业，常可采用不同策略，通过多种渠道来完成。因此对被试的成绩，应该在关注量的同时，也关注完成任务时所采取的策略和方法。因此，我们在选用测验时，要目的明确，要了解测验中所包含的各种心理机能，并给以正确评价。因此，选择测验的一般原则是：以能最大限度地发现不同脑区受损患者的行为或心理方面的缺陷为目标，以使用最少的测验为准绳，从而达到效果的最大化。

（4）具体选择测验时，应该根据病史、神经病学检查和神经心理学知识为根据，选择适当的测验。

（5）测验结果的可靠性和有效性，在很大程度上取决于被试是否真正地面对测验要求，是否确实进入被试角色并保持积极的状态。有些因素会影响被试的表现，如被试的情绪状态、对指导语的理解程度等。因此，要注意积极与被试沟通，避免无关因素的干扰。

（6）在测验过程中，主试方面的因素如指导语、暗示、评分等，都可能使测验结果不真实，也必须尽量注意。

第二节　Halstead – Reitan 神经心理成套测验

脑损伤所造成的功能失调种类繁杂，行为障碍也是多种多样，在很多时候无法仅凭单项检查确定脑损伤。同时，单项测验也不适合做区分诊断。因此，在临床上，多使用成套神经心理测验来鉴定不同的机能及障碍。

一、概述

霍尔斯特德－雷坦神经心理成套测验最初由霍尔斯特德（W. C. Halstead）设计，之后由其学生雷坦（R. M. Reitan）加以发展而成为现在广泛使用的成人（15 岁以上）、少年（9～14岁）、幼儿（5～8 岁）三套测验。H－R 神经心理成套测验包括10 个组成部分。我国由龚耀先及解亚宁等主持，全国协作，分别于 1985 年及 1986 年完成了H－R 神经心理成套测验成人及幼儿测验的修订工作。前者简称 H. R(A)－RC 神经心理成套测验，后者简称 H. R(Y)－RC 神经心理成套测验。本节主要介绍 H. R(A)－RC 神经心理成套测验。

二、测验内容

H. R(A)－RC 神经心理成套测验包括 6 个分测验和 4 个检查，可用于 15 岁以上的人。根据诊断的需求，H－R 神经心理成套测验可以与韦氏智力量表及韦氏记忆量表等联用，也可以与学习成就测验联用。

（一）6 个分测验

1. 范畴测验

范畴测验（category test）修订后共有 155 张幻灯片，分成 7 组，用投影仪显示。形式为：被试在数字 1 至 4 的按键上做出选择性的按压后，有铃声或蜂鸣声给以阳性或阴性强化。主要应用于测量概念形成、抽象和综合能力。

2. 触觉操作测验

触觉操作测验（tactual performance test，TPT）采用修订后的 Seguin – Goddard 形板，形式为：被试蒙眼后分别用利手、非利手和双手将小形板放入相应形状的槽板中（见图 5 – 1）。计分包括计时（计算被试单手及双手操作的时间）、记形（要求被试凭记忆画出小形板形状）和记位（小形板在槽板上的正确位置数目）。主要应用于测量触觉分辨、运动觉、上肢协调能力、手的动作以及空间记忆能力，可用于比较身体两侧优势。

图 5 – 1　被试使用 Seguin – Goddard 形板

3. 音乐节律测验

音乐节律测验（rhythm test）是应用西肖尔音乐能力测验（Seashore Measures of Musical Talents）中的节律测验（节奏测验要求比较每对音之间节奏形式是否相同），电脑播放要求被试进行辨识。主要应用于测量被试的警觉性、持久注意、分辨非言语的听知觉和不同节律顺序的能力。

4. 词语声音知觉测验

词语声音知觉测验（speech – sounds perception test，SSPT）是用电脑播放一个词音后，从类似的 4 个词音中选出与之相符合的词音。主要应用于测量被试的持久注意、听觉与视觉综合、听觉分辨的能力。

5. 手指敲击测验

手指敲击测验（finger oscillation test）是要求被试在规定的时间内尽可能快地分别用左右食指敲击一杠杆，比较左右手的运动速率、精确性及持久能力。

6. 连线测验

连线测验（trail making test）包括 A 式、B 式两种。A 式形式为：1 ~ 25 诸数字在测验纸上散乱分布，要求被试按照大小顺序用线进行连接，记录被试所用的时间和错误次数。B 式形式为：1 ~ 13 共 13 个数字，A ~ L 共 12 个字母。数字和字母在测验纸上散乱分布，被试需要按 1 – A – 2 – B…数字与字母顺序交替相连。这一测验主要是测量被试的运动速度、视扫描、视觉运动综合、灵活性、字与数系统的综合和概念转换能力等。

（二）4 个检查

1. 握力检查

利手和非利手分别进行，测量握力，主要用于区别被试两手的偏利。临床应用中，不是只看握力的绝对大小，一般是比较利手与非利手的差异。通常利手比非利手的握力大 1.1 倍左右。

2. 感知觉障碍检查

该检查包括单侧刺激和双侧同时刺激。有触、听、视觉检查，有手指辨认、指尖触认数字等，测量被试一侧化的障碍。

（1）触、听、视觉检查：用左单侧、右单侧和左右两侧刺激来分别测验。测定被试感觉综合能力，并用双侧操作方法来比较左右两侧。

（2）手指辨认：被试必须根据在手指上的触觉刺激而辨认个别手指。可再一次提供左右半球比较的依据。

（3）指尖触认数字：此测验要求被试不用视觉帮助来辨认在指尖上书写的数字，是又一个触觉空间综合和比较大脑两半球的测验。

3. 失语甄别测验

该检查包括命名、阅读、听辨、书写、计算、临摹、指点身体部位等，检查各种失语。按照计分标准，分良好（6分以上）、中等（3~5分）、低劣（2分以下），低劣者为异常。

4. 侧性优势检查

检查利侧，包括手、眼、足、肩，测定大脑半球的优势侧。首先要求被试完成一些实际任务（如踢球、拿东西等），根据多方面观察来综合评定。其次还要求被试用利手、非利手来写其姓名。再次提供有关被试利侧的信息。最后从这些发现中解释测验得来的左右侧资料的依据。

三、测验结果的解释

H. R(A) - RC 神经心理成套测验的常模样本从全国取正常成人 885 名，脑病患者 350 例，所有被试在取样过程中都注意了性别、年龄、文化等的分配。取样工作在 1983 年及 1984 年初完成。根据两组样本的成绩计算出一套按年龄和性别而定的划界分。所谓划界分是划分正常与异常的临界分，是按正常人和患者的测验成绩分布均数和标准差计算出来的。在 H. R(A) - RC 神经心理成套测验中，6 个分测验有划界分，同时 1 个检查即感知觉障碍检查也具有划界分（见表 5-1）。特别指出的是，连线及触觉操作两个分测验又各有 2~3 个变量。所以 H-R 神经心理成套测验测验共有 9 个变量，每一个变量各有划界分。每个分测验都有不同的年龄与性别常模。

表 5-1 H. R(A) - RC 神经心理成套测验划界分常模

测试	16~24 岁		25~44 岁		45 岁及以上		
	男	女	男	女	男	女	
1. 范畴（错）/次	64	70	67	72	72	74	>此数为异常
2. 敲击（10 秒内次数）/次	40	40	40	40	37	37	≤此数为异常

续上表

测试	16~24岁		25~44岁		45岁及以上		
	男	女	男	女	男	女	
*3. 语音（A、B平均，每式30项）/次	20	20	18	22	16	18	≤此数为异常
4. 连线，A式时间/次	65	65	70	80	100	110	>此数为异常
连线，B式时间/次	150	150	180	180	240	280	>此数为异常

测试	16~34岁		35~64岁		65岁及以上		
	男	女	男	女	男	女	
5. 触摸时间/分	16	19	23	23	32	34	>此数为异常
触摸记形/次	16	19	23	23	32	34	≤此数为异常
触摸记位/次	2	2	1	1	1	1	≤此数为异常
6. 节律（正确数30）/次	18	17	16	16	15	14	≤此数为异常

*注：A、B式很相近，故取平均值。

凡划入异常的分测验计为1分，由划入异常的测验数与总的测验数之比，计算出损伤指数（impairment index），又称DQ。公式为：

$$损伤指数 = \frac{划入异常的测验数}{总的测验数}$$

在计算损伤指数时，中国修订版本认为范畴测验在决定DQ时的作用大，应该将范畴测验的分量加重，将结果加权（乘2），使它也成为两个变量，那么 H.R（A）-RC 神经心理成套测验共有10个变量来计算损伤指数。

正常人中也有个别测验划入异常的。所以损伤指数也按正常人与脑病患者计算出划界分，即损伤指数需要大到一定程度才有诊断脑病的意义。

损伤指数在0.00~0.14提示正常；0.15~0.29为边缘状态；0.30~0.43提示轻度脑损伤；0.44~0.57为中度脑损伤；0.58及以上提示重度脑损伤。

需要注意的是，损伤指数并不能绝对地作为诊断的依据，在实际应用中，我们应该结合被试脑损害按损伤指数的大小、几项检查中的阳性发现，以及联用测验中的发现一起做出评估。

综合起来，确定脑病损是否存在的"定性"诊断指标可参考表5-2。

表5-2 DQ等级及各级人数

异常变量数	DQ	解释	该范围内的人数/%			
			正常		患者	
			男	女	男	女
1	0.00~0.19	正常	73.1	74.1	22.2	12.6
2	0.20~0.29	边界	15.0	12.6	13.3	11.6

续上表

异常变量数	DQ	解释	该范围内的人数/%			
			正常		患者	
			男	女	男	女
3	0.30~0.39	轻度异常	7.4	5.1	10	12.6
4	0.40~0.49	中度异常	2.4	4.6	8.9	15.8
5	0.50~0.59	重度异常	1.1	1.3	6.7	5.3
6	0.60 以上	极度异常	0.9	2.3	38.9	42.1

注：此表是以 10 变量为准，如以 7 变量为准，则 DQ 值划分略有不同，9 变量与本表相近，详见 H. R(A) – RC 手册。

（1）DQ 在划界分以上。

（2）感知觉障碍检查中多项有阳性发现。

（3）失语甄别测验有阳性发现。

（4）智力及记忆检查明显障碍（明显低于病前水平，或智商属轻度低下；记忆商数在 78 以下）。

应该注意的是，上述标准中第一项是重要的，但非唯一的。在第一项上附加其他阳性发现，异常诊断的指征更强。在临床上，有时只有一项指标为异常就有诊断价值。

四、测验结果与脑病损的侧性关系

通过对测验得分的具体分析以及联用测验的综合分析，我们还可以对脑损伤进行更进一步的定位。

1. 左半球定位标准

（1）智力：VIQ < PIQ（IQ 相差 10 分以上）。

（2）记忆：言语记忆明显损害。

（3）思维：心算相似性成绩明显下降。

（4）运动：敲击测验、速度、握力等，右手的明显低于左手。

（5）感知觉：右侧肢体有阳性发现。

（6）失语检查：有语言困难，语言测验成绩下降。

2. 右半球定位标准

（1）智力：PIQ < VIQ（IQ 相差 10 分以上）。

（2）记忆：TPT 记位、WMS 记位成绩明显下降。

（3）思维：BD、PA 测验成绩明显下降。

（4）运动：左手敲击测验速度、握力等明显低于右手，定型性运动能低。

（5）感知觉：左侧有阳性发现，节奏性感知觉能力下降。

（6）失语检查：有结构性失用。

3. 弥漫性

当损伤指数明显异常，但是在定位上存在不清楚时，可以将其划定为弥漫性脑损伤。

测验结果与脑损伤的侧性关系见表5－3。

表5－3 测验结果与脑损伤的侧性关系

左半球 DQ 在划界分以上	弥漫性 DQ 在划界分以上	右半球 DQ 在划界分以上
（1）智力：VIQ < PIQ（IQ 相差 10 分以上）； （2）记忆：言语记忆明显损害； （3）思维：心算相似性成绩明显下降； （4）运动：敲击测验、速度、握力等，右手的明显低于左手； （5）感知觉：右侧肢体有阳性发现； （6）失语检查：有语言困难，语言测验成绩下降	（1）FIQ 明显下降，普遍降低； （2）范畴、领悟和相似性成绩明显下降； （3）连线测验乙套的成绩明显低于甲套	（1）PIQ < VIQ（IQ 相差 10 分以上）； （2）TPT 记位、WMS 记位成绩明显下降； （3）BD、PA 测验成绩明显下降； （4）左手敲击测验速度、握力等明显低于右手，定型性运动能低； （5）左侧有阳性发现，节奏性感知觉能力下降； （6）有结构性失用

资料来源：H. R(A)－RC 神经心理成套测验手册。

需要再一次指出的是，H－R 神经心理成套测验是一种被广泛应用的具有高度鉴别能力的神经心理学检查方法，但它并不能取代神经病学和神经外科学检查。它对神经系统疾病的早期诊断具有特殊价值，往往在传统的神经病学体征尚不明显时已经能够发挥作用。它对患者康复计划的制订也很有价值，因此它可作为了解患者剩余心理能力的调查表。

第三节 眼动的测量

华夏古人早就认识到观察眼睛的运动可以推知人心理的变化。如孟子说："存乎人者，莫良于眸子。"（《孟子·离娄章回上篇》）中医也认识到心理活动与眼睛运动变化的关系，《灵枢·大惑论篇》中说："目者，心使也。"随着眼动追踪技术的发展，眼动测量成为探索认知加工过程、思维与问题解决过程、动机与情绪过程、个性研究等心理现象一种重要方法。眼动指标如今已被广泛地运用于发展心理学、教育学、工效学、广告与消费心理学、航空与驾驶心理学、虚拟现实技术等应用心理学领域。

一、概述

从解剖学上来看，眼球的上下左右内外方向的运动受三对眼肌协调控制，这三对眼肌分别为：内直肌和外直肌，上直肌和下直肌，上斜肌和下斜肌。当内外直肌收缩时，眼球运动向内外方向转动。上直肌收缩时，眼球向内上方向转动；下直肌收缩时，眼球向内下方向转动。上斜肌收缩时，眼球向外下方向转动；下斜肌收缩时，眼球向外上方向转动。眼球运动的范围约为 18°，超过 12° 时就需要头部运动的协作。正常情况下，两个眼球的活动是协调的，即总是向同一个方向运动，当头部固定不动时，用两眼追踪一个出现在偏左或偏右前方的物体时，两眼的运动程度可能不同，但它们的差别是微小的，所以，许多眼动仪往往只需要记录一只眼球的运动轨迹即可。

眼动与人的注意力转移密切相关。注意力涉及信息加工资源中的选择性分配，最明显的标志是眼动的定向。但有时发生了注意力的转移却并未伴有眼动的定向。波斯纳（Posner，1980）区分了两种注意转移，一种是含有明显头动、眼动或躯体运动的外显注意转移，一种则是不涉及感觉器官重定向的内隐注意转移。他还提出了外显的眼动与内隐的注意转移之间四种可能关系的解释：其一，眼动和内隐注意转移具有相同的神经基础，两者在功能上具有完全耦合的关系。其二，眼动和内隐注意转移在功能上是完全独立的。其三，"非强制性功能耦合关系"（nonobligatory functional relationship），这是指眼动和内隐注意转移在结构上不存在耦合关系，但两者倾向于会对相同的刺激和事件做出反应。其四，内隐注意转移其实就是计划好的，但尚未执行的眼动，也就是说，在眼动行为发生之前，内隐的和外显的注意转移具有相同的神经基础。这一解释也被称为"传出理论"（efference theory），或"前运动理论"（premotor theory）、"眼动准备理论"（oculomotor readiness theory）。目前的研究更倾向于支持传出理论这一假设。具有共识的意见认为，外显的眼动是内隐注意转移的充分而非必要条件，注意可以在没有眼动的情况下发生转移，但一旦观测到眼动，这说明注意已经发生了转移。

研究显示，人的眼球运动有三种基本的模式，即注视（fixation）、眼跳（saccade）和追随运动（pursuit movements）。注视时，眼睛的中央凹会对准某一物体，以获得相关的信息。当眼睛注视一个静止的物体超过一定的时间时，注视并不是完全不动的，而是伴有漂移（drift）、震颤（tremor）和微小的不随意眼跳动（involuntary saccade）三种眼动。所谓眼跳是引起注视方位快速改变的眼球运动，在眼跳期间，个体会因为视觉阈限的大幅提高而几乎不能获得任何新的信息，这被称之为眼跳抑制（saccadic suppression）。在正常注视条件下，眼球每秒会发生 3~4 次眼跳，而每次眼跳间都会间隔有持续时间为 200~300 ms 的注视。所谓追随运动是指双眼同时追随目标的运动而移动。有研究表明，当物体运动速度为 50°~55°/s 以下时，眼睛是以追随运动跟踪物体的，但当物体的运动速度较快而看不清物体时，追随运动中便有眼跳参与。

眼动的测量有赖于眼动记录方法的发明与改进。现代眼动仪按照使用场景来划分，主要可以分为两种：屏幕式眼动仪和穿戴式眼动仪。屏幕式眼动仪放置在距离被试一定位置的地方来测试被试的眼球运动，而穿戴式眼动仪则是通过将眼动追踪系统和场景摄像机集成在眼镜或头盔上来采集被试在真实环境中的眼动行为。

如按照仪器的工作原理来划分，眼动测量可分为电流记录法眼动仪、电磁感应法眼动仪、图像/录像眼动仪和瞳孔—角膜反射眼动仪几种。

屏幕式眼动仪和穿戴式眼动仪多是基于瞳孔—角膜反射技术实现的。该技术使用红外线照射眼睛，并运用摄像机采集从角膜和视网膜上反射的红外光线，由于眼球的生理结构和物理性质，在光源和头部相对位置不变的前提下，角膜反射形成的光斑不会移动，而视网膜上反射的光线方向则标示了瞳孔的朝向，因此通过角膜与瞳孔反射光线之间的角度可以计算出眼动的方向。

二、眼动测量的主要指标与数据分析

眼动涉及时间、空间等属性特征，目前常用的眼动分析指标主要分为以下几大类。

（一）注视类指标

注视类指标包括：总注视次数，兴趣区内注视次数，总注视时间（所有注视点的注视时间的总和），首次注视时间，凝视时间（兴趣区内所有注视点的注视时间总和），注视空间密度（单位面积内的注视点数量），目标注视率（对目标的注视次数总和/总注视次数），注视顺序（注视点的方向性顺序）。需要注意的是，对注视类指标的解释常因研究内容的不同而不同，比如总注视次数多，既可以表明目标吸引人，同时也可以表示搜索效率低，信息提取困难。

（二）眼跳类指标

眼跳类指标包括：眼跳次数，眼跳潜伏期（刺激呈现到第一次眼跳开始的时间），眼跳距离，回视型眼跳（回视是指在对目标区域的第一遍注视后，对该区域进行再次注视）。

（三）扫描路径类指标

扫描路径类指标是指典型的扫描路径为注视—眼跳—注视—眼跳—注视的指标，其包括：扫描持续时间，扫描路径长度，扫描方向。

（四）瞳孔直径

瞳孔是光线进入眼球的通路，为调节射入眼内的光量，其直径可以发生变化，瞳孔直径一般在 1.5~8.0 mm 之间。

（五）兴趣区

兴趣区是指在对眼动数据进行分析的过程中，可以在测试材料上画出一个包含实验关键对象的区域，这个区域被称之为兴趣区（area of interest，AOI），兴趣区的界定需要根据研究目的及假设而定。

三、操作步骤与方法要点

以瑞典 Tobii 屏幕式眼动仪为例，其操作步骤与方法要点如下：Tobii 眼动仪包括一个红外眼动记录仪以及与之连接的 Tobii Studio 眼动软件，在保证软硬件设备正常连接开启的状态下，首先需要创建一个刺激材料呈现的实验序列（Tobii Studio 可以呈现包括文字、图片、网页、视频等不同类型的材料），用以引起被试的眼动变化；其次需要进行定标设置，定标就是对被试眼球运动的捕捉，是准确收集被试眼动数据的前提，这需被试与眼动屏幕之间保持一个合适的位置，使眼动仪适应被试的眼动特征，当定标结果显示良好，即可进入正式的实验序列并开始眼动数据的采集工作；最后待全部实验流程结束后，Tobii Studio 眼动软件提供了对所采集的眼动注视点进行即时回放功能，并可生成回放眼动轨迹视频；对采集到的眼动数据可以有两种数据处理，一种是基于眼动三维坐标的可视化数据，另一种是基于频率、时间等得到被试在兴趣区内的统计数据。根据测量需要，也可以从 Tobii Studio 眼动软件中导出原始数据进行特定的分析和处理。

四、测量结果的解释

眼动测量方法是通过分析被试的眼动指标以探求其背后的心理行为特征，因此，对眼动指标的恰当解释就很关键。目前的研究认为，总注视次数越多，表明搜索效率越低；兴趣区内注视次数越多，表明这个区域对被试来说更为重要；注视持续时间越长，表明提取信息越困难，也可认为目标吸引人；单位面积内的注视数量越多，说明搜索效率越高，同时也说明此区域为关键区域；眼跳次数越多，说明搜索过程越长，眼跳距离越大，表明新区域有更多有意义的搜索；对瞳孔直径的解释尚缺乏比较一致的观点，目前认为动机、态度、兴趣及认知思维活动等因素均可引起瞳孔直径的变化，比较一致的观点认为愉快的视觉刺激可以引起瞳孔的扩大。总的来说，针对不同的研究内容，常需选取相应的眼动指标并在相关研究内容及领域内进行数据解读，如在观察图片和阅读语言文字这两种刺激材料时，眼动就存在着差异，即阅读语言文字时有方向性，而观察图片时则无方向性，且两者在注视时间及眼跳距离上均有差异，图片的眼动数据分析中还强调如轨迹图、热点图等直观性指标。

第四节　面部表情分析

人类的面部表情是一个呈现多信息的系统，包括静态信号（如肤色、脸型、五官等）、慢速信号（比如永久性的皱纹）和快速信号（面部肌肉运动，抬眉毛、翘嘴角等面部外观的短暂变化），面部还能传达诸如情绪情感、心境、态度、个性、才智、魅力、人际沟通等人类独特的信息。情绪在本质上是内在的活动，但情绪也可以从面部表情和头部姿势等外观行为上得以表达。如今，基于面部表情分析的情绪识别技术在安全监控、广告及消费行为、精神卫生等众多领域受到重视并得以普及。

一、概述

人类细微的面部表情是由不同组合的表情肌的协同收缩并牵动皮肤来实现的。面部表情肌是头部肌肉的一部分，主要分布于面部孔裂周围，如眼轮匝肌、口轮匝肌，均起自颅骨，止于皮肤，收缩时可改变眼裂和口裂的形状，导致皮肤产生皱纹，从而表现出喜、怒、哀、乐等表情。面部表情肌全部由面神经支配。

参与表情运动的几组面部肌肉包括：①眼轮匝肌，该部分肌束的收缩可以使上、下眼睑闭合。②上唇方肌、颧肌和笑肌：上唇方肌收缩可以上提上唇，开大鼻孔；颧肌收缩牵引口角向外上方；笑肌收缩牵引口角向外上方。③三角肌、下唇方肌和颏肌：三角肌收缩时降口角；下唇方肌收缩时下降下唇；颏肌收缩时上提颏部皮肤。④颊肌，收缩时牵引口角向外。⑤口轮匝肌，收缩时关闭口裂，深部肌束可使唇靠近牙、口唇突出，成为吹口哨样的动作，并可与颊肌共同作用做吸吮动作。⑥枕额肌，收缩可使额部皮肤出现额纹。

关注面部表情的研究已经有很长的历史，达尔文通过对动物和人类面部表情的细致观察和比较，提出了面部表情的进化论观点，认为人类有一些表情是与生俱来的，而无论动物或人类，都有一些共通的情绪。20 世纪六七十年代，美国心理学家保罗·艾克曼（Paul Ekman）等学者对人类表情进行的一系列跨文化比较研究揭示，即使是文明发展程度不同的民族，对一些基本的人类面部表情都有一致的认识，这些研究显示，人类社会常见的悲伤、喜悦、愤怒、恐惧、惊讶、厌恶六种情绪具有与生俱来的跨文化、跨种族、跨时空的普遍性和共通性。

二、面部表情编码系统

1976 年美国保罗·艾克曼与佛里森（Friesen）共同编制并发表了面部表情编码系统（Facial Action Coding System，FACS）并开发了微表情训练工具（Micro Expression Training Tool，METT），从此使得面部表情分析变得更加客观、可操作且标准化。他们在人的面部发现了 43 种面部表情的基本动作单元（action unit），其中 FACS 中有 24 个属于单一动作单元（见表 5 - 4），每一个动作单元都由一块或者多块肌肉的运动构成。各种动作单元之间可以自由组合，动作单元的组合就构成了面部表情。按此计算，面部可以做出超过 10 000 种的表情，其中 3 000 种可能具有情绪情感的意义。

表 5 - 4 面部表情单一动作单元

活动单位（AU）编号	面部活动编码名称	肌肉名称
AU1	眉毛内侧向上拉起	额肌内侧收缩
AU2	眉毛外侧向上拉起	额肌外侧收缩
AU4	眉毛压低并向中间聚拢	眉间降肌、降眉肌、皱眉肌收缩
AU5	上眼睑提升	提眼睑肌收缩
AU6	脸颊提升，眼袋压缩	眼轮匝肌外圈肌肉收缩
AU7	眼睑紧凑	眼轮匝肌内圈肌肉收缩
AU9	鼻纵皱	降眉间肌、鼻肌收缩
AU10	提上唇，出现鼻唇沟	鼻肌、提上唇肌收缩
AU11	鼻唇沟加深	小颧肌收缩
AU12	口角向上向后拉伸	大颧肌收缩
AU13	辅助口角向后向上牵引	降口角肌收缩
AU14	嘴角横向拉伸，抿嘴	笑肌（浅层）、颊肌（深层）收缩
AU15	口角向下牵引	降口角肌收缩
AU16	嘴唇下压	下唇肌收缩
AU17	下巴上抬，噘嘴	颏肌收缩
AU18	口唇缩拢	口轮匝肌收缩
AU20	嘴角向耳后拉伸	口角收缩肌、颈阔肌收缩
AU22	嘴唇外翻	口轮匝肌收缩
AU23	嘴唇内收（看不见嘴唇）	口轮匝肌收缩
AU24	用力闭嘴	口轮匝肌收缩
AU25	嘴唇分开，但下颌没有动作	唇压肌、颏提肌放松
AU26	下颌放松分开	咬肌、翼状肌放松
AU27	上下颌都展开	翼状肌、二腹肌收缩
AU28	含嘴唇	口轮匝肌收缩

根据 FACS 系统，艾克曼提出六种基本情绪的典型或完整表情即可表述为动作单元的模式组合。例如：愤怒表情的组合为眉毛下压聚拢，睁大眼睛，紧闭上唇，可模式化为 AU4 + AU5 + AU14 的组合；厌恶表情的组合为上唇提起，鼻子出现皱纹，鼻唇沟明显，可看作是 AU + AU10 的组合；悲伤表情的组合为眉毛内侧向上提起，嘴角下拉，可表述为 AU1 + AU15 的组合，而极度悲伤的组合为眼睑皱缩或闭眼，哭泣，嘴巴张开，可模式化为 AU4 + AU6 + AU10 + AU15 的组合；惊讶表情组合为眉毛扬起，眼睛睁大，嘴巴张开，即 AU1 + AU2 + AU10 + AU25 的组合模式；恐惧情绪的组合为眉毛扬

起，眼睛睁大，嘴巴张开，两侧嘴角水平拉向双耳，可表述为 AU1 + AU2 + AU10 + AU20 的组合；高兴表情的组合为嘴角向上向后提起，脸颊抬起，下眼睑隆起，眉毛微微下压，可模式化为 AU6 + AU12 + AU25 的组合。

三、面部表情的自动识别与分析

随着图像处理与模式识别技术的发展，使得人脸表情识别的计算机自动化处理成为可能。表情识别（expression recognition）是指从给定的静态图像或动态视频序列中分离出特定的表情状态，从而确定被识别对象的心理情绪。表情识别是情感理解的基础，是计算机理解人们情感的前提，也是人们探索和理解智能的有效途径。以面部表情编码系统为理论基础，利用大数据建模及计算机运算优势，目前已经研发出面部表情识别分析系统软件，实现了计算机对人脸表情的理解与识别，从根本上改变人与计算机的关系，从而实现了更有效的人机交互，因此表情识别与分析技术在认知和情绪心理学、智能机器人、智能监控、虚拟现实、身份验证、驾驶员疲劳监测、安全监督、军事、社会治理等诸多社会应用场景都有很大的应用价值。

表情识别主要包括三个部分：①人脸图像的检测与定位处理（即在输入的图像中找到人脸确切的位置，用知识或统计的方法对人脸建模，比较待检测的区域与人脸模型的匹配程度）。②表情特征的提取（包括表情形变的静态图像特征和连续序列的运动图像特征）。③表情分类（即基于模板匹配、神经网络计算、概率模型计算等方法）。

准确高效的面部表情识别与分析依赖于人脸识别数据库（face recognition database）的建立与完善。人类的表情十分丰富和复杂，目前正在通过网络整合、算法改进升级、深度网络学校和大量的数据训练、多种技术融合等方法继续提高计算机系统对真实场景下的人脸表情识别分析的满意度。

四、操作步骤与方法要点

以面部表情分析系统（FaceReader 7.0）为例，以下简要介绍一下系统的操作步骤和方法要点。分析人脸的表情，需要在实验界面对相关参数进行设置，如对视频分析中的采样率、图像特征（是否旋转、是否持续校准）以及面部模型及平滑分类进行设置，在导入被试数据时，除了被试的编号、性别和年龄外，还需注意根据被试的特征选择相应的分析模型，该系统提供通用表情分析模型、亚洲人表情分析模型、老年人表情分析模型，如亚洲成年人（非老年）被试可选亚洲人表情分析模型，针对老年被试则选用老年人表情分析模型，如果在设置时未做选择，系统将自动匹配通用表情分析模型。在相关参数设置完毕后，刺激呈现与事件标记，根据测量需要，可以呈现给被试不同的刺激材料据以引起被试的面部表情变化，并标记需要注意的事件点，比如被试在观看刺激材料时，出现偏头、身体后缩、不看屏幕等行为，则可在该刺激材料呈现时段标记需要注意的事件点，如"回避"；同步开启网络摄像头对被试面部表情进行实时视频记录；针对被试的面部表情，根据设置系统将自动分析并提供多种数据可视化，如每个时间点其中基本情绪占比的柱状图，如有需要，也可导出原始数据（面部 20 个动作单元的实时数据）进行分析。

另外，也可以导入事先准备好的视频及图片材料，面部表情分析系统能对图片及视频中的人脸表情进行分析并进行可视化呈现。

五、测量结果的解释

根据面部表情分析系统，不同动作单元的组合就构成了面部表情，例如悲伤表情的面部肌肉运动是比较大的，但在真实环境中，受文化、个人性格特征、人际环境、刺激材料特性等诸多因素影响，被试的面部表情可能并不单一，可能呈现的是多种表情的混合，如悲伤和愤怒或恐惧情绪混合，也可能很隐蔽，呈现出更多的微表情，在此情况下，表现出的 AU 组合模式也多是非经典的，对此，研究者需要配合被试的其他情绪信息进行综合判断以得出更为准确的测量结果。

第五节　基于生物反馈的生理信号的测量

几乎任何心理活动都可能会引起个体机体的肌电、脑电、心率、呼吸节奏、血容量等生理指标不同程度的变化，而这些指标都可以作为观察心理变化过程的测量指标。目前，生物反馈技术在癫痫、注意缺陷多动障碍等多种心身性疾病治疗、压力管理和放松训练，以及多种神经心理学研究中具有广泛的应用。

一、概述

随着生物反馈（biofeedback）技术的发展，我们可以利用现代传感技术精确地测量如肌肉电信号、脑电波、心率、呼吸节奏、血容量等生理信号的细微变化，并利用计算技术将这些生物信号放大处理，转换成个体可以直观察觉的图像、声音、触觉等信号，从而可以实现同步快速地反馈给被试和测量者。利用生物反馈技术，不仅可以使被试学习如何感知自主神经系统的活动，训练调节相应的生理活动的行为，而且也可以从感知生理指标的变化达到测量心理过程的目的。

根据生物反馈的设计原理，生物反馈可以分为脑电反馈、心电反馈和肌电反馈等几种类型。

二、生物反馈测量的主要指标与数据分析

（一）表面肌电信号

表面肌电信号（surface Electromyography，sEMG）是指在神经—肌肉系统活动时生物电变化经表面电极引导、放大、显示和记录所获得的单维电压—时间序列信号。神经—肌肉系统最基本的单位是运动单元（motor unit），它包括：运动神经元、树突、轴突以及支配的成组的肌纤维。运动神经元的激动导致其支配的所有肌纤维的激活并收缩，当然肌纤维乃至肌肉的激活收缩不仅依靠单向下行运动神经的控制，精细运动尤其是姿态的维持还需要上行感觉神经的配合。一块肌肉由数量不等的肌纤维组成，与几十至上百个运动神经元连接，构成了几十至上百个运动单元，因此，需要注意的是表面肌电信号监测并记录到的来自肌肉的电信号是同时激发的许多运动单位的聚合性活动电信号。其所监测的信号的强度（振幅）与同时激活的运动单位的数量成正比。也就是说，激活的运动单位越多，收缩力越强，信号的振幅越大。

测量方法：针状电极和表面电极两种不同类型的电极可用来记录产生自肌肉的不同的电信号。针状电极可直接插入肌肉并记录单个运动单元的活动，表面电极用于监测皮肤表面记录到的肌肉收缩，表面电极记录到的肌肉活动，是来自位于作用电极下或之间的肌肉团块的整合的电活动，在生物反馈中，常用的是表面电极。一个 sEMG 传感器通常有三个输入电极（两个作用电极和一个参考电极）。电极的放置有两种选择：第一种是窄距放置，用来记录某一特定的肌肉放电；第二种是宽距放置，可以同时检测多块肌肉。电极一般置于肌腹或某块肌肉隆起处，如果一块肌肉横跨范围较大，则作用电极的理想放置位置为肌肉长度的1/3和2/3处。当使用带延长导线的电极从一个广阔区域进行记录时，一定要将 sEMG 传感器及电极用胶带贴在被试身上，以使电极不会移动或摇摆而干扰记录。

分析指标：表面肌电信号是一种无序的波状时序图，从这些无序的波形中提取出有用的信息，产生反馈控制参数，是肌电生物反馈系统要完成的任务。目前，对于 sEMG 信号的分析多采用经典的线性时域分析、频域分析等。分析指标包括：①时域分析。将肌电信号看作时间的函数，计算信号均值、幅值等统计指标反映信号振幅在时间维度的变化。由于肌电信号振幅和肌张力呈力—电对应关系，故时域指标可实时反映肌肉活动水平，所以可以很好地应用于肌肉的激活或放松训练。时域分析中的主要指标有：a. 积分肌电值（integrated electromyogram，IEMG），是指所测得表面肌电信号经整流平滑后单位时间内曲线所包围的面积总和，表示在一定时间内肌肉参与活动时运动单位的放电总量，反映一段时间内肌肉的肌电活动强弱。b. 均方根值（root mean square，RMS），指某段时间内所有振幅的均方根值，描述一段时间内表面肌电的平均变化特征。②频域分析。频域分析通过对 sEMG 信号做快速傅里叶变换，根据功率谱密度确定 sEMG 中不同频段信号分布情况。主要分析指标有：平均功率频率（mean power frequency，MPF）和中

位频率（median frequency，MF）。与时域指标相比，频域指标有以下三种优势：频域指标在肌肉疲劳过程中均呈明显的直线递减型变化，而时域指标的变化则有较大的变异；频域指标时间序列曲线的斜率不受皮脂肪厚度和肢体围度的影响，而时域指标则易受影响；频域指标时间序列曲线的斜率与负荷持续时间明显相关，而时域指标的相关性不明显。所以，MPF 和 MF 也是临床评价肌肉运动时其疲劳程度的常用指标。

（二）皮肤导电性

皮肤导电性（galvanic skin response，GSR）反映了人体的导电性能，人体的电阻和人的健康及体重相关，皮肤导电性和皮肤电阻成倒数关系（电导 = 1/电阻）。皮肤的电性能与汗腺的活动相对应。汗腺活动的变化是由交感神经系统节后胆碱能神经纤维的活动所引起的，这些纤维支配皮肤上的汗腺。汗腺及其周围的组织形成了一个电的环路，如果经常出汗，它就产生了相对于皮肤表面的负电势，当出汗增加时，皮肤表面和汗腺之间的电阻下降，造成皮肤导电性的增加。研究显示，当个体处于应激、兴奋等情绪状态时均能引起交感神经激动，进而影响汗腺的开合活动。皮肤电传导可以及时反应交感神经的状态，指示某种生理的或心理的活动已经发生，但它不能识别正在发生的活动是哪种类型。

测量方法：皮肤电传导可以从身体的许多部位（如足底、手掌、腋窝和腹股沟等汗腺集中的区域）进行记录。传感器最常放置于手指或手掌，但在某些情况下，前额其他位置可能是生理反应更好的指示部位，例如监测晕动病的严重程度等。以手为例，用于测量皮肤电传导活动的电极有两种接触方式：一种是将它们贴附到一只手的两个不相邻手指的掌侧。通常，隔过一个手指以避免电极意外接触所致的信号干扰。另一种是将两个导电电极放置于手掌上。通常，其中一个电极放在接近拇指根部的肌肉上，而另一个电极则放于接近小指根部的近尺骨处。应用这种电极放置布局是因为手掌汗腺对于情绪刺激有独特的反应。

分析指标：对皮肤导电性的分析包括滤波、时域分析、特征提取。皮电活动的测量通常分为两种类型：①皮电活动的张力水平（tonic level），即在某一特定时刻皮肤电传导的绝对水平，它典型地代表了基线或静息水平。活动的张力水平通常称为皮肤电传导水平（skin conductance level，SCL）。②活动的相位反应（phasic response），其是一种变化非常迅速且仅需短暂时间即可发生的反应，它典型地代表了对某一特定刺激的反应。活动的相位水平通常称为皮肤电导反应（skin conductance response，SCR）。张力水平和相位性活动之间的不同被认为可以从反应时间或恢复时间两方面来考量，其中，反应时间（reaction time）是指在某个静息基线与某个相位活动峰值之间所经过的时间，而恢复时间（recovery time）是指在一个相位反应峰值与返回到静息基线之间所经过的时间。经历过一个较小的刺激就难以返回基线的个体，可能正处于一种慢性的过度唤醒状态或者陷于某个情绪性事件的体验中而不能自拔。

（三）外周皮肤温度

在日常生活中，有关对人的态度的描述中常有"热心肠""冷言冷语"等类似用语，隐喻了人的情绪和态度等心理状况与温度有关。在临床上，体温测量就是诊断个体健康状态的常用技术，而在生物反馈中也是通过皮肤采集体温指标。皮肤表面的温度反映了皮肤下血管的血流量。在环境因素恒定的情况下，皮肤温度的变化与交感神经系统的兴奋性密切相关，而交感神经的活动又能反映出与情感有关的高级神经活动。当交感神经被激活时，接近皮肤表面的血管壁的平滑肌就会收缩，致使血管管腔缩小，血流量减少，皮肤表面温度下降。相反，当交感神经的兴奋性下降时，血管壁的平滑肌松弛，血管管腔扩张，血流量增加，皮肤温度上升。

测量方法：其测量方式有接触式和非接触式两种方式。接触式温度测量一般采用对温度敏感的电阻，直接附着在测量部位。非接触式电阻则采用红外线，通过不同血流量对红外线的反射不同，推断出皮肤的温度。接触式温度测量因为采取直接接触的方式，所以其测量精度高。但是，由于测量电阻的散热性导致其对温度的变化不敏感。非接触式测量的精度较差，但是其对温度的变化比较敏感。生物反馈中经常测量的部位是手指和头部，手指的温度多用接触式测量，头部的温度多用非接触式测量。

分析指标：皮肤温度一般以摄氏度（℃）或华氏度（F）表示。外周皮肤温度变化受诸多因素的影响，在分析时需要加以考虑，这些影响包括：①化学性及药理学因素，如尼古丁和咖啡因会诱导血管收缩，酒精会诱导血管舒张。②代谢性和疾病因素，如甲状腺功能亢进或减退、低血糖症、糖尿病和血管阻塞等。③被试受到威胁等外部刺激，或内心恐惧等负性情绪都会激活交感神经系统，使外周体温降低；相反，信任和安全的环境可能会激活副交感神经系统而使外周体温提高。④测量前的活动也会提高外周体温。⑤测量环境室内的温度、身体的覆盖情况等因素可能影响测量结果。

（四）心电图测量

心电图（electrocardiogram，ECG）是利用电流记录仪从体表采集心脏每一心动周期所产生的电活动变化，并以图像和数据显示的指标。

心肌细胞膜是半透膜，静息状态时，膜外排列一定数量带正电荷的阳离子，膜内排列相同数量带负电荷的阴离子，膜外电位高于膜内，称为极化状态。在静息状态下，由于心脏各部位心肌细胞都处于极化状态，没有电位差，电流记录仪描记的电位曲线平直，即为体表心电图的等电位线。心肌细胞在受到一定强度的刺激时，细胞膜通透性发生改变，大量阳离子短时间内涌入膜内，使膜内电位由负变正，这个过程称为除极，由电流记录仪描记的除极过程中的电位变化曲线为除极波，即体表心电图上 P 波和 QRS 波。细胞除极完成后，细胞膜又排出大量阳离子，使膜内电位由正变负，恢复到原来的极化状态，此过程称为复极，由电流记录仪描记出的复极电位变化称为复极波。复极过程相对缓慢，且复极波较除极波低。心房的复极波不易辨认，心室的复极波在体表心电图上表现为 T 波。整个心肌细胞全部复极后，再次恢复极化状态，各部位心肌细胞间没有电位差，体表心电图记录回到等电位线。正常心电活动始于窦房结，兴奋心房的同时经结间束传导至房室结，然后循房室束→左、右束支→浦肯野纤维顺序传导，最后兴奋心室，这种有序的电激动的传播引起一系列电位改变，形成了心电图上的相应波段。人体心脏同时受交感神经和副交感神经的调节，以适应不同情况下机体功能的需要。交感神经兴奋时，释放递质去甲肾上腺素加快房室交界的兴奋传导，并使窦房结自律频率提高，使心率加快。与交感神经相反，迷走神经释放递质乙酰胆碱，降低房室交界的兴奋传导，使心率减慢。

测量方法：在生物反馈中，心电信号可通过两种类型的 ECG 电极放置来进行记录，分别是胸式电极放置与腕式电极放置。胸式电极放置伪差相对较少，但应注意将正极导联置于左胸中线肋骨下缘，以保证 R 峰值的极限是正确的。目前，对心率变异性（HRV）的测量主要采用三种方式：静息态 HRV、任务中 HRV、变化 HRV。静息态 HRV 测量主要指被试在安静状态下采集 HRV 的方式；任务中 HRV 测量主要指在不同的任务状态下，考查被试的 HRV 差异；以此来考查 HRV 的变化状况，如某项任务或操作前、后 HRV 的变化，以反推该项任务或操作的作用或效果。

分析指标。原始的心电信号经过去噪滤波、放大滤波等操作，在生物反馈中常用以下两个分析指标。①心率，指每分钟心脏搏动的次数，即 ECG 上每分钟 R 波出现的次数。安静心率是指正常人在安静状态下每分钟心跳的次数，一般为 60～100 次/min，可因年龄、性别或其他生理心理因素产生个体差异。②心率变异性，指逐次心跳周期差异的变化情况或者心跳快慢的变化情况，是由两个相邻的 R－R 间期的时间长短决定的，即从第一次心动周期至下一次心动周期间的微小差异。研究表明，HRV 越高，心脏能够越快地适应内部和外部带来的影响，即机体对环境变化的适应程度越好；反之，则表明机体对环境的适应能力越差，并可能暗示健康损害，如心血管疾病、精神疾病、焦虑等。

HRV 的分析方法常采用时域分析和频域分析。在时域分析中，常用的时域参数有平均正常 R－R 间期标准差（Standard Deviation of N－N intervals，SDNN）和相邻 R－R 间期差的均方根（Root Mean Square of Successive Differences，rMSSD）等。SDNN 一般由 24 h 动态 ECG 获得，不同时长 ECG 测量的 SDNN 值不能互相比较，SDNN 值的大小说明了心率变化的复杂程度。SDNN 值越大，心率变化信号越复杂，反映的是自主神经系统的调节能力，进一步反映出个体的应激能力和对压力的承受能力。rMSSD 用来评估心脏迷走神经即副交感神经的调节功能和活性。

对 HRV 的频谱分析是将 R－R 间期的时间序列对信号采用数学变换的方法变换到频率上，形成频谱曲线，并对频谱曲线的形状进行分析。频谱分析通常以高频（HF，0.15～0.40 Hz）、低频（LF，0.04～0.15 Hz）为指标，HF 描述的是副交感神经的活动水平，LF 则是交感神经活动特性指标。

（五）呼吸信号测量

在日常用语中，有许多有关呼吸与心理变化关系的短语，如"松了一口气""屏气吞声"等，可见，呼吸节奏不仅反映生理状态，也反映心理过程。在绝大多数情况下，呼吸是自主发生的，但是当个体对呼吸进行观察和关注时，呼吸可变成由意识进行适当调节。

在吸气时，膈肌收缩，膈顶部下降，使胸廓的上下径也增大；呼气时，正好相反，膈肌舒张，膈顶部回升，胸廓的上下径缩小。这种胸腹肌肉运动具有额外的益处，即机械地协助腹部淋巴管以及间质组织进行有节律的运动，以及交感和副交感神经张力的变化。例如如果呼吸频率增加，可能发生过度换气，焦虑情绪增加；而如果呼吸节律降低，可使人变得镇静。

测量方法：生物反馈中常用呼吸带等系缚式应变计监测呼吸过程中胸部和腹部在扩张或压缩方面的变化，进而反映胸部和腹部肌肉运动期间发生的呼吸数量。根据系缚式应变计的数量分类，有两种不同的放置模式：胸腹部应变计放置模式和中胸部应变计放置模式。胸腹部应变计放置模式中，系缚应变计中的一个环绕于胸部的腋（腋窝）下面，女性则系缚在乳房上方，另一个在肚脐的水平环绕腹部。中胸部应变计放置模式中，将应变计系缚环绕中胸部或环绕腰部。系缚好应变计后，应使其弹性部分置于身体前方。理想情况下，应变计应紧贴身体以使来自胸部和腹部或中胸部的呼吸性运动幅度能够反映呼吸，但勿过紧以免传感器阻碍呼吸或运动的自由，应变计不应在呼气末松动。

分析指标：基于应变计监测的数据进行分析，常用的有以下两个分析指标。①呼吸频率，即每分钟呼吸的次数。典型的未经训练者的呼吸频率是每分钟呼吸 10～16 次。相比之下，经鼻缓慢的腹式呼吸期间，呼吸频率可能为每分钟呼吸 3～8 次。过度呼吸或过度通气时，呼吸频率通常超过每分钟 20 次，并伴有相应的潮气末二氧化碳分压的下降。呼吸频率的个体差异取决于许多因素，诸如年龄、身高和体重、健康与适应性水平（例如哮喘患者与优秀运动员比较）、认知力（如对环境的思维和情绪反应）和环境（如海拔）。②呼吸性窦性心律不齐（Respiratory Sinus Arrhythmia，RSA），是指呼吸波形与心率共同变化。特别是，在正常呼吸期间，心率随着吸气增加且随着呼气而降低。过度呼吸和功能失调的呼吸消除了这种心率变异性。相反，呼吸生物反馈受训者在接受平静腹式呼吸训练后，常表现出这种 RSA 呼吸模式的恢复。

📝 技能训练

目的：观察不同放松技术对肌电信号的影响；通过肌电反馈学会放松并降低对来自外部环境的无关刺激的反应。

辅助材料和设备：生理多导仪（配备肌电连接端口）、导电膏、电极导联。

步骤：

（1）打开生物反馈软件并选择屏幕上的表面肌电通道，对肌电信号进行可视化呈现（一般选择曲线图）。

（2）将电极片贴附于被试经常紧张的肌群之上。

（3）将表面肌电信号传感器生理多导仪放置在远离电脑及其他电器的地方。

（4）调整信号放大比例，以便信号在 $0 \sim 20$ μV 范围内。

（5）让被试坐在不能看见屏幕上的信号的地方，要求被试闭上眼睛完全放松地坐着，测量受训前基线状态。

（6）设置视觉或听觉反馈。

（7）让被试面向屏幕，打开视觉或听觉反馈。

（8）鼓励被试使用他所知道的任何放松技术，冥想、意象，缓慢的腹式呼吸等，观察不同放松技术下的视觉反馈或听觉反馈异同。

（9）在肌电信号反馈下，让被试进行 10 分钟的放松训练。

（10）关闭视觉或听觉反馈，让被试闭上眼睛完全放松地坐着，测量受训后基线状态。

提问与澄清（可以有如下提问）：

（1）当你试图降低你的肌肉紧张时，你体验到了什么？

（2）你使用何种策略来降低你的肌肉紧张？

（3）你认为你的肌肉紧张程度在受训前后有不同吗？如何不同？

参考文献

［1］闫国利，白学军. 眼动研究心理学导论：揭开心灵之窗奥秘的神奇科学 ［M］. 北京：科学出版社，2012.

［2］闫国利，白学军. 眼动分析技术的基础与应用 ［M］. 北京：北京师范大学出版社，2018.

［3］理查兹. 注意的认知神经科学 ［M］. 艾卉，徐鹏飞，等译. 杭州：浙江教育出版社，2017.

［4］帕拉休拉曼，里佐. 神经人因学：工作中的脑 ［M］. 张侃，译. 南京：东南大学出版社，2012.

［5］博伊科. 眼动追踪：用户体验优化操作指南 ［M］. 葛樱，何吉波，译. 北京：人民邮电出版社，2019.

［6］达尔文. 人类和动物的表情 ［M］. 周邦立，译. 北京：北京大学出版社，2009.

［7］艾克曼. 识破谎言：如何识破政界、军界、商界及婚姻中的骗局 ［M］. 刘文荣，今夫，译. 南宁：广西民族出版社，1992.

［8］艾克曼，弗里森. 心理学家的读脸术：解读微表情之下的人际交往情绪密码

［M］. 宾国澍，译. 北京：当代中国出版社，2014.

　　［9］施塔，卡拉特. 情绪心理学：第2版［M］. 周仁来，等译. 北京：中国轻工业出版社，2015.

　　［10］王维. 心率变异性及其应用研究进展［J］. 心理学进展，2019，9（8）：1510－1516.

　　［11］佩帕尔，等. 生物反馈教程：体验性教学和自我训练手册［M］. 宋鲁平，杜晓霞，译. 北京：中国医药科技出版社，2013.

　　［12］胡斌，王锐当. 生物反馈技术及应用［M］. 北京：北京理工大学出版社，2020.

　　［13］陈学洪，李启华，李剑. 系统解剖学［M］. 北京：中国医药科技出版社，2014.

 教学资源清单

　　使用说明：建议每位学习者在教师课堂讲授本章教材之前，先通过手机扫码的方式链接到教学资源平台，自学和练习相应的教学内容，以便在课堂上能够与教师更深入和更有效率地进行教与学的研讨，见表5－5。

表5－5　教学资源清单

编号	类型	主题	扫码链接
5－1	PPT课件	神经心理测验	
5－2	教学视频	眼动实验视频	
5－3		面部表情识别分析系统	
5－4		生理多导仪实验视频	

 拓展阅读

　　1. 胡敏. 肌电生物反馈疗法联合综合康复训练对老年脑梗死偏瘫患者上肢运动功能的效果［J］. 现代电生理学杂志，2023，30（4）：238－240，243.

2．吴江洲，田碧蓉，钟永德，等．基于眼动实验的湖南省植物园解说牌效用评价 [J]．中南林业科技大学学报，2024，44（3）：189－197．

3．马恒芬，张长颉．基于眼动追踪技术的认知语言学研究进展 [J]．中国生物医学工程学报，2023，42（6）：750－756．

4．杨晓楠，王帅，牛红伟，等．眼动交互关键技术研究现状与展望 [J]．计算机集成制造系统，2024（5）：1595－1609．

5．李雯，李豪喆，陈琛，等．面部微表情分析技术在法医精神病学领域的研究现状及应用展望 [J]．法医学杂志，2023，39（5）：493－500．

6．苏醒，吉兆正，尹婷妮，等．孤独症谱系障碍和精神分裂症青少年的面部表情识别能力 [J]．中国心理卫生杂志，2024（4）：289－295．

第六章 智力测验

导读

　　学生学习成绩不好，是由于智力的问题还是态度的问题？这是教育领域里经常遇到的情形。本章主要介绍智力测验的定义、发展历史以及智力测验常用测量单位如百分等级、智商等；介绍几种常用的智力量表，包括量表的理论基础、量表结构和使用方法。

第一节　智力测验的理论

　　智力测验是心理测验中应用最广泛的一种测验。在特殊教育领域、司法鉴定领域以及人才测评与选拔领域等都有其用武之地。国家公务员考试中的行政职业能力测验的题目中，其实大部分都是智力测验的题目。智力测验也是国家心理咨询师职业资格考试要求掌握的一种重要的心理测验。因此，掌握好智力测验的理论和方法有十分重要的现实意义。

一、智力的定义

　　任何科学的心理测验都有其理论基础，智力测验也不例外。尽管智力一词是大多数人都熟知的一个词语，但在心理学上，对于智力的定义尚没有统一的说法。智力的定义经历了一个从"单一能力"到"综合能力"，由"注重结构分析"到"注重过程分析"的演变发展过程。

　　早在19世纪20年代，推孟认为，"智力是抽象思维能力"，宾德纳（R. Pintner）认为，"智力是适应新情境的能力"。

　　到了19世纪30年代，心理学家开始认为，人的智力是非常复杂的，绝非是由单一因素所能表示的，并设想智力是由性质不同的能力所组成的。伴随着因素分析等高级统计方法的应用，智力被理解为在智力测验中测量出来的多种"因素"所表现的不同能力的综合，比较有代表性的理论是1927年英国心理学家和统计学家斯皮尔曼提出的二因素理论，指出人的智力由一般因素（general factor）和特殊因素（specific factor）

构成。1983 年，美国心理学家加德纳通过对脑损伤患者的研究及对智力特殊群体的分析认为，智力的内涵是多元的，它由 7 种相对独立的智力成分所构成，分别是言语智力（linguistic intelligence）、逻辑数学智力（logical - mathematical intelligence）、空间智力（spatial intelligence）、音乐智力（musical intelligence）、运动智力（bodily - kinesthetic intelligence）、社交智力（interpersonal intelligence）、自知智力（intrapersonal intelligence）。每种智力都是一个单独的功能系统，这些系统可以相互作用，产生外显的智力行为。加德纳后来又提出了第 8 种智力：自然智力（naturalist intelligence）。当然，加德纳所用的方法并不是因素分析法，而是归纳法。

20 世纪 70 年代以来，伴随计算机技术和认知心理学的发展，心理学家借鉴了信息加工理论的观点，认为人的智力过程也是一个信息加工的过程，智力是为了达到一定的目的，在一定的心理结构中进行的信息加工，包括感觉输入到转换、简化、加工、存储、提取和使用的全部过程。比较有代表性的是斯腾伯格提出的三元理论（triarchic theory of intelligence）、纳格里和戴斯（Nagri and Dais）提出的"智力的 PASS 理论"（Planning Arousal Simultaneous Successive，PASS）。三元理论包括三个亚理论：成分亚理论（component subtheory of intelligence）、经验亚理论（experienced subtheory of intelligence）和情境亚理论（contextual subtheory of intelligence）。成分亚理论包括元成分、操作成分和知识获得成分；经验亚理论涉及将看似无关的因素或信息结合起来形成新想法的能力；情境亚理论则涉及适应变化的环境条件、塑造环境和选择新环境的能力。PASS 理论认为智力包含三层认知系统和四种认知过程。三层认知系统分别是注意系统、信息加工系统和计划系统。其中注意系统又称注意—唤醒系统，它是整个系统的基础；同时性加工和继时性加工统称为信息加工系统，处于中间层次；计划系统处于最高层次。三个系统协调合作，保证了一切智力活动的运行。四种认知过程分别为计划、注意、同时性加工和继时性加工。以上各种理论从智力的不同角度和不同层次阐述了智力的特征，随着心理科学以及一些相关学科的发展，人类对人体以及大脑的认识将不断地加深和完善，一些新的智力理论还会涌现出来。比如，最近十几年来比较热门的，声称是对第一代认知心理学的颠覆的第二代认知心理学即具身认知心理学，对智力的形成发展和特征都有新的观点，限于篇幅，本章不做重点介绍。

二、智力测验的发展历史

（一）中国智力测验的发展

尽管我国古代没有系统的智力理论，但智力测验的实践却早有历史，在某些方面，甚至比西方更早。据张耀翔教授考证，中国在战国时代已有九连环测验。七巧板（益智图）是中国人对世界智力测验的另一项贡献。

这里值得一提的是中国近现代智力测验的发展。中国近现代的智力测验可以说是与世界智力测验同步发展的，而且在某些方面还有自己独特的贡献。1920年，陈鹤琴、廖世承在南京高师新生入学考试中已使用智力测验。1921年，他们两人合著《智力测验法》一书，书中系统地论述了智力测验的性质、功能、标准和用法。同年，董培杰将比奈—西蒙智力量表完整地翻译为中文，使人们对西方智力测验的全貌有了一个比较全面的了解。1924年，陆志韦又主持完成了对斯坦福—比奈智力量表的修订工作。到1925年，中国出版的测验不下10余种。美国教育测量学家麦考尔曾说："当时中国所编写的各种测验，至少都与美国的水平相当，有许多竟比美国为优。"1936年，陆志韦和吴天敏合作完成了比奈智力量表的第二次修订。到抗日战争爆发前夕，我国已出版的自编及修订的合乎标准的智力与人格测验约20种，具代表性的有廖世承的团体智力测验、陈鹤琴的图形智力测验、刘湛恩的非文字智力测验、黄觉民的幼童智力图形测验等。1947年，程法泌出版了《智慧测验与教育测验实施》一书，对有关智力测验编制的原理及如何在教育教学实践之中使用各种智力测验都做了系统论述。

　　1949—1976年的近30年间，中国心理学界基本没有开展智力测验方面的理论与实践工作，使中国智力测验的水平开始落后于世界智力测验的水平。改革开放以来，智力测验在我国逐渐恢复发展，先后引进和修订了西方多种重要的智力量表，如韦克斯勒智力量表和瑞文推理测验。智力测验在我国医学界、教育界、心理学界、企业界、组织人事部门、司法部门等许多应用领域得到了广泛的应用，对社会产生了重要的影响。在引进西方智力测验的同时，伴随着心理学本土化的呼声，我国心理学家也开发了多种重要的本土智力测验。1998年，上海市精神卫生研究所赵介诚等人编制了中国成人智力量表（Chinese Intelligence Scale for Adult，CISA）。值得关注的是，我国首套具有自主知识产权的心理发育测量工具《中国儿童青少年心理发育标准化测验简介》由北京师范大学董奇、林崇德教授于2011年主持并研制成功。该系列标准化测查工具包括中国儿童青少年认知能力测验简介、中国儿童青少年语文学业成就测验简介、中国儿童青少年数学学业成就测验简介、中国儿童青少年社会适应量表简介、中国儿童青少年成长环境问卷简介共五套。每套测查工具均具有良好的信度、效度。这是适合我国国情的儿童青少年心理发育系列标准化测查工具，填补了我国在具有自主知识产权的心理发育测量工具方面的多项空白，有助于改变我国长期依赖外国心理测评工具的局面。

（二）西方智力测验的发展

　　西方智力测验的里程碑式事件是比奈和西蒙在1905年所编制的智力量表——比奈—西蒙智力量表，该量表的成功编制标志着智力测验的出现。该测验量表包括30个测验题目，题目内容涉及面广，可对智力的多方面进行测量。1908年，比奈和西蒙对量表进行了第一次修订。测验项目由原来的30个增加到58个；测验的年龄由3岁到15岁，每个年龄组的测验题目为4～5个。1916年，美国斯坦福大学教授推孟将比奈—西蒙智力量表介绍到美国并予以修订，修订之后的量表称为斯坦福—比奈智力量表。斯坦福—比奈智力量表曾于 1937 年、1960 年和 1986 年三次修订，目前最新版本是诞生于 2003 年的斯坦福—比奈智力量表第五版（SB－Ⅴ）。第五版可以对 2~85 岁或更大年龄的个体进行施测。除了测量认知能力在正常范围内的个体外，SB－Ⅴ还可以用来评定临床和神经心理障碍及特殊情况，也可以用在特殊教育的安置、员工薪酬评定、职业生涯规划、员工选拔、法庭情境和其他应用情境中。斯坦福—比奈智力量表已经成为目前世界上广泛流传的标准测验之一。

尽管斯坦福—比奈智力量表 1937 年以后的修订版加入了成人水平的分测验，但它对成人智力的测量从未令人满意过。因此，1939 年美国心理学家韦克斯勒出版了专门为成人设计的个体智力测验，即韦克斯勒—贝尔沃智力量表（Wechsler－Bellevue Intelligence Scale）。在这一测验基础上，韦克斯勒于 1947 年增加了第二个版本，即韦克斯勒—贝尔沃智力量表第二版（Wechsler－Bellevue Intelligence Scale Form Ⅱ），主要用于测量 10~60 岁的个体。韦克斯勒于 1955 年对第二版进行了彻底的修订和重新标准化后，出版了韦克斯勒成人智力量表（Wechsler Adult Intelligence Scale，WAIS）。对 WAIS 进行修订和重新标准化后，先后在 1981 年和 1997 年重新出版。韦克斯勒儿童智力量表（WISC）在 1949 年出版，它是韦克斯勒—贝尔沃智力量表第一版的延伸，并于 1974 年（WISC－R）、1991 年（WISC－Ⅲ）和 2003 年（WISC－Ⅳ）被修订。韦氏的第三项测验是韦克斯勒学前儿童及小学生智力量表（WPPSI），最初是在 1967 年发表的，其修订版（WPPSI－R）于 1989 年出版，后又在 2002 年修订并出版了第三版（WPPSI－Ⅲ）。

虽然以上两种量表是美国最广泛使用的个体智力测验，但在一般能力的评价上，还有其他相对比较流行的量表，比如区别能力量表（Differential Ability Scales，DAS），考夫曼儿童评估成套测验（Kaufman Assessment Battery for Children，K－ABC），达斯—纳格利尔里认知评估系统（Das－Naglieri Cognitive Assessment System，CAS），限于篇幅，本章不再一一介绍。

三、智力单位

智力是智力测验的对象，而智力单位则是在智力测验中衡量智力高低的尺度，用它来表示智力测验的结果。在智力测验历史发展的不同阶段，曾出现过多种不同的智力单位，分别有以下几种。

（一）项目数

项目数是以通过智力测验项目的多少来表示智力水平的高低。世界上第一个智力测验——1905 年的比奈—西蒙智力量表就是采用项目数形式来确定被试的智力发展程度的。这个量表共有 30 个测验项目，按其难度递增排列，规定不同年龄的被试在这个量表上可以通过的项目数。例如，智力正常的 3 岁儿童的项目数为 9，项目数在 6 以下者为低能。项目数是较为低级的智力分数的一种形式。

（二）智力年龄

智力年龄也称心理年龄，是比奈在 1911 年的比奈—西蒙智力量表修订版本中提出的一个概念。智力年龄是指智力达到某一个年龄水平。测验编制者根据测验题的难易程度将它们按年龄分组，被试通过某个测验题得 2 个月智龄，做对 6 题得 1 岁智龄，如此等等，儿童通过了某些测验项目就算达到了某一智龄。比如，一个 6 岁儿童能全部解答通过 6 岁的测验项目，而对于 7 岁的测验项目只答对 1 题，那么他的智力年龄就是 6 岁 2 个月，说明这个儿童比同龄人聪明；相反，如果他只能通过 5 岁的测验项目，那么他的智力年龄就是 5 岁，低于同年龄的儿童。智力年龄能表示一个儿童的智力相当于几岁的水平，但不能说明他的智力在同龄儿童中属于哪一级水平。

（三）智商

1916 年推孟在斯坦福—比奈智力量表中采用了"智商"的概念来表示智力的高低，但值得注意的是，智商概念最初是由德国心理学家斯腾于 1914 年提出来的。相比于心理年龄，智商的一个优点就是能够评估一个儿童的智力水平在同龄儿童中的等级。智商的计算是以心理年龄除以生理年龄再乘以 100 所得，公式为：

$$智商（IQ）= \frac{智龄（MA）}{实龄（CA）} \times 100$$

由于计算方式的关系，人们习惯地称这个智商为"比率智商"（ratio IQ）。

如果一个儿童的心理年龄和生理年龄都是 10 岁，他的智商则为 IQ = 10/10 × 100 = 100，说明他的智力在同龄儿童中属于中等水平。如一个儿童的心理年龄是 12 岁，而生理年龄是 10 岁，那么他的智商 IQ = 12/10 × 100 = 120，说明他的智力水平要高于同龄的一般儿童；相反，一个儿童的智商 IQ 如果只有 80，则说明他的智力水平低于同龄的一般儿童。

从大量测量统计分析结果来看，人的智商呈现一种正态分布的状态。大多数人是中等智力水平，智商在 90~110 之间及 110~120 之间的比较多，在 120~140 之间的比较少，140 以上的更少；同样，智商在 80~90 之间的比较多，在 70~80 之间的比较少，70 以下的也很少。根据智商的分布，推孟把智力水平划分为几个等级（见表 6-1）。

表 6-1　推孟的智力水平等级划分与智商范围

智力水平等级	智商范围
天才（genius）	140 以上
超高智（very superior）	120~140
高智（superior）	110~120
中等（average）	90~110
愚钝（dull）	80~90
临界线（borderline）	70~80
低能（feebleminded）	70 以下

但比率智商有一个明显的缺点：随着个体实际年龄的增长，个体的智商将逐渐下降，这样，采用比率智商来表示人的智力发展水平，实际上并不符合个体智力发展的实际情况。

（四）离差智商

韦克斯勒改进了智商的计算方法，把比率智商改成离差智商（deviation IQ，DIQ）。改用离差智商的依据是：人的智力测验分数是按正态分布的，同一年龄组中大多数人的智力处于平均水平，离平均数越远，获得该分数的人数就越少（见图6-1）。每个年龄组 IQ 均值为 100，标准差为 15，计算公式为：

$$IQ = 100 + 15Z$$

式中，$Z = \dfrac{X - \overline{X}}{SD}$，$Z$ 代表标准分数（standard score），X 代表个体的测验分数，$\overline{X}$ 代表团体的平均分数，SD 代表团体分数的标准差。这样，只要我们知道某一个体的测验分数，以及他所属的团体分数和团体分数的标准差，就可以计算出他的离差智商。

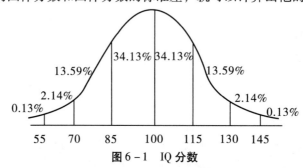

图 6-1　IQ 分数

例如，某施测年龄组的平均得分为 80 分，标准差为 5，而某人得 85 分，他的得分比他所在的年龄组的平均得分高出一个标准差，即 $Z = (85 - 80) \div 5 = 1$，则他的智商 $IQ = 100 + 15 \times 1 = 115$；如果某人的得分比团体平均分低一个标准差，即 $Z = -1$，则他的智商 $IQ = 85$。离差智商的优点是可以对个体智商在其同龄人中的相对位置进行度量，因而不受个体年龄增长的影响。

（五）百分位等级

百分位等级是应用最广泛的表示测验分数的方法。一个分数的百分等级是指在常模团体中低于这个分数的人数百分比。在百分等级分数中，将标准化样组的全体人数作为 100 分，从而以某一原始分数换算出其在全体中所占的地位，说明分数比其低的人占人数的百分之几。换句话说，百分等级是以百分率的形式来表示一个人的相对等级。英国心理学家瑞文（J. C. Raven）于 1938 年编制的标准推理测验（RPM）的智力分数采用百分等级形式。例如，百分值 50，说明其居中间；百分值 95，说明分数很高，比其高的只有 5%。

（六）发育商

发育商（development quotient，DQ）由格塞尔（Gessel）提出，用于区别大龄儿童和成人的智商，是用来衡量婴幼儿心智发展水平的核心指标之一，是在大运动、精细动作、认知、情绪和社会性发展等方面对婴幼儿发育情况进行衡量。其计算公式为：

$$发育商（DQ）= \frac{发展年龄（DA）}{实际年龄（CA）} \times 100$$

式中：发展年龄是以年龄为单位对儿童发展水平进行度量所得的分数。

第二节　韦氏智力测验

一、韦氏成人智力量表

（一）开发情况

韦氏成人智力量表（WAIS）是美国韦克斯勒于 1966 年根据他在 1939 年编制的智力量表（W－BI）修订而成的。WAIS 广泛用于英语国家，同时也有许多其他国家的修订本。它对教育和医学工作者均很有用。

根据我国实际工作的需要以及中国心理学会医学心理专业委员会的倡议，国内心理学家对这一量表进行了修订。修订 WAIS 的工作是在湖南省卫生厅的领导下，由湖南医学院龚耀先主持，联合全国 57 个协作单位共同进行。修订工作从 1979 年起开始准备，1981 年完成。由于当时我国城乡尚有一定的文化和经济的差别，为了适合这一具体情况，因此编制了两套常模，一套是城市的，另一套是农村的，在全国 23 个省市的城市和农村同时进行取样测试。该量表于 1981 年 11 月在我国修订完成后，1982 年 7 月第一次印刷成册，并受到全国医学、教育等专业的心理工作者及有关专业人员的欢迎。

（二）结构与特性

1. 量表的结构

韦氏成人智力量表中国修订版（Wechsler Adult Intelligence Scale – Revisal China，WAIS – RC）分言语量表（包括知识、领悟、算术、相似性、数字广度以及词汇 6 个分测验）、操作量表（包括数字符号、图画填充、积木图、图片排列以及图形拼凑 5 个分测验）和全量表（包括上述 11 个分测验）。言语量表分是将 6 个言语分测验的各量表分相加，操作量表分及全量表分均类推。根据各自的量表分可换算成各自的智商，即言语智商（VIQ）、操作智商（PIQ）和全智商（FIQ）。

2. 量表的信度

本量表的信度测定是在城市和农村两个样本中取 18 ~ 19 岁、25 ~ 34 岁和 45 ~ 54 岁三个年龄组，按如下三个方法进行的。①分半相关，即将各分测验项目按单双号分为两半，计算两半成绩的相关系数（r）。结果：共计 60 个 r 值，r 值分布在 0.3 ~ 0.8 之间，其中 73% 在 0.5 以上。图形拼凑及数字广度的 r 值较低，与 WAIS 中的情况相似。②各测验之间的相关。取 11 个分测验的量表分彼此一一相关。结果显示：语言和作业量表的 r

值均分布在 0.6~0.8 之间，绝大多数均在 0.7 以上。其他各分测验的 r 值共 330 个，其中达到 0.5 的占 56.7%，达到 0.6 的占 20%，达到 0.7 的占 6.7%。③重测相关。对 211 名被试在相隔 1~6 周内进行两次测验。两次测验结果的 r 值为 0.9，相关程度很高。

3. 量表的效度

因为我国现在尚无标准的成人智力量表，所以无法与标准量表比较，量表的修订组以智商与学习成绩的相关来计算效度。取 1981 年各省市参加大学入学考试的考生（高中应届毕业生）165 名，其中成绩优异、名列前茅者 29 名，落榜者 136 名。将两组的智商进行比较，前者的智商平均为 112.78（标准差为 7.39），后者为 100.32（标准差为 10.93），前者高于后者，差异显著（$P < 0.01$）。

（三）测验方法

一般情况下，测验按规定的排列顺序进行，即按照先言语测验后操作测验的顺序进行。但在特殊情况下可适当改变，如遇言语障碍或者情绪紧张、怕失面子的被试，不妨先做一两个操作测验，或从比较容易做好的项目开始。测验通常一次做完，对于容易疲劳或动作缓慢的被试也可分次完成。

为了不与标准程序有所偏差，主试要时刻参考指导用语，严格按照指导语进行操作。表述指导语时，口齿要清楚，可以重复（但数学广度测验除外）。提问时应避免暗示性。

被试回答问题中如有不清楚之处，应要求他做解释，回答时应让被试表达充分。多数情况下，应在问题提出后 10~15 秒内开始回答。如果到了时间，或主试重复提问后仍无回答，便可计 0 分，并开始下一项。

（四）测验项目及计分方法

测验共有 11 个分测验，其中言语量表 6 个，操作量表 5 个。在测验指导手册中对每一个分测验的评分都有详细说明。有些分测验计分很客观，容易计分，但有些言语测验如"领悟""相似性""词汇"三个分测验和"知识"分测验的部分测题，可能有各种各样的回答，有些回答没有列在指导手册提供的"标准答案举例"之内，这要求主试根据评分原则做出主观判断。

各分测验的计分方法为：

（1）知识测验：包括 29 个涉及广泛知识的题目，测量知识兴趣范围及长期记忆。测验时先从第 5 项开始。如第 5~6 项均失败，便回头做第 1~4 项。若被试在第 2~4 项均失败则不再继续此测验，但若第 2、3 或 4 项中通过任何一项，都要继续做第 7 项。另外，29 项中连续失败 5 次，则不继续测验。

计分方法：每项回答正确计 1 分，从第 5 项开始的第 1~4 项未测，也加计 4 分，最高得分为 29 分。测验问题举例：一年有几个月？什么时间影子最短？人体 3 种血管名是什么？

（2）领悟测验：共有 14 个问题，测量对社会的适应程度，尤其是伦理道德的判断能力。测验从第 3 项开始，如第 3、4、5 项中有一项失败，便回头做第 1、2 项。连续失败 4 次，则不再继续测验。

计分方法：第 1~2 项每项计 0 或 2 分，第 3~4 项每项计 0、1、2 分。从第 3 项开始的，第 1~2 项应计 4 分。14 项最高得分为 28 分。测验问题举例："过河拆桥"是什么意思？为什么要洗衣服？如果你在街上拾到一封信，贴了邮票，写好了地址，你将怎么办？

（3）算术测验：包括 14 个小学程度的算术文字题，由主试口头提问，被试心算并口头回答。从第 3 项开始，如第 3~4 项失败，回到第 1~2 项。第 1~4 项回答问题限时 15 秒，第 5~10 项限时 30 秒，每一项正确回答计 1 分；第 11~13 项限时 60 秒，10 秒内答出评为 2 分；第 14 项限时 120 秒，120 秒内答出评为 2 分。14 项的最高分为 18 分。本项目主要测量被试的数学推理能力、计算和解决问题的能力及集中思维的能力。测验问题举例：4 元加 5 元共几元？（限时 15 秒）8 人在 6 天做完的工作，如半天完成要多少人？（限时 120 秒，120 秒内完成评为 2 分）

（4）相似性测验：指出每对词意的相似性。共有 13 项。连续 4 次失败，则不再继续。每题采取 0~2 分 3 级评分，最高得分为 26 分。该测验用来测量被试抽象能力和概括能力。测验问题举例：帽子和袜子有什么相似？橘子和桃子有什么相似？

（5）数字广度测验：共 19 项，其中顺背 10 项，倒背 9 项。被试按照主试念出的数目迅速背或倒背出来。根据背数多少，测量被试的瞬时记忆和注意力。例如：顺背从 3 位数起，到 9 位数止；倒背从 2 位数起，到 8 位数止。每一项有两试，如两试失败，则停止本测验。计分以通过位数为准，两测验最高得分为 17 分。

（6）词汇测验：共 40 个项目。每项按 0~2 分 3 级评分，最高得分为 80 分。该测验可测量被试的词语理解和表达能力。词汇举例：美丽、速度、大方、规矩、剽窃等。

（7）数字符号测验：共 90 个项目。一个数字下面有一符号，按照这种关系来填写数字下面的符号（共 90 个）。每项正确的计 1 分，最高得分为 90 分。可该测验测量被试的学习能力、知觉辨别速度和灵活性。例如：在 9 下面对应的框内的符号是" ＝"，8 下面对应的符号是" ×"，按照这样的关系，要求在 90 个数下方的框内填上相应的符号，越快越好。

（8）图画填充测验：共有 21 张图画。每张图画中均缺一重要部分，要求被试指出图中缺失的部分，每张图看 20 秒钟。每一正确回答评 1 分，最高得分为 21 分。该测验可测量被试的视觉辨认能力。图画举例：猪缺少尾巴、手枪缺少扳机等。

（9）木块图测验：共有 10 项。有 9 个完全相同的立方积木，每块各面分别涂有红、白、半红半白颜色。让被试用木块照图摆成图形。共有 10 个图形，第 1~6 项时限为 60 秒，第 7~10 项时限为 120 秒。评分第 1 项 4 分，第 2 项 2 分，第 3~10 项每项 4 分。第 7~10 项若时限内有盈余，另加 1~2 分。最高得分为 48 分。该测验可测量被试的空间知觉能力、视觉综合分析能力。

（10）图片排列测验：有8套图片。每一套图片如果排列为正确的顺序，即具有一定情节关联。以打乱的顺序呈现给被试，要求按适当顺序重新排列，以组成一个故事。第1~5项时限为60秒，第6~8项时限为100秒。第1~2项一次完成评4分，二次完成评2分；第3~4项评4分；其他据排列水平和时限不同分别评2~6分。最高得分为36分。该测验可测量被试的逻辑联想、部分与整体关系的观念及思维灵活性。图片列举：小鸟筑巢系列图片，图1为巢内有几个鸟蛋，图2为一只小鸟在筑巢，图3为巢内已孵出小鸟。其他图片如钓鱼、超车、猎人等。

（11）图形拼凑：共有4项。人体像、侧面像、手掌和大象的图像均分割成一些碎片，要求拼凑成原形。根据所需要的时间和正确性计分。人体像为5~8分；侧面像为9~13分；手掌为7~11分；大象为8~12分。最高得分为44分。该测验可测量被试的想象力、手眼力、手眼协调能力。

（五）结果分析

1. 原始分的获得

原始分也称为粗分，是指每个分测验项目评分的总和。如知识测验有29项，粗分最高得分为29分。

2. 原始分的转换

由于各个分测验的粗分并不一致，为了平衡各测验的结果，要将粗分换算成统一的量表分。

各分测验的原始分按测验指导手册上相应用表可转化为平均数是10、标准差是3的量表分。

言语测验分（VS）：言语测验的6个分测验量表分的总和。

操作测验分（PS）：操作测验的5个分测验量表分的总和。

全量表分（FS）：言语测验量表分与操作测验量表分相加的总和。

增值分：受检者有一分测验未做，则应按增值分计算。有一个语言测验未做，用5个言语测验的总量表分乘以6/5。操作测验中缺少1个，则乘以5/4。其得分即增值分。

根据相应用表分别将VS、PS、FS换算成言语智商、操作智商、全智商。由于测验成绩随年龄变化，各年龄组的智商是根据标准化样本单独计算的，查看被试的智商一定要查相应的年龄组。同时要将城市的和农村的分清，不能用错表。

测验结果分析，可按以下步骤进行。

（1）总智力的分析：智力测量就是将智力水平数量化。智商是智力数量化的单位。因智力水平分布是否为常态分布尚无定论，所以目前智商的测定仍以计算公式为主。

在报告中分析被试的智力水平时，不能只看测得的IQ值，还要考虑它的可信度，测得的IQ值是估计值，需通过标准测量误计算其"真正"IQ。标准测量误的数值增大，可信度便加宽。

智力水平按IQ值的分级，一般是将IQ在智力均数加减一个标准差为平常级。平常智力者的 IQ 为 90~110，超常为 110~130，极超常为 130~145，天才为 145~160，而边缘智力为 70~85，轻度低下为 55~70，中度低下为 40~55，重度低下为 25~40，IQ 在 25 以下为极重度低下。

（2）分量表之间的差异：分量表之间的差异可通过 VIQ 和 PIQ 的比较来进行分析。综合各套韦氏量表的计算结果，儿童量表 VIQ 与 PIQ 相差 12 时有意义。分析时应注意各年龄组间的差异。其差异的意义有：①父母的教育程度、职业、经济条件差异，儿童的 VIQ 与 PIQ 全出现差异。在文化程度高的家庭中，VIQ 高于 PIQ。②个人的智力结构特点，可能有的人两种智力结构中某一方面突出。③大脑两半球功能不同，VIQ 与左半球的关系较大，PIQ 与右半球的关系较大，在测量脑损伤的患者时应特别注意。④与智力一般水平的关系，通常智力很高的人，VIQ > PIQ。

（3）各分测验之间的差异：分析每个分测验的强弱，便于智力特点的诊断。分析方法多采用各分测验与该分测验所属分量表的平均数比较，计算其偏离度。如大于 3，表明该分测验所测量的智力因素强；反之，小于 3 为弱。

（4）分测验的内部分析：通过对各项目评分分析，反映各项能力的强弱。

（5）被试操作方式与态度的评分：智力测验中评分依据主要是作业结果和时间，未包括操作方式和态度。主试应重视观察后者的表现。智力测验可以反映人格特点。受检者在进行作业时，有反应型和冲动型等不同人格类型的差别。

在分析结果时，还应注意收集被试的其他方面资料，以便进行综合，最后做出全面而合理的解释。

（六）使用与应用

WAIS - RC 自 1991 年起，在全国进行推广，广泛应用于医疗、教育、科研等领域。有调查显示 WAIS - RC 在国内属第三位常用测验，单位拥有率达 58.0%。到目前为止，使用 WAIS - RC 的单位主要集中在地、市级以上的大中型医疗和教育机构，医疗机构主要分布于精神科和神经科。近几年一些经济发展较快地区的县、区级医疗保健机构也开始使用 WAIS - RC，所以它尚有较大的推广潜力。

二、韦氏儿童智力量表第四版（WISC - Ⅳ）

（一）开发情况

韦氏儿童智力量表（The Wechsler Intelligence Scale for Children，WISC）由美国韦克斯勒创制，是对 6~16 岁儿童的智力进行评估和个别施测的临床工具，是继 20 世纪比奈智力测验产生后，在国际上被公认为最具权威性和最有效的个人智力测验之一。韦氏测验最早在 1949 年由美国心理公司出版，1974 年有修订版（WISC - R），1991 年发展出第三版（WISC - Ⅲ），到 2003 年出版了最新的第四版（WISC - Ⅳ），同年由珠海京美公司与美国原出版公司协商合作，由张厚粲主持进行修订，2007 年底完成，

2008 年 3 月在北京由中国心理学会主持的专家鉴定会上通过了鉴定，开始付诸应用。

（二）结构与特性

WISC - Ⅳ的适用年龄为 6 岁 0 个月到 16 岁 11 个月的儿童和少年。量表一共有 15 个子测验项目，其中包括 10 个主要子测验和 5 个补充的子测验。补充的子测验可用于提供额外信息，或者在某一主要的子测验被错误施测时，补充的子测验可作为替补项目。完成主体部分的子测验需要 65 ~ 80 分钟，完成补充的子测验需要 10 ~ 15 分钟。WISC - Ⅳ包括言语理解、知觉推理、工作记忆和加工速度 4 大分量表。言语理解量表包括类同、词汇、理解、常识和单词推理 5 个项目。知觉推理量表包括积木、图形概念、矩阵推理和图画补缺 4 个子项目。工作记忆量表包括背数、字母—数字排列和算术 3 个子项目。加工速度量表包括译码、查找符号和删除图形 3 个子项目。全智商是一个估计受检者总体智力功能的综合成绩，该得分是在合计各个分量表得分基础上得出的结果（见图 6 - 2）。

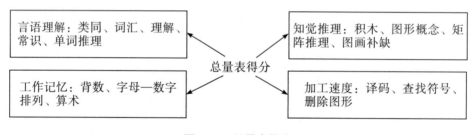

图 6 - 2 总量表得分

1. 言语理解

言语理解（verbal comprehension）量表的各个子测验主要是用于测量言语习得能力、言语的概念形成和同化、与言语相关的抽象思维、分析、概括能力等。一般而言，言语理解的得分和被试的文化背景、接受教育的程度、学习和吸收知识的能力有关。和传统的言语量表相比，为了避免和其他非言语认知能力的混淆，WISC - Ⅳ的言语理解量表不再包括和工作记忆相关的项目，可称作是更精确测量言语能力的量表。该量表对于有言语发展障碍的儿童有较好的筛查作用。

（1）类同（similarities）。做类同分测验时，主试给被试提供两个概念，并要求被试说出两个概念间的相同之处。比如："钢笔和铅笔有什么相似的地方？"该测验用于评定被试言语的抽象逻辑推理能力、概括能力、语言概念的形成和同化、信息的整合能力。同时，该测验也涉及被试的听觉理解、记忆、对于概念的基本特征和表面特征的区别能力以及语言表达能力。低分者往往缺乏良好的抽象思维和归纳推理的能力，语言能力也往往欠发展。有学者发现类同测验是对左脑损伤尤其是左颞叶损伤较为敏感的分测验。高分者往往有良好的概念形成和同化能力、精确的语言表达能力，同时也反映出被试有良好的长时记忆。

（2）词汇（vocabulary）。词汇分测验用于测量个体已经习得的知识和言语概念的形成。词汇分测验也用于测量个体的晶体智力，比如知识的广度、对于词汇的概念化程度、词汇的推理能力、学习能力、长时记忆能力。完成该测验还涉及个体的听觉处理和理解、抽象思考以及语言表达能力。词汇得分和个体受教育程度及其日常的受教育经历有关，因此可以预测个体的学习状况和水平。本测验包括图片测试题和字词测试题，图片测试题要求儿童给测试题本上呈现的图片命名，而字词测试题则是主试大声地逐一读出每一个词，然后要求儿童解释这个词的意思。比如问："钟表是什么？"词汇成绩得分低可能是由于有智力障碍、言语发展不良，或者是受教育水平不高。

（3）理解（comprehension）。理解分测验要求被试根据其对于常识、社会规范的理解来回答一系列的问题。比如："当你看见邻居家的厨房冒出浓烟的时候，你应该怎么办？""为什么警察都穿制服？"这个分测验用于考查被试对于社会生活与常识的理解和判断能力，言语的理解和表达能力，运用过去的经验来分析问题和处理问题的能力，对于社会道德规范及准则的理解和运用能力，以及个体社会化的成熟程度。

（4）常识（information）——补充分测验。常识分测验要求被试回答一系列的常识问题。比如："哪个国家有世界上最多的人口？""一年有几个季节？"该测验涉及被试的晶体智力，用于考查被试对于先前知识的学习能力、知识的保持、接受知识的广度、对于各种事物的关注、兴趣和爱好以及长时记忆。其他可涉及的能力有听觉处理和理解能力以及语言表达能力。

（5）单词推理（word reasoning）——补充分测验。单词推理分测验给被试提供一个到多个线索，然后要求被试说出这些线索暗示了一个什么概念，其形式很像传统的猜谜游戏。考查被试的言语理解能力、分析和整合信息的能力、推理能力、抽象思维能力。

2. 知觉推理

知觉推理（perceptual reasoning）量表的各个子测验主要测量被试的流体推理能力、空间知觉、视觉组织和推理能力等。为了避免和加工速度混淆，WISC－Ⅳ的知觉推理量表不再包括译码、查找符号等和加工速度相关的项目。因此和以往的韦氏智力量表的操作量表相比，知觉推理量表可以减少由于不同被试加工速度的快慢不等所带来的影响，以利于更精确地测查被试的非言语推理能力。

（1）积木（block design）。积木分测验要求被试根据主试提供的积木图形，在最短的时间内拼出和图形上完全一样的积木图。这一测验考查被试的视觉分析和组合能力、非言语的概念形成能力、对事物的整体和局部的观察能力、手眼协调能力等。被试处于一个试误的过程中，必须应用自己的知觉组织能力、空间想象能力、空间抽象思维能力来形成非言语的概念，并且解决问题。该测验的结果与被试的受教育程度相关度很低。高得分者往往有着发展较好的空间知觉、视觉处理速度和非言语抽象思维的能力。低得分往往预示着发展不完善的视觉分析和整合能力以及滞后的手眼协调能力；同时也可能说明被试缺乏尝试精神，遇到难解决的问题就轻易放弃。

（2）图形概念（picture concept）。做图形概念测验时，主试给被试出示印有不同图画的图片，每套图片上有 2 组或者 3 组图画，每一组图画当中又印有不同的物体。被试应当从每一组图画中选出一个物体，并使得这些选出的物体都具有本质的相似性。比如，第一组图画中有"松鼠"和"雨伞"，第二组图画中有"小鸟"和"彩笔"，那么正确的答案应该是"松鼠"和"小鸟"，因为它们的本质特征都是动物。图形概念的作用和类同子测验的作用很类似，这一测验考查的是非言语的概念形成、分类、归纳和推理能力。

（3）矩阵推理（matrix reasoning）。做矩阵推理测验时，主试出示的图片上方是一个矩阵图，矩阵图中有一个缺失小方块，被试需要从图片下方所提供的一系列的选择项中选出一个印有图形的小方块来填充有缺失角的矩阵图，使其成为一个完整、符合逻辑的图形。这一测验考查的是被试的流体智力、非言语的推理和解决问题的能力、分析能力以及空间知觉和空间辨别能力。

（4）图画补缺（picture completion）——补充分测验。主试出示的每一幅图画中都有一个很重要的部分缺失，被试需要说出或者指出什么部分缺失。这一测验考查被试对事物的细致观察能力、注意力、长时记忆、视觉再认与辨别能力，对事物的整体与局部、本质属性和非本质属性的分析和辨别能力。很低的得分可能预示着被试的视觉再认、组织和辨别能力发展不完善，或者注意力不集中，或者比较粗心大意，不善于观察事物的细枝末节。

3．工作记忆

工作记忆（working memory）量表主要测量被试的短时记忆、对外来信息的存储和加工以及输出信息的能力。工作记忆是个体学习能力的一个重要测量指标，工作记忆可以影响个体学习时的注意力、存储和吸收知识的能力以及流体推理能力等。

（1）背数（digit span）。背数测验包括顺背和倒背两个部分。顺背考查被试的机械记忆力、注意力、听觉处理能力。倒背考查被试的工作记忆力，对信息的短暂存储、加工、编码、重新排序的能力，思维灵活性以及其认知的觉醒程度。得分高的个体除了有较好的短时记忆能力和注意力，还要有较好的存储和加工信息并且对信息进行重新编码的能力。神经心理学家建议将顺背和倒背分开来分析，顺背得分高和倒背得分低说明被试处理信息的短时记忆强于工作记忆。顺背得分不高的被试往往倒背得分也不高，但也有例外的情况。比如，有些被试的视觉记忆能力极强，在倒背时，可以利用其视觉记忆的能力，将给予的数字串转化为视觉图像呈现在大脑中，然后将数字倒序背出。也有些被试在顺背时注意力不集中，得分不高；倒背时，因为任务难度更大，认知的觉醒程度大大提高，反而有更高的得分。

（2）字母—数字排列（letter - number sequencing）。字母—数字排列这一分测验第一次使用于韦氏成人智力量表第三版中，对于韦氏儿童智力量表，到 WISC - Ⅳ才正式开始使用这一测验。在主试读完一串数字和字母之后，被试必须先将听到的数字按从小到大的顺序背出，再将听到的字母按 26 个英文字母的顺序背出。这一测试考查的是被试的注意力、听觉工作记忆的能力、空间和视觉的想象能力、思维的灵活性、处理信息的速度、排序能力等。

（3）算术（arithmetic）——补充分测验。做算术测验时，主试向被试提供一系列的算术问题，被试不能使用纸笔，而且在一定的时间内必须给出答案，超出规定时间给出的正确答案不予计分。算术测验考查的是被试的听觉言语理解能力、大脑的加工能力、注意力、工作记忆、长时记忆、数字推理能力等。在使用因素分析之后，设计者发现算术测验主要测量的是被试的工作记忆能力，但是很大程度也涉及被试的言语理解能力。原因是完成这一测验时被试需要应用到言语理解能力来理解题目的意思。这也再次说明了现实生活中的很多学习和认知任务的完成往往需要涉及多种认知能力，而非某一单纯的认知能力。

4．加工速度

加工速度（processing speed）考查的是被试处理简单而有规律信息的速度、记录的速度和准确度、注意力、书写能力等。日常的学习生活往往要求个体有处理简单常规信息的能力，也要有处理复杂信息的能力。加工速度比较慢的个体往往需要更长的时间来完成日常作业和任务，也更容易引起大脑的疲劳。

（1）译码（coding）。做译码这一测验时，主试给被试出示一份试题册，试题册的上方印有不同形状的小图形（比如三角形、正方形等），每个图形的中间都有一个特定的符号（译码）。试题册的下方是中空的各式各样的图形，被试要用笔在中空的图形中一一画出与之对应的符号。该测验考查的是被试视觉运动速度、视觉扫描速度、将所给定的图形和符号结合起来的能力、空间定向能力、条件反射能力、手眼协调能力以及被试完成任务的动机。对于有学习障碍、书写障碍、功能性障碍、有脑伤的被试有很好的筛查效果。该测验也与年龄有很大的相关性。

（2）查找符号（symbol search）。被试需要判断目标符号是否和一组给定的符号群中的任一符号完全吻合，如果找到吻合的一对符号则选择"正确"选项，如果没有一组符号可以吻合，则选择"错误"选项。该测验考查的是被试的手眼处理速度、短时记忆、手眼协调能力、认知的灵活性、注意力等。

（3）删除图画（cancellation）——补充分测验。做删除图画测验时，被试需要迅速扫描一张印有各种小图画的图片，然后按要求标记出有特定特征的图画。该测验考查的是被试的信息处理速度、视觉选择能力、注意力、忽略次要信息的能力。

5．中国修订韦氏幼儿、儿童智力量表

在中国修订韦氏幼儿智力量表（C-WYCSI）、中国修订韦氏儿童智力量表（C-WISC）中又对各自原表进行了修订和补充，其内容有：

（1）分类测验：在C-WISC中替代相似性测验。

（2）图片概括：在C-WYCSI中替代相似性测验或分类测验。

（3）图词测验：在C-WYCSI中替代词汇测验。

（4）动物房子：其测验功能与数字符号测验相同。

（5）迷津测验：在迷津图中寻找出路，测量远见、计划及手眼协调能力。

（6）几何图形测验：临摹几何图形，测量空间关系、手眼协调能力。

（7）视觉分析测验：要求在 6 个图形中找出一个与样本完全相同的来。测量视觉分析能力。

（8）填句：一个未完的句子要求完成。测验词语理解力，抓住整体意义的能力。

（三）施测方法

韦氏儿童智力量表与韦氏成人智力量表同属韦氏系列智力量表，其量表结构和施测方法大致相同。但要注意的问题是，韦氏儿童智力量表适用的对象是 6～16 岁的儿童，因而在施测过程中，需要注意跟儿童建立并保持友好的关系，以解除儿童紧张和不安的心理。在测验前的指导语也应体现与儿童交往的特点，如指导语应这样陈述："今天要你做一些练习，回答一些问题，做一些很有意思的作业；有的题目很容易，有的比较难。难的题目你也许不会做，或者答不出来。你尽量做就行。你现在年纪还小，长大以后就都会做了。现在开始做第一个练习（即测验一）。"

（四）计分与解释

为了更清晰地反映儿童的智力特点，WISC－Ⅳ不再沿用言语智商和操作智商的分数解释维度，而采用了 4 个指数的结构：言语理解指数（VCI）、知觉推理指数（PRI）、工作记忆指数（WMI）以及加工速度指数（PSI）。其中，前两个指数反映的是儿童在解决复杂问题的思考中能够达到的能力水平，后两个指数反映的是儿童在认知活动中加工信息的广度和速度，属于认知活动的效率。据此，又提出两个新的指数：一般能力指数（GAI）和认知效率指数（CPI），见图 6－3。

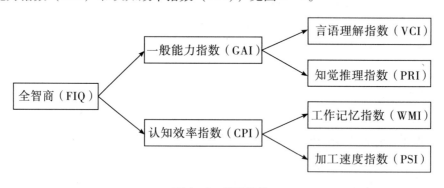

图 6－3　指数结构

4 个指数均采用常模法，经正态转换得到分数平均数为 100、标准差为 15 的导出分数。因此可以从每个指数的分数位置，了解被试儿童的具体能力水平。应用中，当 4 个指数得分比较接近时，由这 4 个指数综合起来对全智商的估计相对比较准确。然而，当 4 个指数的得分之间存在较大差异时，由 4 个指数综合起来对全智商的估计就会有分歧。

和正常群体相比，有多动症、癫痫、学习障碍的被试往往有参差不齐的分量表得分，而这些时高时低的成绩相互平均之后，反映在全量表得分上可能会是一个和正常人群很接近的全量表得分。在这种情况下，临床工作者应当对分量表得分做详细的分析和解释，而不应该一味地集中在全量表得分的高低上。

总体上说，当代应用智力测验的主要目的是鉴别和分析被试智力各个方面的优势和劣势，并且为被试及其家属或教师提出指导。因此确定被试智商的高低并不是最主要的方面，重要的是发现个体的优劣势，并且提供有效的干预。主试应该注重对子测验的分析。

WISC－Ⅳ手册提供了有关子测验之间得分差异是否达到统计显著性差异的评估数据，同时建议使用者注意被试在子测验内部的得分稳定性以及被试在测试过程的行为表现，也提倡使用剖面分析来解释个体的相对优势与劣势，并提供了相关的查询表格。比如，一个智商为100的被试，言语理解分量表的得分低于知觉推理分量表33分，通过查表可以发现在正态分布的人群中，有这样得分差异的个体仅占总体的1.2%。

（五）使用与应用

目前，WISC－Ⅳ主要用来诊断被试是否为以下几种情形之一：①天才儿童。②有发展性障碍、智力落后、学习障碍、多动症、言语障碍、自闭症。③有神经性损伤、外伤性脑伤等。WISC－Ⅳ被广泛应用于教育系统和心理评估系统以更好地评估儿童认知能力的优势和劣势，安置智力低下儿童，并提供信息以制订有效的干预计划。

第三节 瑞文标准推理测验

一、开发情况

智力测验从方式上来分类，有文字测验、非文字测验及混合测验三类。瑞文标准推理测验属于纯粹的非文字智力测验，是英国人瑞文在1938年设计的一个智力量表，原名叫Progressive Matrices，一般译为渐进矩阵。这是一套使用方便、用途广泛的智力测量工具，至今仍为国内外心理学界和医学界所使用。我国心理学家张厚粲于1989年主持了该测验的中国常模的修订。

二、结构与特性

瑞文标准推理测验一共由60张图组成，按逐步增加难度的方式分成A、B、C、D、E五组，每组都有一定的主题如图形相似、图形转换等，因此各组的思维操作水平也是不相同的。每个组又包含有12个项目，也按逐渐增加难度的方式排列，分别编号为A_1、A_2、A_3、…、A_{12}，B_1、B_2、B_3、…、B_{12}等，每个项目由一幅缺一小部分的大图案和与缺失部分形状一样的 6~8 张小图片组成（A 组和 B 组有 6 张，C 组以后有 8 张），小图片分别标号为 1、2、……、8。测验中要求被试根据大图案内图形间的某种关系，看小图片中哪一张填入（在头脑中想象）大图案中缺失的部分合适，就把小图片号码写在答案纸上。A 组主要测知觉辨别力、图形比较、图形想象力等，B 组主要测类同、比较、图形组合等，C 组主要测比较、推理、图形组合等，D 组主要测系列关系、图形套合、比拟等，E 组主要测互换、交错等抽象推理能力。测验通过评价被试的这些思维活动来研究其智力活动能力。图 6-4 就是其中的实例 A_7、B_{11}、C_4、E_{12}。

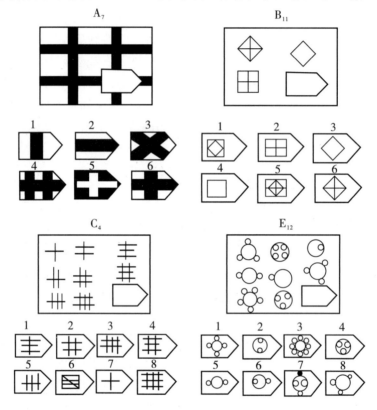

图 6-4　实例 A_7、B_{11}、C_4、E_{12}

注：约为原图的 1/3 大小，答案分别为 $A_7=6$，$B_{11}=4$，$C_4=8$，$E_{12}=5$。

在实践中发现，瑞文标准推理测验的重测信度系数在 0.70~0.90 之间，与其他言语及非言语测验的相关分布在 0.40~0.75 之间。

三、施测方法

本测验施测很简单，所以一般可做团体测验，对于幼儿、智力低下者和不能书写的老年人则可个别施测。给每个被试发一本题册和一张答卷纸，主试可用例题做示范，让被试明白测验规则，即要求被试根据隐藏在一系列抽象符号和图案中的规律，选择某个小图片放入大图案中缺失的位置上，把相应选项代号填在答卷纸上相应位置。

另外在时间限制方面，本测验限在40分钟内交卷，能做多少就做多少。在主试宣读完指导语后即开始计时，测验进行到20分钟及30分钟各报一次时间，并请被试在刚完成的答案下画一记号"＿＿"。测验满40分钟时，要求立即交卷。

幼儿及智力障碍者在个别施测中当进行到C、D、E三个单元时，每单元如连续3题不通过，则该单元不再往下进行，未测项目都按不通过计，但A、B、C单元不管做对多少都必须做完。

四、计分与解释

在测验结束后，主试收回量表和答案纸，根据标准来检查被试的作业结果，并计算出他的原始分数。每题的评分为二级评分，即答对得1分，答错为0分，被试的总得分就是他通过的题数。其智力高低的评价可以根据他的分数资料按百分位等级（与常模比较）的分布分类：1度——测验成绩等于或超过同年龄常模组的95%，则为高度的智力；2度——测验成绩等于或超过同年龄组的75%，为中上智力；3度——成绩在25%~75%之间，为中等水平的智力；4度——成绩等于或低于25%，为中下的智力；5度——成绩等于或低于5%，为智力不全。然后将百分等级转化为IQ分数。例如，一个16岁城市儿童测得原始总分55分，先查百分等级常模表中得55分相应的百分等级为70，再查智商常模表得IQ为108，见表6-2。

表6-2 瑞文智商分级标准

类别		IQ/分	理论分布/%
极优		≥130	2.2
优秀		120~129	6.7
中上（聪明）		110~119	16.1
中等（一般）		90~109	50
中下（迟钝）		80~89	16.1
边缘		70~79	6.7
智力障碍者	轻度	55~69	2.2
	中度	40~54	
	重度	25~39	
	极重	≤24	

五、使用与应用

自从瑞文标准推理测验问世以来，引起了很多人的注意，对它的研究也很多，如里莫尔迪（Rimoldi）于1948年在阿根廷通过对1 680个儿童的试测也取得了类似的常模。此后对它的研究仍然历久不断。在美国学者们对它的兴趣更是大大增加，如美国一本心理测量年鉴列出了近400项对它的研究，许多是使用它诊断患者的研究报告，例如它可用来检查健康被试（如为了安排工作的体检），也可在神经精神病临床上用来评价患者的智力状态。它还适用于检查聋哑人、患失语症及脑性瘫痪的患者。此外在瑞文标准推理测验的基础上，又发展出了一种彩色渐进性图板，适用于5~11岁儿童和心理有障碍的成人。对非常聪明的成人还设计了一套更高级的量表，但应用并不广泛。

 技能训练

1. 某城市有一个语言障碍的儿童，今年10岁，他不会说话，也不认识字，家长想送他到特殊学校去接受教育，学校教师要求先了解一下他目前的智力发展水平，以便安排合适难度的教学内容。

问：（1）对该儿童可以进行智力测验吗？

（2）若能，则应该选择何种智力测验？选择的依据是什么？

（3）请对所选测验的内容和结构做大概描述。

（4）如该儿童出生日期是1998年10月13日，测验的日期是2008年6月7日，则他的实足年龄应为多少？

2. 一位18岁城市男性的韦氏成人智力测验的结果如下：知识12、图画填充11、相似性17、图片排列13、算术14、积木图13、词汇11、图形拼凑13、领悟13、编码16、背数10。

试分析：

（1）哪些属于言语量表，哪些属于操作量表？

（2）量表分是如何得到的？如何得到言语智商、操作智商和全智商？（仅谈方法不要计算）

（3）该测试提示该被试最突出的能力是什么？

（4）假如他的言语智商、操作智商和全智商分别是123、113、122，请你对这一结果加以报告和解释。

3. 一名12岁儿童，平时的学习成绩在同龄儿童中属于中下水平（据教师评定），其WISC－Ⅳ中文版施测结果的合成分数以及差异比较结果见表6－3。

表6－3 一名12岁儿童施测结果的合成分数

量表	量表分数/分	合成分数/分	百分等级	95%置信区间
言语理解（VCI）	25	言语理解指数：92	30	86~99
知觉推理（PRI）	30	知觉推理指数：100	50	92~108

续上表

量表	量表分数/分	合成分数/分	百分等级	95%置信区间
工作记忆（WMI）	15	工作记忆指数：85	16	79～93
加工速度（PSI）	12	加工速度指数：77	6	71～89
全量表（FSIQ）	82	全智商：86	18	81～91
一般能力（GAI）	55	一般能力指数：95	37	90～101
认知效率（CPI）	27	认知效率指数：78	7	72～87

请分析该名儿童的智力状况。

参考文献

[1] 王映学，米加德. 智力与智力测验的历史流变 [J]. 西南农业大学学报（社会科学版），2007（6）：137－141.

[2] 董奇，林崇德. 中国儿童青少年心理发育标准化测验简介 [M]. 北京：科学出版社，2011.

[3] 艾肯，格罗思－马纳特. 艾肯心理测量与评估（原书第12版）[M]. 张厚粲，赵守盈，译. 北京：中国人民大学出版社，2011.

[4] 马立骥. 心理评估学 [M]. 合肥：安徽大学出版社，2004.

[5] 郑日昌. 心理测量与测验 [M]. 北京：中国人民大学出版社，2008.

[6] 修订韦氏成人智力量表全国协作组. 韦氏成人智力量表的修订 [J]. 心理学报，1983（3）：362－370.

[7] 程灶火，郑虹. 韦氏成人智力量表在我国的推广应用情况调查 [J]. 中国心理卫生杂志，2000，14（4）：235.

[8] 龚耀先，等. 中国修订韦氏成人智力量表（WAIS－RC）手册 [M]. 长沙：湖南地图出版社，1992.

[9] 丁怡，杨凌燕，郭奕龙，等.《韦氏儿童智力量表：第四版》性能分析 [J]. 中国特殊教育，2006（9）：35－42.

[10] 张厚粲. 韦氏儿童智力量表第四版（WISC－Ⅳ）中文版的修订 [J]. 心理科学，2009，32（5）：1177－1179.

[11] 孔明，孙晓敏. 韦氏儿童智力量表的新进展 [J]. 心理科学，2008，31（4）：999－1001.

[12] 张厚粲. 韦氏儿童智力量表第四版中文版指导手册 [M]. 珠海：京美心理测量技术开发有限公司，2010.（内部资料）

[13] 中国就业培训技术指导中心，中国心理卫生协会. 国家职业资格培训教程：

心理咨询师（三级）[M]．北京：民族出版社，2005．

　　[14] 中国就业培训技术指导中心，中国心理卫生协会．国家职业资格培训教程：心理咨询师（二级）[M]．北京：民族出版社，2005．

 教学资源清单

　　使用说明：建议每位学习者在教师课堂讲授本章教材之前，先通过手机扫码的方式链接到教学资源平台，自学和练习相应的教学内容，以便在课堂上能够与教师更深入和更有效率地进行教与学的研讨，见表6-4。

表6-4 教学资源清单

编号	类型	主题	扫码链接
6-1		智力测验	
6-2		韦氏成人智力量表（城市）木块图测验	
6-3	PPT课件	韦氏成人智力量表（城市）填图测验	
6-4		韦氏成人智力量表（城市）图片排列测验	
6-5		韦氏智力测验操作量表WAIS-RC图形拼凑测验	
6-6	拓展阅读	一项关于大学生智商变化的研究	
6-7	专题新闻	智商超过99.9%人类，ChatGPT到底有多聪明？（钛媒体）	

续上表

编号	类型	主题	扫码链接
6-8	教学视频	智力测验的理论	
6-9		中国智力测验的发展历史	
6-10		西方智力测验的发展历史	
6-11		智力测验的单位	
6-12		韦克斯勒智力量表	
6-13		韦氏儿童智力量表	
6-14		瑞文标准推理测验	

第七章 艾森克人格问卷

导读

艾森克人格问卷（EPQ）是人格类型的测量工具。该问卷由英国伦敦大学人格心理学家和临床心理学家艾森克（H. J. Eysenck）及其夫人根据艾森克人格理论由先前数个人格问卷几经修改发展而来。本章将从理论、方法、解释和应用现状等方面来介绍该测验。

第一节 EPQ 的理论

汉斯·艾森克，德裔英国心理学家，在 1947 年发表第一部著作《人格维度》，以实验心理学的研究途径来研究人格问题，引起了心理学界的广泛重视。他认为，我们有许多"人格理论"，但没有支持这些理论的具体事实，要克服这种现象，就要首先明确人格的主要维度，然后设计出测量工具，最后用实验的定量程序把它们结合起来，这样才能建立一个完善的人格理论。艾森克的人格理论就是这样建立起来的。

一、艾森克人格理论

艾森克认为人格是由遗传和环境两个方面相互作用而形成的，具体是由性格、气质、智力、体质四个因素组成的，它决定了一个人对环境的独特适应方式。其中，性格是稳定持久的意志行为系统；气质是稳定持久的情感情绪系统；智力是稳定持久的认知行为系统；体质是稳定持久的身体外貌和神经内分泌腺系统。艾森克对人格的看法最显著的特点或许是对体质影响的重视和突出。

可从两个方面来了解艾森克的人格理论，一是其对行为的分层，二是其对行为最高层次——人格维度的划分，后者是其研究的重点。

（一）人格层次模型

艾森克的人格理论将特质理论与类型理论结合，属于层次性理论，称为人格层次模型。艾森克把人的行为分为特殊反应（specific response）、习惯反应（habitual response）、特质（traits）和维度（higher-order trait）四个层次。

第一层次的特殊反应是指个体在日常生活中所表现出的最基本的个别反应（如最简单的一举一动），属于误差因素。

第二层次的习惯反应是由反复进行的日常反应形成，属于特殊因素（如形成生物钟）。

第三层次的特质是由一个人的多种习惯反应所构成，属群因素（如冲动、活泼、害羞、敏感等）。

第四层次的维度是基于特质的相互关系而显示出来的类型（例如，由社会性、冲动性、活动性、活泼性、兴奋性等人格特质构成的外倾类型，由持续性、僵硬性、主观性、羞耻性、易感性等人格特质构成的内倾类型），属一般因素。

某一人格类型是由几个相关联的特质构成的；某一特质又是由几个相关的习惯反应构成的；而某一习惯又表现为多种场合下的反应（见图7-1）。

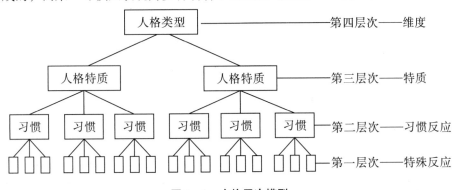

图7-1　人格层次模型

例如，一个学生某次或某几次准时去上课属于特殊反应，这个行为不一定是他个性特有的；如果他一个学期都是准时去上课，那这就是习惯反应，即在相似环境下相同的反应；如果他一个学期都是准时去上课并且准时参加活动、聚会等，这就是守时的特质，它是由几个相关的习惯反应构成的；如果该学生还存在不好交际、被动、克制等特质，那就可以说他是一个内向型的人。

（二）人格维度

艾森克通过因素分析归纳出三个人格维度：外倾性（extraversion，E）、神经质（neuroticism，N）和精神质（psychoticism，P）。这三个维度都是正常人格的结构，尽管精神病患者在这三个维度上得分时常会比正常人高。这三个维度都是双极的：E维度的一端为内向，另一端为外向；N维度的一端为神经过敏，另一端为情绪稳定；P维度的一端为超我机能，另一端为精神质。两极之间没有一个截然的分界，只有程度的区别。例如E量表可划分为：非常内向—内向—比较内向—内外向平衡—比较外向—外向—非常外向。这三个维度都是正态单峰分布的，也就是说大多数人处于维度靠中间的位置。

人们在这三个维度的不同倾向构成了不同的人格特征。西方心理学界将艾森克的三维度理论称为"大三"（big three）。这一理论受希波克拉底的体液说和荣格内外倾说的影响很大。

外倾性（E）表现为内外倾的差异，根据外倾性维度可以把人格分为外倾型和内倾型。艾森克以实验室和临床依据为基础，研究 E 因素与中枢神经系统的兴奋、抑制的强度之间的关系。研究发现，外倾的人不易受周围环境的影响，难以形成条件反射，有爱交际、寻求刺激、冒险、粗心大意等特点。内倾的人易受周围环境的影响，容易形成条件反射，好静、不爱社交、冷淡、不喜欢刺激、深思熟虑、喜欢有秩序的生活。

关于这一维度，艾森克（1947）认为："具典型外倾性的人，善于交际，喜欢参加聚会，有许多朋友，健谈，不喜欢静坐独处，学习时好与人讨论，寻求刺激，善于捕捉机会，好出风头，做事急于求成，一般说来属于冲动型，喜欢开玩笑，回答问题脱口而出，不假思索，喜欢环境变化，无忧无虑，不记仇，乐观，常喜笑颜开，好动，总找些事来做，富于攻击性，但又很容易息怒。总之，他不能时时很好地控制自己的情感，因此，他往往不是一个足以信赖的人。具典型内倾性的人，表现安静，不喜欢与各种人交往，善于自我省察，对书的兴趣更甚于对人，除非对很亲密的朋友，他往往对人有所保留或保持距离，做事之前先订计划，瞻前顾后，不轻举妄动，不爱激动，待人接物严肃，生活有规律，善于控制情感，很少攻击行为，一旦激怒很难平复。办事可靠，偏于保守，非常看重道德价值。"

神经质（N）表现为情绪稳定性的差异，根据这一维度可以把人格分为情绪型和稳定型。情绪不稳定的人喜怒无常，容易激动；情绪稳定的人反应缓慢且轻微，较容易恢复平静。情绪性与植物性神经系统特别是交感神经系统的机能相联系。这里的神经质与精神疾病并无必然的关系。

关于这一维度，艾森克认为："情感不稳定的人，表现出高焦虑，喜怒无常，易于激动，经常忧心忡忡，睡眠不好，经常表现出各种身心障碍，对各种刺激往往表现出过于强烈的反应，情绪冲动后很难平复。由于他们对事物的判断往往受到感情冲动的干扰，因此，他们的行为有时显得不合常理，有时出现刻板的、偏执的行为。当情感不稳定性和外倾性同时出现于一个人身上时，他就会表现出神经过敏和难以安静，甚至表现出攻击性。神经过敏者的主要特点是对可能出现的不利情境表现出过分强烈的焦虑。与此相反，情绪稳定的人，情绪反应缓慢且轻微，很容易恢复平静，他们常常是稳重、性情温和、善于自我控制，不易焦虑。"

精神质（P）独立于神经质，表现为孤独、冷酷、敌视、怪异等偏于负面的人格特征，并非指精神病。研究表明，精神质也可以用维度来表示，从正常范围过渡到极度不正常的一端。它在所有的人身上都存在，只是程度不同而已。精神质低分者具有温柔、善感、有同情心的特点，而精神质高分者则具有倔强固执、凶残强横和铁石心肠等特点，这种人有强烈的愚弄和惊扰他人的倾向。

关于这一维度，艾森克认为："心理变态倾向（注：指精神质）强烈的人，性情孤僻，对他人漠不关心，常常令人讨厌，总与旁人处不好关系；他心肠冷酷，缺乏人性，缺乏感情和同情心，对任何事情都麻木不仁；他常常对他人怀有恶意，甚至是对自己的亲人和好友；他常常表现出攻击性，甚至对自己所爱的人；他往往有些怪癖或不寻常的嗜好，不怕危险，喜欢捉弄别人，使别人难堪。如果是儿童，则是一个孤僻、令人讨厌的孩子，对周围的人和动物都缺乏怜悯，攻击性强，常表现出恶意，甚至是对很亲密的人，这些儿童往往需要强烈的感官刺激来补偿自己感情的缺乏，并为此而不顾危险和不考虑后果。不论儿童或成人，他们都难社会化，对他人的同情心、负疚、罪恶感等体验，在他们身上很少出现。"

三个维度上的极端表现可以形象地描述为：内倾的人是"我不愿意与他人来往"，神经过敏的人是"我害怕与他人来往"，精神质的人是"我恨其他人"。当然，有这些极端表现的只是极少数人，大多数人则处于平均水平附近。艾森克认为，人格的三种类型之间，不是相互排斥、非此即彼的。每个人在这三个维度上都有不同程度的表现，而极少有单一类型的人。

艾森克通过研究表明，E、N两个维度与运用16PF所做的进一步因素分析的结果是相似的，即将卡特尔用问卷获得的特质做进一步的聚合或分组，就可得到与艾森克的E、N维度相似的二阶因素。例如，E因素（外向）可与卡特尔的Q_1（外向/内向）相对照；N（神经质）因素可能相当于卡特尔的Q_2（焦虑）。

在此理论基础上，艾森克编制了EPQ。

二、艾森克人格理论与中医体质类型的关系

早在20世纪80年代，我国学者研究了中国古代阴阳人格体质学说与艾森克人格维度理论的关系，发现两者有着相似的思维形式，在心理行为特征的因素的描述上有较高重合度，例如E和N两个维度与阴阳水火性质相近。有研究表明，不同中医体质类型分别与艾森克的各类人格特征相对应。研究者以调查法，用中医体质量表、EPQ简式量表中国版（EPQ-RSC）及基本情况调查表为工具，采用单因素分析和logistic回归分析，研究平和质、气虚质、阳虚质、阴虚质、痰湿质、湿热质、瘀血质、气郁质和特禀质九种中医体质类型的人格心理特征。结果发现，外倾性维度中，平和质人群得分最高，即以外倾性为主；气郁质人群得分最低，即以内倾性为主。神经质维度中，气郁质人群得分最高，即情绪稳定性较差；平和质人群得分最低，即情绪稳定性较好。精神质维度中，特禀质人群得分最高，说明该体质人群冷漠、孤独等特征较明显；气虚质人群得分最低，说明该体质人群可能多富有同情心。有研究人员采用流行病学调研的方法，利用艾森克人格问卷研究气虚体质的个性倾向，

结果显示气虚质和平和质相比，性格偏于内向、情绪不稳定。有针对气郁质的个性特征的研究显示：气郁质者具有 EPQ 典型的神经质维度高分者的个性特征。对台北地区中医体质临床流行病学的调查发现，气郁体质比平和体质更容易处于忧郁症边缘，并且患重度忧郁症的概率高；气郁体质的个性和平和体质的个性相比，具有性格偏内向的特点，同时具有情绪不稳定、善于掩饰自己的特点。

三、艾森克人格问卷的发展及中国版的修订

艾森克人格问卷是以内倾性、神经质与精神质三种人格维度的划分为基础编制的。

最早的问卷问世于 1952 年，名为蒙德斯利（Maudsley）医学问卷，只测神经质维度。1959 年第一次修订，增加了外向量表，命名为蒙德斯利个性调查表（Maudsley Personality Inventory，MPI）。1964 年第二次修订成艾森克人格调查表（Eysenck Personality Inventory，EPI），并增加了测谎量表。与 MPI 相比，EPI 中的 E 和 N 是两个完全独立的维度。至 1975 年，形成较为成熟的艾森克人格问卷，其主要特点是引进了精神质量表，并发展为成人问卷和青少年问卷两种格式，每种问卷都包含 4 个量表（E、N、P、L）。1985 年，艾森克等针对该问卷 P 量表信度较低的缺点，再次修订成修订版的 EPQ（EPQ - R）。同年，艾森克等编制了成人应用的修订版的 EPQ 简式量表（EPQ - R Short Scale，EPQ - RS），每个分量表 12 个项目，共 48 个项目。

目前国内共有三种版本的 EPQ，分别为陈仲庚等修订的 EPQ（分成人式和少年式，均为 85 题）、龚耀先等修订的 EPQ（分成人问卷和儿童问卷，均为 88 题）、钱铭怡等修订的艾森克人格问卷简式量表中国版（EPQ - RSC，共 48 题）。每种版本都包括 E、N、P、L 4 个量表。

在 20 世纪 80 年代初，陈仲庚、龚耀先和刘协和等分别进行了 EPQ 中国版的修订。陈仲庚等根据 643 人样本的结果采用对每个项目和各个分量表之间的相关分析方法甄选项目，形成成人问卷（共 85 个项目），并编制了成人常模。龚耀先等以相似的项目筛选方法对该问卷进行更为深入的修订。在龚耀先的主持下，根据来自全国的 28 个协作单位采集的 6 418 名正常人（其中成人 2 517 名，儿童 3 901 名）的数据对问卷进行修订，形成了成人问卷和儿童问卷。两个问卷均有 88 个项目。他们取其中的成人和儿童各 1 000 名（男女各半）形成年龄常模。

钱铭怡等引进 EPQ - RS，首次在国内加以修订。根据来自 30 个省市 56 个地区的 8 637 人（含汉族 7 725 人）的样本数据，修订形成了 EPQ - RSC，共包括 4 个分量表，各有 12 个项目，形式与 EPQ - RS 相同。EPQ - RSC 具有信度、效度可靠，施测简便等特点，但其 P 量表的稳定性问题以及常模结果表现的特点有待进一步深入研究。

第二节　EPQ 的方法

EPQ 专注于对人格类型的衡量，观察的是人格的整体特质，而不是像 16PF 那样细化到各个特质上。与其他以因素分析法编制的人格问卷相比较，EPQ 涉及概念较少，施测方便，有较好的信度和效度。

一、EPQ 的适用范围

EPQ 成人问卷适用于 16 岁以上（含 16 岁）的中国成人，儿童问卷适用于 7～15 岁的中国儿童，EPQ–RSC 目前仅适用于 16 岁以上（含 16 岁）的中国成人，不适用于儿童被试。不同文化程度的被试均可以使用。

二、EPQ 的计分方法

不管是 EPQ 的哪种版本，每一个项目都只要求被试回答"是"或"否"（或"不是"）。每道题都要做回答，且只能回答"是"或"否"（或"不是"）。每个项目都有规定的答案，"是"或"否"（或"不是"）。如果被试在某项目的回答与规定答案一致时计 1 分，否则不计分。将被试最后的得分相加，获得的总分称为粗分，然后按年龄和性别对照常模换算出标准 T 分，并根据 T 分分析被试的个性特点。被试的原始分转换为 T 分的公式为：

$$T = 50 + 10 \times （被试的原始分 - 该人所在组的 M）/该人所在组的 SD$$

三、EPQ 的剖析图和 E、N 关系图

在结果呈现上，一般会有两个分析图，一个是 EPQ 剖析图（见图 7-2），另一个是 E、N 关系图（见图 7-3）。

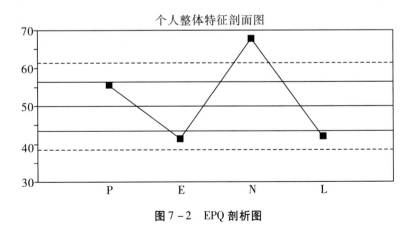

图 7-2　EPQ 剖析图

EPQ 剖析图标出各量表的 T 分，并将各分数点连接起来，同时画了区分各范围的划界线，实线之间为中间范围，同侧虚线与实线之间为倾向范围，其他为典型范围，因此可直观地分析被试的内外向性、精神质、情绪稳定性等。

E、N 关系图是将 x 轴作为 E 维度，y 轴作为 N 维度，于 T 50 处垂直相交，划分出四相：内向、稳定，内向、不稳定，外向、稳定，外向、不稳定，分别与黏液质、抑郁质、多血质和胆汁质相对应。图中给出各范围的划界线，其中，双实线之间为中间范围，同侧虚线与实线之间为倾向范围，其他为典型范围。得知某人的 E 分和 N 分后，在此剖析图可找到 E 和 N 的交点（EN 点），便得知此被试的气质类型。对该表的解释将在本章第三节中做出详细介绍。

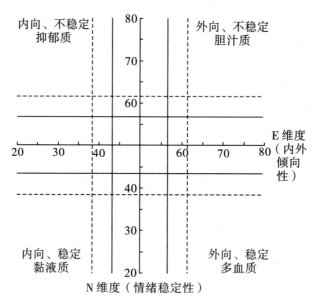

图 7 – 3　E、N 关系图

下面将以龚氏 EPQ 修订版成人问卷和 EPQ – RSC 为例，介绍各量表项目和计分标准（见表 7 – 1、表 7 – 2）。

表 7 – 1　龚氏 EPQ 修订版成人问卷各量表项目与计分标准

P 量表

正向计分：22、26、30、34、46、50、66、68、75、76、81、85

反向计分：2、6、9、11、18、38、42、56、62、72、88

E 量表

正向计分：1、5、10、13、14、17、25、33、37、41、49、53、55、61、65、71、80、84

反向计分：21、29、45

续上表

N 量表
正向计分：3、7、12、15、19、23、27、31、35、39、43、47、51、57、59、63、67、69、73、74、77、78、82、86
反向计分：无
L 量表
正向计分：20、32、36、58、87
反向计分：4、8、16、24、28、40、44、48、52、54、60、64、70、79

表 7 – 2　EPQ – RSC 各量表项目与计分标准

P 量表
正向计分：10、14、22、31、39
反向计分：2、6、18、26、28、35、43
E 量表
正向计分：3、7、11、15、19、23、32、36、41、44、48
反向计分：27
N 量表
正向计分：1、5、9、13、17、21、25、30、34、38、42、46
反向计分：无
L 量表
正向计分：4、16、45
反向计分：8、12、20、24、29、33、37、40、47

施测者注意事项：

1. 根据被试的年龄选用合适的量表。
2. 要求被试回答每一道题。
3. 收集被试的个人资料，如性别、年龄等。

第三节　EPQ 结果的解释

一、划界分——以龚氏 EPQ 修订版为例

我国全国常模是以各年龄组的 T 分为常模（均数为 50，标准差为 10），将各量表 T 分在 43.3～56.7 分之间称为中间型（约占 50%），38.5～43.3 分或 56.7～61.5 分之间

称为倾向型（各约占 12.5%），38.5 分以下或 61.5 分以上称为典型型（各约占 12.5%），见图 7-4。

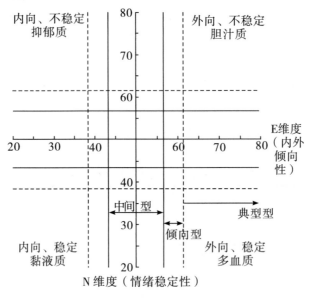

图 7-4　EPQ 测验的得分解释

按此标准每一维度可划分出五个类型，以 N 维度为例，T 分在 43.3~56.7 分之间为情绪中间型——时而稳定时而不稳定（50%），T 分在 38.5~43.3 分之间为倾向情绪稳定型（12.5%），T 分在 56.7~61.5 分之间为倾向情绪不稳定型（12.5%），T 分在 38.5 以下为典型情绪稳定型（12.5%），T 分在 61.5 分以上为典型情绪不稳定型（12.5%）。

二、各量表的简要解释

L（掩饰）量表：原本为一个效度量表，测量回答问题的真实性，同时，它本身也代表一种稳定的人格功能，如可测量社会纯朴性。该量表是测验被试的"掩饰"倾向，即纯朴、遵从社会习俗及道德规范、不真实回答的程度，没有划分有无掩饰的确切标准，其分数受被试的年龄影响较大。一般来说成人的 L 分随年龄的增大而升高，儿童则随年龄的增大而减低。一般认为 L 高分表示掩饰、隐瞒、遵从社会习俗及道德规范，L 低分表示纯朴、坦诚，但其意义仍存在争议。另外，一般认为 L 分高于 70 分（T分），E、N、P 的测验结果无效，因为被试的掩饰程度太高。

E 量表：分数高表示外向，存在好交际、主动、活泼、渴望刺激和冒险等特点。分数低表示内向，存在不好交际、安静、克制、谨慎、被动、善于内省、不喜欢刺激、喜欢有秩序的生活方式等特点。E 与中枢神经系统的兴奋、抑制的强度密切相关。艾森克认为外向与内向差异的主要原因是皮层唤醒水平问题，这是一种生理学状态，主要是遗传的而不是后天习得的。因为外向的人皮层唤醒水平低于内向的人，结果他们的感觉阈限比较高，因此对感觉刺激反应小。相反，内向的人皮层唤醒水平高，因此感觉阈限低，对刺激的反应敏感。为了维持最令人满意的刺激水平，先天感觉阈限低的内向类型的人必须回避那些让人太刺激的情境。

N 量表：反映的是正常行为，并非指神经症。分数高者常常焦虑、担忧、郁郁不乐、忧心忡忡，遇到刺激有强烈的情绪反应且难以恢复正常水平，以至出现不够理智的行为。分数低者情绪反应缓慢且轻微，很容易恢复平静，他们通常稳重、性情温和、善于自我控制。一般来说，神经质与神经症存在相关关系，神经症患者的 N 量表得分会高于正常人，但 N 量表分数高者不一定是神经症患者。N 量表得分越高的人，对其造成神经症障碍所需的应激水平就越低，而 N 量表分数低的人即使遇到很强烈的应激情境也不容易得神经症。N 与植物性神经的不稳定性密切相关。

P 量表：精神质并非指精神病，它在所有人身上都存在，只是程度不同。P 量表高分者通常表现出自我中心、固执、攻击性、冲动、不关心他人、反社会性、缺乏同情心、喜欢干奇特的事情且不顾危险等特点。P 量表低分者一般会表现出温和、善解人意、无私、亲社会性、关心他人、顺从、合作、能较好地适应社会等特点。一般来说，精神分裂症患者的 P 量表得分会高于正常人，但 P 量表分数高者不一定是精神分裂症患者。P 量表得分高的人更容易受应激的影响而出现精神障碍。P 量表得分低的人更能抵御应激的影响而不容易出现精神障碍。

E 和 N 的不同组合：E 的得分可与不同的 N 相结合而出现不同的性格类型。无论是内向或外向的人，都可存在情绪稳定或不稳定。同样的，无论是情绪稳定或不稳定的人，都可存在内向或外向。因此可以产生四种不同的人格类型：内向稳定、内向不稳定、外向稳定、外向不稳定。

典型的内向稳定型人格具有谨慎、稳重、仔细、关心他人、被动、平和、自控力强、可靠、温和、有思想等特点。

典型的内向不稳定型人格具有安静、稳重、自制力强、优柔寡断、焦虑、抑郁、多愁善感、思维敏锐、刻板、悲观、不好交际、喜怒无常等特点。

典型的外向稳定型人格具有好交际、开朗、热情大方、易受感动、随和、活泼、适应性强、随性及思维敏捷但不深刻等特点。

典型的外向不稳定型人格具有精力旺盛、好强、敢作敢为、热情、易怒、烦躁、有攻击性、易激动、情绪无常、冲动、乐观等特点。

艾森克认为，一个人的道德观念和对社会的适应能力是通过学习而获得的，而学习过程是一种条件反射的建立。外倾者的大脑皮层兴奋水平较低，因此，他们建立条件反射的能力较差，已经形成的条件反射的消退也较慢；神经过敏性高的人，自主神经系统不稳定，对于刺激有过度强烈的反应，这些，也不利于条件反射的建立；心理变态倾向严重的人，由于他们缺乏感情和易于冲动，更容易产生犯罪行为。因此，艾森克认为，同时具备了这三种倾向的人，不能很好地适应社会和控制自己的行为，往往是犯罪的危险分子，对于在三个量表上都表现出高分的儿童，应该采取特殊的犯罪预防措施。

三、注意事项

有研究表明，EPQ 的各种中国修订版，如陈仲庚等修订版（共 85 题）、龚耀先等修订版（共 88 题）、EPQ - RSC（共 48 题），其中的 P 量表得分有一定的差别。也有研究表明 N 和 E 量表的因素结构比较稳定，在不同的样本中能保持较好的一致性，具有较高跨文化效度；而 P 和 L 量表稳定性差些，同一项目对不同人群的意义不一样，测量到的人格特质也不同，这提示我们在解释 P 和 L 量表得分的意义时要考虑被试的文化背景。

好动的小孩可能是高 E 分，也可能是高 P 分。但高 E 分的小孩一般更能得到"理解"，也更多地被评价为"活泼""伶俐"等；而高 P 分的小孩一般更讨人嫌，更多地被评价为"不讲道理""野蛮"等。

第四节 EPQ 的应用现状

EPQ 的中文版在国内应用很广，在人格研究和临床评估与诊断中发挥了重要的作用。多年来 EPQ 一直作为国际通用的标准化人格心理测验量表，在医学领域应用于心理咨询、诊断、心理训练和心理选材中取得了明显的效果。在非医学领域，EPQ 作用于人格分析，专业人员的培养，选拔及健康促进，发展与教育心理学等方面。在 1996 年我国临床心理学工作现状调查中报告，EPQ 居当时我国常用心理测验中的第二位。EPQ - RS 由于施测简便，也得到了较广泛的应用和研究。

一、临床心理学应用

早在 20 世纪 80 年代，中国学者就运用 EPQ 研究了临床疾病与人格特质的关系。结果均表明临床疾病的发生率与人格特质有密切的关系。如 1989 年许丽珍等在研究偏头痛与个性的关系时，发现头痛组男性在"精神病质"量表上得分较高，而女性患者则是"情绪不稳定"较为突出，提示偏头痛的发生与个性有关。刘破资与杨玲玲采用对照方法研究了男性十二指肠溃疡病患者的心理社会因素后，发现十二指肠溃疡组的 EPQ 神经质评分，消极心理应付评分，生活事件总频数、负性生活事件频数和慢性精神紧张程度都明显高于对照组。2009 年一项对消化性溃疡患者的研究中，EPQ 结果显示，N 量表分值消化性溃疡组明显高于健康组，研究者指出，对消化性溃疡的护理和预防不仅需要注意生理方面，还应注重心理方面，提高患者心理健康水平，才能有效提高消化性溃疡的治愈率及预防溃疡的发生。其实这一建议不仅在溃疡病上，在其他各类生理疾病中都是适用的，这也是多年来研究者们热衷于探讨

EPQ 等心理量表与临床疾病关系的一大原因。

随着时间的推移，研究者在临床上对 EPQ 的应用更加丰富深入，不仅用于临床疾病与人格特质的关系研究上，还在一些新领域如网络成瘾等应用。一项对网络成瘾现象和行为对大学生心理健康水平与人格特征的影响的研究中，大学生网络成瘾者的心理健康水平低于大学生非网络成瘾者，网络成瘾大学生的 SCL - 90 的 10 项因子分与艾森克 E 量表呈负相关，与 N、P 量表呈正相关，即大多网络成瘾个体均有较为内向、情绪不稳定、高精神质特征。

另外，现今 EPQ 在临床上的最常见的用途之一还有患者心理护理方面。2012 年一项研究利用 EPQ 确定乳腺癌患者的性格类型，从而了解针对不同性格患者采用个性化的护理方法的可行性及优点。研究者将 100 例乳腺癌患者随机分为观察组和对照组各 50 例。对照组采用常规护理，观察组采用个性化心理护理，分别于治疗前和治疗 4 周后对 2 组患者进行 EPQ 测量，并就满意度对患者进行调查。分析结果后发现，观察组和对照组治疗后 EPQ 各因子均下降，观察组较对照组下降明显。观察组患者对护理满意度明显高于对照组。研究者得出结论：个性化心理护理可以减轻患者焦虑紧张的情绪，有利于术后恢复。随着社会的发展，人们越来越追求心理上、精神上的需求满足，使得如 EPQ 等心理量表不仅在精神疾病，在其他各类生理疾病的医治上都得到了广泛应用。

总的来说，研究者运用 EPQ 测验来探讨疾病与人格特征的关系，希望从中得到病因的心理方面因素，从而起到一定的预防效果。而众多研究结果也表明，这方面的研究十分必要，我们可以从这些研究结果中获得经验，在后天的人格塑造上得到一些启发。另外在临床治疗与护理上，了解病患的人格特征，也能对疗效起到事半功倍的效果。

二、人才选拔与培养

个性和职业之间的相符性或适合性愈高，则事业成功的希望就愈大，不同的职业需要不同个性特点的人去做，个性特点适应其工作需要时，才能充分发挥其作用，才能做到因材施用、相得益彰。特别是一些特殊职业者，往往需要较长期的、系统的、科学的培训，如不及早发现有相应因素的人才，一是培训难以收到预期效果，二是他们的淘汰将会造成经济上的损失，甚至会带来政治工作和善后工作的许多麻烦。EPQ 就是一项可以为此提供一定参考价值的测试，为我们的人才选拔和培养做出贡献。人格量表主要是测量个体行为独特性和倾向性等特征，人格测验用于人才选拔或评价，与其他方法相比较，具有三方面的特征：①具有一定的预测性。②不仅可以反映人才的外在行为特征，对于人们不易观察到的内在特征（诸如情操、工作潜力、心理健康等）也可进行客观描述。③人格测验是以自陈为主，有效地避免了在人才选拔过程中人为的参与。因此，人才选拔与培养成为人格量表最常被使用的领域之一。EPQ 在这一领域的使用相当广泛。早在 20 世纪 50 年代，EPQ 诞生后不久，便有外国学者用 EPQ 对飞行员进行相关研究，得出 N 值推出的判别公式有助于预测飞行员事故倾向的结果。自 1983 年出版了中文修订版后，EPQ 以其较为简洁、量化、易懂的特征，在国内受到广大研究者的欢迎。

人才选拔的领域从普通的公司招聘，职员工作倦怠、工作绩效影响因素的研究，到特殊行业、特殊人才的选拔，EPQ 都得到了广泛应用。如 2010 年一项对频繁肇事驾驶员心理健康状况的调查研究显示，安全组与事故组在神经质和掩饰分上表现出显著性差异，事故组在神经质上得分较高，在 L 量表上得分较安全组低。研究指出，频繁肇事驾驶员在遭遇到有影响的事件后，个性差异使他们更易于将其归因于对自己不利的方面，对事件反应就较强烈，并易导致在工作中出现失误，引发交通事故。因此，应高度关注驾驶员的心理健康问题，在运输单位选用司机时，尤其是长途客车、货运车等的驾驶员，使用心理量表进行心理特征方面的测试是十分必要的。特殊职业如军人、警察、消防员等高危高压职业等，也是心理测量应用的一个非常重要的领域。2011 年我国建立了飞行员的 EPQ 常模，为我军飞行员心理学研究提供借鉴指导。研究者对 7 946 名飞行员进行艾森克人格问卷，用统计学方法分析飞行员量表分与军人、全国常模组之间的关系，结果显示飞行员组的精神质（P）分低于军人组，显著低于全国常模，外倾性（E）、神经质（N）分与军人、全国常模组相比差异有统计学意义，掩饰性（L）分与军人、全国常模组相比差异无统计学意义。从飞行员个性特征以外向、倾向外向，情绪稳定、倾向稳定为主，可得出飞行员的个性特征优于一般群体、心理素质强的结论。

EPQ 作为目前最主要的人格量表之一，一方面是在人才选拔时，为具有恰当人格特征的人才提供了十分有价值的参考，这也是 EPQ 最常用的途径；另一方面则可用于对现有从业人员进行人格特质的分析，从而预测出合适某一职业或领域的人格特征，为今后的选拔工作做好铺垫，这是科研人员很重要的一项工作。

三、发展与教育

EPQ 在校园中的应用也相当广泛，它是了解学生既方便又可靠的工具。EPQ 可以在较短的时间内对学生的个性有较全面和客观的了解，从而可以使教育"因材施教"；家长也能够客观地了解自己的孩子，可以减少主观想象，恰如其分地进行教育；学生本人能全面认识自己，也能更有效地塑造自己。有研究者指出，EPQ 中 E、L 量表分与大学青年的心理健康水平呈显著的正相关，N、P 量表分则与心理健康水平呈显著的负相关。也就是说，性格越外向，社会成熟度越高的，心理健康水平就越高；情绪越稳定，越能适应环境，也对心理健康越具有促进作用。在对学生的大量研究中研究者发现，随着近几年社会的发展，社会对女性的要求日益加大，女性进入社会的比例也在不断上升，可以看到女大学生在外倾性维度上得分越来越高，心理健康状况也更好。从城乡差异角度来看，农村学生普遍以内倾为标志，高内倾的性格不利于身心健康，而纵观我国大学生的数量，农村学生的比例每年也在不断增加，因此关注和引导农村学生开朗、合群及完善人格方面势在必行。而对于文理分科，还有各项不同专业的学生来说，了解自己的人格特征与专业特征的契合度，也是规划人生道路的一个重要部分。

四、其他方面的应用

除了上述三项最为常见的应用外，EPQ 等人格测试在其他方面也有广泛应用。如对特殊人群的人格特征分析，各类型罪犯、卓越人才等有何独特的人格特质，这对于预防犯罪发生、培养优秀人才方面都有重要意义。随着社会的进步，人们对于弱势群体的关注也越来越多，这其中也不乏运用 EPQ 进行研究探索。2009 年的一项研究比较了农村留守儿童与非留守儿童人格发展状况的异同，结果显示：留守儿童较非留守儿童在学习、生活和交往情况方面存在差异；男、女留守儿童，在 E、N 上的差异具有统计学意义；留守儿童与非留守儿童在 E、N、L 上的差异具有统计学意义，留守儿童人格发展问题突出，较非留守儿童人格内倾，情绪紧张，掩饰度高，男性较女性更严重。2012 年，有研究者探讨了欠发达地区大学生人格因素对职业决策的影响，研究采用大学生职业决策自我效能感问卷、EPQ 对高校学生进行调查，结果发现，该地区大学生职业决策效能感不高，神经质和外倾性特质对职业决策效能感有显著影响，职业决策自我效能感与外倾性特质呈显著正相关，与神经质特质呈显著负相关。此类研究对于社会的发展有着重要意义，使得人们对各类群体有较为直观的认知，提示人们尤其是管理者、教育工作者等在应对各类人群时要"因人而异"，同时量化的数据也使得人们能够清晰地认识到不同人群的差异，从而给予更多的关注。

相关研究方面，EPQ 人格特质与其他各项内容的关联也是研究者的关注点之一。如 2011 年一项关于婚姻质量与夫妻个性特征相关性的研究，研究者对 165 名已婚者采用 Olson 婚姻质量问卷评定婚姻质量，艾森克人格问卷评定个性特征，对评定结果进行相关分析，结果发现：被试的 Olson 婚姻质量问卷的婚姻满意度、解决冲突的方式、经济安排、业余活动、与亲友的关系、信仰一致性因子分与 P 分均呈显著负相关；婚姻满意度、业余活动、信仰一致性因子分与 E 分均呈显著正相关；性格相容性、夫妻交流、性生活、与亲友的关系、信仰一致性因子分与 N 分均呈显著负相关；信仰一致性因子分与 L 分呈显著正相关。最后研究者得出个性特征是影响婚姻质量的重要因素，尤以精神质、神经质个性影响更显著的结论。还有研究者对大学生人格与幸福感的关系进行了研究，结果发现，外向性、神经质和精神质对大学生主观幸福感（生活满意、正性情感、负性情感）的预测力分别达到了 22%、17.7% 和 6.5%。研究者认为，人格是影响大学生幸福感的重要因素，积极开展人格培养、优化人格品质对于提升大学生幸福感有重要作用。人格特征与其他许多心理特征以及生活事件都有着密不可分的关系，研究者利用好的人格量表对此做相关研究，对于人格的塑造、对于更优质的生活都有着相当重要的意义，而 EPQ 则是目前最流行的人格量表之一。

五、对问卷本身信度、效度的验证研究

在 EPQ 中文修订版发行之后，有不少研究人员对量表本身的信度、效度进行了验证研究。总体来讲，大多数研究表明 EPQ 具有较好的信度、效度，但也有研究指出了该量表的一些不足之处。

例如，有研究者用探索性和验证性因素分析法分析 1 192 名成人的 EPQ 龚氏修订版测试结果，认为 EPQ 龚氏修订版四因素模型（PENL 模型）的各项参数达到可以接受的水平，与原量表一样符合 PENL 模型，具有较好的结构效度。有研究进行大规模的施测并建立新的常模，结果也表明问卷同质信度和重测信度较好，达到了心理测量学要求，结构和理论模型拟合程度也较好。也有对 EPQ – RS 项目的实证分析以及不同因素组合对心理健康指标的预测能力比较的研究得出如下结论：中国人对 EPQ – RS 项目的反应模式与其原始因素结构有着显著的差异，最佳的五因素结构或其他因素结构都与其原始的 P、E、N、L 四因素结构存在显著的差异；根据中国被试对 EPQ – RS 项目的因素分析所得，因素结构对心理健康指标的预测能力优于原始因素结构或中国修订版，而且七因素结构（与中国人人格结构最接近）的预测能力最强。

 技能训练

1. 某 20 岁女性被试的 EPQ 测验 T 分为：P 90、E 25、N 75、L 20（见图 7 – 5）。根据 EPQ 测验结果，其人格有哪些特征？被试属于哪种气质类型？

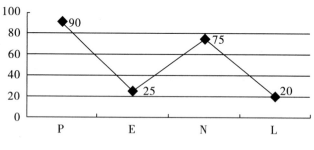

图 7 – 5　个人整体特征剖面图

2. 某 25 岁男性被试的 EPQ 测验的粗分为：P 5、E 14、N 8、L 10（见图 7 – 6）。请算出相应的 T 分，并描述该被试的性格特征。

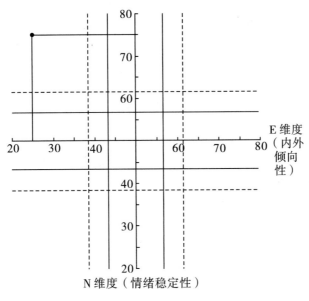

图 7 - 6 E、N 关系图

参考文献

[1] 龚耀先. 艾森克个性问卷在我国的修订 [J]. 心理科学通讯, 1984 (4): 11 - 19.

[2] 龚耀先. 修订艾森克个性问卷手册 [D]. 长沙: 湖南医学院, 1986.

[3] 钱铭怡, 武国城, 朱荣春, 等. 艾森克人格问卷简式量表中国版 (EPQ - RSC) 的使用手册 [S]. 北京: 北京大学心理学系 "EPQ - RSC 修订协作工作组", 1999.

[4] 王米渠.《内经》阴阳人格体质学说与艾森克人格维度的比较研究 [J]. 贵阳中医学院学报, 1989 (3): 7 - 9.

[5] 唐芳. 中医体质类型的人格心理特征研究 [D]. 北京: 北京中医药大学, 2010.

[6] 吕乐. 艾森克人格问卷第二次常模样本的信度和效度研究 [D]. 长沙: 中南大学, 2008.

[7] 海慧. 艾森克的人格理论 [J]. 应用心理学, 1982 (3): 8 - 10.

[8] 钱铭怡, 武国城, 朱荣春, 等. 艾森克人格问卷简式量表中国版 (EPQ - RSC) 的修订 [J]. 心理学报, 2000, 32 (3): 317 - 323.

[9] 费斯特 F, 费斯特 G J. 人格理论 [M]. 李茹, 傅文青, 译. 北京: 人民卫生出版社, 2005.

［10］郭念锋. 心理咨询师（三级）［M］. 北京：民族出版社，2005.

［11］程灶火，谭林湘. 艾森克个性问卷理论结构的因素分析［J］. 中国临床心理学杂志，2004，12（1）：9 – 12.

［12］许丽珍，徐敏，吴彩云，等. 偏头痛与个性［J］. 中国心理卫生杂志，1989（2）：77 – 78，73，96.

［13］陈金，陆右之，刘志中. 系统性红斑狼疮患者个性的艾森克量表评定［J］. 中国心理卫生杂志，1991（3）：118 – 120，142.

［14］刘破资，杨玲玲. 十二指肠溃疡男性患者的心理社会因素对照研究［J］. 中国心理卫生杂志，1989（4）：162 – 164，167，192.

［15］王登峰，崔红，朱荣春. 艾森克人格问卷简式量表（EPQ – RS）测量的是什么［C］//小康社会：文化生态与全面发展——2003 学术前沿论坛论文集. 北京：北京市社会心理学会，2004：235 – 253.

［16］杨凤池，张曼华，周梅. 人格因素对痛感受性的影响［J］. 中国行为医学科学，1995（1）：12 – 14，55.

［17］谢秀文，高建蓉. 社会心理因素对消化性溃疡患者的影响［J］. 现代临床护理，2008（11）：1 – 4，24.

［18］尹远明，安顺凤，杨德云，等. 吸毒者脱毒后的精神心理特征分析［J］. 中国药物滥用防治杂志，1999（4）：11 – 16.

［19］张静，李强. 大学生网络成瘾者 SCL – 90 及艾森克人格特征分析［J］. 黑龙江高教研究，2005（7）：70 – 72.

［20］任丽秀，曾朝英，陈云玲. 艾森克人格问卷在乳腺癌患者心理护理中的应用［J］. 中国保健营养，2012，22（8）：949 – 950.

［21］邱佩钰，王华容，莫闲，等. 江苏省营运驾驶员艾森克人格问卷调查分析［J］. 交通医学，2012，26（2）：137 – 140，144.

［22］周锡芳，石海虹，田建全. 飞行员艾森克人格问卷常模的建立［J］. 中国疗养医学，2011，20（5）：426 – 428.

［23］黄琳. 大学生的艾森克人格特征分析［J］. 文教资料，2011（18）：222 – 223.

［24］刘照云，朱其志，刘传俊，等. 江苏省 488 名农村留守儿童与非留守儿童人格发展比较研究［J］. 中国健康心理学杂志，2009，17（3）：379 – 381.

［25］金瑞秸，班永飞. 欠发达地区大学生人格因素对职业决策的影响［J］. 中国健康心理学杂志，2012，20（4）：597 – 599.

［26］张桂峰. 婚姻质量与夫妻个性特征相关性研究［J］. 临床心身疾病杂志，2011，17（6）：533 – 535，549.

［27］韦蔚. 90 后大学生人格与幸福感的关系研究［J］. 中国健康心理学杂志，2011，19（11）：1389 – 1390.

［28］EYSENEK H J. Manual of the Maudsley personality inventory ［M］. London：University of London Press，1959.

［29］FORREST S，LEWIS C，SHEVLIN M. Examining the factor structure and differential functioning of the Eysenck personality questionnaire revised – abbreviated ［J］. Personality and Individual Differences，2000，29（3）：579 – 588.

［30］FRANCIS L，LEWIS C A，ZIEBERTZ H. The short – form revised Eysenck personality questionnaire（EPQR – S）：a german edition ［J］. Social Behavior and Personality An International Journal，2006，34（2）：197 – 204.

［31］EYSENCK H J. Manual of the Eysenck personality questionnaire（junior and adult）［M］. London：Hodder & Stoughton，1975//Pervin L A（Ed）. Handbook of Personality：Theory and Research. New York：Guilford，1990：244 – 276.

［32］EYSENCK H J. Dimensions of personality：16，5 or 3？—Criteria for a taxonomic paradigm ［J］. Personality and Individual Differences，1991，12（8）：773 – 790.

［33］EYSENCK H J. Dimensions of personality ［J］. Routledge and Kegan Paul Ltd，1947.

［34］EYSENCK S B G，EYSENCK H J，BARRETT P. A revised version of the psychoticism scale ［J］. Personality and Individual Differences，1985，6（1）：21 – 29.

［35］DIMITRIOU E G，EYSENCK S B G. National differences in personality：Greece and England ［J］. International Journal of Intercultural Relations，1978，2（3）：266 – 282.

教学资源清单

使用说明：建议每位学习者在教师课堂讲授本章教材之前，先通过手机扫码的方式链接到教学资源平台，自学和练习相应的教学内容，以便在课堂上能够与教师更深入和更有效率地进行教与学的研讨，见表7 – 3。

表7 – 3 教学资源清单

编号	类型	主题	扫码链接
7 – 1	PPT 课件	艾森克人格测验	
7 – 2	专题新闻	全国青少年健康人格工程： 我国青少年人格健康状况堪忧	

拓展阅读

陶冶，汪瑞. 西藏阿里地区 402 例藏族中职生艾森克人格问卷调查及相关性研究 ［J］. 心理月刊，2022，17（22）：40 – 42.

第八章　卡特尔 16 种人格测验

导读

卡特尔 16 种人格测验（Cattell's Sixteen Personality Questionnaire，16PF），是美国心理学家卡特尔教授在综合采用观察法、实验法和多因素分析，在确定了人格结构的 16 种特质的基础上所编制的理论构想型测验量表。16PF 不仅可以反映被试人格的 16 个方面中每个方面的情况和其整体的人格特点组合情况，还可以通过某些因素的组合效应反映性格的内外向型、心理健康状况、人际关系情况、职业取向、在新工作环境中有无学习成长能力、从事专业能有成就者的人格因素符合情况、创造能力强者的人格因素符合情况。该测验量表自 20 世纪 50 年代推出以来，经过几次修订，日益成熟和完善，已被世界许多国家所采用，并广泛应用于心理健康诊断、人才选拔等领域。

第一节　16PF 的理论

根据一项研究，在 1971—1978 年间被文献引用最多的测验中，16PF 仅次于明尼苏达州多项人格测验（MMPI）；在另一项关于心理测验在临床上应用的调查中，16PF 排第五……这些数据都说明了，16PF 是评估个体人格最普遍使用的工具之一。然而，充满矛盾的是，在有关人格的心理学研究中，卡特尔的理论并不为多数读者所熟悉。也就是说，人们在熟练地运用卡特尔的人格测验量表的同时，对他的人格基本理论可能是相当陌生的，这就在一定程度上影响了 16PF 的正确使用和解释。因此，在详细介绍 16PF 前，先介绍卡特尔的基本人格理论是十分必要的。卡特尔是人格特质理论的主要代表人物，对人格理论的发展做出了很大的贡献，16PF 是伴随着卡特尔的人格特质理论而发展的，两者可谓"相辅相成"。因素分析是形成卡特尔人格理论的方法基础，是卡特尔人格理论的重要组成部分，这种方法的独特性、科学性使卡特尔的人格理论别具特色。所以要了解卡特尔的理论，首先得对卡特尔所使用的因素分析有所了解。

一、卡特尔人格特质研究方法——因素分析

在人格研究的过程中，卡特尔始终坚持用因素分析的方法寻找构成人格特质的"最小单元"。因素分析的核心实质就是相关的概念，目的在于寻找两个或两个以上事物之间的共变关系，即相关。若两个事物共变的方向相同，称为正相关；若共变方向相反，则称为负相关。事物之间的共变关系用相关系数表示，最大值为 1.00，最小值为 -1.00。

卡特尔的研究程序是，首先尽可能以多种形式对大量的个体进行观察和测量，然后对所测的分数或观测变量进行相关处理，得出各种测验分数的相关系数，再对这些相关系数进行考证，以便发现哪些测验之间是高度相关。若发现某些测验之间呈高度相关，就认为那些测验所测量的是相同的能力和特征。用这种方法发现的某种能力就称为因素。在卡特尔的理论中，因素这一术语与特质这一术语是等同的，对卡特尔来说，因素分析就是用来寻找特质的方法，而特质则被他认为是构成人格的基本元素，按他的话说就是建造人格的砖块。任一特质或因素内的题目测验项目之间彼此相关很高，而和其他特质或因素中的题目或测验项目则相关性很低。

这样，卡特尔运用因素分析方法，得出 35 个表面特质群，从中再进一步分析得出根源特质 16 种，包括 15 种人格因素和 1 种一般智力因素。即：

（A）乐群性	（B）聪慧性	（C）稳定性
（E）恃强性	（F）兴奋性	（G）有恒性
（H）敢为性	（I）敏感性	（L）怀疑性
（M）幻想性	（N）世故性	（O）忧虑性
（Q_1）实验性	（Q_2）独立性	（Q_3）自律性
（Q_4）紧张性		

卡特尔认为，可以从三个来源获得对人格进行因素分析的材料：其一是生活记录材料（L - date），其二是问卷材料（Q - date），其三是客观测验材料（T - date），即 L 材料、Q 材料和 T 材料。

（一）生活记录材料

生活记录材料（L - date）来源于个体日常生活的各种信息，包括个体日记、教师评语、社会活动、学分记录、父母评价、朋友交往和作业情况等都是非常可贵的人格材料。卡特尔认为人格材料最大的来源就是 L 材料。卡特尔根据这样一个假设，即整个人格体系包含的行为都在语言中有其象征，从人格特质理论创始人奥尔波特收集的 18 000 个描绘人格的形容词中筛选出 4 504 个进行研究，他将描述人性格的形容词两两相对，编成包括很多题目的问卷，如善言的—沉默的、急速的—缓慢的、活泼的—安静的等。以此问卷，让很多人评定他们的朋友，并通过因素分析，计算各测验之间的相关系数。依据这些 L 材料，卡特尔得出 35 个特质群，继续因素分析，得出 15 种根源特质。

（二）问卷材料

问卷材料（Q－date）以生活记录材料为基础，卡特尔设计人格问卷，以获得 Q 材料。卡特尔用最原始的 L 材料拟出成千个问卷项目在大量正常人身上测试，并计算各测验之间的相关系数，由此得出 16 种独立的特质。

（三）客观测验材料

客观测验材料（T－date）是通过被试的操作行为、运动行为和作业行为测评被试的人格特质。卡特尔认为，问卷材料以被试本人的自我回答为依据，因此问卷结果可能受到被试的自我欺骗和动机干扰，而客观材料是最适用的，因为客观测验情景是被试日常生活情景的缩影，被试本人不清楚自己的行为表现与正在测定的人格特点的关系，因此被试的自我欺骗性降低，有效性提高。1978 年，卡特尔发表《动作中的人格理论》，根据 76 个动作测验测定 10 种根源特质。

卡特尔的研究在于寻找人格的根源特质，如果人格确有其基本结构单元，那么不论是生活记录材料、问卷材料，还是客观测验材料，其结果都应该相同的，因此根据三种材料获得的人格特质是否相同，是检验卡特尔的人格特质理论的试金石。结果是肯定的，从问卷材料得到的 16 种根源特质中，有 12 种与生活记录材料得到的十分相似，表现出很强的一致性，另外有 4 种是问卷材料特有的，在卡特尔 16 种人格因素调查表中，代号为 Q_1、Q_2、Q_3、Q_4。

二、卡特尔人格特质理论的基本思想

（一）构成人格结构的基本元素是特质

从卡特尔对人格结构的解释中可以清楚地看到他从著名的人格理论家奥尔波特那里接受了"特质"这一概念，并对其进行了富有特色的发展。卡特尔认为人格结构的基本元素是特质。所谓特质，就是指从行为推论而得的人格结构，它表现出特征化的或相当持久的行为属性，代表着广泛的行为倾向。特质就是人在不同的时间与不同的情境中行为一致的原因，特质决定个体行为的恒常性，是构成人格结构的基本元素。

卡特尔认为在人格的整体结构框架上，最基本的单位是具有不同的特质。而且根据特质的性质，可以把它们分为许多类型。

1. 个别特质和共同特质

个别特质和共同特质是卡特尔从奥尔波特那里直接引申过来的。所谓的共同特质，卡特尔认为是指在一定社会文化形态下所有社会成员共有的特质。而个别特质则是指个体所独具的，表现出个人倾向的特征。卡特尔进一步指出，虽然社会所有的成员都具有某些共同的特质，但是这些共同特质在各个成员身上的强度和情况却各不相同，甚至在同一个人身上这些特质的强度在不同时间也不尽相同。

2. 表面特质和根源特质

卡特尔认为，不是所有的特质在人格结构中都有同等的地位，由此，他根据特质层次的不同，把人格特质分为"表面特质"和"根源特质"。表面特质是外在的，是根据人的外显行为认定的；而根源特质是内蕴的，是在表面特质的基础上推理设定的。每一种表面特质都来自于一种或多种根源特质，而一种根源特质能够影响多种表面特质，根源特质和表面特质的区别在于后者是前者的表现，而前者是后者的内部原因。所以根源特质可以被认为是人格的最基本元素，它直接影响着我们的所作所为。

经过多年的广泛研究，卡特尔最后确定出了 16 种特质，即 16PF 中的 16 种因素：乐群性、聪慧性、稳定性、恃强性、兴奋性、有恒性、敢为性、敏感性、怀疑性、幻想性、世故性、忧虑性、实验性、独立性、自律性和紧张性，并认为它们是人类最基本的根源特质，且它们是相互独立的。

3. 体质特质和环境塑造特质

卡特尔十分强调分类学，他根据不同的标准对 16 种根源特质进行分类，认为有些由遗传、机体内部生理因素决定的特质为根源特质，而那些由外界环境的作用以及个人经验的影响而形成的特质则为环境塑造特质。卡特尔认为，任何单一的表面特质，可能表现出环境因素的或遗传因素的，或者两者综合的结果，并从目前所有的证据表明，如果因素分析发现根源特质是单纯、独立的影响所致，那么这一根源特质就不可能既归因于遗传又归因于环境，而必须是非此即彼。所以，当表面特质反映着混合因素的结果，那么它必然受到体质特质和环境塑造特质的共同支配。

4. 能力特质、气质特质和动力特质

根据特质表现的方式不同，卡特尔又进一步把根源特质分为能力特质、气质特质和动力特质。

能力特质是指那些决定一个人如何有效地完成预期目标及工作效率的特质。卡特尔认为智力是最重要的能力特质之一，并提出了独特的智力"液晶理论"。他把智力区分为两类，即后天通过学习获得的晶体智力和由先天遗传因素决定的液体智力，并指出晶体智力代表了过去对液体智力应用的结果以及学校教育的数量和深度，那些测定言语和计算能力的测验就可以表现这一智力。液体智力的主要作用是学习新知识和解决新问题，而晶体智力是知识经验的结晶，其主要作用是处理熟悉的、已加工过的问题。卡特尔认为，人的 80% 的智力是由遗传决定的，即液体智力，只有 20% 由学习得来，即晶体智力。

气质特质就是指那些由遗传和生理因素所决定的根源特质，它决定了一个人的一般风格与节奏，如对情境做出反应时所表现出的能力的强弱、速度的快慢和情绪状态等。卡特尔认为气质特质属于体质特质，它们决定了个人的感情色彩。

动力特质是指促使人朝向目标行动的，与人的行为动机相联系的根源特质。卡特尔认为，动力特质是一种启动人格的特质，使人朝向预定目标行动，因此它们是人格

的动机因素。卡特尔对这一特质还做了进一步的分类，归纳出了四种动力特质：能、外能、情操和态度。

能，与我们所说的内驱力、需要或本能十分相似。卡特尔在解释这一概念时指出："一种先天的心理—生理倾向，它使具备者对某类对象具有更强的反应能力（注意、识别等），使他体验到与这些有关的特殊情绪，并使他发动了一种在某个特定的目标行动上比在其他任何一个目标行动上进行得更为彻底的行动过程。"卡特尔的研究证明人具有多种能——好奇、性、合群、保护、自信、安全、饥渴、愤怒、厌恶、吸引和自我屈服。

外能，则是指一种来源于环境的动力根源特质，所以属于环境塑造特质。外能与能的区别在于，能是先天的，而外能是后天习得的。

卡特尔将外能又进一步分为情操和态度。情操是由长期学习而形成的，它们是由环境塑造的重要的动力特质，它使个体注意某种或某组（类）事物，而以固定的感受对待它，并以一定的方式做出反应。情操是广泛而复杂的态度。卡特尔认为情操主要是涉及个人对自己的职业、家庭、配偶、所属团体、坚定的信念、从事的事业以及个人对自己的动力特质。而其中的自我情操成为整个人格中具有重要力量的动力。态度是由情操衍生而来，但比情操更有特异性。态度是在特定情境下，对特定的事物以特定的方式进行反应的一种倾向。例如人们对家人、游戏、职业、政治、人际关系等方面的兴趣的强度是不同的。因此，一个人的态度表明此人在一定情境下将有某种活动。

以上所述的是卡特尔人格理论中最基本的概念与分类，也是其理论的核心部分。卡特尔不但对人格的不同特质做了详细的分类，同时也指出了它们之间又有着密切的联系和复杂的层次关系。图8-1为卡特尔人格理论中不同特质之间的关系。

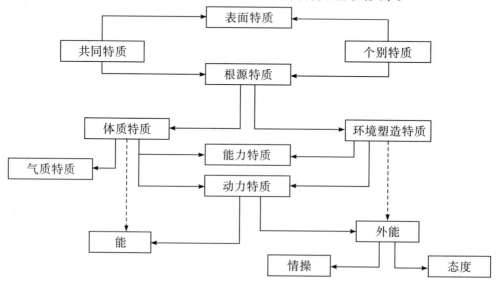

图 8-1　不同特质之间的关系

（二）人格是可以测量的

卡特尔认为，每一个人所具有的根源特质是相同的，16 种根源特质各自独立，普遍存在于不同年龄和处于不同环境中的人身上，但是，不同的人所具有的某一特质的强度是不同的。16 种根源特质不同强度的组合正是人格特征差异的原因。因此如果能够测量一个人 16 种根源特质的强度，就可以知道一个人的人格特征，并根据环境的不同对一个人的行为进行预测。根据这一理论思想，卡特尔编制了 16PF。

卡特尔对如何预测人类在各种情景中的反应很感兴趣，基本上是一个决定论者，他相信，人的行为是一些数量有限的变量的函数，如果能够完全知道这些变量，人的行为就能被精确预测。卡特尔也认识到，要完全了解影响人类行为的变量是不可能的，但是，对变量了解越多，对行为的预测就会越准确。对一个人的人格测量是预测人的行为的基础，总的人格特点决定了个人行为的大方向。但是，由于在不同的情景中，不同的特质其重要性是不一样的，有时候智力最重要，有时候勇气最重要，因此，行为预测必须考虑每个特质在某一特定情景中的重要性，即比重，卡特尔称之为"权数"或"因素载荷"。对行为的预测除了考虑个体的稳定特质及各特质的因素载荷外，还要考虑某些暂时的条件，如身体状况、担任的角色等，卡特尔称之为"情景调节器"。总之，卡特尔认为，个体的行为是可以精确预测的，预测必须考虑的因素是：个体的特质、各特质的因素载荷、情景调节器。如果将卡特尔的行为预测思想简单化，用公式表示如下：

$$R = f(P, S)$$

式中：R 为个人的反应；P 为个人的人格；S 为情景。

第二节　16PF 的方法

一、16PF 的构成及适用范围

16PF 由 187 个测验题目组成，包含 16 种人格特质因素。每一种人格特质因素由 10～13 个测验题目予以确定，16 种因素的测验题目采取按序轮流排列，以便于计分，并保持被试作答时的兴趣。每一题目有三个备选答案。本测验适用范围很广，凡是有相当于初中以上文化程度的青、壮年和老年人都适用。16PF 属于团体施测的量表，当然也可以个别施测。

卡特尔 16PF 人格测验（样题）

指导语：本测验包括一些有关个人兴趣与态度的问题。每个人都各有自己的看法，对问题的回答自然不同。回答没有所谓正确或错误，请应试者尽量表达自己的意见。

下面是四个例题。请尝试回答这几个题，选出你的答案。在答题纸上，每一题后附有三个空格：如果你选择"A"，则请在第一格内打"√"；如果你选择"B"，则请在第二格内打"√"；如果你选择"C"，则请在第三格内打"√"。

例题：

（1）我喜欢看团体球赛

A．是的   B．偶然的   C．不是的

（2）我所喜欢的人大都是

A．拘谨缄默的   B．介于AC之间   C．善于交际的

（3）金钱不能给予快乐

A．是的   B．介于AC之间   C．不是的

（4）"女人"与"儿童"，犹如"猫"与

A．小猫   B．狗   C．男童

正式施测题目：

19．事情进行得不顺利时，我常常急得涕泪交流

A．从不如此   B．有时如此   C．常常如此

20．我认为只要双方同意离婚，可以不受传统观念的束缚

A．是的   B．介于AC之间   C．不是的

21．我对人或物的兴趣都很容易改变

A．是的   B．介于AC之间   C．不是的

22．在工作中我愿意

A．和别人合作   B．不确定   C．自己单独进行

二、16PF施测时的注意事项

（1）被试认真阅读指导语。

（2）要求被试先完成测验上的例题，让其熟悉了做题方式再完成正式施测的题目。

（3）让被试在做题时顺其自然地按照个人的反应进行选择，不需要费时斟酌。

（4）主试应提醒被试每一题只可选择一个答案。

（5）主试应该向被试说明，除非在万不得已的情形下，尽量避免选"介于A与C之间"或"不甚确定"这样的中性答案。

（6）请被试务必对每一个问题作答，不要遗漏。

三、16PF的计分方法

（1）每一题目各有A、B、C三个答案，可得0分、1分或2分；聪慧性（因素B）量表的题目有正确答案，每题答对得1分，不对得0分。

（2）16PF一般采用计算机程序自动计分或手动模板计分。若是手动模板计分，通

常有两张模板，每张可为 8 个量表计分。利用模板计分，得到各个量表的原始分数。

（3）通过查常模表将原始分数换算成标准 10 分，再按标准 10 分在剖析图找到相应的坐标位置，将各点连成曲线，最后可得到一个人的人格剖面图（见图 8 - 2）。

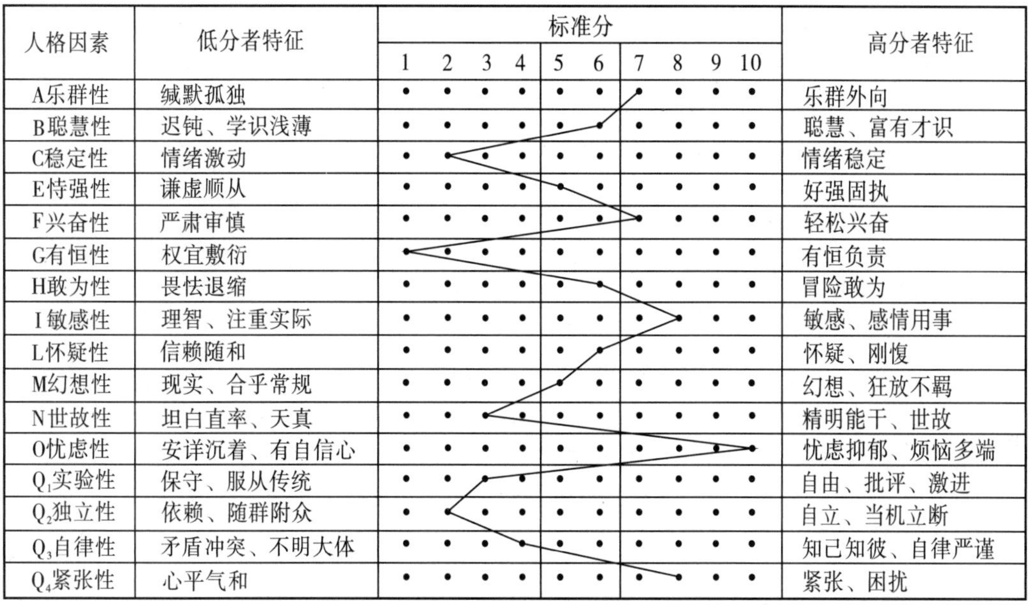

人格因素	低分者特征	标准分										高分者特征
		1	2	3	4	5	6	7	8	9	10	
A乐群性	缄默孤独	•	•	•	•	•	•	•	•	•	•	乐群外向
B聪慧性	迟钝、学识浅薄	•	•	•	•	•	•	•	•	•	•	聪慧、富有才识
C稳定性	情绪激动	•	•	•	•	•	•	•	•	•	•	情绪稳定
E恃强性	谦虚顺从	•	•	•	•	•	•	•	•	•	•	好强固执
F兴奋性	严肃审慎	•	•	•	•	•	•	•	•	•	•	轻松兴奋
G有恒性	权宜敷衍	•	•	•	•	•	•	•	•	•	•	有恒负责
H敢为性	畏怯退缩	•	•	•	•	•	•	•	•	•	•	冒险敢为
I敏感性	理智、注重实际	•	•	•	•	•	•	•	•	•	•	敏感、感情用事
L怀疑性	信赖随和	•	•	•	•	•	•	•	•	•	•	怀疑、刚愎
M幻想性	现实、合乎常规	•	•	•	•	•	•	•	•	•	•	幻想、狂放不羁
N世故性	坦白直率、天真	•	•	•	•	•	•	•	•	•	•	精明能干、世故
O忧虑性	安详沉着、有自信心	•	•	•	•	•	•	•	•	•	•	忧虑抑郁、烦恼多端
Q$_1$实验性	保守、服从传统	•	•	•	•	•	•	•	•	•	•	自由、批评、激进
Q$_2$独立性	依赖、随群附众	•	•	•	•	•	•	•	•	•	•	自立、当机立断
Q$_3$自律性	矛盾冲突、不明大体	•	•	•	•	•	•	•	•	•	•	知己知彼、自律严谨
Q$_4$紧张性	心平气和	•	•	•	•	•	•	•	•	•	•	紧张、困扰

图 8 - 2　人格剖面图

依据有关量表的标准分，推算出形容人格类型的次元人格因素和综合人格因素的分数。次元人格因素和综合人格因素并不直接由原始分推算，而是由几个相关的基本因素的标准分，经过数量的均衡，连同指定常数相加而成。次元人格因素和综合人格因素可以进一步发现挖掘个体的性格特点和成功潜能，作为学业求职和自我定位的重要参考。

次元人格因素：

◇ 适应与焦虑性 $X_1 = 0.2L - 0.2C - 0.2H + 0.3O - 0.2Q_3 + 0.4Q_4 + 3.8$

◇ 内向与外向性 $X_2 = 0.2A + 0.3E + 0.4F + 0.5H - 0.2Q_2 - 1.1$

◇ 感情用事与安详机警性 $X_3 = 0.2C - 0.4A + 0.2E + 0.2F - 0.6I + 0.2N - 0.2M + 7.7$

◇ 怯懦与果敢性 $X_4 = 0.4E - 0.3A - 0.2G + 0.3M + 0.4Q_1 + 0.4Q_2$

综合人格因素：

◇ 心理健康者 $Y_1 = C + F + (11 - O) + (11 - Q_4)$

◇ 从事某种专业而有成就者 $Y_2 = 2Q_3 + 2G + 2C + E + N + Q_2 + Q_1$

◇ 创造力强者 $Y_3 = (11 - A) \times 2 + 2B + E + (11 - F) \times 2 + H + 2I + M + (11 - N) + Q_1 + 2Q_2$

◇ 在新环境中成长能力顽强者 $Y_4 = B + G + Q_3 + (11 - F)$

第三节　16PF 结果的解释

16PF 结果包括以下几个分数：被试在 16 种人格因素分量表的原始分数、标准分数、次元人格因素分数和综合人格因素分数。因为测验的原始分数的单位具有不等性和不确定性，测验的原始分数要转化为标准分数才有测量意义，也只有转化为标准分数才能够合成或者进行比较。在这个测验里，各个人格因素分量表使用 1～10 的标准分，其中 1～3 分为低分，4～7 分为平均分，8～10 分为高分。如果被试在某个维度上的得分为低分，可以解释为低分特征；如果分数趋中，则可以解释为平均特征；如果得分为高分，则在这个测验维度上解释为高分特征。分数越低越偏向于低分特征，反过来分数越高越偏向于高分特征。

主试在向被试解释 16PF 结果时需注意以下几点。

第一，主试向被试强调，一个人的性格没有绝对的好坏之分，每一种性格一般都有其优势和不足。被试在 16 种人格因素中的某种因素的分数高低，仅仅能够说明其性格的特征，而并不能说明或代表其性格的优劣，以及其未来成功可能性的大小。其未来能否获得成功，最重要的还在于其能否发挥性格中的优势和回避自身的不足以及自己能否不懈努力。

第二，不要将测验结果当作被试的永久"标签"。任何心理测验都存在一定误差。同时被试本人在测试时的情绪状态、对测验的态度等主观因素，测试过程中的环境干扰因素等客观因素都会影响被试的分数和等级。因此在解释 16PF 报告结果时，请参照日常被试本人的实际表现来理解报告结果。同时人的大多数能力和性格特征都是可能改变的，因此测评的结果仅是评价的一个参考因素，请不要把 16PF 的结果看成是对被试的"标签"或最终"宣判"。

第三，在对多个被试的测评报告进行分析时可能会发现他们在某些特征上的解释是完全相同的，这主要是由两个方面的原因造成的：①在对测验结果进行解释时，一般不是对每个分数都给出一个特定的解释，而往往是把分数分成三个分数等级，对每个等级给出一种解释。②根据相关的统计理论可知，无论是能力还是性格特征，大多数人的得分都居于中间水平（占人群的 50% 以上），处于分数两极的人要少得多，因此虽然中间分数段的人数量较多，但其具有相似性，可以采用统一的结果解释。

第四，16PF 包含多个分测验，对于这类测验来说，不应孤立地理解单个分测验的成绩。这是因为每一分测验与其他分测验都有一定的关联性，不同能力方面或者性格特征是组合在一起共同对人的行为起作用的。因此在评定一个人的特征时，需理解各个分测验的分数的含义，但更重要的是综合所有信息进行全面分析。

以下是 16 种人格特质因素、4 种次元人格因素和 4 种综合人格因素的解释。

一、16 种人格特质因素

（一）因素 A——乐群性

此因素主要评估个体在工作和生活中，是愿意一个人做事，还是比较喜欢与别人合作。

高分者：开朗、热情、随和，易于建立社会联系，在集体中倾向于承担责任和担任领导。在性方面倾向于自由、早婚。在职业中容易得到晋升。

低分者：保守、孤僻、严肃、退缩、拘谨、生硬。在职业上倾向于从事富于创造性的工作。

（二）因素 B——聪慧性

这是一个智力因素，并非产生于因素分析。此因素主要测量个体的智力水平和学习理解的能力。高分者较聪明，低分者较迟钝。

（三）因素 C——稳定性

该因素主要测量个体的情绪稳定性。

高分者：情绪稳定、成熟，能够面对现实，在集体中较受尊重。较少患慢性病。容易与别人合作，多倾向于从事技术性、管理性工作。不容易罹患精神疾病。

低分者：情绪不稳定，幼稚，意气用事。当在事业和情感中受挫时情绪沮丧，不易恢复。身体易患慢性疾病。婚姻稳定性较差。

（四）因素 E——恃强性

该因素主要测量在团队、组织或社会中，个体是倾向于领导、影响别人还是倾向于服从。

高分者：武断、盛气凌人、争强好胜、固执己见。有时表现出反传统倾向，不愿循规蹈矩，在集体活动中，有时不遵守纪律，社会接触较广泛，有时饮酒过量，不太注重宗教信仰，在婚后更看重独立性。在学校学习期间，学习成绩一般或稍差。在大学期间可能表现出较强的数学能力。创造性和研究能力较强，经商能力稍差。

低分者：谦卑、温顺、随和。

（五）因素 F——兴奋性

此因素主要测量个体是性格比较外向、热情活泼，还是性格内向、谨慎寡言。

高分者：轻松、愉快、逍遥、放纵，身体健康，经济状况较好，性方面约束力较差，社会联系广泛，在集体中较引人注目。在家庭中相互独立性强。

低分者：节制、自律、严肃、沉默寡言。不容易犯罪。在经济生活、道德行为、体育活动等方面都较谨慎，不喜欢冒险。学术能力比社会活动能力强一些。

（六）因素 G——有恒性

该因素主要测量个体是否具有明确的目标理想以及责任感的强弱。

高分者：真诚、重良心、有毅力、道德感强、稳重、执着、孝敬尊重父母、对异性较严谨，受到周围人的好评、社会责任感强、重视宗教、工作勤奋、睡眠较少、在直接接触的小群体中会自然而然地成为领导性人物。很少有犯罪违法行为。宗教先知和宗教领袖多具有此特质。

低分者：自私，唯利是图，不讲原则，不守规则，不尊重父母，对异性较随便，缺乏社会责任感，轻视宗教。具有此种特质的人可能有违法行为。那些声名狼藉的人多具有此特质。

（七）因素 H——敢为性

该因素主要测量个体是否擅长与别人交际，以及是否有喜欢冒险的倾向。

高分者：冒险，不可遏制，在社会行为方面胆大妄为。副交感神经占支配地位。

低分者：害羞、胆怯、易受惊怕。交感神经占支配地位。

（八）因素 I——敏感性

该因素主要测量个体平时是比较感性、富于幻想，还是比较理智、现实。

高分者：细心、敏感、依赖。通常身体较弱、多病，不太参加体育锻炼。遇事优柔寡断、缺乏自信。儿童期间多受到家庭的溺爱和过分保护。很少喝酒。一般女性得分高于男性。在学习上，语文优于数学。

低分者：粗心、自立、现实。通常身体较健康。喜爱参加体能活动。遇事果断、自信。

（九）因素 L——怀疑性

该因素主要测量个体做人是比较坦率、真诚、随和，还是多疑、戒备。

高分者：多疑、戒备，不易受欺骗。易困，多睡眠。在集体中与他人保持距离，缺乏合作精神，常常对团队的利益和稳定性产生不利影响。可能有违法等行为。

低分者：真诚、合作、宽容、容易适应环境、在集体中容易与人形成良好关系，往往优先考虑团队利益。

（十）因素 M——幻想性

该因素主要测量个体做事是认真谨慎、脚踏实地，还是富于想象、倾向于思考而不倾向于行动。

高分者：富于想象，生活豪放不羁，对事漫不经心。通常在中学毕业后努力争取继续学习而不是早早地就业。在集体中不太被人们看重。不修边幅，不重整洁，粗枝大叶。经常变换工作，不易被提拔。具此种特质的人大多属于艺术家。

低分者：现实、脚踏实地、处事稳妥，具忧患意识，办事认真谨慎。

（十一）因素 N——世故性

该因素主要测量个体做人是比较坦率真诚，还是比较老练世故。

高分者：机敏、狡黠、圆滑、世故、人情练达、善于处世，不易患精神疾患，在社会中容易取得较好的地位。善于解决疑难问题，在集体中受到人们的重视。

低分者：直率、坦诚、不加掩饰、不留情面，有时显得过于刻板，不为社会所接受。在社会中不易取得较高地位。

（十二）因素 O——忧虑性

高分者：忧郁、自责、焦虑、不安、自扰，朋友较少。在集体中既无领袖欲望，亦不被推选为领袖。常对环境进行抱怨、牢骚满腹。害羞、不善言辞、爱哭。

低分者：自信、心平气和、坦然、宁静，有时自负、自命不凡、自鸣得意。容易适应环境，知足常乐。

（十三）因素 Q_1——实验性

该因素主要测量个体的心态和思想是开放自由，还是比较保守落伍。

高分者：好奇，喜欢尝试各种可能性，思想自由、开放、激进。接近进步的政治党派，对宗教活动不够积极，身体较健康，男性在家庭中较少大男子主义。

低分者：保守，循规蹈矩，尊重传统。

（十四）因素 Q_2——独立性

该因素主要测量个体平时是比较倾向于独立、果断，还是依赖性强、习惯随波逐流。

高分者：自信，有主见，足智多谋，遇事勇于自己做主，不依赖他人，不推诿责任。

低分者：依赖性强，缺乏主见，在集体中经常是一个随波逐流的人，对于权威是一个忠实的追随者。

（十五）因素 Q_3——自律性

该因素主要测量个体是否有坚强的意志、自制力和明确的目标感。

高分者：较强的自制力、坚强的意志力，较坚定地追求自己的思想，有良好的自我感觉和自我评价，通常注重性道德，饮酒适度。在集体中，可以提出有价值的建议。

低分者：不能自制，不遵守纪律，自我矛盾，松懈，随心所欲，为所欲为，漫不经心，不尊重社会规范，不注重性道德，饮酒无节制。

（十六）因素 Q_4——紧张性

该因素主要测量个体在平时状况下和遇到事情的时候，是比较心平气和还是容易紧张。

高分者：紧张，有挫折感，经常处于被动局面，神经质，不自然，做作。在集体中很少被选为领导，通常感到不被别人尊重和接受。在压力下容易惊慌失措。多患高血压症。

低分者：放松，平静，有时反应迟钝，不敏感，很少有挫折感，遇事镇静自若。

二、4 种次元人格因素

（一）适应与焦虑性

高分者：通常易于激动、焦虑，对于自己的境遇常常感觉不满意。高度的焦虑不但降低工作的效率，而且也会影响身体的健康。

低分者：生活适应顺利，通常感觉心满意足；但极端低分者可能缺乏毅力，事事知难而退，不肯奋斗提高。

（二）内向与外向性

高分者：其心理活动外倾，通常表现为善于交际与交谈，不拘小节，不受拘束，对外部事物表现出极大的关心与兴趣。

低分者：内倾，通常羞怯而审慎，与人相处拘谨不自在。

内外向性无所谓利弊，须以工作性质为准。例如，内向者较专心，能从事精确性的工作；外向者适于从事外交和商业工作，而对于学术研究却未必有利。

（三）感情用事与安详机警性

高分者：安详警觉，果断刚毅，有进取精神，但常常过分现实，忽视了许多生活的情趣。遇到困难，有时不经考虑、不计后果便贸然行事。

低分者：情绪多困扰不安，常感觉挫折气馁，遇到问题需经反复考虑才能决定，但平时较含蓄敏感，温文尔雅，讲究生活艺术。

（四）怯懦与果敢性

高分者：独立、果敢、锋芒毕露、有气魄，常常自动寻找可施展所长的环境或机会，充分表现自己的独创能力。

低分者：常常人云亦云，优柔寡断，受人驱使而不能独立，依赖性强，因而事事迁就，以获取别人的欢心。

三、4 种综合人格因素

（一）心理健康者

心理健康标准分通常介于 0～40 分之间，均值为 22 分，一般不及 12 分者情绪不稳定，仅占总数的 10%。担任艰巨工作的人都应有较高的心理健康标准分。心理健康的主要因素是：情绪稳定（高 C），轻松兴奋（高 F），有自信心（低 O），心平气和（低 Q_4）。

（二）从事某种专业而有成就者

通常总分分数介于 10～100 分之间，平均分为 55 分，60 分约等于标准分 7，63 分以上者约等于标准分 8、9、10，67 分以上者一般有所成就。从事某种专业而有成就者的人格特征的主要因素是：情绪稳定（高 C），好强固执（高 E），工作负责（高 G），精明能干而且世故（高 N），自由、批评、激进（高 Q_1），自立、当机立断（高 Q_2），知己知彼、自律严谨（高 Q_3）。

（三）创造力强者

因素原始总分可通过表 8 - 1 换算成相应的标准分，标准分越高，其创造力越强（见表 8 - 1）。

表 8 - 1　标准分换算表

因素总分/分	15 ~ 62	63 ~ 67	68 ~ 72	73 ~ 77	78 ~ 82	83 ~ 87	88 ~ 92	93 ~ 97	98 ~ 102	103 ~ 150
相当标准分/分	1	2	3	4	5	6	7	8	9	10

具有较高创造力的人一般具有以下几个人格方面的特征：缄默孤独（低 A），聪慧、富有才识（高 B），好强固执（高 E），严肃审慎（低 F），冒险敢为（高 H），敏感、感情用事（高 I），幻想、狂放不羁（高 M），坦白直率（低 N），自由、批评、激进（高 Q_1），自立、当机立断（高 Q_2）。

（四）在新环境中成长能力顽强者

在新环境中有成长能力顽强者，其平均分一般为 22 分，17 分以下者（约占 10%）不太适应新环境，27 分以上者有成功的希望。在新环境中成长能力顽强者的个性特征一般是：聪慧、富有才识（高 B），严肃审慎（低 F），工作负责（高 G），自由、批评、激进（高 Q_1）。

第四节　16PF 的应用现状

16PF 的正式发行机构（IPAT）从 1949 年推出 16PF 的第一版至今，不断对其不足之处进行改进，现已更新至第五版，并在 2000 年对第五版进行了全美人口的常模修订。16PF 第五版有 185 个测验项目，包括了 16 个基本人格因素分量表和一个印象操纵量表，每一个分量表包括了 10 ~ 15 个项目。16PF 第五版对 16 种人格因素中的 5 种因素进行了新的因素命名：即因素 F 由 "兴奋性" 变为 "活跃性"；因素 L 由 "怀疑性"变为 "警惕性"；因素 M 由 "幻想性" 变为 "抽象性"；因素 Q_1 由 "实验性" 变为 "变革性"；因素 Q_3 由 "自律性" 变为 "完美性"。另外，16PF 第五版设计了 3 个新的施测指标来评估被试的反应偏向，包括：印象操纵指标，用来测量被试的社会赞许反应；默认指标，用来测量被试对题目回答 "是" 的倾向程度；罕见指标，用来测量被试与普通施测群体回答题目倾向的一致程度。因此与过去版本相比，16PF 第五版能够确保被试反应的真实性，从而进一步提高了测量的效度。

16PF 是评估 16 岁以上个体人格特征最普遍使用的工具，广泛适用于各类人员，对测评对象的职业、级别、年龄、性别和文化等均无严格限制，现已应用于人力资源管理、心理健康状况普查、职业规划和临床上的心理咨询等领域。

一、16PF 在人力资源管理中的应用

在国外，16PF 在人力资源管理领域中得到了很好的应用，在国内将 16PF 应用于人力资源管理还处于探索的阶段。16PF 的主要功能是可以对个体的人格因素进行全方位、多层次的分析，并通过科学方法进一步了解其各项心理素质，在人力资源管理中，16PF 能够预测被试的工作稳定性、工作效率和压力承受能力等，这个功能能够帮助我们在选拔人才、安置员工以及培训员工方面获得有关人员的人格特征，为提高人力资源管理的质量提供客观有效的参考依据。

16PF 在人才选拔中的应用主要是利用其比较完整的人格测评功能帮助企业挑选适合（或者有潜力适合）某个行业、岗位的人员。应用的主要思路是将个体或者团体的测验结果和相应的标准进行对照或比较，筛选出在招聘中人格各个方面达到相应要求或具备胜任潜力的应聘者。例如某个应聘者张三应聘销售员职位，通过对其进行 16PF 测试后，就可以比较他所具备的人格特质与职位所要求的人格特质，并做出适合度判断（见表 8-2）。

表 8-2 张三人格测验结果

人格特质	乐群性	兴奋性	敏感性	世故性	忧虑性	独立性	自律性	紧张性	适应与焦虑性	内向与外向性	成就因素	适应能力
销售员职位参考值	7~10	7~10	6~10	6~10	1~5	6~10	5~10	1~5	1~5	6~10	7~10	7~10
张三的特质分	8	7	5	7	5	6	4	5	4	7	8	7
张三的职位适合度	合格	合格	不合格	合格	合格	合格	不合格	合格	合格	合格	合格	合格

16PF 在人员安置上的应用也是这样的原理。另外，通过 16PF 能使得员工培训做到更有针对性，其主要思路亦类似人才选拔中的应用，根据岗位的人格特质模型，将员工的测试结果和相应的岗位人格特质模型进行比较，就可以清晰地看出哪些员工的哪些特质需要通过培训加以改善和提高。在应用 16PF 的过程中，需要注意的是，我们不

能过分依赖 16PF，16PF 测验的是人格特质，不是应聘者的全部能力。16PF 可以作为人才选拔和安置时重要的参考，但不是决定性测验，是在考虑了专业知识、工作能力、工作经验等之后进行决策时的参照，因此不能过分依赖它。

二、16PF 在大学生心理健康状况普查中的应用

大学生心理健康状况与心理素质的特点是高校开展心理健康教育的依据与前提。因此，开展大学生心理健康普查、建立大学生心理危机干预机制是加强大学生心理健康教育、预防心理危机的重要内容、途径和措施。不少高校使用 16PF 来进行大学生心理普查。16PF 具有一定的诊断和寻找病因的作用。16PF 的综合人格因素中有心理健康因素一项，由稳定性（C 因素）、兴奋性（F 因素）、忧虑性（O 因素）和紧张性（Q_4 因素）推得，它可以用来评判一个人的心理健康水平，比较两个人或两个人群之间的心理健康水平。但单纯使用 16PF 进行心理健康状况普查也存在一定局限性。由于 16PF 以常模为参照评判一个人的心理健康水平，它以人群总体的平均心理健康水平为参照点、标准差为单位，而通常在大学生心理健康状况普查中是以普通的大学生为参照的常模，来看一个人的心理健康水平在总体中处于什么位置，因此它对正常人之间心理健康水平有良好的区分能力，但它对有严重心理症状的人的心理健康水平缺少区分能力。因此有学者建议，在运用 16PF 人格测验进行心理健康状况普查的同时，也需运用 SCL‑90 进行复查。

三、16PF 在职业生涯规划中的应用

16PF 设计科学，可靠性强，不仅可以对个体 16 种人格特质进行客观评估，还能检测出个体的心理健康水平、专业而有成就的可能性、创造力及适应新环境的能力，这对个体进行职业规划具有重大的指导意义。而且在 16PF 的经验效度标准资料中，包括 50 种不同职业的剖析类型和"职业方程式"，这些方程是通过对不同职业组的测验结果的回归分析得到的，这些方程可以用来评价被试在不同职业上的发展潜力，作为就业咨询的参考因素之一（见表 8‑3）。

表 8‑3　不同职业在这些因素上的表现

人格特质	高分者	低分者
因素 A 乐群性	推销员、企业经理、商人、会计、社会工作者	科学家（尤其是物理学家和生物学家）、艺术家、音乐家和作家
因素 C 稳定性	飞行员、空中乘务员/服务员、护士、研究人员、优秀运动员	会计、办事员、农民、艺术家、售货员、教授
因素 E 恃强性	飞行员、竞技体育运动员、管理人员、艺术家、工程师、心理学家、作家、研究人员	教士、咨询顾问、农工、教授、医生、办事员

续上表

人格特质	高分者	低分者
因素 F 兴奋性	运动员、商人、飞行员、战士、空中乘务员/服务员、水手	会计、行政人员、艺术家、工程师、教士、教授、科研人员
因素 G 有恒性	会计、教士、民航驾驶员、空中乘务员/服务员、百货经营经理	艺术家、社会工作者、社会科学家、竞技运动员、作家、记者
因素 H 敢为性	竞技运动员、商人、音乐家、机械师	牧师、教士、编辑人员、农业工人
因素 I 敏感性	画家、牧师、教士、教授、行政人员、生物学家、社会科学家、社会工作者、编辑	物理学家、工程师、飞行员、电气技师、销售经理、警察
因素 L 怀疑性	艺术家、编辑、农业工人、管理人员、创造性科学研究人员	会计、飞行员、空中乘务员/服务员、炊事员、电气技师、机械师、生物学家、物理学家
因素 M 幻想性	艺术家	政治家
因素 N 世故性	心理学家、企业家、商人、空中乘务员/服务员	艺术家、教士、汽车修理工、矿工、厨师、警卫
因素 O 忧虑性	艺术家、教士	战斗飞行员、竞技体育运动员、行政人员、物理学家、机械师、空中乘务员/服务员、心理学家
因素 Q_1 实验性	艺术家、作家、会计、工程师、教授	运动员、教士、农工、机械师、军官、音乐家、商人、警察、厨师、保姆
因素 Q_2 独立性	艺术家、工程师、科学研究人员、教授、作家	空中乘务员/服务员、厨师、保姆、护士、尼姑、社会工作者
因素 Q_3 自律性	大学行政领导、飞行员、科学家、电气技师、警卫、机械师、厨师、物理学家	艺术家
因素 Q_4 紧张性	农业工人、售货员、作家、记者	空中乘务员/服务员、飞行员、海员、地理学家、物理学家

四、16PF 在临床中的应用

早在 1965 年，卡特尔在《人格的科学分析》一书中指出 16PF 具有查明患者的心理冲突功能，并建议临床医生使用 16PF。要达到这一目的，在使用 16PF 进行诊断时，就必须遵循"协调性原则"，即几种特定因素之间的协调。其有两个层次：一是人的内在需要或欲望与其外部行为表现之间的协调性，二是指弗洛伊德所谓"本我""自我""超我"相对应的人格因素之间的协调性。卡特尔特别强调"自我"的作用，认为人格的成熟就是"自我力量"的壮大，使之能够找出一种现实的、变通的解决办法使其先天驱力或"能"有所变更，从而称心如意偿还夙愿。当"自我"太弱，"本我"和"超我"太强，特别是后者太强时，最容易造成心理冲突。反之，"本我"太强而"超我"太弱，则易出现社会适应问题。所以心理健康的关键在于壮大"自我"。从这些协调性程度，特别是协调性出现冲突的情况中可以发现，个体内外适应上的问题有其原因，这有助于在临床上的治疗。另外，有研究证明了 16PF 能够准确测量出抑郁症患者的临床表现。16PF 的效度资料中还包括了 50 种不同精神心理疾病患者的典型剖析图，这些剖析图可以作为精神心理诊断的一种参考。

 技能训练

【案例】

小王，35 岁，男，在华东闯荡多年，曾在外企工作得不错，后来辞职创业。最近事业不大顺心，孤军奋斗，因此觉得寂寞，找不到以前对生活的激情，开始自我怀疑，对自己感到陌生，对将来的发展感到迷茫。因此心理咨询师给他做了 16PF，希望测验报告能帮他认识自我。

开始测验前，心理咨询师给小王一份测试题和一张答题纸，然后让小王默读 16PF 的指导语，提醒小王在答题时跟随感觉走，不要费时斟酌，尽量避免选择中性答案。让小王先完成答题纸上的几道例题，确定他已经掌握了答题规则后，再让他开始做正式题目。大概 25 分钟后，小王完成测试。咨询师确定小王完成了所有题目后，开始对照计分模版，进行计分。

小王的 16PF 结果见图 8-3、表 8-4。

人格因素	低分者特征	标准分										高分者特征
		1	2	3	4	5	6	7	8	9	10	
A 乐群性	缄默孤独											乐群外向
B 聪慧性	迟钝、学识浅薄											聪慧、富有才识
C 稳定性	情绪激动											情绪稳定
E 恃强性	谦虚顺从											好强固执
F 兴奋性	严肃审慎											轻松兴奋
G 有恒性	权宜敷衍											有恒负责
H 敢为性	畏怯退缩											冒险敢为
I 敏感性	理智、注重实际											敏感、感情用事
L 怀疑性	信赖随和											怀疑、刚愎
M 幻想性	现实、合乎常规											幻想、狂放不羁
N 世故性	坦白直率、天真											精明能干、世故
O 忧虑性	安详沉着、有自信心											忧虑抑郁、烦恼多端
Q$_1$ 实验性	保守、服从传统											自由、批评、激进
Q$_2$ 独立性	依赖、随群附众											自立、当机立断
Q$_3$ 自律性	矛盾冲突、不明大体											知己知彼、自律严谨
Q$_4$ 紧张性	心平气和											紧张、困扰

图 8-3 小王的人格剖面图

表 8-4　小王人格测验得分

次元人格因素	得分/分	综合人格因素	得分/分
适应与焦虑性 X_1	9.2	心理健康者的人格因素 Y_1	13
内向与外向性 X_2	7.2	从事某种专业而有成就者的人格因素 Y_2	27
感情用事与安详机警性 X_3	2.5	创造力强者的人格因素 Y_3	75
怯懦与果敢性 X_4	3.2	在新环境中成长能力顽强者的人格因素 Y_4	4

心理咨询师向小王解释每种因素的分数及其意义。16 种基本人格因素 1~6 分为低分，4~7 分为平均分，8~10 分为高分；次元人格因素低于 3.5 分为低分，高于 7.5 为高分。

因素 A——乐群性：小王在该因素上的得分为 7，属于中间分数。这表明在与人交往上，小王待人不算冷淡，但也不够热情。不太在乎是独立工作还是与人合作，有好静的一面，也有乐于与人共处的一面。

因素 B——聪慧性：小王在该因素上的得分为 6，属于中间分数。这表明小王表达的自然流露程度和多数人一样，进行决策时，会进行认真思考，学习和理解能力一般。

因素 C——稳定性：小王在该因素上的得分为 2，属于低分。这表明小工情绪易激动不稳定。

因素 E——恃强性：小王在该因素上的得分是 5，属于中间分数。说明小王能够平静应付生活中的变化。

因素 F——兴奋性：小王在该因素上的得分是 7。这表明小王在活动的兴奋水平上，介于严肃和轻松活泼之间。有时沉默寡言、独自深思，对待事物有些缺乏热情，有时能够侃侃而谈，表现得活泼愉快、积极热情。

因素 G——有恒性：小王在该因素上的得分是 1，属于低分。这说明他相对缺乏社会责任感、轻视宗教，缺乏奉公守法的精神，可能缺乏较高的目标和理想，对于人群和社会没有绝对的责任感，甚至于有时不惜犯法，不择手段来达到某一目的。另外，他也常能有效地解决实际问题，而无须浪费时间和精力。

因素 H——敢为性：小王在该因素上的得分为 6。这表明，在胆量和信心方面，小王处于平均水平。在遇到困难时，他一般可以应付，但有时也怀疑自己的能力，想退缩。在人群中他不太矫揉造作，但也有一些顾忌和掩饰，他愿意参与一些活动，但不够热心，随时可能退出来旁观。

因素 I——敏感性：小王在该因素上的得分为 8，属于高分。这说明小王细心、敏感、依赖，感情用事，心肠软，易受感动，爱好艺术，富于幻想。遇事优柔寡断，缺乏自信，有时过分不切实际，缺乏耐心，不喜欢接近粗俗的人和做笨重的工作。在团体活动中，他的不着实际的看法与行为可能会减低团队的工作效率。

因素 L——怀疑性：小王在该因素上的得分为 6，属于中间分数。这表明小王比较坦诚，但对他人有一定戒备心理。在与他人接触时，他不会疑心重重，无故猜忌，但也不会无条件地完全相信别人。他在工作中既与人合作，也与人竞争。他可能不是很体贴别人，但也不会故意损害别人的利益。

因素M——幻想性：小王在该因素上的得分为5，属于中间分数。这说明在现实和幻想方面，小王两者兼得，他既注重现实情况，也富于幻想，他通常做事比较稳重，合乎常规，但有时有点异想天开，不够实际。

因素N——世故性：小王在该因素上的得分为3。这说明小王为人坦白、直率、天真。他通常思想简单，有时感情用事，一般与人无争，容易心满意足。但有时由于对自我不加掩饰，可能显得幼稚、粗鲁、笨拙、不留情面、过于刻板，似乎缺乏教养，有时不为社会所接受，在社会中不易取得较高地位。

因素O——忧虑性：小王在该因素上的得分为10，属于高分。这说明小王容易忧郁、自责、缺乏安全感、焦虑、不安、自扰、朋友较少。在集体中既无领袖欲望，亦不被推选为领袖。常对环境进行抱怨，牢骚满腹。他容易害羞，不善言辞。通常觉得世道艰辛，容易沮丧。

因素Q_1——实验性：小王在该因素上的得分为3，属于低分。这说明他保守、循规蹈矩，尊重传统观念与行为标准。通常无条件地接受社会中许多相沿已久而有权威性的见解，常常激烈地反对新思想以及一切新的变动。

因素Q_2——独立性：小王在该因素上的得分为2，属于低分。这表明他依赖性较强，随群附众，希望成为组织中的一员，并热爱组织活动。

因素Q_3——自律性：小王在该因素上的得分为4，属于中间分数。这表明小王的自我约束能力较差，有时候有一定的自我约束力，能够克制内心的一些冲动和想法，但不能做到始终如一。

因素Q_4——紧张性：小王在该因素上的得分为8，属于高分。这表明小王经常紧张困扰，体验到高度的紧张，经常感到不满和厌恶。

适应与焦虑性：小王在该因素上的得分为9.2，属于高分。可见焦虑性强于适应性而存在，通常易于激动、焦虑，对自己的境遇常常感到不满意。

内向与外向性：小王在该因素上的得分为7.2，稍偏高。说明其性格偏外向，善于交际，开朗，不拘小节。据分析，该因素与A、E、F因素呈正相关，正是这些处于均值略高处的因素，使得个体略偏向于"外向性"。另外，本项还与因素Q_2呈负相关，产生极低端值的因素Q_2使个体的外向性得分显著升高，因此，外向性分数显著偏高，依赖性成决定性因素，也意味着小王易受社会赞许性影响，同时也一定程度上影响了测试结果的真实性。

感情用事与安详机警性：小王在该因素上的得分为2.5，偏低。说明其感情用事的特质比较明显，常常感情丰富，情绪困扰不安，较为敏感。

怯懦与果敢性：小王在该因素上的得分为3.2，偏低。可见小王果敢性欠缺，常常人云亦云，优柔寡断，不能独立，依赖性强，因此事事迁就，以获取别人的欢心。

心理健康者的人格因素：小王在该因素上的得分为 13，偏低。可见小王情绪稳定性差，心理健康状况不是很理想。但是心理咨询师认为，小王似乎已经已习惯了这种焦虑不安、情绪波动、敏感的生活，且在社会处世中表现良好，乐群外向，所有不正常因素都是独处时产生并能自我解决的。

从事某种专业而有成就者的人格因素：小王在该因素上的得分为 27，比均值低得多。似乎成就可能性很低。

创造力强者的人格因素：小王在该因素上的得分为 75。说明其有一定创造力，但不是很强。

在新环境中成长能力顽强者的人格因素：小王在该因素上的得分为 4。表明他不太适应新环境。

总的来说，心理咨询师认为小王各因素间的协调性还是比较好的。例如，乐群外向与坦白率真，敏感、感情用事与抑郁、紧张困扰，依赖、随众与乐群、敏感、紧张、天真等；但也有冲突出现，如轻松兴奋与情绪兴奋、紧张困扰，而这种冲突，心理咨询师认为是由小王最近工作上的不顺利造成的情绪性紧张引起的。

心理咨询师认为，感情用事与怯懦两个次元人格因素能很好地反映小王的人格心理特质，也能很好地解释这些协调与冲突。正是因为较强的依赖性，使得个体会努力合群，并在他人面前尽可能展现自己认为可以让别人满意的自我，以避免"被遗弃"。但是另一方面，小王的敏感性使个体知觉到很多细节，从而在独处时产生较大的情绪波动，伴随焦虑、紧张、抑郁等情绪体验。小王在这两元人格因素之间转换得心应手，各因素间得到良好协调，从而适应了外界的活动与发展，所以即使剖面图有很大波动，即使心理健康因素分数低，他的认知与行为仍能维持在相对正常的水平之上。

根据 16PF 的结果，心理咨询师认为，小王性格外向，社会交往良好，但多出于被动，且害怕被遗弃；在独处时，敏感且情绪易失控，但由于社会经验丰富，对外表现良好，能够获得较好的自我同一性；心理健康状况一般；易接受新观念、新事物，但不愿因此而改变；社会责任感不强……因此不建议从事理科性质的精密细致工作，较适合从事人文、艺术或其他对人不对事的工作。

参考文献

[1] 郑日昌. 心理与教育测量 [M]. 北京：人民教育出版社，2011.

[2] 戴海崎，张峰，陈雪枫. 心理与教育测量 [M]. 3 版. 广州：暨南大学出版社，2011.

[3] 蔡圣刚. 如何提升人员选拔、安置与培训的质量：卡特尔 16PF 人格测评在人力资源管理中应用 [J]. 科技管理研究，2010，30（24）：125 – 128.

[4] 周振华，周秀芳，李燕. 男女大学生卡特尔 16 种人格因素量表测查结果比较

的 meta 分析 [J]. 中国心理卫生杂志, 2011, 25 (8): 630 - 635.

[5] 罗红卫. 用卡特尔 16PF 人格测评挑选人才 [J]. 企业管理, 2012 (2): 88 - 89.

 教学资源清单

使用说明: 建议每位学习者在教师课堂讲授本章教材之前, 先通过手机扫码的方式链接到教学资源平台, 自学和练习相应的教学内容, 以便在课堂上能够与教师更深入和更有效率地进行教与学的研讨, 见表 8 - 5。

表 8 - 5　教学资源清单

编号	类型	主题	扫码链接
8 - 1	PPT 课件	卡特尔 16 种人格测验	

 拓展阅读

1. 周龙川, 农玉贤, 曾湘, 等. 男性强制隔离戒毒人员 16PF 人格特征与吸毒相关因素分析 [J]. 心理月刊, 2023, 18 (8): 35 - 37.

2. 王金梅, 张磊. 基于卡特尔 16PF 人格测评的高职院校班干部选拔研究 [J]. 陕西教育 (高教), 2024 (2): 81 - 83.

第九章 明尼苏达多项人格测验

导读

　　明尼苏达多项人格测验（MMPI）包含效度量表和临床量表两个组成部分，是临床研究与诊断中最常见的测评工具。本章主要介绍明尼苏达多项人格测验的理论、明尼苏达多项人格测验的编制原则和初始结构、中文版明尼苏达多项人格测验和明尼苏达多项人格测验第 2 版在中国的修订、明尼苏达多项人格测验的内容及实施方法、明尼苏达多项人格测验的结果解释。

第一节　MMPI 的理论

　　明尼苏达多项人格测验（MMPI）是美国明尼苏达大学心理学教授哈撒韦和精神科医生麦金利于 20 世纪 40 年代编制而成。MMPI 在最初编制时的主要功能和目的是测查个体的人格特点，判别精神病患者和正常人，用于病理心理方面的研究，帮助医生在短时间内对各类精神疾病进行全面客观的筛查和分类，同时还用于对躯体疾病患者的心理因素进行评估。现在已广泛应用于人格鉴定，心理疾病的诊断、治疗，心理咨询以及人类学、心理学、医学的研究工作，成为应用最广泛的客观性人格评估工具。使用它的国家达 65 个，有关 MMPI 的论文及书籍超过万余篇（册），而根据 MMPI 引申的问卷版本达 115 种之多。

一、MMPI 的编制原则和初始结构

　　MMPI 的条目是以经验法编制而成。编制问卷之初，哈撒韦和麦金利并没有沿袭一贯的做法——运用某个理论设计一些相应的问题，再计算其信度、效度而编成一份问卷，而是从实际出发，从临床病历、早期出版的个性量表、病史报告、医生笔记中寻找线索，以期找出能够区分正常人与各个病种差别的条目。将这些条目聚集在一起，编制成为问卷，后人称之为实践效标法。根据这种思路，他们收集了 1 000 个条目，涉及 36 个专题，包含 20 多个症状群，包括身体各方面的情况，然后从中筛选 504 个项目，分别编成肯定或否定的陈述句，后来增加了一些新的项目，涉及性别角色特点以

及自我描述的行为方式，使项目数增至 550 条。

在编写每一个条目时，都要遵循如下规定：①所有条目一律采用单数第一人称询问式命题。②绝大多数条目以正面的方式描述，不用质疑或质问方式。③采用标准用语，而且条目涉及的内容限于人们的一般常识之内。④可采用常用英语成语，为了使句子简洁，有些条目则不拘泥于语法。

1942 年首次发表 MMPI 时，编制者为测验使用者提供了 3 个效度指标：测验中未答的条目数（即 Q 量表）；对被试防御心理的量度（即 L 量表）；对被试偏态或随机反应的量度（即 F 量表）。这些指标帮助主试评价由于被试不按指导语答题而歪曲测验结果的可能性。后来加入第 4 个指标（K 量表）用于评价被试回答 MMPI 时可能存在的难以察觉的测试倾向，如被试可能掩盖或夸大自己的问题或困难。所以标准 MMPI 至少包括了 4 个效度量表和 10 个临床量表作为基础量表。在此基础上，后来又开发了多个研究量表和内容量表。

二、MMPI 的修订与中国化

由于 MMPI 使用范围不断扩大，原本用于精神病临床的很多项目会让正常人感到难堪。随着时代的发展，数十年来文化变迁带来的种种影响，人们的思想观念发生了很多变化，原有的一些题目内容与用词已不合时宜。并且有越来越多的证据表明，现代人对 MMPI 的应答方式和以前的被试有很大不同，原来的常模显然不能代表现今美国的人口构成情况。所以，布彻（Butcher）等人对 MMPI 进行重新标准化，于 1989 年公布了有关明尼苏达多项人格测验第 2 版（MMPI – 2）的研究报告。MMPI – 2 共有 567 个条目，其中与 MMPI 完全相同的条目有 394 个（占 83.6%）。所保留的条目主要集中在第 370 题以前，第 371 题以后的条目多为经过改写或新增加的条目。

20 世纪 80 年代初，中国科学院心理所宋维真将 MMPI 引入我国，组织全国有关单位进行了适合中国国情的 MMPI 标准化修订工作，1984 年初步确定了中国标准。研究结果表明，除了少数项目以外，MMPI 也同样适合中国的临床诊断和人格检查。经过多年的临床验证，于 1989 年正式出版。出版后，在医学界和心理学界得到了广泛的应用。

随着英文版 MMPI – 2 的出台，1991 年起，中国内地和香港特区学者开始合作，着手进行 MMPI – 2 的修订工作。中文版 MMPI – 2 的修订不仅建立了基础量表的现代中国常模，而且建立了应用范围十分广泛的内容量表和一些附加量表的中国常模。

三、量表的标准化

（一）常模

美国的 MMPI 常模建立于 20 世纪 40 年代，适用于 16 岁以上的人，当时取样限于 3 个州。鉴于数十年来人口构成的变化和文化的变迁以及应用中遇到的许多问题，布彻等人在 1989 年对 MMPI 进行了重新标准化。重新标准化的被试年龄介于 18 ~ 90 岁之间。被试主要是从美国 7 个州的社区中选取的，最终得到常模样本 2 600 人，其中男性 1 138 名，女性 1 462 名。民族的分布与美国 1980 年全国普查结果接近，男性中白人和黑人及土著族分别占 82.0% 和 11.1%，女性中分别为 81.0% 和 12.9%。平均受教育年限为 13 年。职业及收入的统计数据说明常模样本中包含的社会经济地位水平和教育程度较高的人数居多，与 1980 年人口调查相比，不能很好地代表西班牙裔和亚裔人。

MMPI 的常模采用 T 分数。在分数的转换过程中，先将被试在各分量表上的原始分数根据常模表，转化成相应的 T 分数，登记在剖面图的 T 分数栏内；然后在剖面图上找到各分量表 T 分数的点，将各点相连，就成为一条表示被试人格特征的曲线。

（二）信度和效度

MMPI 不是能力测验，它的条目没有难易程度之分，通常都是采取重测相关方法进行信度检验。人格调查表不同于能力倾向测验的另外一个显著特点是，它所测量的行为比能力测验所测得的内容更容易随着时间和情境而变化。MMPI 的重测信度分布为 0.50 ～ 0.90，其中包括患者样本。量表的内部一致性要高于重测信度，一般都在 0.90 以上。

MMPI 临床量表的效标团体建立在相对较小和缺乏代表性的精神障碍患者反应之上，而且由于各临床量表间存在相关，所以不同团体的信度以及不同精神病团体诊断的准确性比较低。此外，由于 MMPI 主要设计用来检查变态心理学的问题，而且效度材料来自精神障碍患者团体，对于正常的人格反映不多。

（三）MMPI - 2 在国内的标准化

张建新等在 1999 年报道，MMPI - 2 在国内的标准化采取了一致性 T 分数。全国常模人数实得 2 379 人。间隔两周的重测结果是：效度量表和临床量表的重测平均信度系数分别为 0.63 和 0.68。使用和分析结果时需要注意的是：建立常模的大多数被试来自城市，这与当时中国农村人口占多数的情况不相符。但因为 MMPI - 2 主要在城市人口中使用，而其常模又较好地代表了城市人口状况，故这方面的局限性所造成的影响不大；常模样本的职业分布与实际略有偏差，如医护人员比例较高，而工人及其他种类服务人员比例则偏低。但总体来说，MMPI - 2 在几个关键性标准——地区、性别、年龄、教育程度、经济收入等问题上与实际情况基本相符。

第二节　MMPI 的内容及实施方法

一、测验的内容

（一）基本内容

MMPI 共包括 566 个自我报告的题目，实际上为 550 个，其中 16 个为重复题目（主要是用于测查被试反应的一致性，看作答是否认真）。这些题目的内容涉及很广，包括身体体验、精神状态及对家庭、社会、婚姻、宗教、政治、法律的态度等 26 类问题。

（二）基本量表

MMPI 的基本量表包括 4 个效度量表和 10 个临床量表。在 MMPI 测试中，被试应对各个问题做出直接而诚实的回答，其结果的解释方能有效。效度量表是通过几个量表去识别不同的应试态度及反应倾向，例如粗心、掩饰、不明题意等。如果这些量表出现异常分数，则意味着被试作答其他量表的有效性值得怀疑，因此叫作效度量表。临床量表反映了精神病学临床常见的障碍。MMPI 量表的前 399 题与 14 个基本量表有关。如果只为了临床诊断，就做前 399 题。具体内容见表 9 - 1。

表 9 - 1　MMPI 的基本量表

序号		英文名称	英文缩写
	效度量表	validity scales	
1	疑问分数	question scale	Q
2	说谎分数	lie scale	L
3	效度得分	validity scale	F
4	修正分数	correction scale	K
	临床量表	clinical scales	
1	疑病	hypochondriasis	Hs
2	抑郁	depression	D
3	癔症	hysteria	Hy
4	病态人格	psychopathic deviate	Pd
5	性度（男性化—女性化）	masculinity - feminity	Mf
6	妄想狂（偏执狂）	paranoia	Pa
7	精神衰弱	psychasthenia	Pt
8	精神分裂症	schizophrenia	Sc
9	轻躁狂	hypomania	Ma
10	社会内向	social introversion	Si

（三）临床亚量表

所谓临床亚量表，就是把从内容上看起来相似或者能够反映一种态度或者人格特质的条目再重新进行归纳，然后组成一套新量表。临床亚量表的具体内容见表9 - 2。

表 9 - 2　MMPI 的临床亚量表

亚量表	英文缩写	中文名称	英文名称
量表 2（D）亚量表	D1	主观性抑郁	subjective depression
	D2	精神运动迟滞	psychomotor retardation
	D3	躯体功能失调	physical malfunctioning
	D4	精神迟钝	mental dullness
	D5	沉思	brooding
量表 3（Hy）亚量表	Hy1	否认社会焦虑	denial of social anxiety
	Hy2	需要关注	need for affection
	Hy3	懒散—不适	lassitude – malaise
	Hy4	躯体主诉	somatic complaints
	Hy5	攻击性抑制	inhibition of aggression
量表 4（Pd）亚量表	Pd1	家庭不和	familial discord
	Pd2	权威冲突	authority problems
	Pd3	社交稳重性	social imperturbability
	Pd4	社会疏远	social alienation
	Pd5	自我异己	self-alienation
量表 5（Mf）亚量表	Mf1	自恋过分敏感	narcissism hypersensitivity
	Mf2	典型女性爱好	stereotypic feminine
	Mf3	拒绝男性爱好	denial of stereotypic masculine
	Mf4	与异性交往不适	heterosexual discomfort – passivity
	Mf5	内省与自责	introspective critical
	Mf6	社会退缩	socially retiring
量表 6（Pa）亚量表	Pa1	迫害观念	persecutory ideas
	Pa2	喜欢刺激	poignancy
	Pa3	天真	naive, moral virtue

续上表

亚量表	英文缩写	中文名称	英文名称
	Sc1	社会异己体验	social alienation
	Sc2	情感异己体验	emotional alienation
量表8（Sc）亚量表	Sc3	缺乏自我把握和自我认知能力	lack of ego mastery, cognitive
	Sc4	缺乏自我把握和意动能力体验	lack of ego mastery, conative
	Sc5	缺乏自我把握和有效抑制体验	lack of ego mastery, defective inhibition
	Sc6	感觉运动分离体验	sensorimotor dissociation
量表9（Ma）亚量表	Ma1	缺乏道德感	amorality
	Ma2	精神运动兴奋	psychomotor acceleration
	Ma3	沉着冷静	imperturbability
	Ma4	自我夸大	ego inflation
量表10（Si）亚量表	Si1	害羞/自卑	shyness/self-consciousness
	Si2	社会回避	social avoidance
	Si3	异己体验	self-others alienation

（四）附加量表

所谓特殊量表是指用于特殊目的的量表，按照不同目的和在特定的场合使用时能够帮助主试更进一步了解被试的心理问题。MMPI 的附加量表见表9-3。

表9-3 MMPI 的附加量表

序号	中文名称	英文名称	英文缩写
1	焦虑量表	anxiety scale	A
2	压抑量表	repression factor scale	R
3	显性焦虑量表	manifest anxiety scale	MAS
4	自我力量量表	ego strength scale	Es
5	依赖性量表	dependency scale	Dy
6	支配性量表	dominance scale	Do
7	社会责任心量表	social responsibility scale	Re
8	偏见量表	prejudice scale	Pr
9	社会地位量表	social status scale	St
10	自我控制量表	control scale	Cn

二、测验的实施

在进行测验前，主试必须熟悉测验的全部材料（包括调查表的内容、简介及指导语），了解被试的情况（如被试的理解力、识字能力及身体情况）。进行测验的房间在亮度、温度方面要适当，并且尽可能地安静。

MMPI 分卡片式（个别法）和册子式（团体法）两种。前一种方法，是在每张卡片上各印着一个项目，共 550 张卡片。被试根据自己的情况，将它们分类为"是""否""无法回答"三类。被试根据自己的情况，在答卷纸上相应的题目号后打记号。在"是"或"否"打"×"，"无法回答"则不打记号。后一种方法为问卷法，使用按一定排列顺序印刷着 566 个项目的小册子。

主试给被试以简要解说，让他（她）们知道为什么要做本测验和怎样完成测验。不要使用任何可能起暗示作用的或紧张的语言。医生有为他（她）们保守个人秘密的义务。告诉被试，完成本测验一般需 60～90 分钟。注意事项为：

（1）测验采用自问自答形式。每个问题只回答"是"或"否"。在问卷纸上有两个小圆圈供选择填空。答卷纸填空编号与问卷条目编号是一致的。先对好号码。如果回答"是"，选题号左边圆圈；如果回答"不是"，选右边圆圈，用笔在圆圈内涂黑或以"√"为记号。

（2）问卷内容是有关个人性格偏好、兴趣、习惯的问题，不是智力测验的思考题，故回答"是"或"否"只是反映类型差异，并无对或错之分。选答时只需按自己实际生活中"是怎样"，不必考虑社会认为"应该怎样"。

（3）每个问题只能选择一个回答（"是"或"否"）。

（4）应尽可能对每个问题都回答。

（5）不得在问卷上做其他记号。

答卷完成后，要仔细检查答卷上的姓名、性别、年龄、婚姻、文化、职业等一般情况是否已填正确。同时，要注明被试的来源、测试次数、测试日期等。

第三节　MMPI 结果的解释

一、测验的计分方法

（一）机器计分

将答题卡放入光电阅读器内，自动计算出结果来，这种方法需要指定硬度的铅笔及固定型号的作答纸。

（二）模板计分

需借助 14 张模板（每个量表 1 张，其中 Mf 量表男女各 1 张），每张模板上均有一定数量的与题号相应的圆圈，具体步骤如下：

第一步，将答卷纸按被试性别分开。

第二步，将答卷纸上同一题画有"是""否"两种答卷的题号用颜色笔画去，将画去数目与未答数目相加，作为 Q 量表的原始分数，如超过 30 分则答卷无效，此外，如重复题答案前后不一致超过 6 个，则应考虑此答卷的可靠性。

第三步，将每个量表的模板依次在答卷纸上对准，数好模板上有多少圆圈里画了记号，这个数目就是该量表原始分数。

第四步，用 K 量表，对量表 1（Hs）、4（Pd）、7（Pt）、8（Sc）、9（Ma）的原始分数按不同加权进行修正。即 Hs + 0.5K，Pd + 0.4K，Pt + 1K，Sc + 1K，Ma + 0.2K。假如某个被试的 K 量表原始分数为 10 分，则在该被试的 Hs 原始分数上应加 5 分，Pd 加 4 分，Pt 加 10 分，Sc 加 10 分，Ma 加 2 分。

第五步，将各量表的原始分数登记在剖析图上（Hs、Pd、Pt、Sc、Ma 为加 K 的分数），并将各点相连，即为该被试人格特征的剖析图。

第六步，标准分转换，将各量表的原始分数换算成 T 分。换算公式如下：

$$T = 50 + \frac{10 \ (X_1 - M)}{SD}$$

式中：X_1 为所得原始分数；M，SD 为该量表正常组原始分数的平均数及标准差。

算出每个量表的 T 分后，记入答卷纸上的 T 分栏内。实际应用时通常参照手册中 T 分转换表，查表得到 T 分。

二、结果的分析和解释

（一）效度量表

与临床量表一样，效度量表及其组成的某些剖析图能够揭示被试的一些人格特征，丰富测验结果的解释。

1. 疑问量表

疑问量表（Q 量表）无确定项目，被试对问题无反应以及对"是"和"否"都进行反应的项目总数，就是无回答得分。这种无回答的反应倾向代表了个体某些心理冲突或对某些事物的逃避。不同得分段疑问量表的解释，见表 9-4。

表 9-4　疑问量表（Q 量表）得分的解释

Q 原始分	解释
0 分 （低分）	①被试能够并且愿意回答所有的条目； ②因为主试要求被试必须全部回答条目

续上表

Q 原始分	解释
1～5 分 （正常）	①被试没有回答对某些心理问题有研究意义的条目； ②对某些条目的意义不清楚而没有回答
6～30 分 （升高）	①被试对较多的条目未回答，需要对未回答条目进行复查； ②如果未回答的条目较少，可考虑制作一个加权的矫正剖析图； ③当未回答条目数接近 30 个时，剖析图的效度就是可疑的，解释时要特别慎重
30 分以上 （显著升高）	剖析图极可能是无效的。原因如下： ①被试缺乏受试动机，不能或不愿以正常的方式完成 MMPI 测试； ②可能因为过分谨慎而不愿暴露自身的信息； ③由于难以做出决定或迫不得已对多数条目不能做出回答； ④因为不合作而不愿回答任何条目； ⑤由于缺乏阅读能力，或由于疾病（如严重抑郁）影响不能完成测验

2. 说谎量表

说谎量表（L 量表）由与被社会所称赞的行为或情绪有关的问题项目所构成。项目举例：

（1）偶尔我会想到一些坏得说不出口的话。（否）

（2）假如我能不买票白看电影，而且不会被人发觉，我可能会去做的。（否）

（3）有时我也会说说人家的闲话。（否）

其用途是为了识破被试追求过分的尽善尽美的反应倾向。这些项目所涉及的弱点是几乎所有人都难以避免的，但那些试图留下好印象或将自己看得完美、过分夸大自己的个体，不会承认这些弱点，因此 L 量表的高分意味着不能客观评价自己。不同得分段说谎量表的解释，见表 9－5。

表 9－5　说谎量表（L 量表）得分的解释

L 原始分	解释
0～2 分 （低分）	①多见于把所有条目认同为"是"； ②试图制造一种极端病理的外观； ③有些是相对有主见（不依赖）或充满自信的正常人，但是他们不愿意承认该量表提示的那些轻微和不受社会赞许的言行或人们共有的"弱点"
3～5 分 （正常）	①在承认和否认一些轻微的不受社会赞许的言行方面处于适当水平； ②可能是那些试图给人以良好印象的、头脑比较复杂的人

续上表

L 原始分	解释
6~7分 （升高）	①可能存在随机回答的情况，需用其他效度指标评估； ②较一般人使用更多的否认机制
8~15分 （显著升高）	①可见于那些具有过度自我控制能力，对其自身行为缺乏洞察力的正常人； ②不诚实地对项目进行反应，试图制造一种令人满意的印象； ③强烈否认存在精神障碍或心理问题，常见于表演性人格障碍或躯体化障碍； ④患严重精神病、无自知力的住院精神障碍患者； ⑤没有足够的阅读能力（智力偏低、社会经济地位较低或受教育程度低）

3. 效度量表

效度量表（F量表）用来检测那些以不同方式回答测试条目的情况。它是从对正常者的 MMPI 反应的分析中，抽出正常人一般不回答的项目构成的。项目举例：

（1）有时我觉得有鬼附身上。（是）

（2）有时我被别人的东西，如鞋、手套所强烈吸引，虽然这些东西对我毫无用处，但我总想摸摸它或把它偷来。（是）

（3）认识我的人差不多都喜欢我。（否）

F量表的三种功能：

（1）F量表是一种对测验施行态度的指标，它对于发现偏离反应很有效。

（2）如果测验有效，F量表是精神病程度的良好指标。得分越高，暗示着精神病程度越重。

（3）用F量表的得分也可以推测测验以外的行为。

不同得分段效度量表的解释见表9-6。

表9-6 效度量表（F量表）得分的解释

T 分	解释
35~49分 （低分）	①与一般正常人同样地进行反应； ②顺应社会； ③患有精神病，但不显得无能； ④想伪造出一个理想的剖析图
50~64分 （正常）	①对某些特别问题项目得分； ②在不涉及症状时能有效地生活
65~79分 （轻度升高）	①具有非常偏执的社会、政治或宗教信念； ②临床上表现出重度的神经症或精神病症状； ③如果不是精神病，则可能是忧郁、不安、不满、反复无常等

续上表

T 分	解释
80 ~ 99 分 （升高）	①对 MMPI 的所有项目都反应为"否"； ②假病，为了求助而夸张症状； ③对测验完全抵触； ④按通常标准判断是明显的精神障碍患者
100 分及 以上（显著升高）	①对 MMPI 项目以胡乱的反应； ②对所有的项目都反应为"是"； ③在测验中装出"坏"的反应； ④对于住院的精神病患者，则表现出幻觉、妄想、缺乏判断力等症状

4. 修正量表

修正量表（K 量表）用于辨认那些存在明显精神病理问题，但其剖析图却在正常范围的被试。项目举例：

（1）我几乎没有和家里人吵过嘴。（是）

（2）有时我真想摔东西。（否）

（3）我不在乎别人对我有什么看法。（否）

其目的有两点：①为了判别被试接受测验的态度是不是隐瞒的或是防卫的。②根据这个量表修正临床量表的得分，规定在 Hs、Pd、Pt、Sc、Ma 各量表原始得分中，加上 K 量表得分与某个比率相乘的数进行修正。

F 得分与 K 得分的关系是被试防卫态度好坏的指标。

在 F - K > 0 而且超过 11 的情况下，预测为精神异常。

在 F - K < 0 并低于 - 12 的情况下，则可认为被试故意要让别人把自己看得好些，并想隐瞒。

不同得分段修正量表的解释见表 9 - 7。

表 9 - 7　修正量表（K 量表）得分的解释

T 分	解释
27 ~ 45 分 （低分）	①可能对所有项目都反应为"是"，或者故意让人把自己看得坏些； ②可能将自己的问题夸张到需要救助的程度； ③对自己和别人非常批判，具有对自己不满的倾向； ④不善于处理日常生活中的问题，不灵活，对自己的动机和行为几乎不能洞察； ⑤在社会上表现顺从、迟钝和冷淡； ⑥人生观带有嘲弄、怀疑及不信任的特征，对他人的动机怀疑很深

续上表

T 分	解释
46～55分 （正常）	①被试来源于较低的社会经济阶层，或受教育程度有限； ②在暴露自身的问题和自我保护方面较适当，没有明显的心理不协调表现
56～69分 （轻度升高）	①具有良好的自我调节能力，有较好的洞察力，有主见，能较容易地处理日常问题，与人交往得很好，谈吐热烈而流畅； ②此分数段的人往往受过高等教育或有较高的社会地位； ③具有很高的智能和广泛的兴趣，灵巧、积极、多才； ④思维明晰，以合理、系统的方法来对待问题，具有领导的才能
≥70分 （显著升高）	①被试认为自己有良好的心理整合能力，过分自信，反映出其过度的心理防卫机制； ②不想承认有问题或有精神病，故意要让人看得理想些，或者一切都反应为"否"； ③缺乏自我洞察及自我理解，可能对接受检查缺乏兴趣，往往对治疗不合作

5. 无效度的剖析图

一般人们把无回答的项目达 30 个以上的原始记录，或有一个以上的效度量表（L、F、K）的 T 分在 70 分以上视为无效度，即认为无法做出解释。下面介绍几种无效度的剖析图。

（1）随机反应型：对测验项目以明显的随机方式做胡乱回答。例如每 8 个项目以"是、是、否、否、是、是、否、否"的形式，或者每 6 个项目以"是、否、是、否、是、否"的形式进行反复的反应。由于反应与项目的内容无关，所以若是基于这种反应来进行诊断，就是无效度的。在随机反应的剖析图中（见图 9 - 1），F 量表 T 分超过 100，L 及 K 量表得分均稍高于 50 分。临床量表通常可以看到在量表 8（Sc）出现第一峰尖，在量表 6（Pa）出现第二峰尖的精神病样倾斜。

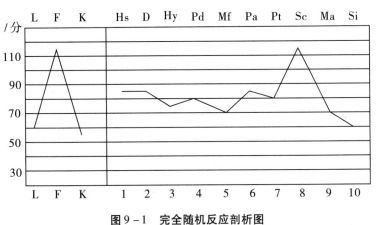

图 9 - 1　完全随机反应剖析图

（2）全"是"反应型：如果对所有项目都回答为"是"，则剖析图如图9-2，其显著的特征是F量表得分极端地高（通常超过剖析图的顶端），而L及K量表得分比50分还低很多。在量表8（Sc）出现第一峰尖，在量表6（Pa）出现第二峰尖。折射一种精神病样倾斜。

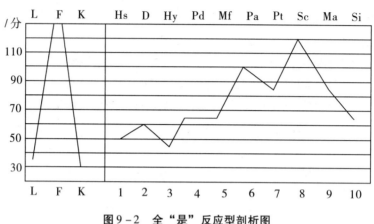

图9-2　全"是"反应型剖析图

（3）全"否"反应型：对所有项目都回答为"否"的人，其剖析图见图9-3，F、L、K量表的高度大致差不多，临床量表是神经症样倾斜。

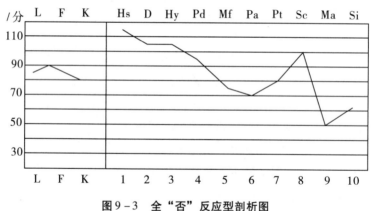

图9-3　全"否"反应型剖析图

（4）故意让人看得坏些的反应型：有些人是抱着故意让人看得坏些、任人看成是精神病的意图来接受MMPI检查的。他们的剖析图乍一看好像有很严重的障碍。这种人的典型剖析图的特征是F量表得分非常高（往往超过100分），L和K量表得分近于或低于平均。除了量表5（Mf）以外，临床量表得分非常高，其中量表6（Pa）和量表8（Sc）的特别高。

（5）故意让人看得好些的反应型：接受MMPI检查的人，包括自发请求医生帮助的患者，有时否认自己的问题，企图让人看得比实际好些。这种倾向被称为"faking good"（装好）。典型剖析图最明显的指标是，效度量表呈V形，L和K量表得分同样高，F 量表 T 分在 40 ~ 50 分范围内。几乎所有的临床量表 T 分在 30 ~ 50 分范围内，量表 5（Mf）往往是临床量表中最高的。

（二）临床量表

美国常模将 T 分 70 分及以上作为高得分。中国常模将 T 分 60 分及以上作为高得分。高得分提示可能有异常心理特征或心理偏离现象。一般认为 T 分在 45 分以下为临床量表的低得分。临床量表的低得分所能给出的信息是有限的。人们认为，在某个量表的低得分者那里，看不到在高得分者那里所见到的特性和行为。因此，对于 MMPI 临床量表的分析，一般只分析 T 分高于 60 分以上的临床量表。10 个临床量表高得分的特征解释，见表 9 - 8。

表 9 - 8　MMPI 临床量表高得分的特征

MMPI 量表	特征解释
疑病（Hs）量表	①对身体极端关心，一般症候笼统含混，常有上腹部不适、慢性疲劳、疼痛、衰弱； ②利己、自我中心、过于自负，悲观、缺乏热心、愚钝、顽固、爱发牢骚，对他人严厉，间接地表达敌意； ③往往被诊断为神经症（疑病症、神经衰弱、抑郁）
抑郁（D）量表	①过低地评价自己，缺乏自信，在学校和工作上感到无能、失败，有罪恶感； ②内向、害羞、寡言、动作缓慢、不活泼，抑郁、压抑、闷闷不乐，对未来悲观； ③诉说自己衰弱、疲劳、精力丧失，消极、自制过度，否定冲动，回避不快的事情； ④不擅长社交，难以接近，与人保持心理上的距离； ⑤通常诊断为抑郁性神经症和反应性抑郁症
癔症（Hy）量表	①以身体症候来对精神紧张进行反应，以逃避责任，缺乏对症候原因、自己的动机和感情的觉察； ②有头痛、胸痛、衰弱、心跳、不安等症状，症状有时突然出现，有时突然消失； ③心理上未成熟，表现天真幼稚、自我中心、自大、自私，期待他人的爱抚和注意； ④善于交际、友好、健谈、热情、敏感，对人关系肤浅而幼稚； ⑤对工作中的失败很介意，与上司关系不好，感到不被社会集体所容纳； ⑥婚姻生活不顺心，在早年生活史上，很可能其父亲对她/他冷淡无情； ⑦最易被诊断为癔症，一般不被诊断为精神病，对于治病，最初是热心的，听从直接的进言和建议，但对心理学的解释和处置有抵抗

续上表

MMPI 量表	特征解释
病态人格（Pd）量表	①难以接受社会的价值观和规范，沉溺于各种反社会的行为，判断力欠缺，不能吸取经验教训，轻蔑、嘲弄，对所干的事几乎无知罪的意识； ②时常与上司冲突，对家庭使用暴力，因自己的问题而责怪双亲，夫妻生活有问题； ③冲动、鲁莽、爱怒、无计划性、冒险心强，不考虑行为后果而蛮干，没有忍耐性，具有反抗、敌对和攻击性； ④不成熟、幼稚，很自负，自我中心、任性、利己，追求虚荣，出风头，不体谅人，仅在利用对方时才关心他人； ⑤兴趣广泛，喜社交，给人第一印象好，但与别人的关系肤浅； ⑥常被诊断为人格异常（反社会和被动攻击性人格），无焦虑和抑郁症状，无精神病性症候，心理治疗和咨询预后不佳
男性化（Mf）量表	①对性别的自我意识存在问题，男性角色含混不清，有时表现出同性恋倾向和公开的同性恋行为； ②柔弱、聪明、有好奇心，对审美和艺术很感兴趣，有创造性和想象力； ③社交性强，能体贴人，与人的关系被动、依赖、顺从、平和； ④有自制力，很少做出非礼行为
女性化（Mf）量表	①拒绝传统的女性角色，在工作、体育、趣味方面具有男性那样的爱好； ②活泼、有主见、爱外出，过于自信，竞争心强，积极主动，支配欲望强； ③粗野、无礼、顽固、满不在乎，有逻辑性，有计划，难以亲近
妄想狂（偏执狂）（Pa）量表	①有偏执狂的特征，过敏、对周围人和事做过分的反应； ②疑心重、慎重、敌意、反抗、穷根究理、感到人性受到虐待； ③将自己的问题合理化，归因于别人； ④规诫严格，讨厌谈论情绪性问题，对家族表现敌意和反感； ⑤有明显的精神病行为，思维混乱，有被害妄想、关系妄想和夸大妄想； ⑥很多被诊断为分裂症或偏执狂状态

续上表

MMPI 量表	特征解释
精神衰弱（Pt）量表	①有身体不适的主诉，有混乱和不快的体验，紧张、易烦躁、爱担忧； ②注意力集中困难，缺乏自信，自我怀疑，自我批判，自我意识过强； ③有强迫思维、强迫动作和仪式动作等，对问题能洞察，并将其合理化、理性化； ④规规矩矩、认真、慎重、完美主义，对自己和他人要求都高，是严格的道德主义者； ⑤解决问题时，缺乏好主意和创造性，优柔寡断； ⑥短期内的心理治疗和咨询不能奏效，治疗需时长，进步极其缓慢
精神分裂症（Sc）量表	①有时表现出明显的精神病行为和精神分裂病态的生活方式，异常、无规则、脱离常规的行为特征； ②错乱、支离破碎、异常的思维和态度，有妄想、幻觉，判断力极端低下； ③缺乏对社会环境的归属感，感到被孤立、被疏远、被误解、不被伙伴所欢迎； ④闭门不出、不善交际、回避与人及新物打交道； ⑤自我怀疑、劣等感，感到无能和不满足，性别角色混乱； ⑥具有反抗、敌对和攻击性，但却不能将这些感情表现出来； ⑦以白日梦和空想来逃避现实和对精神紧张进行反应； ⑧心理治疗预后不佳，讨厌与治疗者建立有意义的关系
轻躁狂（Ma）量表	①无目的的活动过多，精力充沛、喜爱活动胜于思考； ②愉快、热情、充满自信，说大话，有野心，夸张自己的价值，有时也有幻觉和夸大妄想，缺乏自知之明； ③兴趣广泛，同时参加许多活动，浪费精力，计划不见完成； ④沉静不下来，对欲求不满的忍耐性低，难以抑制冲动，易发怒、敌意和攻击； ⑤喜欢外出，容易接近，爱社交，给人第一印象好，但人际关系肤浅，随着了解的加多，别人会发现他的欺骗性、背叛和不可靠； ⑥易激惹，不镇静、紧张、神经质，有周期性的抑郁发作； ⑦心理治疗预后不佳，对心理治疗的解释有抵抗，就诊不规律，有的早期就中断治疗，以固定的态度反复诉说问题，不依附于治疗者，对治疗者抱有敌意和攻击

续上表

MMPI 量表	特征解释
社会内向（Si）量表	①内向、害羞而拘谨，独处或与亲密朋友在一起时比较轻松，可有罪恶感和抑郁； ②过于自制、不善交际，不太参加社会活动，在异性面前不太自然； ③爱担忧、有不安全感、顺从，服从权威，缺乏自信，介意别人的看法； ④认真、速度慢、可信赖，在解决问题时慎重、刻板、缺乏独创性，态度和意见生硬

1．疑病量表

疑病（Hs）量表反映被试对身体功能异常关心。项目举例：

（1）恶心和呕吐的毛病使我苦恼。（是）

（2）我觉得我的头到处都疼。（是）

（3）我从来没有因为胸痛或心痛而感到苦恼。（否）

在 MMPI 的所有临床量表中，量表 1（Hs）被认为是最明了和单纯的。该量表所包含的所有项目都与自己的身体机能有关。根据因素分析的研究，量表 1（Hs）得分的许多变动，都可以用单一因素来说明。其特征是否定健康、诉说各种身体的症候。

2．抑郁量表

抑郁（D）量表最初是为评价抑郁症候而制定的，此量表项目来自过分悲伤、无望、思想及行动迟缓的患者，是最能表示被试对生活状况的不平和不满的量表。项目举例：

（1）我曾一连几天、几个星期、几个月什么也不想，因为总是提不起精神。（是）

（2）我希望能像别人那样快乐。（是）

（3）我确实缺少自信心。（是）

3．癔症量表

癔症（Hy）量表评估用转换反应来对待压力或解决矛盾的倾向。项目举例：

（1）我的喉咙里总好像有一块东西堵着似的。（是）

（2）如果别人待我好，我常常怀疑他们别有用心。（否）

（3）我的行为多半受周围人的喜欢所支配。（否）

Hy 量表的得分与智能、教育背景和社会地位有关联。智能高、受过良好的教育、社会地位高的被试在这个量表上往往得分较高。另外，高得分者，特别在剖析图上 Hy 量表得分高者，不论是正常人还是患者，女性比男性多。

4．病态人格量表

病态人格（Pd）量表是为了鉴别那些病态人格的患者而制定的，他们往往漠视社会价值观和社会规范，情绪反应简单。项目举例：

（1）我深信生活对我是残酷的。（是）

（2）似乎没有一个人了解我。（是）

（3）当一个罪犯可以通过能言善辩的律师开脱罪责时，我对法律感到厌恶。（否）

作为这个量表基准群被试的行为特征是说谎、偷盗、性异常、酗酒等，但不包括重大犯罪行为。这个量表所包括的内容广泛，有对生活的不满、家庭问题、性问题及与上司的关系等问题。得分往往与年龄有关，青年期和大学生的 T 分常在 55～65 分之间。

5. 性度（男性化—女性化）量表

性度（男性化—女性化）（Mf）量表项目来自于具有同性恋倾向的人。它最初是为鉴别男性同性恋而制定的。项目举例：

（1）和我性别相同的人对我有强烈的吸引力。（是）

（2）我从来没有放纵自己发生过任何不正常的性行为。（否）

（3）我总希望我是个男的。（是）

在 Mf 量表的项目中，有几个是包含明显的性因素的项目。但是绝大部分的项目与性无关，而是包括广泛的内容，如工作、兴趣、消遣、社会性活动、对宗教的关心和家庭关系等。

该量表得分是逆转的，高的 T 分对男性和女性来说意义不同。有的研究者主张，男性的高得分和女性的低得分是等价的，两者都代表着女性的兴趣和态度。

6. 妄想狂（偏执狂）量表

妄想狂（偏执狂）（Pa）量表项目来自于被判断具有敌意观念、被害妄想、夸大自我概念、猜疑心、过度敏感、意见和态度生硬等偏执狂症候的患者。项目举例：

（1）似乎没有一个人了解我。（是）

（2）假如不是有人和我作对，我一定会有更大的成就。（是）

（3）有些人太霸道，即使我明知他们是对的，也要和他们对着干。（否）

该量表的内容大体分为三类，即：①人际关系敏感性。②对疑念的合理化和道德观念。③有关被害妄想的诉说。该量表高得分者，通常可表现出偏执狂症候。

7. 精神衰弱量表

精神衰弱（Pt）量表来自于表现出焦虑、强迫动作、强迫观念、无原因恐怖以及怀疑、优柔寡断的神经症患者。项目举例：

（1）我发现我很难把注意力集中到一件工作上。（是）

（2）我认为最难的是控制我自己。（是）

（3）哪怕是琐碎小事，我也再三考虑才去做。（是）

8. 精神分裂症量表

精神分裂症（Sc）量表来自于思维、情感和行为混乱，出现稀奇思想、行为退缩及有幻觉的精神分裂患者。项目举例：

（1）我相信有人暗算我。（是）

（2）有时我会闻到奇怪的气味。（是）

（3）我曾经发呆，停止活动，不知道周围发生了什么事情。（是）

此量表大致包括下面一些内容：①社会和家族的疏远感、孤立感。②奇怪的情绪，妄想。③身体特殊机能的破坏。④不满足感。

Pt 量表与 Sc 量表有关。Sc 得分比 Pt 得分高，可以推测为重性精神分裂症。在 Sc 量表与 Pt 量表的得分都升高时，患者的临床问题极难处理。

9. 轻躁狂量表

轻躁狂（Ma）量表项目来自于具有气质昂扬、精力充沛、过于兴奋、思维奔逸、爱怒的躁狂患者。它也是一种性格量表，是为了区别有躁狂性症候的精神科患者而制定的。项目举例：

（1）每星期至少有一两次我十分兴奋。（是）

（2）我是个重要人物。（是）

（3）有时我的思想跑得太快都来不及表达出来。（是）

此量表的得分与年龄和人种有明显关系。年轻的被试（例如年轻大学生）典型的 T 分是 55~65 分。而年纪大的被试，T 分在 50 分以下也不稀奇。黑人被试一般比白人被试得分高，T 分 60~70 分并不少见。

10. 社会内向量表

社会内向（Si）量表来自于对社会交往和社会责任有退缩回避倾向者。这个量表的项目有两种类型：一类是与社会性接触有关的项目，一类是与不适应和自卑有关的项目。项目举例：

（1）和人争辩的时候，我常争不过别人。（是）

（2）我时常需要努力使自己不显出怕羞的样子。（是）

（3）由于我经常不能当机立断，因而失去许多良机。（是）

（三）编码型及其解释

如某个分量表的 T 分大于 60 分（中国常模标准），则表明该被试可能存在某种心理问题。但是研究发现，在某一量表上得分高，并不意味着一定存在该量表所称的那种疾病，其他患者也会在此量表上得分高；同时，量表间有许多相互重复的题目，一个量表上得分高，在另一个量表上得分也会很高。

编码型是指基本量表升高所形成的高点组合，包括单个量表的升高，也包括 2~5 个量表形成的高点组合。编码的名称按照量表的升高顺序，最高点放在最前面，次高点放在后面。

编码系统来源于哈撒韦和麦金利所提出的对 MMPI 剖析图做完形分析的思想，是根据大量的临床资料和实验观察总结出来的，有其一定的规律、结构和内涵，能够对测得的行为样本进行综合性描述，是对相应的 MMPI 剖析图类型进行解释的简单有效途径之一。

现在更通行的是采用简单的两点编码。两点编码即将出现最高分的两个量表的数字符号连接起来，分数稍高的写在前面。"12"组合表示1量表得分高于2量表得分；"21"组合表示2量表得分高于1量表得分。两点编码具有可对换性。"12/21"的组合具有同一型的特征，1、2均为高峰。表9-9所列出的组合是典型的形式，是在许多情况下多次出现的、在文献中能得到充分解释的组合。

表9-9　两个高得分组合类型的特征

组合类型	特征
12/21	①最显著的特征是身体的不适和疼痛，注意健康和身体的机能，身体稍有不适就显出过分的反应，没有器质性的临床根据； ②身体的主诉多，尤其是消化系统的诉说较多，并有食欲不振、恶心、呕吐，有时有头痛、头晕、不眠、衰弱、疲劳等； ③神经质，焦虑和紧张，易怒，有时闷闷不乐，丧失信心； ④自我意识很强，在社交场合，特别在异性面前，表现内向、忧思； ⑤自我怀疑，优柔寡断，过于介意别人的看法，很难信人，被动依赖，对别人的忽视抱有敌意； ⑥最常见的诊断是神经症（疑病症、焦虑症、抑郁症），不太适合进行传统的心理治疗
13/31	①在此组合中，女性和年长者比男性和年轻者更常见； ②身体的主诉多，包括头痛、腹痛、背痛、末端麻痹和震颤、食欲不振、恶心、呕吐、衰弱、头晕、睡眠障碍等，这些身体的症候在受到精神压力时增加； ③不成熟，自我中心，任性，缺乏自信，非常依赖，体验到不快和心理冲动； ④外向，社会关系浅薄，缺乏与别人的真诚关系，缺乏对异性的吸引力； ⑤需要得到别人的承认，对别人的忽视抱有反感和敌意，有时会以发怒来表达； ⑥过度地进行"否定投射"和"合理化"，把自己的问题归罪于别人，从医学上解释自己的症候，而对心理根源缺乏认识，对自身状况盲目乐观； ⑦常被诊断为神经症（歇斯底里疑病症），不承认自己症候的心理根源，所以传统的心理治疗效果欠佳
18/81	①对人抱有敌意和攻击性感情，又不能以调和顺应的方法来表达； ②抑制情感表达，缺乏信赖感，与人保持距离，感到被孤立、被疏远； ③有不幸、抑郁的倾向，有身体的主诉（包括头痛和不眠），有时达到妄想的程度； ④有时思维混乱，而且非常支离破碎，常见浪荡的生活方式和职业经历贫乏； ⑤最常见的诊断是精神分裂，有时被诊断为焦虑症和分裂病态人格

续上表

组合类型	特征
23/32	①有神经质、兴奋、紧张、担心，被动、顺从、依赖，有不安全、无力的感觉； ②缺乏兴趣和热情，感到悲伤不幸，抑郁、疲劳、消耗、衰弱，开始干一件事很困难； ③对成就、地位、权力非常关心，有竞争性、冒失； ④非常自制，很难表达情感，否定自己不能接受冲动，有时有不安和罪恶感； ⑤回避社会交往，在异性面前不能镇静，常见无性感和性功能障碍； ⑥此组合女性比男性更常见，能力损害，长期的效率水平低下； ⑦最常见的诊断是抑郁性神经症，缺乏自知力，传统的心理疗法不太起作用
24/42	①冲动，不顾及社会规范，常与社会价值发生直接冲突，曾有酗酒、被捕、失职的经历； ②对不能达到目的而感到欲求不满，因别人的要求而发怒； ③表面上有能力、舒畅，但又有内向、不安全、自我意识过剩、被动依赖倾向； ④以过度饮酒来缓解精神压力，在行动后又会后悔，对自己的不当行为抱有罪恶感，多次决心痛改前非，但以后又再度反复； ⑤报告不真实的抑郁、焦虑、无意义感，可能有自杀的观念或企图； ⑥在不出问题时，精力充沛、喜社交，爱外出，给人的第一印象好，但不诚实； ⑦传统的心理治疗预后不佳，精神压力消失，脱离法律的问题后，很快中止心理治疗
27/72	①神经质、紧张、敏感、爱担心，对压力反应过分； ②常有身体的症候，如：精力消耗、疲劳、不眠、食欲不振、心脏疼痛等； ③抑郁明显，对己对事悲观，体重减少，缓慢的人格节奏； ④对成就、被承认的欲求很强，对自己的期待过高，达不到目标就会自责； ⑤顺从、被动依赖，优柔寡断，难以提出自己的主张； ⑥慎重，不安定、劣等感，责怪自己对生活中的所有问题负责； ⑦常被诊断为神经症（抑郁、焦虑、强迫），也有诊断为（衰退期）抑郁症和躁郁症的； ⑧接受心理治疗的动机强，很多人有相当好的疗效
28/82	①焦虑、厌烦、紧张、提心吊胆，身体主诉多，有头晕、恶心、呕吐等体征； ②睡眠障碍、集中不能、健忘、思维错乱，爱发脾气，具有反抗性； ③依赖，缺乏能力，不能做出自己的主张，刻板地解决问题； ④敏感多疑，在情绪上有被伤害的体验，人际关系肤浅，与人保持一定的距离； ⑤抑郁、闭门不出、话少而低声、思维迟钝、爱落泪、无精打采，绝望、无价值感； ⑥有慢性能力丧失症候，罪恶感，有时有自杀意念和自杀计划； ⑦最常被诊断为躁郁症、衰退期抑郁症、精神分裂症、分裂情感性精神病

续上表

组合类型	特征
29/92	①自我中心、自负、对别人的评价很在意，好炫耀自己，拒绝承认失败； ②对于年轻人，暗示着"自我同一性"的危机，缺乏人格和职业上的方向性； ③常有紧张和不安，上部肠胃系统的身体主诉，有过严重的抑郁或过度酗酒病史； ④从根本上否定病源，想以过剩的活动从抑郁中解脱出来，以保护身体； ⑤常被诊断为躁郁症
34/43	①最显著的特征是慢性而强烈的愤怒，具有敌意和攻击的冲动，不能适当表达感情，有时会引起短期内的暴力行为，对自己行为的原因和结果没有认识，缺乏洞察力，归罪于别人； ②此组合的犯人，有攻击性暴力犯罪的经历，也有人能很好地克制暴力行为； ③没有明显的焦虑和抑郁，但有时诉说头痛、肠胃上部不适、失神、视力异常； ④其问题的根源是对家族根深蒂固的慢性敌意，希望被注意和承认，对拒绝敏感，表面上顺从，内心却非常反抗，婚姻不稳定，有自杀念头； ⑤多被诊断为人格异常，被动—攻击性人格和情绪不稳定的人格
38/83	①焦虑、紧张、神经质，恐怖，常感抑郁和绝望； ②身体的主诉多，胃肠和筋骨不适、头晕、视力减退、胸痛、生殖器痛、头痛、不眠； ③不成熟、被动、依赖，悲观，欲求很强，对欲求不满有自责； ④解决问题刻板，缺乏独创，没有洞察力； ⑤思维混乱，注意力集中困难，记忆力减退，有强迫思维、妄想、幻觉和思维破裂等症状； ⑥最常被诊断为精神分裂症，有时也会被诊断为歇斯底里
45/54	①不成熟、自负，情绪上被动、依赖，行为上不顺从； ②有自制能力，但对欲求不满的忍耐性低，可能出现短期的攻击行为，之后有内疚感； ③性别角色的同一性混乱，拒绝固有的性别角色，有同性恋倾向； ④最常被诊断为被动—攻击性人格
46/64	①不成熟、自负和任性，被动依赖，希望得到注目和同情； ②人际交往欠佳，疑心重，回避深交，此组合的女性过度传统，对男性非常依赖； ③职历贫乏，有婚姻问题； ④压抑敌意和愤怒，爱发怒，不高兴，反抗权威、轻视上司，被人讨厌； ⑤带有情绪性的身体主诉，包括哮喘、紧张、头痛、神志昏迷和有关心脏的主诉，神经质、抑郁、优柔寡断和不安定； ⑥否定有心理问题，将问题合理化，推卸责任，自我评价夸大，不能接受传统的心理治疗； ⑦常被诊断为被动—攻击性人格和精神分裂症（妄想型）

续上表

组合类型	特征
48/84	①古怪、不适应环境，不顺从、反抗、反感权威，信奉过激的宗教和政治见解； ②做事不顾前后、没有计划性、无效率，若犯罪，往往凶恶而暴力，乱搞男女关系，性偏离，可能过度酗酒和滥用药物； ③不安定感、欲求强烈，不相信别人，回避亲密关系，自我概念贫乏，有自杀念头； ④缺乏社交技巧，闭门不出、孤立，拒绝承认责任，将问题合理化或归罪于他人； ⑤很担心自己的性能力，为了显示性的能力，有时坠入反社会的性行为； ⑥常被诊断为精神分裂症（妄想型），反社会性人格，分裂病态人格，偏执病态人格
49/94	①最显著特征是完全不考虑社会的规范和价值，不讲良心，没有道德感，伦理价值观不固定； ②常与周围人发生纠葛，有酒精中毒、吵架、婚姻问题； ③自负、任性、利己，冲动，缺乏判断力，不考虑行为后果，不能吸取教训； ④对欲求不满的忍耐性低，拒绝承认责任，归罪于别人，将缺点和失败合理化； ⑤时常不高兴、生气、愤怒和敌意，常有情绪性的爆发； ⑥有野心、有精力、不沉着、活动过多，追求情绪性刺激和兴奋； ⑦在社交上，缺乏自制力，外向、爱说，给人第一印象好，但以自我为中心，与人关系肤浅； ⑧外表上很自信和稳定，实质上不成熟、不稳定和依赖； ⑨与反社会性人格和情绪不稳定的人格相联系，有时也被诊断为抑郁症
68/86	①有强烈的劣等和不安定感，自我评价低，因失败而自责； ②其生活方式是分裂病态性的，闭居、怀疑、回避真挚交往、易怒； ③有明显的精神病者的行为，思维片断、突然走题、没有准则，思维内容离奇，注意力集中困难，记忆力减弱、判断力贫乏，有幻觉，有被害妄想、夸大妄想； ④感情麻木，说话快，支离破碎，缺乏有效的防卫机制，以空想和白日梦来应对紧张压力，难以区别空想和现实； ⑤被诊断为精神分裂症（妄想型）或偏执病态人格
78/87	①非常混乱和惶恐，判断力缺乏，愿意承认有心理问题，缺乏适当的防卫机制； ②抑郁，担心，紧张，神经质，内省，好沉思； ③具有慢性不安全感和劣等感，优柔寡断，社会经验不足，回避社交性场合，没有信心； ④与异性关系不成熟，沉迷于丰富的性空想； ⑤最常被诊断为强迫症和抑郁症，也有被诊断为人格异常和精神病

续上表

组合类型	特征
89/98	①以自我为中心，回避亲密关系，有闭居、孤立的倾向，在异性面前不能镇定； ②活动过多，情绪不稳定，焦躁，兴奋，说话声音极大，给人的印象是夸大、反复无常； ③成就欲求高，实际上却很平庸，有劣等感、不足感，自我评价很低； ④张皇失措、非现实的感觉和重度的思维障碍，注意力集中困难，思维离奇古怪，自闭，没有准则，有时有音联、意联、语词新作、反复语言、妄想和幻想； ⑤最多的诊断为紧张型、精神分裂症（妄想型）

第四节　MMPI 的应用现状

一、应用现状

目前 MMPI 已经发展到包括 800 多种量表的庞大复杂的量表体系，其应用早已超出了编制者原先设想的范围，不仅被广泛用于心理卫生（如情绪障碍的筛查、心理诊断）方面，而且用于社会学和人类学研究、综合医院各科（如内科、外科及医学康复）、公共健康（如不良嗜好、事故调查）、司法系统（如律师、社工人员和保安人员的选拔，犯罪调查）、教育和职业选择（如不同教育场合的情绪筛查，预测学业、成就，职业选择和职业训练），以及实验调查等广阔领域。不仅各科医生和临床心理学家非常熟悉 MMPI，广大的社会学工作者和司法人员也很了解它，例如：美国的司法机关承认 MMPI 的解释。它主要的应用领域包括以下四个。

（一）MMPI 在教育领域的应用——作为心理健康筛查工具

MMPI 作为有良好信度和效度的人格测查量表，经常被用作各类学校心理健康普查的筛查工具，以建立学生心理健康档案，为进一步提供学生心理健康服务和管理提供依据和指导。MMPI 作为筛查工具的一个重要特点是可以根据剖面图提示问题学生可能存在的症状类型以及可能的诊断，特别是可以鉴别部分可能存在精神疾病的学生，为后期的跟踪访谈提供了极大的方便，这是一般测量工具所无法做到的。

（二）MMPI 在医疗领域的应用——作为辅助鉴别诊断的工具

MMPI 是精神疾病检测最常用的工具之一，在精神医学领域经常作为辅助临床诊断的有效测查工具。大量针对精神障碍诊断的研究发现，MMPI 虽然无法替代临床精神检查，但是将其作为精神科临床辅助检查工具有非常好的实用价值。除了在精神科的应用外，MMPI 还被广泛应用于临床医学其他科室疾病相关影响因素的研究之中，如对于肺结核、变应性鼻炎、糖尿病等患者的 MMPI 测查，结果与常模比较则发现很多躯体疾病患者其人格特征显著异于常模，心理异常分布具有特征性规律。可见对躯体疾病患者 MMPI 测试结果及剖析图的分析，不仅可以帮助临床精神病及心理医生做出诊断，还可以帮助其他临床科室医生从更广阔的视角诊治患者，从而改进治疗方案。

（三）MMPI 在司法领域的应用——辅助精神疾病的司法鉴定

在涉及犯罪行为是在何种状态下所为以及伪装精神病和伪装认知损害相关诈病的司法心理学实际应用中，MMPI 作为一项成熟的心理测试技术可以反映被试对心理测验的态度或心理状态，提供较为可靠的证据，在司法精神病学鉴定工作中显示了很好的应用前景。众多研究应用 MMPI 测查服刑罪犯的心理状况，发现罪犯在精神状态及人格结构方面可能存在较为严重的问题，暴力型罪犯负性情绪体验较多。比较司法鉴定诊断为诈病者与精神分裂症暴力违法者（被控故意杀人和伤害）以及普通精神分裂症患者（无违法者）的 MMPI 量表得分之后发现：诈病者倾向于过分夸大躯体和精神痛苦以及心理变态症状；精神分裂症患者暴力违法的危险因素可能包括心理及躯体痛苦、消极沮丧、情绪化、敏感多疑、不安全感。

（四）MMPI 在组织管理领域的应用——用于人才选拔和测评

由于 MMPI 能较为全面地评估人类的身体状况、精神状态和对家庭、婚姻、宗教、政治、法律、社会的态度及人格特征，航空、航潜、军警及医院等对工作人员的心理素质有较高要求的相关组织机构也将 MMPI 大量应用于人才的选拔和测评。为了将 MMPI 量表引入我国军事航空医学，以评估飞行人员的人格特征、心理状况，以便对军事飞行人员的医务鉴定、临床心理诊断及心理鉴定、选拔提供帮助，建立 MMPI 中国版军事飞行人员的常模，研究小组调查了大量飞行人员，制定了按机种分组的飞行人员 MMPI 常模，以提高 MMPI 量表在航空医学领域的使用效度。

二、应用举例

【案例】

姓名：×××　性别：女　年龄：31 岁

测验原因：半年内易疲劳、头昏、烦躁不安等

测查结果：

效度量表：Q = 42；L = 54；F = 60；K = 46

临床量表：Hs = 84；D = 53；Hy = 80；Pd = 63；Mf = 32；Pa = 64；Pt = 57；Sc = 61；Ma = 66；Si = 45

剖析图见图 9-4。

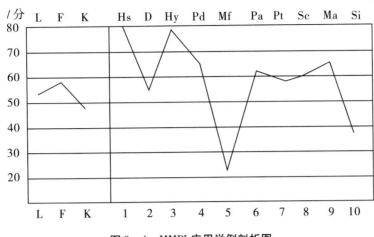

图9-4　MMPI应用举例剖析图

结果解释：

（1）有效性分析。被试做 MMPI 时合作，4 个效度量表均在可接受范围，提示 MMPI 剖析图结果有效，也提示被试能对测验做出恰当反应。

（2）临床量表结果分析。被试 Hs、Hy、Pd、Pa、Sc、Ma 6 个临床量表的得分高于 60 分，提示被试可能有疑病、癔症、病态人格、偏执、精神分裂、轻躁狂等症状。

（3）评分形式分析。被试两点编码为 13（Hs，Hy），主要表现出躯体症状如疲劳、疼痛、虚弱、昏眩等，面对这些症状，被试并不表现出焦虑或抑郁（D 不高），提示被试面对冲突时，表现出过分的否认和压抑，有强烈的情感需要，寻求注意（Hy 高）。

（4）诊断考虑。测验结果提示被试可能存在神经症性心理问题，临床上较可能考虑转换障碍或躯体化障碍诊断，但是，确切诊断需要结合临床访谈后才能确定。

（5）治疗考虑。这种剖析图的被试，因缺乏心理领悟，容易对治疗产生阻抗，对自己的问题主要寻求药物的帮助。安慰剂、轻度暗示可能会对其有些帮助，需要很长时间的心理治疗。

 技能训练

表 9-10 是某求助者的 MMPI 测验结果，请根据测验结果回答下面的题目。

表 9-10　某求助者的 MMPI 测验结果

量表	Q	L	F	K	Hs	D	Hy	Pd	Mf	Pa	Pt	Sc	Ma	Si
原始分/分	7	6	19	12	18	32	23	21	26	14	30	31	16	35
K校正分/分	48	50	27	47	24			26			?	43	18	
T分/分					68	61	51	54	46	52	69	58	43	50

1.（多选）关于 MMPI，下列正确的说法包括（   ）。

A. 如果只为了临床诊断，就做前 399 题

B. 399 题原版本 Q 原始分超过 24 分，答卷无效

C. 根据因素分析法编制而成

D. 施测形式包括手册式和卡片式

2.（多选）关于 MMPI，下列正确的说法包括（   ）。

A. 中国常模是 T 分大于或等于 60 分

B. 美国常模是 T 分大于或等于 65 分

C. 前 399 题与 14 个基本量表有关

D. 14 个基本量表涉及所有题目

3.（多选）该求助者在效度量表上的得分表明其（   ）。

A. 有 7 道无法回答的题目

B. 有说谎倾向，结果不可信

C. 有明显的装病倾向

D. 临床症状比较明显

4.（单选）Pt 量表的 K 校正分应当是（   ）。

A. 30   B. 32   C. 36   D. 42

5.（单选）精神衰弱量表的英文缩写是（   ）。

A. Pd   B. Pa   C. Pt   D. Sc

6.（多选）该求助者的得分超过中国常模标准的临床量表包括（   ）。

A. 疑病量表   B. 抑郁量表

C. 妄想狂（偏执狂）量表   D. 精神衰弱量表

7.（多选）从临床量表得分来看，可以判断该求助者主要表现出（   ）。

A. 对身体功能的不正常关心

B. 抑郁、悲观、思维和行动缓慢

C. 紧张、焦虑、反复思考、内疚自责

D. 内向、胆小、退缩、过分自我控制

答案及题解

1. AD。考查对 MMPI 基本知识的掌握情况。

题解：选项 B，399 题原版本 Q 原始分超过 30 分，答卷无效，而不是 24 分；选项 C，MMPI 是根据经验法编制而成的，不是因素分析法。

2. AC。考查对 MMPI 基本知识的掌握情况。

题解：选项 B，美国常模是 T 分大于或等于 70 分，不是 65 分；选项 D，14 个基本量表涉及前 399 题，而不是所有题目。

3. AD。主要考查效度量表的意义。

题解：选项 A，是在说 Q 量表，有 7 道无法回答的题目；

选项 B，是在说 L 量表，其标准 T 分为 50 分，小于中国常模 60 分，因此，被试没有说谎倾向，结果可信；

选项 C，是在说 F 量表，其标准 T 分为 27 分，小于中国常模 60 分，因此，被试没有明显的装病倾向；

选项 D，临床症状比较明显的说法是正确的，因为有 3 个临床量表的得分超过 60 分。

4. D。考查 K 校正分的计算。

题解：要记住 5 个临床量表需要加 K 分的比例，Hs + 0.5K，Pd + 0.4K，Pt + 1K，Sc + 1K，Ma + 0.2K，把被试的原始得分代入计算公式即可。

本例中 Pt、K 量表的原始分分别为 30 分和 12 分，因此 Pt 量表的 K 校正分 = 30 + 12 = 42。

5. C。考查临床量表的英文缩写。

题解：需要记住效度量表和临床量表的英文缩写。

6. ABD。考查 MMPI 的中国常模。

题解：需要知道 MMPI 的中国常模为 60 分，再去对比临床量表的得分即可。

7. AB。考查临床量表高得分所表现的症状。

题解：需要知道 10 个临床量表高得分主要表现的症状。

｜参考文献｜

[1] 解亚宁，戴晓阳. 实用心理测验 [M]. 北京：中国医药科技出版社，2006.

[2] 纪术茂，戴郑生. 明尼苏达多项人格调查表：最新研究与多类量表解释 [M]. 北京：科学出版社，2004.

[3] 付达，胡文东. 常用人格测验在军校大一新生心理档案中的应用及结果分析 [J]. 现代生物医学进展，2012，12（14）：2679 - 2684，2726.

[4] 赵京，肖利军，骆利，等. 漏斗胸 146 例明尼苏达多项人格调查表测试结果分析 [J]. 武警医学，2014，23（4）：296 - 298.

[5] 蒋令朋，朱少毅，赵虎. MMPI - 2 的相关研究及其在伪装诈病鉴定中的应用 [J]. 国际精神病学杂志，2010，37（3）：181 - 184.

[6] 李少成，王学义，王小敏，等. 诈病者与精神分裂症暴力违法及精神分裂症无违法者 MMPI 测试分析 [J]. 中国药物依赖性杂志，2007（4）：307 - 310.

[7] 宋华淼，关英涛，杨爱民，等. 明尼苏达多相人格调查表中国版我国军事飞行人员常模的制订 [J]. 航空军医，1995（2）：67 - 70.

[8] 林永. 酒精依赖与 MMPI 相关因子分析 [J]. 四川精神卫生，2014，27（5）：449 - 451.

教学资源清单

使用说明：建议每位学习者在教师课堂讲授本章教材之前，先通过手机扫码的方式链接到教学资源平台，自学和练习相应的教学内容，以便在课堂上能够与教师更深入和更有效率地进行教与学的研讨，见表9－11。

表9－11　教学资源清单

编号	类型	主题	扫码链接
9－1	PPT 课件	明尼苏达多项人格测验	

 拓展阅读

卢山，曲月，张志春. MMPI 中 F 量表检测新兵精神疾病退兵鉴定的效果分析［J］. 中国法医学杂志，2022，37（6）：560－563.

第十章 迈尔斯—布里格斯人格类型指标

导读

迈尔斯—布里格斯类型指标（Myers – Briggs Type Indicator，MBTI），是一种迫选型、自我报告式的人格测评工具，用以衡量和描述个体在获取信息、做出决策、对待生活等方面的心理活动规律和不同的人格类型表现。它以荣格的心理类型理论为基础，由美国作家伊莎贝尔·布里格斯·迈尔斯（Isabel Briggs Myers）和其母亲凯瑟琳·库克·布里格斯（Katharine Cook Briggs）共同研究开发。从 1942 年到现在，MBTI 经过 Myers – Briggs 家族的改良和众多学者的努力，已发展出十几个版本，其评估技术也得到较大的提升。在国外，MBTI 因其独到的理论根基，严格的操作规程和极强的实用性被广泛应用于团队建设、生涯设计、教育学习以及个体与家庭治疗等领域。近年来，随着我国应用心理学研究的发展，MBTI 作为一套实用性较高的人格测量工具，越来越引起心理咨询及人事测评人员的关注。

第一节 MBTI 人格类型的理论

MBTI 的理论基础是荣格的心理类型理论。该理论最早出现在《心理类型》一书中，它旨在揭示、描述和解释个体行为表现的差异。理解心理类型理论首先需要认识"心理类型"这一概念。荣格认为："类型是一种样本，或范例，它以一种独特的方式再现种类或一般类别的特征。"在 MBTI 人格测验的 16 种人格类型中，每一种类型均在质上不同于其他类型。MBTI 的人格模型主要包括以下内容：偏好概念、类型的四维八极个性特征、复合心理功能偏好特点、决定人格类型的规则和类型发展论。

一、偏好与心理功能

偏好是心理类型论的核心概念，在 MBTI 中频繁出现，它可以被理解为"最自然、轻松地去做事情的倾向"。心理类型论认为，每个人都对某种心理功能或态度具有天生的"偏好"。理论创立者经常用优势手形象地比喻心理功能偏好。当我们使用右利手或左利手写字时，无须占用心理资源，自动加工，感觉写起字来十分轻松、自然，字迹也美观；反之，即使全神贯注，字还是写得笨拙、困难。虽然两手都可以写字，但我们只习惯或喜欢使用其中一只手。右利手者使用右手更频繁、更舒适；左利手使用左手更频繁、更舒适。同理，个体的人格类型就是用得最频繁、最熟练的那种心理功能。运用自己偏好的心理功能和态度适应外界，能使个体更自信，表现更出色。

在 MBTI 的概念系统中，任何人在意识状态下都有四种基本的心理功能，也就是来自荣格理论的感觉（sensing，S）、直觉（intuition，N）、思维（thinking，T）和情感（feeling，F）。它们构成了心理活动的基础，帮助个体在心理层面作为一个整体适应外界。同时这些功能和人的认知关系密切，不仅表现了人格特点，也可以说把人格看作了一个认知系统。感觉和直觉功能代表了收集信息的两种方式，二者属于互补的感知功能；思维和情感则反映如何组织信息并做出决定，二者是对立的判断功能。

二、MBTI 的四个维度及其特征表现

MBTI 的人格模型认为，人格在功能上由四维、八极构成。除了上文提到的四种两两互补的心理功能（S－N）和（T－F）构成的两个维度以外，MBTI 还吸收了荣格理论中的内倾（introversion，I）、外倾（extroversion，E）概念，构成第三个维度态度维度。第四个维度是由迈尔斯和布里格斯自创的知觉（perceiving，P）、判断（judging，J）维度。

（一）外倾和内倾（E－I）——心理能量指向的方向

内外倾可以说是各种人格特质和类型理论唯一基本达成共识的人格维度。在艾森克三因素模型、大五人格模型以及卡特尔 16 种人格因素模型中都有类似的概念。如果只能用一个维度将人群来进行区分开来的话，那么，这个维度就是应该是内外倾。它是区分个体人格的最基本维度。如果我们以自身为界，可以将世界分为自我以外的世界和自我的世界两个部分，也可称为外部世界和内部世界的话，那么，外倾的人倾向于将注意力和精力投注在外部世界——外在的人、外在的物、外在的环境等；而内倾的人则相反，较为关注自我的内部状况，如内心情感和思想。两种类型的个体在自己偏好的世界里会感觉更自在、充满活力，而在非偏好的世界则会变得不安和疲惫。因此，外倾与内倾的个体在许多方面的行为表现出一定的差异。详见表 10－1。

表 10－1　外倾型与内倾型的性格区别

外倾型 E	内倾型 I
与他人相处时精力旺盛	独处时精力充沛
希望成为注意的焦点	避免成为别人注意的焦点
先行动，后思考	先思考，后行动

续上表

外倾型 E	内倾型 I
喜欢边想边说出声	有思考，但不一定表露
言行易于为别人了解	相对封闭，不易为别人了解
随意地分享个人信息	更愿意在小群体中分享个人信息
说的时间比听的时间多	听别人说比自己说的时间多
热衷社交	不热衷社交
反应迅速，喜欢快节奏	反应迟缓，喜欢慢节奏
更关注广度	更关注深度

参照上述的观察框架细则，基本可以确定一个人的内外倾偏好。当然，一个人未必每条标准都完全符合，或者在每时每刻也符合，只要大部分符合就可以确定。在实际社会生活中，个体通常会依据当时的情境灵活调整自己的行为表现。例如外倾的人，在权威人士面前或严肃的场合也可能会是一个好的倾听者；而在领导岗位的内倾的人在需要发表意见时，也可能会讲很多话。关键在于以什么样的方式行事，才是自己感觉最好的、最习惯的，这是 MBTI 人格测验的重点。

（二）感觉和直觉（S－N）——认识外在世界的方法

每个人都在不断接受着信息，这是与外界打交道的必要前提。但不同类型的个体接受信息的方式有所不同，这便有了感觉型与直觉型的区别。

首先，面对同样的情景，两者的注意中心不同，依赖的信息渠道也不同。感觉型的人更关注的是事实本身，注重细节；而直觉型的人更注意基于事实的含义、关系和结论。感觉型的人信赖五官听到、看到、闻到、感觉到、尝到的实实在在、有形有据的事实和信息；而直觉型的人则更留意"弦外之音"。直觉型的人所提供的信息在感觉型的人眼里常常是飘忽的、不实在的、没有事实根据的。注重细节使感觉型的人擅长记忆大量事实与材料。感觉型的人有时候像本"词典"，能清晰地讲出大量的数据、人名、概念乃至定义，常使其他人感到吃惊；而直觉型的人更擅长解释事实，捕捉零星的信息，分析事情的发展趋向。

其次，感觉型的人对待任务时习惯于按照规则和手册办事，比如照着手册使用家电，看着地图辨认交通路线；而直觉型的人习惯尝试，跟着感觉走，不习惯仔细地看完一大本说明书再动手，结果可能比感觉型的人更快地完成任务，也可能因为失败而需重新开始。感觉型习惯于固守现成，享受现实，使用已有的技能；直觉型的人更习惯变化、突破现实。二者的一些区别见表 10－2。

表 10 - 2 感觉型与直觉型人格的区别

感觉型 S	直觉型 N
相信明确的有形的事物	相信灵感和推断
重视现实性和常识性	重视想象力和独创力
喜欢使用和琢磨已有的技能	喜欢学习新技能，但掌握后很容易厌倦
留心具体的和特殊的信息	留心普遍的和有象征性的信息
擅长进行细节描写	擅长使用隐喻和类比
喜欢循序渐进地讲述情况	喜欢跳跃性地讲述情况
着眼于现实或现在	着眼于未来或发展

在社会生活中，以上两种类型的人都存在，当然极端的比较少，但大多数人兼有两种特质，只是其中一种特质会更突出一些，正由此确定其人格类型。当然，在享受自我性格类型所带来的优势的同时，也需要有意识地弥补弱处，如直觉型的人需多关注一些细节，而感觉型的人需多留意潜在信息。

（三）思维和情感（T-F）——依赖什么做出决定

这一维度基于做决策的方式来进行区分。这一维度反映的均是理性判断成分，只是做决定或下结论的主要依据有所差别。情感型的人常从价值观念出发，变通地贯彻规章制度，做出自己认定是对的决策，比较关注决策可能给人带来的情感情绪体验，人情味浓。思维型的人则比较注重依据客观事实的分析，一视同仁地贯彻规章制度，不太习惯根据人情因素变通，哪怕做出的决定并不令人舒服。一些区别见表 10 - 3。

表 10 - 3 思维型和情感型人格的区别

思维型 T	情感型 F
更关注对问题的客观分析	多考虑行为对他人的影响
更关注逻辑性、公正与公平的价值	更关注同情与和睦
重视一视同仁	重视准则的例外性
爱挑别人的毛病，爱发表批评意见	容易与别人共情
表现冷酷或冷静	表现感情用事
认为坦率更重要	认为圆滑同样重要
认为只有符合理性才是正确的和可取的	认为任何感情都应得到尊重
渴望成就而受到激励	为了获得欣赏而受到激励

（四）判断和知觉（J - P）——生活方式和处世态度

判断和知觉型是指两种互补的应对外部世界的习惯方式。判断型的人做事的目的性较强，做事一板一眼，决策时需要综合较多的信息，喜欢有计划、有条理地应对和处理各种事务，以及有序的方式生活。知觉型的人则凭感觉和感情处理事务，决策时凭直觉且果断，好奇心强，喜欢变化，更愿意以比较灵活、随意、开放的方式生活。两者的一些区别见表 10 - 4。

表 10 - 4　判断型和知觉型人格的区别

判断型 J	知觉型 P
依据理性逻辑做决定	依据感觉和直觉做出决定
偏爱有序的工作	偏爱有变化的生活
按既定目标准时完成任务	目标可随新信息的获取而改变
总想提前知道将面对的情况	喜欢接受不确定的新的挑战
着重完成任务的结果	着重如何完成任务的过程
满足感来源于完成计划	满足感来源于经受了新的挑战

这四维八极组合形成 16 种人格类型，见表 10 - 5。每个类型都由四个维度中个体偏好的那一极的缩写字母组合来表示。例如 ENFJ，表示人格类型是外倾—直觉—情感—判断四极的综合。一个类型是一个能综合反映人格的结构化模型，而且它具有格式塔的性质，即整体的意义要大于各部分的总和，它更应被看作是一个整体，包含了组合后所产生的新的意义。这是理解 MBTI 的关键之处。

表 10 - 5　MBTI 的 16 种人格类型

ISTJ	ISFJ	INFJ	INFP
ESTJ	ESFJ	ENFJ	ENFP
ISTP	ISFP	INTJ	INTP
ESTP	ESFP	ENTJ	ENTP

三、八种复合心理功能及其偏好特点

不仅可以在单一维度上看到个体的偏好，还可以将外倾（E）或内倾（I）的态度与感觉（S）、直觉（N）、情感（F）、思维（T）四种功能进行组合，就有了八种复合心理功能：外倾感觉（Se）、内倾感觉（Si）、外倾直觉（Ne）、内倾直觉（Ni）、外倾情感（Fe）、内倾情感（Fi）、外倾思维（Te）与内倾思维（Ti），第一个字母大写表示功能，第二个字母小写表示内倾或外倾的指向。八种复合功能的偏好特点详见表10 - 6。

表 10 - 6   MBTI 的八种复合心理功能

复合心理功能	偏好特点
外倾感觉（Se）	乐此不疲地参加各种各样的活动；喜欢好吃的、好玩的，快乐地享受丰富多彩的生活，爱关注现实中各种美好的事物；精力旺盛、反应灵敏，享受体育运动等躯体运动带来的舒适感，具有良好的身体协调性，乐意在身边可接触的环境中学习各种操作技能，热衷于需要亲自动手完成的活动；更多地关注外部世界，表现出享乐主义的特点
内倾感觉（Si）	关注周围的各类信息，对各种事件的细节、规则非常敏感，常把收集到的信息和记忆中的一些信息进行比较，强调现在与过去的联系；注重遵守纪律与规范，喜欢常规性的活动，生活作息比较有规律，常用"应该如此""必须如此"来要求与约束自己和别人，非常耐心地完成各项任务，甚至表现出完美主义的特点
外倾直觉（Ne）	在应对陌生环境时，会表现出很强的探索欲，关注周围不同事物之间的关联性；想象力和自由联想丰富，思维和话题跳跃性大；常说出让人出乎意料的话；不喜欢单调呆板的环境，关注那些可能会发生的事情，喜欢谈论未来计划和将来事物的发展，善于捕捉具有创意的念头，热衷催化潜在的可能向现实发展，对已经发生的事则兴趣不浓
内倾直觉（Ni）	对事物感知表现出异乎坚定的信仰，常通过顿悟来获得创新性的想法，热衷于预测未来事物发展的走向，对宗教、神话等富于象征意义的领域兴趣浓厚
外倾情感（Fe）	对他人关心体贴，同理心强，照顾别人的感受；热衷主动地与他人建立联系，注重维持好的人际关系；在情感上能让人感觉亲密无间；为社会和他人乐于奉献和付出，甚至愿意牺牲自我
内倾情感（Fi）	考虑事情常从自己的角度出发，不轻易主动表达，但内心情感却十分丰富，喜欢参加个人觉得有意义的活动；更看重自己的需求与感受，对他人的表现则有足够的耐心，当自己的价值观受到挑战时，会变得顽固而执着，感情用事
外倾思维（Te）	有较强的表现欲，热衷组织领导工作，确定工作目标、计划和流程；偏爱对自己的行为、决策和结论做出解释；热衷管理和监督别人
内倾思维（Ti）	对遇到的事物常喜欢刨根问底，琢磨原因，以及有什么规律，更关注事实背后的原理；面对问题和任务，偏好收集信息后再进行逻辑思考，提出疑问，偏爱于运用一些专业知识来解决问题

四、功能等级理论与人格类型的终生发展

在人格类型发展的过程中，各种心理功能（如感觉、直觉、思维、情感）必然会产生分化，不同的心理功能在不同的人格类型中的主导地位也不尽相同，因此每一种人格类型会存在不同的心理功能等级。

对于每一种人格类型而言，总有一种功能是该类型的最重要的特征，是该人格类型的人运用得最多且最自然，被称为主导功能。而另外一种功能则起从属和辅助作用，以保持人格的平衡，被称为辅助功能。一般而言，它以两种方式来平衡主导功能。

（1）如果主导功能是知觉功能中的一种（S 或 N），那么辅助功能则是判断功能中的一种（T 或 F），或如果主导功能是判断功能中的一种（T 或 F），那么辅助功能则是知觉功能中的一种（S 或 N）。

（2）对于一个外倾者来说，主导功能就是外倾的，那么他的辅助功能就是内倾的，用以平衡外倾的主导功能。例如一个外倾的直觉型个体，他的辅助功能就可能是内倾的情感或思维。

还有两种心理功能，分别是弱势功能和劣势功能。弱势功能与辅助功能相反，能量指向相反；劣势功能与主导功能相反，能量指向相反。例如主导功能是思维，那么劣势功能就是情感。在功能等级中，由强到弱的排序为：主导功能、辅助功能、弱势（第三）功能、劣势（第四）功能。

心理类型理论认为，个体出生时就具有先天的气质特点和功能上的偏好。每个个体常常在四个维度（E–I、S–N、T–F、J–P）上自然地分别偏好于其中一极。在人格类型发展的过程中，个体依据兴趣"自然地"发展他们的偏好，这是他们的外显行为和动机都有本质上的偏好的动力学原因。类型的发展是一个终身的过程，虽然难以在两个功能维度（T–F、S–N）上对等地发展所有的功能，但是可以在不同的时期发展不同的功能。

个体常优先发展出主导功能，继而在成长过程中逐步地发展辅助功能，并且在适应外在环境的过程中，弱势功能和劣势功能也有一定程度的发展。在人格类型发展的过程中，来自家庭和社会等外在环境上的影响非常重要。迈尔斯和布里格斯曾经说过："环境因素既可以促进个体的先天偏好的理想发展，也可以通过在行为和动机上的消极强化而使个体先天偏好的发展遭遇困难甚至被阻止。"这种因环境因素所造成的个体人格类型发展理想途径的转变，被荣格称之为"篡改"，因此有可能导致神经症或精神衰竭的发生。

五、决定人格类型功能等级的规则

决定人格类型的功能等级有一定逻辑规则，可以依据以下步骤进行拆解。

步骤 1：依据第四个维度的偏好（J 或 P）判断应对外部世界的外倾功能。J 指向

的是第三个维度的功能（T 或 F）是外倾的，P 指向的是第二个维度的功能（S 或 N）是外倾的，一般在相应的字母旁标上表示外倾的 e。具体见表 10 - 7。

表 10 - 7　依据第四个维度（J 或 P）判断应对外部世界的外倾功能

第四个维度为 J 的人格类型	第四个维度为 P 的人格类型
E S Te J	I Ne F P
I S Te J	E Ne F P
E N Te J	I Se F P
I N Te J	E Se F P
E S Fe J	I Ne T P
I S Fe J	E Ne T P
E N Fe J	I Se T P
I N Fe J	E Se T P

　　步骤 2：依据主导功能与辅助功能相互平衡互补的原则判断内倾功能。第四个维度偏好为 J 的人格类型的第二个维度功能（N 或 S）是内倾的，第四个维度偏好为 P 的人格类型的第三个维度功能（T 或 F）是内倾的，一般在相应的字母旁标上表示内倾的 i。具体见表 10 - 8。

表 10 - 8　依据平衡互补原则判断内倾功能

第四个维度为 J 的人格类型	第四个维度为 P 的人格类型
E Si Te J	I Ne Fi P
I Si Te J	E Ne Fi P
E Ni Te J	I Se Fi P
I Ni Te J	E Se Fi P
E Si Fe J	I Ne Ti P
I Si Fe J	E Ne Ti P
E Ni Fe J	I Se Ti P
I Ni Fe J	E Se Ti P

　　步骤 3：依据第一个维度的偏好（E 或 I）判断主导功能。对于第一个维度为 E 的人格类型，步骤 1 所确定的外倾功能为主导功能；对于第一个维度为 I 的人格类型，步骤 2 所确定的内倾功能为主导功能。具体见表 10 - 9。

表 10 – 9 　依据第一个维度（E 或 I）判断主导功能

项目	第四个维度为 J		第四个维度为 P	
	人格类型	主导功能	人格类型	主导功能
第一个维度为 E	E Si Te J	Te	E Ne Fi P	Ne
	E Ni Te J	Te	E Se Fi P	Se
	E Si Fe J	Fe	E Ne Ti P	Ne
	E Ni Fe J	Fe	E Se Ti P	Se
第一个维度为 I	I Si Te J	Si	I Ne Fi P	Fi
	I Ni Te J	Ni	I Se Fi P	Fi
	I Si Fe J	Si	I Ne Ti P	Ti
	I Ni Fe J	Ni	I Se Ti P	Ti

步骤 4：依据主导功能与辅助功能相互平衡互补的原则判断辅助功能。对于第一个维度为 E 的人格类型，步骤 2 所确定的内倾功能为辅助功能；对于第一个维度为 I 的人格类型，步骤 1 所确定的外倾功能为辅助功能。具体见表 10 – 10。

表 10 – 10 　依据平衡互补原则判断辅助功能

项目	第四个维度为 J			第四个维度为 P		
	人格类型	主导功能	辅助功能	人格类型	主导功能	辅助功能
第一个维度为 E	E Si Te J	Te	Si	E Ne Fi P	Ne	Fi
	E Ni Te J	Te	Ni	E Se Fi P	Se	Fi
	E Si Fe J	Fe	Si	E Ne Ti P	Ne	Ti
	E Ni Fe J	Fe	Ni	E Se Ti P	Se	Ti
第一个维度为 I	I Si Te J	Si	Te	I Ne Fi P	Fi	Ne
	I Ni Te J	Ni	Te	I Se Fi P	Fi	Se
	I Si Fe J	Si	Fe	I Ne Ti P	Ti	Ne
	I Ni Fe J	Ni	Fe	I Se Ti P	Ti	Se

步骤 5：画一个十字架，将主导功能放在头部，辅助功能入在左侧。再依据弱势（第三）功能与辅助功能相反、能量指向相反，劣势（第四）功能与主导功能相反、能量指向相反的原则，确定弱势（第三）功能与劣势（第四）功能。例如 ESTJ 类型，已确定主导功能为外倾思维（Te），则劣势（第四）功能为内倾情感（Fi）；已确定辅助功能为内倾感觉（Si），则弱势（第三）功能为外倾直觉（Ne）。图 10 – 1 为 ESTJ 类型的心理功能拆解。图 10 – 2 为 INFP 类型的心理功能拆解，主导功能为内倾情感（Fi），辅助功能为外倾直觉（Ne），弱势（第三）功能为内倾感觉（Si），劣势功能为外倾思维（Te）。以此类推，16 种人格类型的心理功能等级划分具体见表 10 – 11。

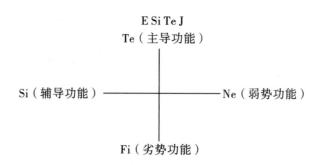

图 10 - 1　ESTJ 类型的心理功能拆解

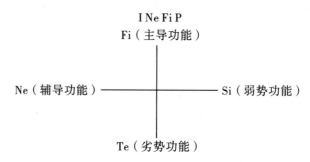

图 10 - 2　INFP 类型的心理功能拆解

表 10 - 11　16 种人格类型的心理功能拆解

项目	第四个维度为 J					第四个维度为 P				
	人格类型	主导功能	辅助功能	弱势功能	劣势功能	人格类型	主导功能	辅助功能	弱势功能	劣势功能
第一个维度为 E	E Si Te J	Te	Si	Ne	Fi	E Ne Fi P	Ne	Fi	Te	Si
	E Ni Te J	Te	Ni	Se	Fi	E Se Fi P	Se	Fi	Te	Ni
	E Si Fe J	Fe	Si	Ne	Ti	E Ne Ti P	Ne	Ti	Fe	Si
	E Ni Fe J	Fe	Ni	Se	Ti	E Se Ti P	Se	Ti	Fe	Ni
第一个维度为 I	I Si Te J	Si	Te	Fi	Ne	I Ne Fi P	Fi	Ne	Si	Te
	I Ni Te J	Ni	Te	Fi	Se	I Se Fi P	Fi	Se	Ni	Te
	I Si Fe J	Si	Fe	Ti	Ne	I Ne Ti P	Ti	Ne	Si	Fe
	I Ni Fe J	Ni	Fe	Ti	Se	I Se Ti P	Ti	Se	Ni	Fe

第二节　MBTI 人格类型的实施方法

一、MBTI 人格测验的构成及其计分体系

（一）测验的构成

MBTI 自第一张量表于 1942 年问世后，经过许多学者不断修订、完善，至今已升级了 10 多个版本，而且许多国家的学者正在为翻译修订各个国家版本的 MBTI 人格测验而努力。目前在使用的 MBTI 人格测验主要分为四个部分，两种表达形式。第一、三部分为意思完整的语句，第二、四部分均为词对，即两个名词、形容词或副词，且每题会提供两个强迫选择条目，这两个条目分别代表了 MBTI 人格模型某一维度的两极。

MBTI——M 量表（节选）

第一部分：下面问题的哪一个选项最接近地描述你通常的思考和行为方式？请在该选项上打"√"。

13. 你觉得通常别人要花费_____。
    A. 很长时间才能了解你
    B. 很短时间就能了解你

14. 对于制订周末计划，你觉得_____。
    A. 很有必要
    B. 没有必要

15. 被称为_____是更高的赞赏。
    A. 感性的人
    B. 理性的人

16. 你_____。
    A. 只要愿意就能轻松地同几乎任何人说个没完
    B. 只能在特定场合下或同特定的人才愿意讲许多话

17. 当有一项特殊工作时，你会_____。
    A. 在开始前精心组织策划
    B. 在工作进行中找出必要环节

18. 你更倾向于_____。
    A. 感性地做事
    B. 依逻辑行事

第二部分：下面词语或短语中，你更愿意接受或喜欢哪一个？请考虑这些词的含义，而不是好听与否，请在该选项上打"√"。

28. A. 抽象　　　B. 具体
29. A. 温和的　　B. 坚定的

30. A. 计划好的　B. 未计划的
31. A. 事实　　　B. 猜想
32. A. 思考的　　B. 情感的

（二）计分体系

1. 题目计分

心理能量流向、接受信息的方式、处理信息的方式和生活态度这四个维度具有两极性，如内倾和外倾是同一个维度（一般心理倾向）上的两个极。不同的选项代表不同的方向，即题目是以二分法为基础，目的是决定在两个有价值的行为或态度中哪个更受偏爱，同时也可以避免社会赞许性反应倾向。因此，每题只在一个方向上计分。如在一般心理倾向性即内外倾维度上，某题的选项 A 代表外倾，而选项 B 则代表内倾。如果被试选择了选项 A，那么，在本题上只计外倾为 1，内倾为 0。其他三个维度的计分方法与此相同。然后，通过简单累加的方式计算每个维度上两种不同方式的得分，即为反应强度。

2. 类型计分

每个维度的题量是固定的。被试在任一维度上将获得两个分数。类型倾向的确定通过将同一维度的两个分数相减得出。如果一个人外倾 E 的得分比内倾 I 的得分高就被分在外倾一类，否则归为内倾类。

当出现两个分数差为 0 的情况时，四个维度分别定义为内倾、直觉、情感和知觉。

二、MBTI 人格测验的施测流程

尽管在理论上，人格类型可以对行为表现做出某种解释，但从行为表现出发推测人格类型或者从人格类型出发推测行为表现却不得不面对太多不确定的因素。基于这一点，MBTI 在测量人格类型时，采用了被试自我报告、问卷选答、他人报告与主试辅导下的类型探索相结合的全方位评估方法，其评估并非简单地依赖于问卷结果。调查表明，没有主试的参与，仅使用 MBTI 问卷，结论的误差率高达 30%。而在未经认证的主试的测试中，结果将会更糟。因此 MBTI 的使用必须严格遵守使用资格要求，严格执行规范的操作程序。

第一步，介绍测试和获得知情同意。测试开始时，主试应将 MBTI 的测试目标、基本思路和主要内容告知被试，并取得被试的同意。

第二步，调整测试的心态。主试帮助被试放松心情，最大限度地摆脱工作、家庭等外部环境的压力，让被试尽量展现真实的自我。

第三步，回答问题卷。主试应告知被试尽管按照自己的理解答题，按照自己感觉最自然、最舒适的方式去回答，考虑每一个问题的时候不要想得太深，对一个问题的本能的反应可能就是最自然的反应，不要与其他人讨论如何回答。

第四步，答卷计分并比较。主试指导被试自己计分，但是暂时不要告诉被试测量的结果。

第五步，自我评定。主试先对人格的类型和四个维度进行描述和解释，然后被试通过自我评定来评定自己在这四个维度上的偏好选择。

第六步，明确自己的性格类型。主试让被试阅读自己的 MBTI 测量所得到的人格类型的描述，并与自我评估的结果进行比较。主试应引导被试进行自我探索，帮助其明确自己的性格类型。当被试不能明确地评定自己的人格类型时，被试还可以通过了解其他类型的描述，从而得到最准确的判断。

第三节　MBTI 人格类型结果的解释

MBTI 人格类型的解释与其他的测评结果的解释有所不同，需要得到被试对于结果的确认，可以参考以下方法来对被试进行测验结果的解释。

一、解释什么是"偏好选择"

很多被试会把自己的喜好和已经学到的知识技能相混淆，可以通过一个有关优势手的练习来解决。①让被试用他的优势手在一张普通纸上写下自己的名字。②让被试用他的另外一只手再写一遍。③对被试提问："当你第一次使用优势手的时候，感觉是什么？""当第二次使用另外一只手时，又是什么感觉？"

通常使用优势手时，会觉得很自然，是自动的、快速的、容易的；而使用非优势手时则感觉比较困难、缓慢。然后可以向被试指出，人格的选择偏好与使用优势手和非优势手时的感觉是相似的。偏好代表更令你满意、更舒适的反应。

二、对每个维度的两极进行解释，并让被试做出偏好选择

对每个维度的两极进行解释时，需要保持适当的中立言辞，当分析解释某维度中一极的表现特点时，并不能说这种表现特点在相对的另一极中就是不足或者是缺失的。例如，某人是直觉型的，具有较为丰富的想象力，就不能说感觉型人的特点就是"不会想象"，而应将之表述为"注重实际的"。表 10 - 12 列举了一些可以帮助被试分辨自己性格偏好的提问。

表 10 - 12　分辨被试偏好的问题

让被试回答下面的问题。

◆外倾型和内倾型

1. 在你回答 MBTI 的问题时，有什么样的想法？对你的偏好有什么样的感觉？

2. 你更倾向于使用外倾的还是使用内倾的词汇？

3. 什么时候会使用哪些方法？（如果偏好并不明确，就在讨论之后再进行询问。）

4. 在参与积极的活动或聚会之后，你是否渴望独处？当你在一个人独自很长时间后，你是不是渴望寻找外界的刺激？

续上表

◆感觉型和直觉型

  1. 在你回答 MBTI 的问题时，有什么样的想法？对你的偏好有什么样的感觉？

  2. 你更倾向于使用感觉的还是使用直觉的词汇？

  3. 什么时候会使用哪些方法？（没有偏好或偏好并不明确，就在讨论之后再进行询问。）

  4. 总的来说，在你按照自己最喜欢的方式做事情时，你是否会注重或者想起新环境中的细节，并且之后会描述出它们所代表的含义？还是会首先得出一个总的印象，之后再探讨细节。

◆思维型和情感型

  1. 在你回答 MBTI 的问题时，有什么样的想法？对你的偏好有什么样的感觉？

  2. 你更倾向于使用思维的还是使用情感的词汇？

  3. 什么时候会使用哪些方法？（没有偏好或偏好并不明确，就在讨论之后再进行询问。）

  4. 总的来说，在你按照自己最喜欢的方式做事情时，你是首先通过逻辑和目标判断来分析问题，还是首先会考虑别人对事情的观点和想法？

◆判断型和知觉型

  1. 在你回答 MBTI 的问题时，有什么样的想法？对你的偏好有什么样的感觉？

  2. 你更倾向于使用判断的还是使用知觉的？

  3. 什么时候会使用哪些方法？（没有偏好或偏好并不明确，就在讨论之后再进行询问。）

  4. 总的来说，在你按照自己最喜欢的方式做事情时，在最为放松和最为满意的情况下，你是喜欢对接下来的事情做出计划，还是随心情而定？

三、对每种维度上的偏好选择做检验

在检验的过程中，有三种情形可能会出现。第一种情形是被试对测试结果持肯定态度。他们自然就会说一些类似"我也觉得我自己是这种类型的人"的话。第二种情形是测试所显示的选择偏好与被试在自我评估时所选的偏好在同一维度下是相对的。例如，MBTI 测试的选择偏好是情感，但自我评估的结果却是思维。第三种情形是被试可能对测试的结果表示怀疑，特别是在同一维度下的相对两极中。他们通常会这样说，"在哪种情况下，得到哪种结果都是有可能的"，或是"我认为回答的仅仅是一小部分"。面对上面的三种不同的情形，主试应该知道采用什么方式去应对。

（一）自我评估与测试结果匹配的情况

这表明被试对自己的选择偏好有比较正确且清晰的认识，这时，可以根据被试的背景资料，在他感兴趣的区域内，选择某些特殊选择偏好进行探讨。比如，"你能描述一下，在你作为一个管理者工作的时候，你是如何运用情感选择偏好的？"，同时，也要帮助被试清楚认识，其实他也有使用在同一维度中比较少偏好的一极，只不过与所偏好的一极相比，用起来没有那么自然、熟练而已。

（二）自我评估与测试结果不匹配的情况

这种情况比较常见，但并不总是会发生。这时，重要的是不要让被试认为"自己猜错了"或是自己缺乏自我意识。这种在测试结果和自我评估之间的差异，可以更多地归结于对描述和解释维度中的因素所产生的理解不同，或者可能存在"社会赞许行为"的干扰影响。例如，有的人认为思考的判断要比情感的判断更好，所以在选择中会有这样的偏差。另外，MBTI – M 版量表的结果报告除了会提供测试出的人格类型及其个性特征之外，还会提供类型清晰程度指标，并以 1 至 30 的数字表示。弄清什么是"轻度符合""一般符合""比较符合"和"完全符合"对于正确判断分类是十分重要的。当测试结果为"轻度符合"或"一般符合"时，这意味着在不被意识到的偏好中，对一个或者多个成分的使用也可看作是习惯化或者情境化的作用。例如，一个有着直觉选择偏好的人，在使用感觉成分时，可能习惯于表现出一种"现实主义"的风格，而不是"想象"的风格。

（三）被试对选择偏好不能确定的情况

面对这种情形可以这样说："是的，现在要评定你的偏好是有些难度的。我给你分别看 MBTI 扩展解释报告上的这两种不同类型的详细描述，看看哪一种更适合你，没准你会找到更适合你的一种。"

四、在解释时使用类型动态的方法

对被试进行结果解释时，要使他们清楚了解测试结果显示的人格类型的特点，另外，他们也应该去了解其他 15 种类型的描述，通过比较，进一步验证测试结果是否是最符合自己的类型。

对被试很重要的一点是，他们的人格类型并不是对他的限制或是把他们放入某种类别当中。对于这种情况最好的解决方法就是对类型的动态进行讨论——让被试了解在测试结果中，主导功能、辅助功能、弱势功能和劣势功能分别是什么，了解选择偏好的含义，及其偏好在不同情境下的可变性。

第四节　MBTI 人格类型的新发展与应用现状

一、MBTI 人格类型的新发展

（一）MBTI 人格类型引入新一代的测量理论——项目反应理论（IRT）

1998 年，美国咨询心理学家出版社在 MBTI – G 版本基础上修订出版了 M 版本，这是目前 MBTI 的最新标准化的版本。该版本引入了项目反应理论，利用 θ 分数反映类型偏好的清晰度（轻度符合、一般符合、比较符合和完全符合）。与先前的版本相比，M

版本中不同性别在（T-F）维度上的评分权重变得相同，而且还根据新的美国全国成人样本对题目加权，因此其评估技术得到较大的提升。

（二）MBTI 人格类型呈现本土化趋势

MBTI 人格类型最初的题目是根据美国成人样本而制定，这些题目在一定程度上反映了美国独特文化，因此当其他国家引进 MBTI 人格类型进行应用时，部分题目不一定能准确测量其他国家人们的性格特点，这有可能降低测量的效度。因此许多心理学者致力于把 MBTI 人格类型本土化，基于 MBTI 人格类型理论，修订出不同国家版本的MBTI 人格类型，比如 MBTI - G 中文版本。

二、MBTI 人格类型的实践应用

（一）MBTI 在团队建设中的应用

MBTI 应用于团队建设，诸如团队成员沟通、决策方式，团队冲突应对，团队效率提高及团队成员的协调与配合等，原因在于，基于心理类型理论的 MBTI 抓住了个体行为差异背后隐藏的稳定的、连续的、一贯的主导功能，如个体获取信息的方式、做出判断的方式，人格类型预示一个人的工作和管理风格，这直接影响到团体成员的行为方式和关系协调，从而影响团队绩效。

1. MBTI 人格类型影响组织成员的沟通与问题解决

相关研究结果表明，人格类型相似或接近的双方更容易实现轻松和高效的交流，沟通过程和谐而热烈，容易产生共鸣，而不同人格类型的双方往往要经过长时间的调整才能彼此适应，而这一过程一般比较艰难。凯尔曼（Killman）等人（1975）的研究发现，不同功能组合的人格类型是问题解决和决策偏好的反映指针。其中 ST 型偏好非个人的、现实的和常规型组织问题的解决，NF 型偏好个人化、理想化的问题解决，NT 型偏向于长线的策略性规划，而 SF 型更关注处于眼下的人际关系，详见表 10 - 13。不同人格类型紧张来源和紧张反应详见表 10 - 14，不同人格类型间如何增进沟通详见表 10 - 15。

表 10 - 13　　不同人格类型的工作风格

类型	工作风格
SJ	善于在规定和稳定的环境中解决问题，关注工作期限要求，关注工作细节，注重事先准备，关注氛围和融入，是现实的决策者
SP	具有应付紧急事件和压力、解决难题和大工作量的较好能力，特别是在危险、紧张的环境中，懂得灵活变通，是适应的现实主义者
NT	常能提出高质量的新观点，且能被他们所尊重；具有逻辑性和机敏性相通的特点
NF	乐于助人，热衷帮助他人，充分利用自己的才能，将自己充当资源；喜欢被众人认同和支持；被自己所取得的成就所激励；是热心而且有洞察力的人

表 10 – 14　不同人格类型紧张来源和紧张反应

类型	紧张来源	紧张反应
SJ	目标不明确；计划改变；情境或信息含混不清；缺乏控制	重新确定目标；要求资源；反复检查；更多的控制；遵循教条
SP	问题太少；单调；不清晰或无信息；缺乏自由度	无所事事，浪费时间；逃避；"走自己的路"；崩溃
NT	做常规重复和琐碎的事情，官僚作风；困难的人际关系	过度工作；斗争；不宽容；对抗地服从；学究式的辩论
NF	冲突；拒绝；抑郁和绝望的人；批评	自我牺牲；愤世嫉俗；反应过度；抑郁

表 10 – 15　不同人格类型的沟通

E —→I	留出私人的、反省的时间
I —→E	解释时间的需求，容许他人为澄清问题的"多话"
S —→N	首先给出概貌，然后详述细节
N —→S	先说基本成型的具体观点，注意涉及相关的细节
T —→F	考虑对人的影响，由一致意见开始
F —→T	考虑原因和结果，简洁
J —→P	容许其计划、工作方式中的灵活性和不愿被控制的需要
P —→J	容许计划和结构，以及他人控制和决定的需要

2. 组织成员的 MBTI 人格类型分布特征影响整体绩效

MBTI 在组织中最为广泛的用途就是用于团队分析。有研究以不同的 MBTI 人格类型组合为自变量，以团队目标达成、成员满意度、角色意识清晰度、团队凝聚力以及绩效为因变量，考察前者对后者的影响，结果表明：一方面，团队成员人格类型的多样化与各个因变量的高得分有高相关；另一方面，人格类型相似的团队成员之间有着高的人际舒适度，人际和谐和积极支持得分。不同类型组合的优劣详见表10 – 16。

表 10 - 16　不同类型组合的优劣

类型组合	劣势	优势
SJ 与 NF	①SJ 可能认为 NF 缺乏常识，而 NF 可能觉得 SJ 没有想象力； ②NF 关注一些"不实际"的问题，可能使 SJ 觉得没有共同语言，感觉关系的不公平，迫使 SJ 考虑现实问题（如生计问题）； ③尤其是在关于金钱和工作问题的冲突，可能导致 SJ 不断地向 NF 说教和唠叨； ④由于缺乏鼓励和赞同，可能导致 NF 的自尊和自我价值感受到挫伤； ⑤NF 可能认为 SJ 根本不能理解浓厚的感情和关系的重要； ⑥STJ 和 NFP 并非尽如上所述	①SJ 可能变得对审美、人际关系、情感和信仰等态度更为开放； ②NF 可能学会将部分的精力花在可能有经济回报的领域； ③SJ 可能变得更为灵活，而 NF 则可能学会善始善终，更为准时和可靠
NF 与 SP	①NF 可能认为 SP 没有信仰，缺乏想象力、责任感、承诺和生活目标； ②SP 可能认为 NF 无趣，没有现实感	①SP 可能让 NF 活跃起来，教会 NF 不要总是沉溺于对生活和关系的"意义"追求，不要过于看重精神或信仰的目标，要生活在当前的现实中，不要沉浸在未来的可能性中； ②NF 可能帮助 SP 发展生活和工作中的一致性，对价值和情感的重视，对哲学和信仰的容忍，以及对学习的开放性并帮助个人成长
SJ 与 SP	①SJ 可能认为 SP 缺乏责任感，而 SP 可能觉得 SJ 没有乐趣； ②SJ 可能把 SP 当作孩子，而 SP 也可能把 SJ 视为父母，认为养家糊口的责任、日常的义务都是 SJ 的事； ③SJ 可能试图将易冲动的 SP 的工作习惯有序化，使其有计划，而 SP 则对 SJ 被时间计划表所约束嗤之以鼻； ④SP 老想玩，并且认为 SJ 也应如此，而 SJ 总想工作，也认为 SP 也应如此； ⑤SP 认为 SJ 太悲观，而 SJ 则认为 SP 过于乐观	①SP 可能让 SJ 活跃起来，而 SJ 则可能帮助 SP 发展对时间计划、目标和个人成就的重视； ②SP 可能教 SJ 如何玩，并且向 SJ 显示工作的另一种方式：认为聪明地工作比刻苦地工作更为重要

续上表

类型组合	劣势	优势
NT 与 SP	①NT 可能会觉得 SP 缺乏想象力、创造性、责任感和生活目标； ②SP 可能会认为 NT 缺乏乐趣、冒险精神和现实感	①SP 可能使 NT 放松，教会 NT 不必凡事要问"为什么"和"怎么样"，不要以为工作缺了自己就不行，不要总是生活在理论和未来的世界里； ②NT 可能帮助 SP 发展对工作和生活的理性，对理论的容忍度和对学习的开放性
NT 与 NF	①NT 可能认为 NF 的想法简直不合常理，缺乏逻辑性； ②NF 可能认为 NT 不近人情； ③双方都可能认为对方缺乏创造性，不够睿智	①双方都可能学会拓展自己思考和情感中的智慧成分； ②NT 可能学会欣赏和鼓励别人，NF 则可能变得更为独立和自我鼓励； ③NT 可能获得情绪或情感上的和谐，NF 则可能发展自己的逻辑能力； ④可能在活动中利用双方共同的直觉功能，分别从合理利用在思考和情感上的优势而受益
NT 与 SJ	①NT 可能认为 SJ 是个预设了程序的工作机器：从不提问题，也不思考生活和工作的意义； ②SJ 可能认为 NT 是个反复无常的改革者：只顾打破程序和传统，不考虑这种不负责任的行为的长期后果； ③可能导致对对方的动机和目的的严重不信任，尤其是在 E－I、T－F、J－P 之间	①NT 可能学会重视计划和为家庭生活等非工作的活动留出时间，如要维持关系，尤其是在 SFJ 和 NTP 之间，这一过程更为必要； ②SJ 可能变得更为开放，对理论、变化和生活中的随机性更容易接纳； ③STJ 和 NTP 之间，STJ 可能天生就关注生活中的经济细节，这种搭配可能对双方都较少压力； ④NT 倾向于对既有程序、常规和礼仪等置之不理，而 SJ 则可以帮助其对这些社会习俗更为平和地接受

（二）MBTI 在职业指导中的应用

Healy（1998）利用回归分析发现被试的 MBTI 人格类型与职业障碍表现存在显著的相关，这在男性中尤为突出，MBTI 人格类型与职业认知风格不一致是造成职业选择困难的原因之一。关于 MBTI 的理论研究表明，此量表的内容结构与霍兰德职业兴趣量表、"大五"人格量表等相关职业咨询量表相当吻合。另外，MBTI 的一个显著优势在于把握了认知风格这一极为稳定且与职业性向有高度关联的核心内容，并且测查题项相对简单，比较精练，所以使用效率高，实用性强，因此在职业咨询领域很受欢迎。

根据 MBTI 量表，人们可以分成 16 种人格类型。大量的实践和研究表明，每一种人格类型都有相对应的职业类型，见表 10-17。例如，研究发现，具有 SJ 特征的人适合做忠诚的监护人。他们的共性是有很强的责任心与事业心，他们忠诚、按时完成任务，推崇安全、礼仪、规则和服从，他们被一种服务于社会需要的强烈动机所驱使。他们坚定，尊重权威、等级制度，持保守的价值观。他们充当着保护者、管理员、监护人的角色。大约有 50% SJ 偏向的人为政府部门及军事部门的职务所吸引，并且显现出卓越成就。

表 10-17　与 MBTI 的 16 种人格类型相对应的职业类型

ISTJ 稽查员	ISFJ 保护者	INFJ 咨询师	INFP 导师
ESTJ 督导	ESFJ 销售员	ENFJ 教师	ENFP 倡导者
ISTP 操作者	ISFP 艺术家	INTJ 科学家	INTP 设计师
ESTP 发起者	ESFP 表演者	ENTJ 统帅	ENTP 发明家

ISTJ 类型的人适合做技术性工作，需要专注力及独立工作环境，如审计员、后勤经理、信息总监、预算分析员、工程师、技术工作者、电脑编程、证券经纪人、地质学者、医学研究者、会计、文字处理人员等工作。

ISFJ 类型的人适合从事对精确性要求高的工作，他们虽然不愿表现，但渴望获得承认。他们适合做人事管理、电脑操作员、顾客服务代表、信贷顾问、零售业主、房地产代理或经纪人、艺术人员、室内装潢、商品规划师等工作。

ESTJ 类型的人注重规范性，擅长人员组织工作，工作强调标准公正。他们适合从事银行官员、项目经理、数据库经理、信息总监、后勤与供应经理、业务运作顾问、证券经纪人、电脑分析师、保险代理、普通承包商、工厂主管等工作。

ESFJ 类型的人善于与人合作、共同决策，目标明确。他们适合从事公关客户经理、个人银行业务员、销售代表、人力资源顾问、零售业主、餐饮业主、地产经纪人、营销经理、电话营销员、办公室经理、接待员、信贷顾问等工作。

ISTP 类型的人擅长工具性工作，注重工作乐趣，充满活力、独立性强。他们适合从事证券分析师、银行职员、管理顾问、电子专业人士、技术培训、信息服务开发、软件开发、海洋生物学者、后勤与供应经理、经济学者等工作。

ISFP 类型的人喜欢随性同时又有益于他人的工作，适合做重要顾客的销售代表、行政人员、商品规划师、测量师、海洋生物学者、厨师、室内设计师、旅游销售经理、病理专业人员等工作。

ESTP 类型的人自主性强，喜欢有挑战性的工作，适合做企业家、业务运作顾问、个人理财专家、证券经纪人、银行职员、预算分析师、技术培训、综合网络专业人士、旅游代理、促销商、手工艺人、土木/工业/机械工程师、新闻记者等工作。

ESFP 类型的人喜欢务实和多样化的工作，适合从事公关、劳工关系调解人、零售经理、商品规划师、团队培训人员、旅游项目经营者、表演人员、特别事件协调人、旅游销售经理、融资者、保险代理/经纪人、社会工作者等工作。

INFJ 类型的人倾向于寻求与他们的价值观一致的职业道路，适合从事人力资源经理、特殊教育人员、健康顾问、建筑师、健康医师、培训师、职业规划师、组织发展顾问、编辑、艺术指导、心理咨询师、作家、调解员、营销人员、社会科学工作者等工作。

INFP 类型的人喜欢需要独创性和灵活性的工作，如人力资源开发、社会科学工作者、团队建设顾问、编辑、艺术指导、记者、口笔译人员、娱乐业人士、建筑师、顾问、研究工作者、心理学专家等工作。

ENFJ 类型的人善于促进人际关系，喜欢丰富多彩又有条不紊的工作，如培训人员、销售经理、小企业经理、程序设计员、生态旅游专家、广告客户经理、公关、协调人、传媒总裁、作家、记者、非营利机构总裁等工作。

ENFP 类型的人善于与不同人打交道，适合做人力资源经理、管理顾问、营销经理、企业/团队培训人员、广告客户经理、宣传人员、战略规划人员、事业发展顾问、环保律师、研究助理、广告撰稿、播音员等工作。

以上内容尽管在信度和效度上尚达不到完美要求，但在职业评估和人职匹配的实践中得到了大量的验证。尽管目前针对 MBTI 的效度还有争议，但是相比"大五"人格测验等经典人格测验，其信度和效度并不逊色。

（三）MBTI 在临床中的应用

MBTI 广泛应用于一切形式的心理咨询和治疗当中，尤其是家庭治疗。家庭治疗的核心是夫妻关系问题，治疗的关键在于找出双方在认知风格、生活方式上的差异，让双方认识到问题的根源并设法体谅对方。在婚姻咨询中一般通过 MBTI 人格类型测查，与来访者共同探讨其适合的伴侣特征。另外，心理咨询师和来访者之间的不同人格类型影响治疗效果，需要心理咨询师及时把握来访者特点做出相应的调整。心理咨询师应如何更有效地应对不同人格类型的来访者详见表 10－18。

表 10－18　不同人格类型来访者在心理咨询中的特点

外倾型	需要心理咨询师更多地讲话，并在过程中给予反馈； 倾向于将外部环境和他人看作他们问题的根源； 太多的对他们"内心生活"的探索会使他们感到不舒服； 有时他们显得"极端地"外倾，这既可能是由于习惯，也可能是由于情景所致

续上表

内倾型	需要更多的时间来建立相互信任的关系和尝试去讨论比较困难的问题； 在回答问题之前，需要更多的时间来反应； 倾向于将自己作为他们问题的来源和起因； 可以通过温和的、渐进的鼓励方式使他们去尝试外倾型的"冒险"； 有时他们显得"极端地"内向，这既可能是由于习惯，也可能是由于情景所致
感觉型	在与他们的交流中，他们总是希望能表述得更加精确，更加细节化； 他们可以从心理咨询师提供的可选择的解释和可能出现的结果中获益； 需要心理咨询师指导他们处理一些特殊的、具体的问题，而对深入或广泛的探索缺少兴趣； 倾向凭感觉看待事情的发生发展，注重事实，而常排斥可供选择的观点； 心理咨询师可以运用新的观点来帮助解决他们自身的问题
直觉型	经常从正在讨论的话题中偏离，并且由直觉来牵引他们的行动方向； 倾向于根据心理咨询师的陈述来做出自己的主观推断； 对于完成心理咨询师布置的那些具体的家庭作业缺乏热情； 常对心理探索充满了兴趣，并且希望可以将咨询过程保持得更长； 可能会片面使用他们的直觉，从一个想法和可行性转移到另一个，但是却逃避事实和细节，继而引起严重的现实生活问题； 当获得的主意不能被具体的行为实施时，他们可能会陷入僵局
情感型	可能将一个带感情色彩的治疗方法当作冷淡和不被关心的表现； 可以将一些不经意的评论和观察当作是对他的批评； 常常不愿意对心理咨询师的看法表达自己的反对或不满； 喜欢充满情感性的、以当事人为中心的治疗方法； 常通过言语的强化来表达对心理咨询师的兴趣和关心； 认为如果多点依赖情感，就可以避免矛盾冲突和不愉快的感觉
思考型	在描述自己的感受和情感上缺乏丰富的词汇； 当问他在"想"些什么的时候，他可能告诉你的只是他的感受； 有时通过愤怒，可以展现出他的其他的一些情绪； 对心理咨询师的能力和信誉非常关心； 害怕一旦被表达出来，自己的情绪和情感将不受控制； 否认并且避免感受和情绪在自己的生活中发挥作用
判断型	喜欢计划、时间安排以及详细的治疗目标； 可能会将别人试探性的建议或是某种可能性解释为肯定的意图和决定； 容易被一些小事情所困扰，特别是在遇到压力的时候； 通常喜欢接受系统的心理治疗方法； 也许当问题还没有成熟的时候就希望结束； 通过鼓励，启发当事人重新审视自己的想法，并且看一看其他人的意见

续上表

感知型	喜欢随意的、开放式的治疗方法和治疗目标； 在话题没有结束之前就从一个话题转换到另一个话题； 可能认为心理咨询师所表达的意图和结论还有很多可能性并仍然需要进一步的考虑； 可能变得毫无目标或者心烦意乱，尤其是当他们面临压力的时候； 往往希望心理咨询师能够直接告诉他们应该去做些什么； 如果帮助他们按照优先等级来从他们的感知到的意见中进行选择，会对他们有很大的益处

（四）MBTI 在教育学习中的应用

Mills 的一项关于天才学生与其教师的教学互动关系的研究发现，良好的师生互动关系得益于彼此一致的人格类型，并且在这样的一个群体中，教师倾向于以直觉的方式获取信息并通过理性的思考做出判断，师生均倾向于一致的认知方式，偏好并擅长于对抽象的概念信息的处理，重视逻辑分析和客观性，表现出观念上的开放性和灵活性。研究表明，教师的人格特征和认知风格与学生相应特征的匹配度直接影响教师的教学效果、教学满意度和学生学习成就感，也影响学生对教师的评价。因此参考 MBTI 测验结果，教师可以针对学生的人格类型和认知风格来因材施教，提高教学效果。

 技能训练

［案例］

吉米，38 岁，商业顾问，结婚 2 年。虽然他发现顾问是具有挑战性和令人满意的工作，但他必须经常出差，一个月只能在家度过 1~2 个周末。这种对工作时间难以支配的感觉让他十分不满。而且，吉米认识到他所希望的事业成功，很可能需要将自己的大部分时间都奉献给这个岗位，只有很少一部分时间留给他很看重的家庭。因此，他想放弃现在的工作，另外寻找适合的工作。他寻求心理咨询的两个目的是相互关联的。第一个目的是寻找满意的可实现的工作，并愿采取所需要的行动去达到再教育的目的，或得到相关经验。第二个目标是检验他所怀疑的过去和现在的个人问题是否是他达成第一个目标的障碍。他仅仅在对某项职业所做出承诺或者选择中找到自我存在感，而在其他领域如人际交际关系、购买与维护房屋、对未来的职业规划、建立专业的关系等方面都没有太多的兴趣。他感觉他在开始前必须了解最后的结果，无法相信自己的直觉会将他引向正确的选择。在年近 40 岁的时候，他迫切希望能够解决自己的问题。吉米对心理咨询具有强烈的动机，他从前从来没有了解过 MBTI 的知识。

由于他的职业问题，心理咨询师决定先让他完成 MBTI 人格类型，希望他能从MBTI测试结果中获得启发。在 MBTI 测验前，心理咨询师让吉米进行优势手练习来说明 MBTI 人格模型的偏好的意义。吉米的优势手是右手，因此先让吉米用右手在纸上写自己的名字，然后用左手再写一次自己名字，当要求吉米分别说出使用不同手写字时的感受时，吉米反映使用右手比左手更轻松、自然和熟练。这时，心理咨询师指出：

"每个人都会有其独特的人格偏好。偏好就代表更令你满意、更舒适的做法。对于一个性格内向的人，内向就是他的性格偏好，在其他人在场时，他喜欢沉默，静静地观察别人，如果要他特意装出很热情的样子时，你觉得他会有什么感受？"吉米回答："别扭、尴尬。"心理咨询师说："等一会儿，我们进行 MBTI 人格类型，这个测验就是测量你的性格偏好。这个测验一共有 93 题，没有时间限制。你只需要按照自己的理解，按照自己感觉最自然的、最舒适的方式去回答，考虑每一个题目时不要想得太深入，对一个问题的本能反应可能就是最自然的反应。如果真的无法从题中两个选项中做出选择，你可以选择不回答这个问题。现在先听音乐 5 分钟，尽量放松心情。"

大概 20 分钟后，吉米完成了测试。由于吉米做的是计算机版的，因此计算机会自动计分并呈现测试结果报告，结果显示吉米是 INTJ 型的——轻微的内向型、非常清晰的直觉型、清晰的思考型和轻微的判断型。这时，心理咨询师没有让吉米阅读他的结果报告，而是向吉米介绍 MBTI 人格模型的四个维度的意义，并让吉米进行自我评估自己在这些维度上的偏好。

当问到吉米他是性格外内还是内向时，吉米回答说也许他两者皆有。尽管如此，他还是容易判断自己总体上是内向的，尤其是他更愿意独处，独立工作或一个人的时候更令他轻松。他说作为一个成年人，他有意使自己看上去友善，易于交流。因为他发现对于儿童和青少年来说，纯粹的社会关系是难于应付的和棘手的。现在他发现自己可以很容易地与其他人展开交流。吉米的轻微的内向也许是恰当的，在他的测试结果中显示，吉米的自我期望，外向的方面已成为他性格中习以为常的一部分了。

吉米对于感觉和直觉的描述尤为关注，他的选择显示他非常符合直觉型。当问他怎样看待他的回答时，他说很肯定自己当时一定偏向感觉，因为他无法相信他自己的直觉行事。因此他认为，也许是什么搞错了，他认为他的父母是偏向感觉型的，因为他的父母在社会交往、政治上以及他自己的职业选择和抱负都是极端传统和保守的。在吉米眼中，父亲从不能也不愿意去冒险以获得更好的、更有竞争性的工作，经营一家小杂货店大约 30 年，而他的母亲兼职做助教。小时候，吉米还会经营一些小生意，买些东西再卖给他的同学，挣点小钱，受到旁人对他的商业敏锐力的称赞，那时他父母要求他不可因此助长自己的骄傲，因此他曾经对"成功和自夸"感到非常反感，并把此视为影响他怀疑自己做决定能力的早期因素。

吉米很容易地认定思考是他判断的选择，由于他喜欢分析信息，根据有力证据判断，得出客观结论，虽然他也看重和谐的人际关系，并努力尽可能满足他人的需求。吉米的判断略强于知觉，这一点在他的自我评估中得到了证实，他拥有足够的自由去运用个人的智慧，关注并投入一个他喜好的事物时，他表现得相当有条理、系统化并且目标明确。当他自信不足，或者身处他无法掌握的组织中，他就无法专注，无法在目标上集中精神。因此，他在回答（J-P）题目时，答案明显地分成两个方向。

吉米被要求阅读类型介绍中关于 INTJ 的内容，这时心理咨询师向他说明这个类型的主导功能、辅助功能、弱势功能和劣势功能分别是内倾直觉、外倾思考、内倾情感和外倾感觉。当他弄清楚这种类型的性格特征后，认为自己缺乏自信和理性，无法确定自己是哪种类型的人。因此，心理咨询师建议他在家花些时间阅读自己的 INTJ 类型描述，以及他认为似乎有些符合自己的 INTP、INFP 和 ENTJ。后来，他说，虽然这三者中有些与自己相符的地方，但都不如 INTJ 更吻合。通过 MBTI 评估，吉米更加了解了自我，懂得了如何确定一个更适合自己性格的职业。

参考文献

[1] 迈尔斯 E，迈尔斯 B. 天生不同：人格类型识别和潜能开发 [M]. 闫冠男，译. 北京：人民邮电出版社，2021.

[2] 唐薇. 麦尔斯—碧瑞斯人格类型量表（MBTI）的理论及应用的初步研究 [D]. 上海：华东师范大学，2003.

[3] 荣格. 心理类型 [M]. 吴康，译. 上海：上海三联书店，2009.

[4] 顾雪英，胡湜. MBTI 人格类型量表：新近发展及应用 [J]. 心理科学进展，2012，20（10）：1700 – 1708.

[5] 蔡华俭，朱臻雯，杨治良. 心理类型量表（MBTI）的修订初步 [J]. 应用心理学，2001，7（2）：33 – 37.

[6] 邓宁. 你的职业性格是什么？MBTI 16 型人格与职业规划：第 2 版 [M]. 王瑶，邢之浩，译. 北京：电子工业出版社，2014.

 教学资源清单

使用说明：建议每位学习者在教师课堂讲授本章教材之前，先通过手机扫码的方式链接到教学资源平台，自学和练习相应的教学内容，以便在课堂上能够与教师更深入和更有效率地进行教与学的研讨，见表 10 – 19。

表 10 – 19　教学资源清单

编号	类型	主题	扫码链接
10 – 1	PPT 课件	MBTI 人格类型测验	
10 – 2	教学视频	荣格心理类型与 MBTI——第一讲	
10 – 3		荣格心理类型与 MBTI——第二讲	

续上表

编号	类型	主题	扫码链接
10 – 4	教学视频	荣格心理类型与 MBTI——第三讲	
10 – 5		荣格心理类型与 MBTI——第四讲	
10 – 6		荣格心理类型与 MBTI——第五讲	

第十一章 投 射 测 验

导读

　　所谓投射测验（projective test）是指向被试提供一些较为模糊的刺激材料，让其自由地做出反应，然后分析其反应，并以此推断被试的人格结构、情绪、自我意识、家庭关系等方面的一类心理测验。投射测验包括联想测验、完成测验、构造测验等。本章主要介绍罗夏墨迹测验的基本原理、测量工具的构成、施测过程和测试结果的解释，以及简要介绍语句完成测验、绘画测验和沙盘游戏测验。

第一节　罗夏墨迹测验

一、罗夏墨迹测验的历史及发展

　　罗夏墨迹测验（Rorschach Inkblot Method，RIM）是由瑞士精神病学家罗夏在 1921 年首创，初始设计的目的是用来诊断精神分裂症。到 20 世纪四五十年代，罗夏测验的发展进入到一个空前的繁荣阶段，由于对罗夏测验的理解不同，逐步发展形成了 5 个不同的计分解释系统，分别是 Beck 系统、Klopfer 系统、Hertz 系统、Rapaport 系统以及 Piotrowski 系统。各种计分系统在理论导向和计分体系上存在较大的差异，结果导致罗夏墨迹测验在应用以及解释上受到了多方的批评，最为突出的是：测验结果的解释过分依赖医生的主观经验，缺乏实证和心理测量学基础。从 20 世纪 70 年代起，埃克斯纳（J. E. Exner）将 5 个计分解释墨迹系统中经得起实证检验的指标综合在一起，形成了目前最为人所接受的罗夏墨迹测验综合系统（Rorschach Comprehensive System，CS），并对其信度和效度进行了广泛的研究，为罗夏墨迹测验奠定了实证和心理测量学基础。到目前为止，综合系统已先后出了四版（1974 年、1983 年、1993 年、2003 年），成为罗夏墨迹测验的主流。

　　罗夏墨迹测验综合系统的产生试图使罗夏墨迹测验成为一个标准化的心理测验，埃克斯纳将所有计分分成 7 大类，每一类代表了一种相对独立的心理机能，这 7 种心理机能分别是：①信息加工部分，与一个人对他们的世界的注意方式有关。②认知协调部分，与一个人如何感知他们所注意的客体有关。③构思部分，由一个人对他们所感知到的事物的思考方式构成。④压力控制和耐受部分，与一个人可用于应对自身需求和管理压力的适应性资源有关。⑤情感特征部分，由一个人对与情绪相关的情境的处理方式和其感受与表达情感的方式构成。⑥自我知觉部分，与对自身的看法有关。⑦人际知觉部分，与对他人的感知和关系有关。这7个方面的信息综合后即形成结构化总结。结构化总结中既包括对被试人格和心理症状的诊断，也包括对被试心理特征整体的和动态的分析。

二、罗夏墨迹测验操作过程

（一）测验的实施

罗夏墨迹测验使用的材料是10张约24 cm×17 cm的墨迹图厚纸板。每张图卡上都印有不同形状和色彩的墨迹图，用罗马数字Ⅰ到Ⅹ来标识，其中图卡Ⅰ、Ⅳ、Ⅴ、Ⅵ和Ⅶ是黑白的，图卡Ⅱ和Ⅲ除黑白色外尚有鲜明的红色，而图卡Ⅷ、Ⅸ和Ⅹ是彩色的。测验相似图卡见图11-1。

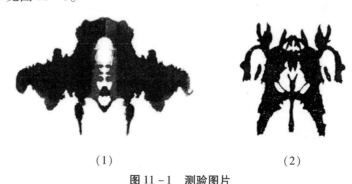

（1）　　　　　　　　　　　（2）

图11-1　测验图片

测验情境要求有适宜的灯光、舒适的座位，安静而没有干扰的环境。尤其要注意的是主试与被试的坐法极为讲究，在综合系统中，主试坐在小桌子的一侧，被试则坐在主试的左手边另外一侧。这种坐法便于主试呈现墨迹图，以及观察和记录被试的表情和其他行为。

在正式测验开始之前，应当让被试对本测验有所了解，并尽量消除其焦虑等情绪，激发被试的合作愿望。指导语要求诚恳而简明地介绍测验，让被试明确他该做什么。综合系统的指导语如下：这是一个心理测验，您将看到10张罗夏墨迹测验图卡，答案没有正确与错误之分，也没有标准答案，随便怎么看都可以，需要您说出每一张图片看起来可能是什么或者像什么，能看出几个答案就说几个答案。

（二）测验反应的两个阶段

1. 阶段一：自由反应阶段

所谓自由反应就是自由联想阶段。主试在说完指导语后，按照规定程序将图卡一张一张地呈现给被试，并进行记录，主试者要记录的主要内容如下：

（1）反应的语句。

（2）从每张图片出现到开始第一个反应所需的时间。

（3）各反应之间较长的停顿时间。

（4）对每张图片反应总共所需的时间。

（5）被试的附带动作和其他重要行为等。

在这个阶段，主试要让被试做自由反应，所以，不提任何问题。但有四种例外情况，须做不同处理。

其一，有些被试说出第一个反应后就交还图卡，为消除他这种以为"一张只做一个反应"的误会，主试应鼓励他："其他人还能够看出其他东西，你再慢慢看。"注意这种指导语只说一次，如果之后的图卡被试仍然仅回答一个反应，则不能再说这种指导语。

其二，对有些被试提出的这样的一些问题，如"我要按整张图回答吗？""我可以转动图片吗？""我可以按图的一部分回答吗？"等等，主试均可回答："随便你怎样都行。"

其三，有些被试在看到一两张图卡后，往往会出现"拒绝反应"：被试会说"看不出来""全都是些墨迹，其他什么也没有"等等。这时主试应该鼓励被试："不必着急，慢慢试着看看""多花些时间，每个人都可以发现一些东西的"。

其四，有的被试回答的数目可能又过多。综合系统限制每图不能多于 5 个回答，即在 5 个回答之内不对被试进行任何干扰，但在第一张图卡的回答超过 6 个时，主试要收回图卡。

2. 阶段二：询问阶段

自由反应阶段的施测相对而言比较容易，而询问阶段的施测则比较复杂。综合系统的施测方法是在看完所有图卡后再进行询问。询问阶段主要的目的是对被试的反应进行核实，以便获得充分的反应信息，确定被试反应所使用的部位和决定因子。询问的内容主要需搞清楚三个问题：被试确切地看到了什么？他是从哪里看到它的？是什么让他觉得像这个反应的？

询问阶段需注意的问题：反应当中或在一开始询问的时候出现的关键词。这些关键词对于回答上述三个问题至关重要。关键词主要以形容词和名词的形式出现：形容词如漂亮的、精细的、崎岖的、明亮的、受伤的等，名词如马戏团、聚会、鲜血、皮毛等。

三、测验的编码

罗夏墨迹测验施测结束后，所收集的被试反应主要为文字型信息，为了能够更好地对被试信息进行处理，还需要对被试的回答进行进一步的转化处理，这就是罗夏墨迹测验的编码。

按照罗夏墨迹测验综合系统的原则，编码是从部位、发展质量、决定因子、形状质量、回答内容、普通回答和组织活动等几个方面依据测验的计分标准进行的。

（一）部位

反应部位是指被试进行反应时主要依据墨迹图的哪个具体部分。综合系统涉及的部位编码共有4个，分别是：整体反应（W）、常见部分反应（D）、不常见部分反应（Dd）和空白反应（S）。

（1）整体反应（whole response，W）：是指被试的反应主要依据整个的或接近整个的墨迹。

（2）常见部分反应（common detail response，D）：是指被试的反应使用了墨迹图的常见部分。

（3）不常见部分反应（unusual detail response，Dd）：是指被试的反应使用了墨迹图不常被使用的部分。

（4）空白反应（space response，S）：是指被试的反应使用了墨迹图的空白部分。空白部分的使用有两种情况：一种是将空白区域与其他墨迹图部分整合在一起使用，如WS、DS或DdS；另一种是仅使用空白区域，此时才记作S。

（二）发展质量

发展质量（developmental quality，DQ）由高到低划分为4个等级，孤立的形态或模糊的回答属低发展质量水平，形态清晰的且内容相互联系的回答则属高发展质量水平。

（1）+ 组合反应，表示被试的墨迹图反应中给出两个或两个以上的物体，且它们之间是有联系的。而且要求回答中至少包含一个具有稳定形状的物体或能够赋予稳定形状的描述。如"两个人在跳舞"。

（2）v/ + 组合反应，表示被试的墨迹图反应中给出两个或多个物体被分开描述，且是相互联系的。只是它们均没有特定的形状要求，而且在询问阶段也没有给出形状要求。如"一块岩石周围有些脏东西"。

（3）o普通反应，表示被试的墨迹图反应中给出一个物体或对象，这个对象具有自然的形状要求，或者对物体或对象的描述赋予了它某种特殊的形状要求。如"一个男人的头"。

（4）v模糊反应，表示被试的墨迹图反应中给出一个物体或对象，但该物体或对象没有形状要求，或在描述中也没有赋予对象或物体特别的形状要求。如"一片云"。

（三）反应的决定因素

反应的决定因素是指被试做各种反应时的主要依据。主要包括形状因素、运动因素、色彩和非色彩因素、阴影因素等。

1. 形状因素（F）

形状因素指被试根据墨迹图的单独形状属性，或者与其他决定因素相结合来做出回答，在与其他因素相结合时，形状在其中起主要的决定作用。如对 V 卡回答为"蝴蝶"，便是形状回答。

2．运动因素

运动因素分为人类运动回答（M）、动物运动回答（FM）、非生命运动回答（m）。人类运动回答，包括人类运动或做出人类运动的动物运动。比如："两只熊在玩牌"可以记作 M，因为玩牌是人类活动；而"两只熊在一块玩"则只能记作 FM。动物运动回答（FM）是指用来记录动物运动的回答，如"一只蝴蝶在飞"等。非生命运动回答（m），包括非人类的、非动物的物体运动，最普遍的如爆炸、滴血、降水等。

3．色彩（C）因素

色彩因素指被试依据墨迹图的彩色属性做出的反应，按照是否同时使用了形状，分为纯色彩、色彩形状、形状色彩和色彩命名回答。纯色彩回答（C）是指被试的回答是根据墨迹图唯一的颜色属性，而不包括其他因素，最常见的纯色彩回答为"血"。色彩—形状回答（CF）是指被试的回答主要以颜色决定，形状也起作用，但居次要地位，如"两勺果露冰激凌"。形状—色彩回答（FC）是指被试的回答主要由形状决定，但也有颜色，不过居次要地位，如"一只红蝴蝶"。色彩命名回答（Cn）是指被试的回答中的那个部位只涉及颜色名称，此时便记作 Cn，如"这是红的，这是黄的"。

4．非色彩的颜色决定因素（C'）

这种回答将墨迹图中的黑灰、灰色及图的空白区作为颜色。又有这样几种情况：

（1）纯非色彩回答（C'）：指被试的回答根据灰、黑或白属性，不包括形状。

（2）非色彩—形状回答（C'F）：指被试的回答主要是由黑、白或灰的属性所决定，也用了形状，但居次要地位。大多数情况这些回答是清楚地用了非色彩属性，而形状是模糊的。

（3）形状—非色彩回答（FC'）：指被试的回答主要由形状属性而决定，也有非色彩，但居次要地位。

5．阴影因素（K）

阴影因素指被试根据墨迹图的浓淡、深浅阴影属性做出反应。分为阴影纹理、阴影维度、阴影弥漫和形状维度回答。

6．成对和镜像

成对和镜像分为成对回答、镜像—形状回答、形状—镜像回答。

（1）成对回答（记为"2"）：是根据墨迹图的对称性报告两个物体，所报告的物体必须各部分均相同，但不认为是镜像。

（2）镜像—形状回答（rF）：将对称的墨迹图部分知觉为一个是另一个的镜像，同时回答的内容没有确定的形状，如"白云"。

（3）形状—镜像回答（Fr）：指被试的反应是根据墨迹图的对称性，将其知觉为镜像，同时回答内容为有特点的形状，如"一个人在照镜子，这是镜中的像"。

7．混合回答（blend）

混合回答指被试的回答中使用了一种以上的决定因素，在各决定因素之间用"."表示为混合之意。如"一个人向前弯着，像在看镜子中的他"（Ma. Fr）。

（四）形状质量（FQ）

形状质量指被试的反应中包含的内容在形状上与所用墨迹图的形状符合的程度。在综合系统中，形状质量从歪曲的到符合且有创新性的分为4个等级。形状质量编码记录在形状因子右边，如F+、Fo、Fu和F-。

（1）优秀的（F+）：被试的反应有创造性，所选择的墨迹部分不是人人都能一看即知，其对形状细节的利用特别突出，描述与实际物体很相似。

（2）一般的（Fo）：被试的反应和常人的一样，并且与墨迹图吻合，但没有创造性。

（3）稀少的（Fu）：被试的反应与墨迹图基本轮廓大致吻合，没有明显不吻合的情况，属低频率回答。

（4）负性的（F-）：被试的反应明显与墨迹图不吻合，形状的使用是歪曲的、模糊的和不现实的。

（五）回答内容

回答内容（content）指被试的反应内容，即回答所描述的事物或物体。综合系统中有28个内容类别编码。例如：完整人物H；完整动物A；艺术品Art；人类学Ay；血液Bl；爆炸Ex；火Fi；风景Ls；自然Na；等等。

（六）普通回答

在综合系统中，普通回答（popular responses，P）指每3个记录中至少有一次的回答为常见的回答。P值的多寡，可代表被试知觉反应趋向于团体反应范型的程度。

（七）组织活动及其他变量

综合系统采用了此变量描述反应中的组织活动（organizational activity，Z）程度，并认为Z的高低直接与被试的智力有关。此外还有其他变量，如特殊分数等。

四、测验的计分及解释

（一）结构化表

对被试每个反应进行准确编码的最终目的是完成结构化表，结构化表涉及对编码的频率、有关比率、指数和百分数等的计算。许多有关心理特征和功能的解释假设均是源于这些结构化数据。

综合系统中有34个数据如比率、指数和百分数等需要借助结构化表进行进一步的计算。例如：EB（经验平衡），表示被试的经验类型；D指数，表明被试对紧张的耐受力和自制力；以及自我损伤指数（EII）；等等。

（二）测验的解释

对罗夏墨迹测验的解释就是使用测验资料建造完整人格画面的过程。罗夏墨迹测验的解释，目前综合系统配备了相关的解释软件系统，主试可以参照解释软件系统进行相应的分数判断。

罗夏墨迹测验系统的复杂性对其推广产生了一定的阻碍，罗夏墨迹测验相关解释软件的出现对罗夏墨迹测验在临床的推广工作具有重要的意义。

五、罗夏墨迹测验案例分析报告

罗夏墨迹测验案例分析见表 11 – 1。

以小曹（男，22 岁，本科在读学生）为例。

表 11 – 1　编码序列

图卡	编号	回答与询问	编码
I	1	蝙蝠，颜色是黑色的，翅膀敞开来的，尾巴，脚	Wo FMp. FC'o　　A　P 1.0 DV
	2	蜘蛛，特殊一点，六个爪子，六个脚，身体，尾巴	Wo Fo A P 1.0
	3	面具，眼睛露出两个洞来了，外形像	WSo Fo（Hd）3.5 GHR
	4	两个黑暗天使，头，手，翅膀，整体的感觉像	Wo FC'o（2）　　（H）GHR
II	5	拜神，手	D4o Mpo Hd PHR
III	6	螃蟹，前爪，内脏，头，身体	D1o Fo A, An
	7	人的骨头下半部分，红色，形状很像	D2o CF – An PHR
IV	8	老虎扒了皮，摊平的形状，形状像，模糊的	Ddo mP. FYo Ad
	9	蝙蝠，腹部，爪子凸出来，翅膀也凸出来，翅膀抬高	DdoFMP u A
V	10	蝴蝶，翅膀，头，尾巴，在飞行	Wo FMao A P　1.0
	11	蝴蝶结，毛茸茸地摊开来，边沿不平	Wo FTo Art 1.0
VI	12	琵琶，形状像	Wo F o Sc 2.5
	13	海底的一种动物，在游动	Ddo FMao A
	14	花	Wo Fo Bt 2.5
	15	扇子，形状像	Wo F o Sc 2.5
VII	16	动物的壳，吃完螃蟹剩下的壳	Wo Fu Ad, Fd 2.5
	17	装饰品，放桌上的那种小树的装饰品	Wo Fo Art 2.5
VIII	18	人的内脏颜色形状像，骨头，整体感觉像	Wo CF-Hd, An　4.5 PHR
	19	一朵花，红色的，花蕊，花蕾	Wo CFo Bt 4.5
	20	战斗机，整体的外形像	Wo Fo　Sc　4.5
	21	两只老虎的影子，在水里看到他的倒影	W + FMa. Fro A, Ls P 4.0

续上表

图卡	编号	回答与询问	编码
IX	22	茂盛的花，花瓣很大很完整，颜色很鲜艳	D2v FCo Bt
	23	玉的装饰品，绿色的玉，中间是摆设其他的东西，圆形的	D2 + Fo Art, Id 2.5
X	24	很多小鸟的影子，左右一样，颜色不同，不同类型小鸟，在树上站着，树参差不齐，很乱，小鸟是五颜六色的	W + FMp. FC. Fro A, Bt 5.5
	25	有山、有水、有海，山上有树，有海，下面是它们的影子，树枝向外伸展	W + mp. Fro Na 4.5

诊断报告：

适应能力较差，他没有足够的心理资源来应对生活中发生的各种压力事件，使得他长期处于高负荷的应急状态下，情绪烦躁。当处于这种高负荷状态中时，他的耐挫力下降。由于情感倾向于释放，冲动而不节制，有可能做出大胆的甚至出格的事情来。可能比较自恋，只关心自己的需求，忽视他人的需要，常把责任和义务归于外部。人际关系管理能力欠缺，在社交情境中很不适应。在人际关系交往中表现出消极和顺从的行为，倾向让他人做决定，具有被动—依赖人格的特征。

这一个案例的实际情况与诊断结论是一致的。小曹在加拿大读书，但由于海外生活的不适应，在国外两年，大部分时间自己待在出租房，不与外人打交道，不去学校上学，过着与世隔绝的生活。做这一测验时正好是他从国外回来之际，从测验结果中可以看到他的内心中有明显的人际不安全感。

第二节 语句完成测验

一、语句完成测验概述

（一）语句完成测验简介

语句完成测验（sentence completion test）起源于联想测验，其形式为由被试将半开放的句子填充完整，并且这些语句多为情境性、情绪性的，主要用来测查被试的需求、情绪以及人格特征等。这类测验属于完成型，有以下两种类别。

第一个类别以第三人称表述，用一个常用的名字如小明或者用人称代词"他或她"来作为句子中的人物。要求被试写出这个人在一定的情境下所表现出的行为、所持有的态度或者所进行的活动。这些项目是有投射作用的项目，被称为投射性的句子。

第二个类别则是以第一人称"我"来进行表述的，这些项目的表面效度较高，可以帮助主试了解被试某些方面的信息。这些项目被称为是个人化的项目。

语句完成测验的完成方式上，也存在着区别。一般来讲，按照其反应方式的不同，将其区分为以下两类。

第一类为限制选择式。在一句未完成的语句后面列有数个短句，要求被试从中选择一个自认为合适的短句完成句子。如"当＿＿＿＿时，查理最高兴了"（他年幼时，玩耍时，独处时，吃东西时，工作干活时）。

第二类为自由完成式。要求被试将未完成的句子补充完整，使其成为一个完整的句子，而对被试不加任何其他限制。如"我喜欢＿＿＿＿""我是一个＿＿＿＿""我的母亲是＿＿＿＿"等。

语句完成测验一般可以从两个维度进行分析：第一，形式分析，主要从 7 个角度进行分析，包括填充的长度、人称代词的使用、填充花费的时间、动词/形容词的频率、词汇的使用范围、语法错误、填充的第一个词等；第二，内容分析，主要从四个角度进行分析，包括内部态度、愿望、引发情感和行为的原因、对外部情况的反应等。

（二）语句完成测验的发展历史

语句完成测验最早可以追溯至艾宾浩斯（H. Ebbinghaus）在 1897 年研究记忆现象时所编制的语句填充测验。艾宾浩斯主要使用语句填充测验进行人的高级心理过程的研究。

荣格的字词联想测验也对语句完成测验的出现产生了至关重要的影响。

佩恩（H. F. Penn）在 1928 年开始将语句完成测验应用于人格评定。自此，这类测验成为大多数成套临床测验的组成部分，并且被经常性地应用于工业及军事的人员选拔。

自 20 世纪 80 年代开始，语句完成测验应用有了较大的发展，发展的原因一方面是由于语句完成测验比较容易编制以及施测，另一方面则在于其相对于其他测验在揭示被试矛盾态度上的有效性。随着语句完成测验的发展，语句完成测验除应用于人格评定外，也开始更广泛地应用于临床、态度评估、成就测评等。在应用领域上，也不局限于心理学，还扩展到了管理、教育以及商业领域等。

二、常用语句完成测验

目前，较常见的语句完成测验有罗特（J. B. Rotter）的"未完成语句测验"和塞克斯（J. W. Sacks）的"塞克斯语句完成测验"。

罗特编制的"未完成语句测验"（ISB）是最为严格且经过标准化了的测验。该测验是为评定大学生的人格顺应这一特殊目的而设计的，共有 40 个短句，主要适用于大学新生。测验的计分是由三类反应——冲突的、中性的和积极的以及分配给它们的加权分数构成。例如，对于句子"我的母亲＿＿＿。"的回答是"憎恨我"，那么在冲突的这类反应上就会得一个高分。将 40 个短句的得分相加，就会得到一个全面的顺应总分。其评分者间信度是高的。

"未完成语句测验"的解释是建立在为了内容分析而获得的总分基础上的。在罗特 1949 年的一项研究中，135 的分数线能正确鉴定 68% 以上顺应不良的学生和 80% 以上顺应良好的学生。尽管主观的或客观的内容分析是解释的典型方法，但完成语句长度的有效性、人称代词的使用、动词—形容词比率等有时也是有用的。

古德伯格（P. A. Goldberg）在 1965 年总结了使用 26 种不同形式的句子完成测验的 50 项效度的研究结果，其中包括 15 项 ISB 的效度研究。在后者中，大多数的研究清晰地显示出同效度准则的有意义的联系。这些效度准则是由历史实例、会谈、顺应等级、精神疾病结果构成的。当使用标准化的测验，如罗特测验时，就会有最好的效度。最为显著的成就表现在估价成人的心理顺应和精神障碍的严重性上。ISB 的成功归因于它单一的意图。该测验被设计用来测量大学生的顺应情况，并进行评分，而且也被与大学生的顺应相关联的行为资料所证实。

第三节　绘画测验

一、绘画测验概述

绘画是人类的一种自发行为，人类不管是在种族进化还是个人成长的过程中，都曾经历过涂鸦的阶段，这正是绘画的初级形式。因此，绘画在人类的文明当中占有相当重要的地位和角色。从心理学角度来看，绘画可以被认为是一个人对其内在经验独特的表达。因此，若能够适当地对个体的绘画作品进行解读，就可以为诊断和治疗提供宝贵的线索。同时，绘画也是艺术治疗者常用的一种方式，而且绘画对于未正式受过训练的人员而言，也是一种较安全的表达方式。

个体通过绘画的过程可以把个体有关过去、现在或未来的想法、感受表达出来，以促进其对自我的了解。有关个体内在的想法、情感可能在意识或潜意识中抗拒或被压抑、阻碍，但透过绘画过程，个体却可以做出表达。因此，通过绘画可以达到了解个体的情感、需要，以及进一步地通过作品的解读与干预修通他们内在的冲突的目的。

绘画测验的主要形式为：给被试铅笔、橡皮以及几张白纸，要求他们在白纸上描绘一些图画，然后根据一定的标准，对这些图画进行分析、评定、解释，以此来了解被试的心理现象、功能，判定心理活动的正常或异常等问题，为临床心理上的诊断和治疗服务。

绘画测验的形式和种类很多，有关这种形式和类型的心理测验统称为绘画测验。我们可以根据测验的表现形式、内容和各测验的目的等要求来进行分类。常见的有以下几种类型。

以智力测验为目的：画人测验。

为了获得有关人格特点方面信息：考克（K. Koch）的画树测验、库克（J. Buck）的房树人测验。

为了解人际交往能力，心理、病理等方面问题：家庭活动画测验。

为了解视觉运动功能、脑功能状态：本德格式塔测验。

为了解潜意识人格问题：景物结构化测验。

二、常见绘画测验

（一）画人测验

1. 概述

画人测验又称为绘人测验，是一种简便易行的智能评估工具，有时也用来评估人格。

1885 年，英国学者库克首先描述了儿童画人的年龄特点。此后，许多学者开始探讨通过儿童绘画来了解其智力发展的情况。美国心理学家古迪纳夫（F. L. Goodenough）于 1926 年编制了一种适用于 4 ~ 12 岁儿童的画人智力测量工具。该测验为团体测验，但也可个别施测，且无时间限制，一般在 15 分钟以内就可完成。测验方法比较简单，只需一张白纸和一支铅笔，指导语：在纸上画一个男人即可。对人的形象没有具体要求。当被试画完以后，由主试按照标准化的量表进行计分。古迪纳夫编制的量表计分项共包括 51 项内容，画中每出现 1 项得 1 分，分数代表各年龄被试的智力水平。1963 年，哈里斯（D. B. Harris）对画人测验进行了系统研究和全面修订，发表了"古氏—哈氏画人测验"。在该测验任务中，被试既可以画男人，也可以画女人。量表计分的项目共有 73 项，其中男人和女人相似的项目有 71 项。但其重点仍然放在测查儿童观察事物的准确性及概念思维的发展上，并不是测查儿童的艺术技能。1968 年，考皮茨也编制了画人计分量表，并首次提出了画人测验的 30 项发育指标。

中国心理学家萧孝嵘于 1929—1935 年在南京、上海、杭州等地大规模应用并修订了画人测验。他还根据中国的特点制定了量表，并获得了常模。根据其量表，在测验总分求出后，只要查表即可得到智力年龄，由此可计算出被试的智商。

选择人作为绘画的对象，是由于儿童绘画中经常出现人，而且儿童也喜欢画人。可以通过综合评价儿童画出人的细节数量、身体各部比例的正确性、线条流畅性、身体各部分整合所表现出的动作协调性等，来确定儿童的智力发展水平。

另外，值得指出的是，古迪纳夫发现画人测验不仅可以用来评估儿童智力方面的发展特点，而且也能揭示儿童的人格特征，这也进一步发展出了画人测验的其他用途，如测查被试的情绪等。

2. 古氏—哈氏画人测验

古氏—哈氏画人测验最初是由美国明尼苏达大学的古迪纳夫编制的，发表于 1926 年。1963 年美国人哈里斯在做了大量研究的基础上发表了这个测验的修订本。后来日本的小林重雄和城户氏也做了大量的研究工作，提出了50项评分法。1979年上海第二医科大学将此测验引入我国。1985年首都儿科研究所作为全国儿童智能研究协作组成员之一，发表了该测验（命名为绘人智能测验）在北京地区的修订报告。

绘人测验法的具体做法是：给孩子一张白纸、一支铅笔，让他画"全身人"，然后与评分标准对照。

注意：在进行绘人测验时，要注意不要给孩子以任何暗示与诱导，不要让孩子画机器人或雪人；还要注意孩子的情绪，在生病、疲倦或情绪不好时，不要进行测验。

3. 画人测验的评分标准

孩子绘制的"全身人"凡与评分标准相符合的，在相应的"是否符合标准"复选框中打"√"。

画人测验的评分标准：

（1）头的轮廓清楚，什么形状都可得分。无轮廓者不给分。

（2）有眼即可。点、圈、线均算。只画一只眼给半分。

（3）只要能画出下肢，形状不论。但一定要看出有两条腿。若画穿长裙的女孩，只要腰与足之间有相当距离代表下肢部位，也可计1分。

（4）只要能画出口来，形状无关。部位不正无关，但不能在面的上半部。

（5）有躯干即可，形状不论，卧位亦可。

（6）上肢形状不限，只要能表示是胳膊，没有手指亦可。

（7）头发不限发丝形状，只要有就行，一根也可。

（8）有鼻即可，形状不限。只画鼻孔无分。

（9）眉毛或睫毛有一种即可。

（10）上、下肢的连接大致正确。从躯干出来，即给分。

（11）须有双耳，形状不论，但不能与上肢混同。侧位即可，正位只画一耳算半分。

（12）衣一件，有衣、裤、帽之一即可，表明有衣着。仅仅画纽扣、衣兜、皮带等亦可。

（13）躯干的长度要大于宽度，长宽相等者不给分。要有轮廓，有纵、横的最长部位比较。

（14）有颈部，形状不限，能将头与躯干分开。

（15）有手指，能与臂或手区别即可，数及形状无关。

（16）上、下肢连接方法正确，上肢从肩处或相当于肩处连接，下肢由躯干下边出来。

（17）在头的轮廓之上画有头发。完全涂抹也可以。

（18）颈的轮廓清楚，能将头与躯干连接起来，只画一根线的不算。

（19）眼的长度大于眼裂之开阔度。双眼一致。

（20）下肢比例：下肢长于躯干，但不到躯干的2倍，下肢的宽度应小于长度。

（21）衣着有两件以上，是不透明的，能将身体遮盖起来。分不清是身体还是衣服的不能给分。鞋帽、书包、伞等都可算。

（22）齐全地画出衣裤，不透明。

（23）双眼均画瞳孔，眼轮廓内有明显的点或小圈。

（24）耳的位置和比例：耳的长大于宽，侧位时有耳孔。耳的大小适当，要小于头横径的 1/2。

（25）画出肩的轮廓，角、弧形均可。

（26）眼的方向：瞳孔的位置应两眼一致。

（27）上肢比例：上肢要长于躯干，垂直时不能超过膝部。上肢的长大于宽。如膝盖位置不清楚时，以腿的中点算；上肢左右长度不同时，以长的一侧计算。

（28）画有手掌，能将手指和胳膊区别开。

（29）两手必须各有手指，形状无关。

（30）画有正确的头形，有轮廓。

（31）正确地画出躯干形状，不是简单的椭圆或方形。

（32）上下肢有轮廓，尤其与躯干连接处不变细。

（33）足跟有明显的轮廓。画出鞋的后跟也可。正位时鞋画得正确就可得分。

（34）衣服 4 件以上，如帽子、鞋、上衣、裤、领带等。各种形式均可。

（35）足的比例：下肢和足有足轮廓，足的长度比厚度大。

（36）指的细节：形状正确，其中如有一个指头不画清轮廓也不给分。全部手指有轮廓，长大于宽。

（37）有鼻孔，侧位有个凹窝即可。

（38）拇指与其他指分开，短于其他指，位置正确。

（39）必须以某种形式表示出有肘关节，角、弧形均可。画单侧也可。

（40）前额及下颌是指眉毛以上及鼻以下部位。要各相当于面部的 1/3，侧位有轮廓也可以。

（41）清楚地表示出下颌，侧位时亦要明确，正位时在口下有明显的下颌部位。

（42）画线：线条清楚、干净。应该连接的地方都连接。不画无用的交叉、重复或留有空隙。

（43）鼻和口皆有轮廓。口有上唇及下唇。鼻不可只用直线、圆或方形。

（44）脸左右对称，眼、耳、口、鼻等均有轮廓，比例协调。若为侧位，头、眼比例要正确。

（45）头的比例：头长是躯干的 1/2 以下，身长的 1/10 以上。

（46）服装齐全，穿着合理，符合身份。

（47）显示有膝关节，如跑步的姿势等。正位时须表示出膝盖。

（48）画线：第（42）条已给分，但如线条清晰、美观、有素描的风格，画面整洁，可再给 1 分。

（49）侧位 A：头、躯干以及下肢都要有正确侧位。

（50）侧位 B：比第（49）条更进一步。

4. 画人测验的常模

画人测验的常模表，见表 11 – 2。

表 11 – 2　画人测验的常模表

得分	4 岁	4.5 岁	5 岁	5.5 岁	6 岁	6.5 岁	7 岁	8 岁	9 岁	10 岁	11 岁	12 岁
1	94	81	71	64	58	53	48	41	35	30	25	21
2	97	84	74	67	61	55	51	44	38	32	28	24
3	100	86	77	69	63	58	54	46	40	35	31	27
4	102	89	79	72	66	61	56	49	43	38	33	29
5	105	91	82	74	68	63	59	51	45	40	36	32
6	108	94	84	77	71	66	61	54	48	43	38	35
7	110	97	87	80	74	69	64	57	51	46	41	37
8	113	99	90	82	76	71	67	59	53	48	44	40
9	115	102	92	85	79	74	69	62	56	51	46	42
10	118	105	95	88	82	76	72	65	58	53	49	45
11	121	107	98	90	84	79	75	67	61	56	52	48
12	123	110	100	93	87	82	77	70	64	59	54	50
13	126	112	103	95	89	84	80	72	66	61	57	53
14	128	115	105	98	92	87	82	75	69	64	59	56
15	131	118	108	101	95	89	85	78	72	66	62	58
16	133	120	111	103	97	92	88	80	74	69	65	61
17	136	123	113	106	100	95	90	83	77	72	67	63
18	139	125	116	109	102	97	98	86	79	74	70	66
19	142	128	119	111	105	100	96	88	82	77	73	69
20	144	131	121	114	108	103	98	91	85	80	75	71
21	146	133	124	116	110	105	101	93	87	82	78	74
22	149	136	126	119	113	108	103	96	90	85	80	73
23	150 +	139	129	122	116	110	106	99	93	87	83	79
24		141	132	124	118	113	109	101	95	90	86	82
25		144	134	127	121	116	111	104	98	93	88	84
26		146	137	129	123	118	114	106	100	95	91	87
27		149	140	132	126	121	116	109	103	98	93	90
28		150 +	142	135	129	124	119	111	106	101	96	92
29			145	137	131	126	122	114	108	103	99	95

续上表

得分	4 岁	4.5 岁	5 岁	5.5 岁	6 岁	6.5 岁	7 岁	8 岁	9 岁	10 岁	11 岁	12 岁
30			147	140	134	129	124	117	111	106	101	97
31			150 +	143	137	131	127	120	114	108	104	100
32				145	139	134	130	122	116	111	107	103
33				148	142	137	132	125	119	114	109	105
34				150 +	144	139	135	127	121	116	112	108
35					147	142	138	130	125	119	114	111
36					150 +	145	140	133	127	121	117	113
37						147	143	135	129	124	120	116
38						150 +	145	138	132	127	122	118
39							148	141	134	129	125	121
40							150 +	143	137	132	128	124
41								146	140	135	130	126
42								148	142	137	133	129
43								150 +	145	140	135	131
44									148	142	138	134
45									150 +	145	141	137
46										148	143	139
47										150 +	146	142
48											148	145
49											150 +	147
50												150

经查表 11 - 2 获得被试的智力分数，其得分结果解释如下。

智商 <25：智力水平处于重度低下，理解力差，不能确切地把握整体与部分的关系，精神活动贫乏。

25~48：智力水平处于中度低下，智力发育迟滞，缺乏抽象的概念，理解困难，仅能反应事物的片面，能从事简单的劳动。

49~68：智力水平处于轻度低下，言语发育尚可，抽象能力差，理解困难，思维活动停留在具体的、个别的事物上，日常生活可自理。

69~78：智力水平处于边缘状态，智力水平明显低于常人，理解能力、抽象思维能力低于正常人。

79~94：智力水平低下，智力低于常人，在局部与整体的观念上有缺陷。

95~114：平均智力水平，智力正常。

115 ~ 124：智力水平超常，理解能力、思维能力高于常人，具有一定的创造思维，尤其在形象思维上较为优秀。

智力 > 124：智力超常，具有良好的想象思维能力和创造能力，对客观事物和主观体验上均显示出优良的品质。

（二）房树人测验

1．概述

房树人测验起源于贝克（J. Buck）1948 年著名的"画树测验"，后来经过许多心理学家的努力，最终发展成为"统合型房树人人格测验"。

房树人测验主要有四种完成形式：①要求被试在纸上简单地画出房、树、人图像，然后对图像进行分析、评估。②要求被试在画出房树人后，用蜡笔进行简单的涂抹上色。③对人物画要求被试画出性别相反的两个人物。④要求被试在同一张纸上画出房树人进行施测，然后根据一定的标准，对这些图画进行分析、评定、解释，以此来了解其心理状况，判定心理活动是否正常，为临床心理上的诊断和治疗服务。

房树人测验与其他投射测验（如罗夏墨迹测验和主题统觉测验）相比有极大的优点：①该测验既适合于个体测验，又适合于团体测验，一般为 30 ~ 50 人，方便易行，有利于大范围展开。②具有主动性、构成性和非言语性的特点。绘画对于大多数被试来说可以使其积极主动地参加，并且不受文化教育的影响，测验评分和分析有相对严格的标准和程序，保证其客观性，从而能够真实具体地反映被试的人格特点。③重复测验不会导致练习效果，反而有利于反复施测和追踪观察。④它可以作为对社会人群的心理健康的普查筛选工具，以此筛选出群体中需要进行心理健康干预的人员。⑤它还可以用于与精神卫生工作相关的门诊临床以及心理问题和心理疾病住院患者的心理诊断手段，为心理咨询、心理治疗等提供相关的人格方面的信息，并且不易对被试造成心理创伤。⑥此外还可利用其艺术疗法的作用，促进心理障碍、心理疾病患者的康复。

2．测验的理论假设

房树人测验的假设基础主要是依托精神分析理论的投射机制，重在探讨人的深层次的、潜意识的人格特征。当被试按照要求在纸上进行作画时，常常会不自觉地将自己的思想、情感、内在欲望、心理问题以及智力和人格特点反映在图画上。

房树人测验认为房屋作为人居住的地方，代表生活的物质方面，可以引起对于家庭及亲人的联想，其基本意义代表着舒适、安全。通过对屋顶、墙面、窗户以及地面的分析可以了解到被试在家庭以及社会关系中的自我形象。树木则代表生命能量和方向，树的生活与人性极为相似，这就是生命力的存在。拉米雷斯（Ramirez）认为，在树的绘画中，树根代表与现实的关系，树干表示自我力量，树枝和叶子代表与环境满意互动的能力，树结代表创伤性事件。人则反映被试的自我形象、与人相处的情形以及被试的智力发展水平。

3．测验的实施

首先要准备好测验工具：一支带有橡皮的2B铅笔，A4白纸。

主试可以这样表述指导语：请用铅笔在给你的这张白纸上，任意画一幅包括房子、树木、人物在内的画。你想怎么画就怎么画，没有更多的要求，只要你认真地进行绘画就可以了。在绘画过程中你可以随意修改，而且你想花多长时间完成这幅绘画都可以。

施测过程比较简单，其中有几条注意事项：

（1）在画的过程中如果被试表示自己画得不好，就告诉他：我们完全不是在考察你的绘画能力，我们不关心这个，我们关心的是你怎样来进行绘画。

（2）如果被试表示要使用工具来完成绘画，就告诉他：这些绘画需要徒手完成，画图时不可使用尺子。

（3）绘画一定要严格遵守房—树—人的顺序。

（4）画人的时候，不可以画火柴人。

（5）除了以上指导语外，不再对被试做任何的提示，也不应对绘画做出任何评价。

被试房树人测验作品举例（见图11－2）：

（1）　　　　　　　　　　　　　　　　（2）

图11－2　房树人测验作品

在测验的过程中，要求主试进行以下记录：首先，记下绘画时间，指导语结束后到被试开始绘画的时间，一幅画画完所需时间等。其次，对于被试在描绘房、树、人时要正确地记录画面部分的顺序，如先画房顶，然后画墙壁，再画门、窗等。最后，被试在描绘过程中，可能会做出某些提问或自言自语的解释，如"这是房顶，这是墙壁，这有一个窗"等，也需要进行记录。

整个绘画过程结束后，主试还要对绘画内容进行提问。提问举例如下：

"H"——关于房子：

（1）这间房子是在城里，还是在郊外？是什么材料构成的？

（2）这房子附近，有别的人家吗？

（3）你这张画，画的是什么天气？

（4）这是你从远处看到的房子，还是近处呢？

（5）住在这房子里的主人是怎么样的人？

（6）家庭气氛是温暖，还是冰冷？

（7）看见这房子，你想起什么？想起谁？

（8）你想住在这样的家里吗？

（9）你想住在这间房子的哪个房间里？

（10）你想跟谁一起住在这个家里？

（11）你自己的家比这个大，还是小？

（12）你绘画时，想的是谁的家？

（13）你是否画自己的家？

"T" ——关于树：

（1）这是什么树（常绿树、落叶树)？

（2）这是种在什么地方的树？

（3）这是什么季节的树？

（4）是孤零零一棵呢，还是森林中的一棵？

（5）这画上的天气如何？

（6）有风吗？如果有风，会从什么方向吹向什么方向？

（7）有太阳吗？如果太阳升起，会从哪儿升起？

（8）这棵树的树龄有多少？

（9）这是活树，还是枯树？

（10）是棵坚强挺拔的树，还是弱小的树？

（11）这棵树与什么性别相似？男还是女？

（12）这棵树使你想起谁？

（13）这棵树你觉得像谁？

（14）这是你远处看到的树，还是近处看到的树？

（15）对这棵树来讲，什么最必要？

（16）这棵树比你大呢，还是比你小？

"P" ——关于人：

（1）这人大约几岁？

（2）结婚了吗？家里有几个人？什么样的人？

（3）这个人干什么的？

（4）他（她）正在干什么？

（5）他（她）正在想什么？感到怎样？

（6）身体是否健康？

（7）朋友多吗？什么样的朋友？

（8）素质如何？优点？缺点？

（9）幸福还是不幸？

（10）对他（她）来说，什么最重要（必要）？

（11）你喜欢这个人吗？

（12）你想成为这样的人吗？

（13）你想跟这样的人一起生活，成为朋友吗？

（14）在画时，你想画谁？

（15）这人像你吗？

（16）（特殊的人物时）你怎么会想到画这样的人的？

（17）（难理解的部分）这是什么？为什么要这样画？

（18）还想添点什么？

（19）画得成功吗？哪个部分难画，画不好？

除进行个人施测外，房树人测验也可以进行集体施测，施测过程如下：

（1）被试的范围在 30～50 人。

（2）每人发一张测验纸，一支铅笔，一块橡皮。

（3）测验的指导语：请你们在 A 的方框内画一座房屋，画完以后，在 B 的方框内画一棵树，在 C 的方框内画一个人，然后把房、树、人画在 E 的方框内，下面开始。

集体测验的时间限制在 30 分钟以内。完成后，主试对照测验手册对测验结果进行评定。

4. 测验的计分及解释

房树人测验的计分及解释主要是通过对被试个人的主观报告、访谈内容以及主试的观察，从不同寻常的细节、空间比例大小以及透视等 10 个角度进行分析。具体包括三个方面：一是从整体上去分析，包括画面大小、位置、画中各部分之间的距离、笔画力度、构图、颜色等；二是从画面的过程去分析，包括画画顺序，画各部分所用时间以及是否有涂擦等；三是从画面的内容上去分析，包括线条、方向、地平线、立体感等。

相对于其他投射测验，房树人测验具有较为客观的计分方式，但在分析时，有两点不足：一是未对客观指标如空间比例给予足够重视，只看重被试所画的树木特征是否协调一致；二是结构化访谈中的部分问题具有一定的暗示性或引导性，如"你认为这棵树是男人还是女人"。

而对于绘画内容的分析，虽然国外已经有了比较完善的分析手册，但由于文化的差异，西方的研究结果不能很好地应用于中国的个案中。所以在分析的过程中要结合各方面的信息，根据具体情况，选取更为合适的理论进行创新性的解释。

5. 测验的信度、效度

研究表明该测验具有较好的信度和效度。有学者研究显示，相隔一段时间后重测房树人测验，在指导语、环境等保持一致的前提下，前后两次测试的结果保持较高的一致性，仅在细节上有所差异。Bieliauskas 和 Farragher（1983）的研究显示测试用纸的大小对测试的结果并无显著影响。梁馨月等采取房树人测验与症状自评量表相结合的方式对大学新生进行心理普查，发现房树人测验可与 SCL－90、16PF、MMPI 等组合使用，可以提高心理普查的信度和效度。在认知能力评估方面的研究显示，儿童房树人测验的得分与儿童韦氏智力测验的得分存在显著相关性。

第四节　沙盘游戏测验

一、概述

沙盘游戏是一种以荣格分析心理学为基础，由多拉·卡尔夫发展创立的心理治疗方法。沙盘游戏的形式为被试在"自由与保护的空间"中，创造性地使用沙子、水和沙具，最终形成一个沙盘意象。通过沙盘中所表现的系列沙盘意象，达到被试心灵深处意识和无意识之间的持续性对话，以及由此而激发的治愈过程和人格的发展的目的。

值得指出的是，沙盘游戏的创立初衷即是治疗，它是一种运用意象（积极想象）进行治疗的创造形式，"一种对身心生命能量的集中提炼"。作为心理分析技术与艺术和表现性心理治疗方法相结合的巧妙形式，在众多心理学家的努力下，沙盘游戏也在不断地进行演化，也逐渐应用于诊断研究方面。

维也纳大学的布勒（C. B. Buhler）把沙盘作为诊断和研究工具，她将自己的技术命名为"世界测验"，并将其标准化。她以儿童为研究对象进行了一系列实证研究。结果显示："世界测验"作为一种诊断技术可以用来区分"正常人"和"患者"。她还发现，这种技术有助于诊断情感障碍或智力障碍。随后，在"世界测验"的基础上，研究人员将研究对象转向了成人，研究证明了患者与正常人存在着差异。教育心理学家鲍尔（K. Bowyer）制定了用于分析沙盘作品的 5 个评分标准（沙盘中所使用的区域、攻击性主题、对沙盘的控制、沙的运用和沙盘作品的内容），并且发展了分析正常和异常组沙盘作品的常模。除了区分正常与异常之外，鲍尔还指出了年龄和智力因素对沙盘的影响。

国内的沙盘研究者申荷永等以初始沙盘为研究对象，选取 65 个小学生测试，分为行为问题儿童和正常儿童两组。然后把他们按照研究者在理论和临床经验基础上总结出来的初始沙盘主题特征编码表进行编码分析并计分，最后用 logistic 回归分析找出了对行为问题儿童具有诊断意义的沙盘主题特征。他们认为初始沙盘具有特殊和重要的诊断意义，不仅反映被试的问题，也提供治愈的希望、线索和方向。张日昇等对大学生孤独人群的沙盘作品特征进行了研究，结果表明这些沙盘作品有着共同的特征，他们发现沙盘作品不仅反映人的心理状态，而且还在一定程度上反映人的心理特质。

由此可见，沙盘游戏具有一定的诊断能力和价值，对发现和诊断被试的问题有着积极作用。

二、沙盘游戏的材料及施测过程

（一）材料

沙盘游戏有两大基本构成要素：沙子和沙具。沙子是儿童最爱玩的材料之一，几乎每一个人儿时都曾有过玩沙的经验，不同国家、不同时期的儿童都几乎不例外。沙子的流动性和可塑性，也使人们可以任意发挥自己的想象力，用它来建造自己心中的城堡、村庄、山川和河流，以及其他任何东西。沙具是沙盘创造过程中另外一个重要的工具，它是一些人或者物的缩微模型，如建筑物、交通工具、童话人物、动物等，主要用来代表被试心理中的一些客体。使用沙具可将心理中的内容外显为客观的存在。沙具代表了人身上活跃的能量，被试可以随意使用许多小型的模型在沙盘中表现出他的内心世界。

除了上述两者之外，沙盘游戏中还有个沙箱，这是沙盘游戏开展的场所，也是人的心理空间的投射。沙箱有两个基本的要求：第一，尺寸。内侧的尺寸为国际标准：57 cm×72 cm×7 cm。第二，颜色。外侧涂深颜色，内侧涂蓝色，可以让被试感到挖沙子会挖出水，这种感觉是很重要的。

（二）施测过程

沙盘游戏在应用于诊断创作的过程中，多是个别施测，主试向被试介绍沙盘游戏中的沙和水的使用，介绍各种沙具的类别和摆放位置，营造出一个安全的、受保护的和自由表达的环境，并表达对被试的一种积极的期待和关注。

告知被试沙盘游戏方式无所谓对错；要以一种自发游戏的心态来创造沙盘世界以及自由地表达内在的感受，帮助被试唤起"童心"。被试可以用也可以不用物件及水来建造沙世界。完成后请他告知主试。

需要注意的是，在沙盘创作过程中，除非被试请主试说话，否则主试应保持沉默，不要碰触沙盘，只做观察而不加干涉或解释，并对被试进行全程陪伴。时间为15~30分钟。

三、对沙盘游戏的分析

对沙盘游戏作品应用于诊断并进行分析，目前并没有成熟一致的标准，一般而言，在分析过程中，主要从沙盘的整合性、空间配置以及主题等方面进行初步分析。

（一）整合性

所谓整合性，应包括以下内容：作品的均衡性、丰富程度、细致程度、流动性、生命力等。

如果整个作品给人的感觉是分散的、支离破碎的、杂乱无章的、贫乏的、机械的、固定的、成分少的，那么被试目前正在患病的可能性是极大的。在分析沙盘作品时，主试对被试作品的整体感受、何种印象是问题的关键。

（二）空间配置

空间配置，是指分析被试作品时关注被试在沙箱空间的左右配置、玩具的摆设状况。

根据传统的空间象征理论，无论是人物测试还是树木绘画测试及其他的绘画测试，在所给予的空间里，左和右意味着内部世界和外部世界、未来和过去、父亲和母亲；上和下意味着意识和无意识、精神和物质等。沙盘游戏也是基于以上的象征理论来分析的。

一般来说，将山、森林、佛像、寺庙神社、教堂等表示人的无意识"深层"部分的东西配置在左侧的倾向较强。在从内在世界向外在世界、过去向未来的新的可能性开发的过程中，往往使用沙盘的情况较多。左下角往往意味着可能性、发展的源泉。

车船、飞机、动物、人及河川等若是都朝着一个方向，朝向左侧即意味着退行，朝向右侧意味着前行，和以上左右的思维不同。

有时候，被试会在摆放玩具时边摆边移动，将玩具从沙箱内移动到沙箱外玩，这往往反映了自我的界限尚不确定，将范围扩展到箱外可能具有一种超越自我所能把握的范围去表现自己的危险性。被试不愿将玩具摆放在沙箱内，或只将玩具摆放在沙箱周围，有时反映了对表现自我的一种恐惧和不安。

（三）主题

沙盘游戏主题是被试创造的"沙盘世界"中呈现的一个或一系列的可视意象。沙盘游戏主题几乎在所有的"沙盘世界"中都会存在。每一个"沙盘世界"可能包含几个主题，诸多主题可以分为两类：一是创伤主题，创伤主题经常在一些早年曾遭受虐待、外伤、失败或家庭成员死亡的个案中呈现。二是治愈主题，治愈主题常常出现在一些身体健康、早期环境良好的个案中；在治疗后期也常常呈现治愈的主题。

所有的主题，不论创伤主题还是治愈主题，在沙盘游戏的过程中都会发展变化。随着沙盘游戏过程的展开，治愈主题会变得更加显著和丰富；更加现实或生活化；与整体场景更少分离或分裂。与之相反，创伤主题会变得更加微弱和单一；与现实脱离，更加虚幻；与整体场景更多地分离或分裂。但是创伤主题有向积极的一面转化的趋势。

在主题表现上，有时只是一件作品，而有时则可能通过一连串的作品去反映某一主题，其主题的中心，则往往是自我具象或自我意象。

自我的象征可以有各种各样的表现形态，特别是表现为几何图形时，由圆和正方形等构成的组合，就近似于佛教的曼荼罗，要审视自我在其中的位置或地位。

除此之外，还有其他的各种表现形态，如森林中的高塔，山上的城堡，佛像、神像等带有宗教含义的像，特定的动物或人形都有可能是自我的象征或表现了自我的某些期待或向往。

第五节　投射测验的应用现状

投射测验使用模糊的刺激作为测验材料，对被试的人格、智力、情绪等方面进行测查，相对于客观测验而言，能够比较有效地控制表面效度，从而获得被试的真实情况。在实际的应用过程中，投射测验主要体现为以下几个方面。

一、应用于测查特殊群体

在房树人投射测验方面，严虎等对中学生自杀问题进行评定，结果发现：自杀意念中学生绘画特征中更易出现枯树、月亮、动物、水，不易出现太阳，画面描绘不够细致，窗子也相对较小。有自杀计划的中学生绘画特征中更易出现多栋房屋、月亮和画面尖锐部分，不易出现人物和太阳，窗子也相对较小。严虎和陈晋东对农村留守儿童与非留守儿童的心理健康状况进行调查，发现两组儿童在内向孤僻、自卑胆小、紧张焦虑、抑郁、攻击性各维度均存在显著差异，这提示房树人测验的部分指标可以有效地区分不同被试群体的心理健康情况。王萍萍等对汶川地震灾区和非灾区儿童的心理健康状况进行调查，结果发现，两组儿童在心理创伤、焦虑、退行、人际适应、攻击性各维度均存在显著差异；灾区学生仍存在明显的心理创伤，并采用退行的防御机制处理负面情绪，表现出内隐性、多元性和相互交织等特征。

毛颖梅和刘晨对 5 ~ 6 岁听障幼儿房树人绘画特征进行分析，发现听障组幼儿的绘画表现出自我评价低、社会交往退缩的特点。听障幼儿在房树人绘画中，在画面整体特征、人物的绘画特征上较为集中地体现出与健听组幼儿的差异，其描绘人物的水平明显低于健听组幼儿，且绘画内容较少，绘画过程中模仿同伴。

二、与其他测验的相关研究

在房树人测验方面，张燕通过与 SCL－90 合并使用对大学新生的心理适应情况进行普查，认为房树人投射测验与 SCL－90 在大学生心理健康测试与筛选方面的作用基本相当。冯喜珍等将房树人测验与自我同一性量表同时施测大学生群体，将房树人测验的计分指标分为七大部分，结果显示，用房树人的指标测量大学生自我同一性是有效的。

三、在理论基础研究方面

在房树人测验方面，陈侃等使用房树人对与焦虑症状相关联的指标进行研究，结果发现屋顶涂黑、屋瓦精细刻画、手臂很长、占整张纸的人物、人双手背在身后 5 个绘画特征对于焦虑具有较强的预测性，提示可以通过绘画测验评定和预测焦虑。

马红霞等使用房树人测验对康复期精神分裂症患者心理健康状况与房树人绘画特征的关系进行研究，结果显示画面过大、树瘦细、树干窄、屋没门窗锁、表情怒郁、重复某物、尖手指或大手掌等绘画特征与症状自评总分呈正相关，局部刻画与症状自评总分呈负相关，这提示可以通过房树人绘画测验来了解康复期精神分裂症患者的心理状态，可以通过康复期精神分裂症患者的房树人图画的细节特征判断其在焦虑、抑郁、强迫症状等因子上的健康状况。

邱鸿钟和吴东梅针对抑郁症患者使用明尼苏达多项人格测验与房树人绘画特征的相关性进行了研究，发现乱线条头发、平行线树干、有天窗、有帽子、特殊衣服、人物眉下垂等 21 项绘画特征与 MMPI 的抑郁分量表得分呈显著正相关。

科米（Kim）等人设计了一个专业的艺术心理治疗的系统，用来处理绘画特征、心理症状、个人的环境和心理障碍，克服了人类分析过程中掺杂的主观性。后来，他们又对该系统做了进一步改善，增加了一致性保持、可靠评价和机器学习的功能。

投射测验由于其采用的刺激的模糊性，计分及解释的不统一性，在应用方面存在以下问题。

（1）罗夏墨迹测验烦琐的评分和解释规则，只有经过专业训练的人才能操作。

（2）一般的投射测验缺少充分的常模资料，测验结果不易解释。

（3）有关其效度的研究一直存在争议。投射技术评估出的结果是分析者根据自己的临床经验、实证所做的推论，所以它带有风险性：或许被证明是正确的，或许仅是一种主观猜测。

（4）像罗夏墨迹测验、画人测验等，通过被试对图画的反应或所画图片中的内容，揭示其心理活动，这种方式能揭示的心理活动是有限的。画人测验对 14 岁以上的人的智力便难以评估。

虽然由于罗夏墨迹测验、房树人测验等的施测和解释具有专业性，一般未受过专门训练的心理学工作者便望而生畏，但是其他投射技术，如语句完成测验、画人测验等，研究者可以根据自己的需要灵活运用。例如，我国学者黄希庭等就运用画圆测验和语句完成测验，配合时间标定作业，对大学生的时间透视特点做了研究。而且，一般的投射测验的应用过程都耗时较少，比起自陈问卷要经济得多。在讲究效率的现代社会，这些经济实用的投射测验会有更大的应用空间。由此可以预见，投射测验在未来心理学的研究与应用中必将大放异彩。

 技能训练

请同学之间互相施测罗夏墨迹测验、房树人测验，并进行计分及解释。

┊参考文献┊

[1] 金瑜. 心理测量 [M]. 上海：华东师范大学出版社，2001：151.

[2] 罗夏. 心理诊断法 [M]. 袁军，译. 杭州：浙江教育出版社，1997：1.

［3］郭洪芹，傅根跃. 一个团体投射测验的介绍［J］. 中国临床心理学杂志，2001（4）：303 –306.

［4］戴海崎，张锋，陈雪枫. 心理与教育测量［M］. 3 版. 广州：暨南大学出版社，2012：359.

［5］PETOT J M. Interest and limitations of projective techniques in the assessment of personality disorders［J］. European Psychiatry，2000，15（1）：11 –14.

［6］COOPER C，RORISON B N. The apperceptive personality test located in personality space［J］. Personality and Individual Differences，2001，30（2）：363 –366.

［7］郭庆科，孟庆茂. 罗夏墨迹测验在西方的发展历史与研究现状［J］. 心理科学进展，2003（3）：334 –338.

［8］童辉杰. 审视与瞻望：心理学的三大测验技术［J］. 南京师大学报（社会科学版），2002（3）：81 –88.

［9］张燕. 房树人投射测验在新生心理普查中的应用价值［J］. 思想理论教育，2010（5）：70 –73.

［10］严虎，杨怡，伍海姗，等. 房树人测验在中学生自杀调查中的应用［J］. 中国心理卫生杂志，2013（9）：650 –654.

［11］冯喜珍，林贞，洪安宁. 房树人测验在大学生自我同一性的运用［J］. 牡丹江大学学报，2012，21（5）：138 –140.

［12］严虎，陈晋东. 农村留守儿童与非留守儿童房树人测验结果比较［J］. 中国临床心理学杂志，2013，21ˉ（3）：417 –419.

［13］KIM S. A computer system for the analysis of color-related elements in art therapy assessment：Computer_color-related elements art therapy evaluation system（C_CREATES）［J］. The Arts in Psychotherapy，2010，37（5）：378 –386.

［14］陈侃，宋斌，申荷永. 焦虑症状的绘画评定研究［J］. 心理科学，2011，34（6）：1512 –1515.

［15］马红霞，程淑英，傅楚巧，等. 康复期精神分裂症患者心理健康状况与房树人绘画特征的关系研究［J］. 中国全科医学，2013，16（25）：2293 –2295.

［16］毛颖梅，刘晨. 5 ~6 岁听障幼儿房树人绘画特征分析［J］. 中国健康心理学杂志，2013，21（10）：1518 –1521.

［17］邱鸿钟，吴东梅. 抑郁症患者明尼苏达多项人格测验与房树人绘画特征的相关性研究［J］. 中国健康心理学杂志，2010，18（11）：1341 –1344.

教学资源清单

使用说明：建议每位学习者在教师课堂讲授本章教材之前，先通过手机扫码的方式链接到教学资源平台，自学和练习相应的教学内容，以便在课堂上能够与教师更深入和更有效率地进行教与学的研讨，见表11 –3。

表 11 - 3　教学资源清单

编号	类型	主题	扫码链接
11 - 1	PPT 课件	投射测验	
11 - 2		主题统觉测验	
11 - 3	教学视频	艺术心理评估（上）	
11 - 4		从绘画作品看心理发展的问题	
11 - 5		心理咨询师在儿童绘画中的作用	
11 - 6		房—树—人绘画测验	
11 - 7		艺术心理评估（下）	
11 - 8		房—树—人动力测验	
11 - 9		以家庭为中心的绘画测验	
11 - 10		涂鸦游戏测验	

第十二章　心理卫生评定量表

导读

　　本章主要介绍国内目前最常用于心理评估的几个量表，包括 SCL－90、SDS、SAS、PSQI、BPRS 等，着重介绍上述量表的主要内容、评估对象、计分方法、统计指标及结果分析。通过学习、训练，达到初步掌握常用心理评估量表的使用的目的。

第一节　心理卫生评定量表概述

　　心理卫生评估的基本任务是什么？心理卫生评估手段有哪些？心理卫生评定量表的选择和评价方法、评分标准、实施过程及注意事项，都是从事心理卫生工作者首先要清楚的基本问题。

一、心理卫生评定量表的含义

　　（1）心理评定是心理测量学上，把对自己的态度、情感等主观感受和对他人行为的客观观察做出分级或量化评定的活动。

　　（2）心理评定量表是心理评定所用的工具，简称评定量表，即对心理现象的观察所得印象进行质的描述或量化的标准化定式测查程序。评定量表几乎在社会各个领域均有应用，其中用于心理卫生健康评定的称为心理卫生评定量表。

二、心理卫生评估的任务、手段和作用

　　心理卫生评估的对象是人，包括了患者和健康的人，故评估的范围既涉及疾病，又涉及健康，而且更重视对健康的评估。

　　评估手段包括了传统的医学检查方法、心理测量学技术，还有社会学及其他学科检测手段。

　　心理卫生评估的主要作用是对一组人群或对一个个体进行测查，以便建立一个常模或探讨一个个体的心理卫生状况，其评估内容涉及身体、心理、社会适应能力和道

德等方面，对心理卫生科学研究和临床实践有重要的作用。目前，国外发表的研究性论文大多数采用评定量表作为评定工具。

评定量表的用途：①资料收集的客观依据。②评定心理健康状况和疾病的严重程度。③作为研究样本的分组依据。④评价心理和药物干预的效果。⑤观察病情的进展和预后。⑥评价与心理健康有关的因素。

三、心理卫生评定量表的形式和种类

（一）形式

心理卫生评定量表的形式多种多样，除具有他评量表性质的主观评定量表外，常见的形式还有自我陈述量表、问卷、调查表和检查表等，这类量表均有评定量表的性质，但其内容、结构及功用稍有不同。

（二）种类

（1）按用途分类：诊断量表、症状量表和其他量表。

（2）按评定方式分类：自评量表和他评量表。

（3）按病种分类：抑郁量表、焦虑量表和躁狂量表等。

（三）自杀方面研究可能使用的量表

（1）症状自评量表（SCL – 90）。

（2）自杀态度问卷（QSA）。

（3）贝克抑郁量表（BDI）。

（4）汉密顿抑郁量表（HAMD）。

（5）大学生人格问卷（UPI）。

（6）焦虑自评量表（SAS）。

（7）抑郁自评量表（SDS）。

（8）UCLA 孤独量表。

（9）生活事件量表（LES）。

（10）成就动机量表（AMS）。

（11）自卑感量表（FIS）。

（12）自杀意念自评量表（SIOSS）。

（13）青少年生活事件量表（ASLEC）。

（14）职业紧张压力量表（OSI）。

（15）生活满意度量表（LSR）。

（16）社会支持评定量表（SSRS）。

四、评定量表的实施过程及注意事项

（一）实施过程

评定量表具体的实施应按其使用手册规定的步骤严格进行。概括起来评定量表的实施有准备阶段、量表的填写、评定结果换算及结果解释报告这四个步骤。

（二）注意事项

注意事项：①正确掌握评定方法，正确和合理使用评定量表，要注意防止滥用评定量表，注意量表的社会文化经济背景对量表使用效用的影响，尤其近年来引进了一些国外编制的评定量表，如果内容与我国文化背景不符合，应修订后方能使用。②评定对象：不同量表适合于不同的对象，除了病种以外，还有年龄和住院或门诊的限制；自评量表通常要求 13 岁以上，且文化水平在小学六年级或以上。③评定的时间范围：不同量表评定的时间范围是不同的（包括近一周、近一个月、近六个月）。④ 主试：不同量表对主试的身份要求不一样，有的要求为精神科医师或心理咨询师，有的要求为病房护士、技术员或其他研究人员，主试必须接受有关量表评定的训练。

第二节　症状自评量表

症状自评量表（Symptom Check－List 90，SCL－90）由德罗加蒂斯（L. R. Derogatis）等人于 1943 年编制并于 1975 年修订。该量表共包括 90 个项目，项目来源均为精神病症学方面的临床表现。从感觉、情感、思维、意识、行为直到生活习惯、人际关系、饮食睡眠等，全量表含 10 个因子：躯体化、强迫症状、人际关系敏感、抑郁、焦虑、敌对、恐惧、偏执、精神病性、其他，由 90 项常见心理活动过程的陈述内容组成。由于 SCL－90 能够反映广泛的心理活动症状和准确地暴露被试的自觉症状特征，尤其在分类诊断神经症中，能反映各类神经症的特点，现已成为临床心理评估中最常用的自评量表。我国最早由王征宇和金华等人进行了中文版修订并建立了中国常模，并在各领域得到了广泛应用。目前主要应用于临床观察、研究、心理咨询、精神科门诊，对有心理症状的人有较好的筛查能力。适用于测查某人群中可能有心理障碍的人，而且可以了解其严重程度。现已有计算机软件，使用方便。

一、量表内容

该量表各因子名称为：

躯体化（somatization，Sm）：包括 1、4、12、27、40、42、48、49、52、53、56 和 58 共 12 项，反映主观的躯体不适感。

强迫症状（obsessive-compulsive，Oc）：包括 3、9、10、28、38、45、46、51、55 和 65 共 10 项，反映临床上的强迫症状（强迫思维和行为）。

人际关系敏感（interpersonal sensitivity，Is）：包括 6、21、34、36、37、41、61、69 和 73 共 9 项，反映个人的不自在感和自卑感，以及对人际关系的自我感觉。

抑郁（depression，D）：包括 5、14、15、20、22、26、29、30、31、32、54、71 和 79 共 13 项，反映与临床上的抑郁症状群相联系的感知、行为、躯体方面的问题，有几个项目问到了死亡、自杀等概念。

焦虑（anxiety，A）：包括 2、17、23、33、39、57、72、78、80 和 86 共 10 项，反映与临床上焦虑症状相联系的精神症状及体验，包括烦躁、坐立不安、神经过敏、紧张以及产生的躯体表现，如植物神经症状等，也包括了焦虑、惊恐发作等内容。

敌对（hostility，H）：包括 11、24、63、67、74 和 81 共 6 项，从思维、情感及行为三个方面反映被试的敌对表现。

恐惧（phobic anxiety，Pa）：包括 13、25、47、50、70、75 和 82 共 7 项，反映传统的恐惧状态或恐惧症的内容，产生原因包括出门旅行、空旷场地、人群、公共场所和交通工具，以及社交恐惧等。

偏执（paranoid ideation，Par）：包括 8、18、43、68、76 和 83 共 6 项，指猜疑和妄想性思维等偏执性思维的基本特征，如投射性思维、敌对、猜疑、关系妄想、夸大等。

精神病性（psychoticism，Ps）：包括 7、16、35、62、77、84、85、87、88 和 90 共 10 项，反映各样的精神病性症状和行为，如思维播散、被控制体验、思维插入、幻听等。

其他（additional items，Ad）：包括 19、44、59、60、64、66 和 89 共 7 项，主要反映睡眠及饮食情况。

二、条目评分标准

SCL-90 的每个条目采用 5 级评分，具体标准如下：

1 分——无：自觉无该项症状或问题。

2 分——轻度：自觉有该项症状，但对自己没有实际影响或影响轻微。

3 分——中度：自觉有该项症状，对自己有一定影响。

4 分——偏重：自觉常有该项症状，对自己有相当程度的影响。

5 分——严重：自觉该项症状的频度和强度都十分严重，严重影响自身。

三、统计指标

单项分：90 个项目的评分值。

总分：90 个项目评分之和。

总均分：90 个项目的平均得分。

阳性项目数：单项分≥2的项目数，表示患者在多少项目上呈现"有症状"。

阴性项目数：单项分=1的项目数，表示患者"无症状"的项目有多少。

阳性症状均分：（总分−阴性项目数）/阳性项目数。

因子分：10个因子，因子包含项目的平均得分。可以做廓图（profile）分析，一目了然。

四、操作

SCL−90为自评量表，由评定对象自己独立填写。评定前主试应交代清楚评分方法和要求。评定时间范围为"现在"或是"最近一周"。每一个项目按1~5分五级评分。1分：无症状；2分：轻度；3分：中度；4分：偏重；5分：严重。说明每个等级的具体定义，由被试自己体会，所有条目采用正向计分，没有反向计分项目。

五、结果分析

总分：反映病情的严重程度。总分的变化能反映病情的演变，反映自我感觉不佳项目范围及其程度的阳性项目数和阳性均分，也可在一定程度上代表其病情的严重性。按照中国常模，总分超过160分或阳性项目数超过43项，需要做进一步检查。

因子分和廓图：反映症状群的特点，因子分的变化还可以反映靶症状群的治疗效果，廓图给人以直观的印象。因子分超过2分，视为有临床意义，因子分越高反映症状越严重。

六、注意事项

在开始评定前，先由主试把总的评分方法和要求向被试交代清楚，然后让其做出独立的、不受任何人影响的自我评定。

对于文化程度低的被试，可由主试逐项念给他听，并以中性的、不带任何暗示和偏向的方式把问题本身的意思告诉他。

评定的时间范围是"现在"或是"最近一周"的实际感觉。

评定结束时，由主试逐一核查，凡有漏评或者重复评定的，均应提醒被试再考虑评定，以免影响分析的准确性。

第三节　抑郁自评量表

抑郁自评量表（Self-Rating Depression Scale，SDS），是美国华裔心理学家张（W. K. Zung）于1965年编制的。作为美国教育卫生福利部推荐的用于精神药理学研究的量表之一，因使用简便，能相当直观地反映患者抑郁的主观感受，目前已广泛用于门诊患者的初筛、情绪状态评定以及调查和科研等。

一、适用范围

用于抑郁症患者的辅助诊断，可以评定抑郁症状的严重程度。

二、项目与内容

指导语：请仔细阅读表中的每一条，根据最近一周的情况，选择适当的等级。1为没有或很少时间；2为少部分时间；3为相当多时间；4为绝大部分或全部时间（见表12-1）。

表 12-1　抑郁自评量表

问题	选项			
	1	2	3	4
1. 我感到郁闷、情绪低沉				
*2. 我感到早晨心情最好				
3. 我要哭或想哭				
4. 我晚上睡眠不好				
*5. 我吃东西和平时一样多				
*6. 我与异性接触时和以往一样感到愉快				
7. 我感到体重减轻				
8. 我有便秘烦恼				
9. 我心跳比平时快				
10. 我无故感到疲惫乏力				
*11. 我的头脑像往常一样清楚				
*12. 我做事情像平时一样不感到困难				
13. 我感觉不安，难以平静				
*14. 我对未来感到有希望				
15. 我比平时容易激动生气				
*16. 我觉得决定什么事很容易				
*17. 我感到自己是有用的和不可缺少的人				
*18. 我的生活过得很有意思				
19. 我认为我死了别人会过得更好				
*20. 我仍旧喜爱自己平时喜爱的东西				

注：标 * 者为反向计分。

三、评分标准与结果分析

评分标准：采用 4 级评分，主要评定项目为所定义的症状出现的频率。若为正向评分题，依次评为 1、2、3、4 分；带 * 号为反向评分题，则评为 4、3、2、1 分。正向描述包括 2、5、6、11、12、14、16、17、18、20，其余为反向描述。

结果分析：总粗分 = 20 个项目各项得分相加；标准分 = 粗分 × 1.25；按照中国常模标准，总粗分划界为 41 分，分界值为 53 分，53 ~ 62 分为轻度抑郁，63 ~ 72 分为中度抑郁，72 分以上为重度抑郁。

四、注意事项

该量表为自评量表，由被试自己填写，评定近一周的情况。在填写前，一定要让被试把整个量表的填写方法及每个条目的含义都弄明白，然后做出独立的、不受任何人影响的自我评定。

如果被试的文化程度太低，不能理解或看不懂 SDS 问题的内容，可由主试念给他听，逐条念，让被试独自做出评定。

第四节　焦虑自评量表

焦虑自评量表（Self-Rating Anxiety Scale，SAS），是美国华裔心理学家 W. K. Zung 于 1971 年编制的。从量表结构的形式到具体评分方法，都与抑郁自评量表十分相似，用于评定焦虑患者的主观感受及其在治疗中的变化。

SAS 包含 20 个项目，采用 4 级评分，主要评定最近一周的时间范围内项目所定义症状出现的频率。该量表适用于具有焦虑症状的成年人，项目总分越高，表示焦虑症状越严重。近年来，SAS 已作为咨询门诊中了解焦虑症状的一种常用的自评工具。

一、适用范围

用于焦虑症患者的辅助诊断，可以评定焦虑症状的严重程度。

二、项目与内容

指导语：请仔细阅读表中的每一条，根据最近一周的情况，选择适当的等级。1 为没有或很少时间；2 为少部分时间；3 为相当多时间；4 为绝大部分或全部时间（见表 12 - 2）。

表 12 - 2　焦虑自评量表

问题	选项			
	1	2	3	4
1. 我觉得比平常容易紧张或着急				
2. 我无缘无故地感到害怕				
3. 我容易心里烦乱或觉得恐惧				
4. 我觉得我可能将要发疯				
*5. 我觉得一切都好，也不会发生什么不幸				
6. 我手脚发抖打战				
7. 我因为头痛、颈痛和背痛而苦恼				
8. 我感觉容易衰弱和疲乏				
*9. 我很心平气和，并且容易安静坐着				
10. 我觉得心跳得很快				
11. 我因为一阵阵头晕而苦恼				
12. 我有晕倒发作，或觉得要晕倒似的				
*13. 我吸气呼气都感到很容易				
14. 我的手脚麻木和刺痛				
15. 我因为胃痛和消化不良而苦恼				
16. 我常常要小便				
*17. 我的手脚常常是干燥温暖的				
18. 我脸红发热				
*19. 我容易入睡，且一夜睡得很好				
20. 我做噩梦				

注：标 * 者为反向计分。

三、评分标准与结果分析

评分标准：SAS 也有 20 个项目，仍采用 4 级评分，主要评定项目为所定义的症状出现的频率。若为正向评分题，依次评为 1、2、3、4 分；反向评分题，则评为 4、3、2、1 分。在计分时，量表 5、9、13、17、19 共 5 项为反向计分，其他为正向计分。

结果分析方法：总粗分 = 20 个项目各项得分相加；标准分 = 总粗分 × 1.25；按照中国常模结果，SAS 标准分的分界值为 50 分，50 ~ 59 分为轻度焦虑，60 ~ 69 分为中度焦虑，69 分以上为重度焦虑。

四、注意事项

在开始评定前，一定要让被试把整个量表的填写方法及每条问题的含义都弄明白，然后让其做出独立的、不受任何人影响的自我评定。

如果被试文化程度太低，不理解或看不懂 SAS 问题的内容，可由主试逐项念给他听，让被试独自做出评定。

评定的时间范围是"过去一周"的实际感觉。

评定时，应让被试理解反向计分的各题，如不能理解会直接影响统计结果。

第五节　匹兹堡睡眠质量指数

匹兹堡睡眠质量指数（Pittsburgh Sleep Quality Index，PSQI）是美国匹兹堡大学精神科医生布伊塞（D. J. Buysse）博士等人于 1989 年编制的。该量表适用于睡眠障碍患者、精神障碍患者的睡眠质量评价，同时也适用于一般人群睡眠质量的评估。

一、主要内容

量表由 9 道题组成，前 4 题为填空题，后 5 题为选择题，其中第 5 题包含 10 道小题。

匹兹堡睡眠质量指数（PSQI）测题

指导语：下面一些问题是关于您最近 1 个月的睡眠情况，请选择填写最符合您近 1 个月实际情况的答案。请回答下列问题。

1. 近 1 个月，晚上上床睡觉通常____点钟。

2. 近 1 个月，从上床到入睡通常需要____分钟。

3. 近 1 个月，通常早上____点起床。

4. 近 1 个月，每夜通常实际睡眠____小时（不等于卧床时间）。

对下列问题请选择 1 个最适合您的答案。

5. 近 1 个月，因下列情况影响睡眠而烦恼：

a. 入睡困难（30 分钟内不能入睡）（1）无　（2）＜1 次/周　（3）1～2 次/周　（4）≥3 次/周

b. 夜间易醒或早醒（1）无　（2）＜1 次/周　（3）1～2 次/周　（4）≥3 次/周

c. 夜间去厕所（1）无　（2）＜1 次/周　（3）1～2 次/周　（4）≥3 次/周

d. 呼吸不畅（1）无　（2）＜1 次/周　（3）1～2 次/周　（4）≥3 次/周

e. 咳嗽或鼾声高（1）无　（2）＜1 次/周　（3）1～2 次/周　（4）≥3 次/周

f. 感觉冷（1）无　（2）＜1 次/周　（3）1～2 次/周　（4）≥3 次/周

g. 感觉热（1）无　（2）＜1 次/周　（3）1～2 次/周　（4）≥3 次/周

h. 做噩梦（1）无　（2）＜1 次/周　（3）1～2 次/周　（4）≥3 次/周

i. 疼痛不适 (1) 无 (2) <1 次/周 (3) 1~2 次/周 (4) ≥3 次/周

j. 其他影响睡眠的事情 (1) 无 (2) <1 次/周 (3) 1~2 次/周 (4) ≥3 次/周

如有，请说明：_____

6. 近 1 个月，总的来说，您认为自己的睡眠质量 (1) 很好 (2) 较好 (3) 较差 (4) 很差

7. 近 1 个月，您用药物催眠的情况 (1) 无 (2) <1 次/周 (3) 1~2 次/周 (4) ≥3 次/周

8. 近 1 个月，您常感到困倦吗 (1) 无 (2) <1 次/周 (3) 1~2 次/周 (4) ≥3 次/周

9. 近 1 个月，您做事情的精力不足吗 (1) 没有 (2) 偶尔有 (3) 有时有 (4) 经常有

二、使用和统计方法

PSQI 用于评定被试最近 1 个月的睡眠质量。由 19 个自评和 5 个他评条目构成，其中第 19 个自评条目和 5 个他评条目不参与计分，在此仅介绍参与计分的 18 个自评条目。18 个条目组成 7 个成分，每个成分按 0~3 等级计分，累积各成分得分为 PSQI 总分，总分范围为 0~21，得分越高，表示睡眠质量越差。被试完成测验需要 5~10 分钟。

各成分含义及计分方法如下。

A. 睡眠质量。根据条目 6 的应答计分，较好计 1 分，较差计 2 分，很差计 3 分。

B. 入睡时间。

（1）条目 2 的计分为："≤15 分钟"计 0 分，"16~30 分钟"计 1 分，"31~60 分钟"计 2 分，">60 分钟"计 3 分。

（2）条目 5a 的计分为："无"计 0 分，"<1 次/周"计 1 分，"1~2 次/周"计 2 分，"≥3 次/周"计 3 分。

（3）累加条目 2 和 5a 的得分，若累加分为 0 计 0 分，1~2 分计 1 分，3~4 分计 2 分，5~6 分计 3 分。

C. 睡眠时间。根据条目 4 的应答计分，">7 小时"计 0 分，"6~7 小时"计 1 分，"5~6 小时"计 2 分，"<5 小时"计 3 分。

D. 睡眠效率。

（1）床上时间 = 条目 3（起床时间）- 条目 1（上床时间）。

（2）睡眠效率 = 条目 4（睡眠时间）/ 床上时间 × 100%。

（3）成分 D 计分为："睡眠效率 > 85%"计 0 分，"75%~84%"计 1 分，"65%~74%"计 2 分，"<65%"计 3 分。

E. 睡眠障碍。根据条目 5b 至 5j 的计分，"无"计 0 分，"<1 次/周"计 1 分，

"1~2 次/周"计 2 分，"≥3 次/周"计 3 分。累加条目 5b 至 5j 的计分，若累加分为 0 则成分 E 计 0 分，1~9 分计 1 分，10~18 分计 2 分，19~27 分计 3 分。

F. 催眠药物。根据条目 7 的应答计分，"无"计 0 分，"<1 次/周"计 1 分，"1~2 次/周"计 2 分，"≥3 次/周"计 3 分。

G. 日间功能障碍。

（1）根据条目 8 的应答计分，"无"计 0 分，"<1 次/周"计 1 分，"1~2 次/周"计 2 分，"≥3 次/周"计 3 分。

（2）根据条目 9 的应答计分，"没有"计 0 分，"偶尔有"计 1 分，"有时有"计 2 分，"经常有"计 3 分。

（3）累加条目 8 和 9 的得分，若累加分为 0 则成分 G 计 0 分，1~2 分计 1 分，3~4 分计 2 分，5~6 分计 3 分。

PSQI 总分 = 成分 A + 成分 B + 成分 C + 成分 D + 成分 E + 成分 F + 成分 G。

注：目前尚无中国人的常模。

三、适用范围

适用于睡眠障碍患者、精神障碍患者的睡眠质量评价，疗效观察，一般人睡眠质量的调查研究，以及睡眠质量与心身健康相关性研究的评定工具。

第六节　简明精神病量表

简明精神病量表（Brief Psychiatric Rating Scale，BPRS），由奥维尔（J. E. Overall）和戈勒姆（D. R. Gorham）于 1962 年编制。它是精神科临床应用最广泛的评定量表之一，本量表初版有 16 项，后来增加至 18 项。我国量表协作组又增添了 2 项（工作和自知力）。

一、适用范围

BPRS 适用于有精神病症状的重性精神患者。

二、项目、定义和评定标准

BPRS 中所有项目采用 1~7 分的 7 级评分法，评分标准为：①无。②很轻。③轻度。④中度。⑤偏重。⑥重度。⑦极重。如果未测，则计 0 分，统计时应剔除。其中 1、2、4、5、8、9、10、11、12、15 和 18 项，根据患者自己的口头叙述评分；而 3、6、7、13、14、16 和 17 项，则依据对患者的观察进行评定。第 16 项"情感平淡"是"依据观察"评分（详见附录 12-1）。

BPRS 项目内容如下。

（1）关心躯体健康：指对自身健康的过分关心，不考虑其主诉有无客观基础。

（2）焦虑：指精神性焦虑，即对当前及未来情况的担心、恐惧或过分关注。

（3）情感交流障碍：指与检查者之间如同存在无形隔膜，无法实现正常的情感交流。

（4）概念紊乱：指联想散漫、零乱和解体的程度。

（5）罪恶观念：指对以往言行的过分关心、内疚和悔恨。

（6）紧张：指焦虑性运动表现。

（7）装相和作态：指不寻常的或不自然的运动性行为。

（8）夸大：即过分自负，确信具有不寻常的才能和权利等。

（9）心境抑郁：即心境不佳、悲伤、沮丧或情绪低落的程度。

（10）敌对性：指对他人（不包括检查者）的仇恨、敌对和蔑视。

（11）猜疑：指检查当时认为有人正在或曾经恶意地对待他。

（12）幻觉：指没有相应外界刺激的感知。

（13）动作迟缓：指言语、动作和行为的减少和缓慢。

（14）不合作：指会谈时对检查者的对立、不友好、不满意或不合作。

（15）不寻常思维内容：即荒谬古怪的思维内容。

（16）情感平淡：指情感基调低，明显缺乏相应的正常情感反应。

（17）兴奋：指情感基调增高，激动，对外界反应增强。

（18）定向障碍：指对人物、地点或时间分辨不清。

我国量表协作组增加 2 个项目如下。

X1　自知力障碍：指对自身精神疾病、精神症状或不正常言行缺乏认识。

X2　工作不能：指对日常工作或活动的影响。（详见附录 12 - 2）

三、统计指标和结果分析

BPRS 的统计指标有：总分（18～126 分）、单项分（0～7 分）、因子分（0～7 分）和廓图。

总分反映疾病严重性，总分越高，病情越重。单项症状的评分及其出现频率反映不同疾病的症状分布。症状群的评分，反映疾病的临床特点，并可据此画出症状廓图。

治疗前后总分值的变化反映疗效的好坏，差值越大疗效越好。治疗前后各症状或症状群的评分变化可反映治疗的靶症状。因 BPRS 为分级量表，所以能够比较细致地反映疗效。

BPRS 的结果可按单项分、因子分和总分进行分析，尤以后两项的分析最为常用。

其因子分一般归纳为 5 类：①焦虑忧郁，包括 1、2、5、9 共 4 项。②缺乏活力，包括 3、13、16、18 共 4 项。③思维障碍，包括 4、8、12、15 共 4 项。④激活性，包括 6、7、17 共 3 项。⑤敌对猜疑，包括 10、11、14 共 3 项。

上述因子分主要反映精神病性障碍的临床特征。

四、注意事项

（1）BPRS 适宜用于中度、重度的精神病患者评定，轻症效果不好。

（2）主试由经过训练的精神科专业人员担任。

（3）评定的时间范围：入组时，评定入组前一周的情况。以后一般相隔 2~6 周评定一次。

（4）一次评定大约需做20分钟的会谈和观察。主要适用于精神分裂症等精神病患者。

（5）本量表无具体评分指导，主要根据症状定义及临床经验评分。

第七节　心理卫生评定量表的应用现状

目前我国心理工作中各种心理卫生评定量表的编制和应用，多数都还在"移植"阶段，较少有自己直接编制的、本土化的、适合我国国情的测量工具。上面这些研究工具也都是在西方社会所发展的量表基础上进行引进、翻译及修改而成的。其目的是为了更好地评估求诊者的精神症状、睡眠状况以及药物治疗前后的变化，从而更好地为临床工作服务，在主观收集症状的基础上尽可能地提供客观的评估依据。

这些量表已经被广泛应用于各精神卫生机构，进行心理咨询与治疗的评估，人力资源中的人才选拔、人员安置、临床诊断甚至司法精神病鉴定等领域，在临床和科研工作上取得较大的进展，长期的使用和研究证实了这些量表具有良好的信度、效度。量表应用过程中也常努力使"移植"本土化，结合工作实际情况还拓展了某些功能，开创了自己的特色，例如症状自评量表是最常用的心理症状调查表，可针对不同的人群检查其精神症状，既可作为初级筛查的量表，也可联合使用其他量表，如与测量人格的问卷或评定心理健康的问卷相结合可用于建立心理档案，来分析个体有无某些特殊的精神病症状的心理倾向。睡眠质量指数量表除了评定各种睡眠障碍的各项指标，也通常联合抑郁、焦虑的量表来作为抑郁障碍的症状评估、药物的疗效评定等。

虽然这些量表信度、效度良好，但在临床应用过程中也经常发现有评定出来的症状与实际情况不相符的情况。因此每个量表的使用和选择应慎重，如果滥用或者由未经专业培训、不够资质的人员实施解释，则会引起不良后果。建议以后在量表应用过程中，强调主试要具备一定的专业背景，对被试负责，也是对临床心理事业高度负责的表现。总的来说，主试一定要根据目的选择合适、成熟的量表，与被试建立良好关系，正确解释测验结果。建议加强对主试的资格认证，并强调对量表测试过程中涉及被试权益和隐私的结果保密，提高主试的职业道德，从而保证心理量表在临床心理工作中发挥应有的作用。

技能训练

1. 分小组讨论：心理卫生评定量表的种类，什么是自评量表。什么是他评量表。学习自评量表的指导语，学习他评量表的操作标准。

2. 分组练习：模拟他评量表的提问，练习计分、评定结果的解释和临床意义。

3. 案例分析：请结合案例对被试进行 SCL-90 测试分析。

【案例 A】

女，30 岁，已婚，公务员。求助者主诉：对食品安全问题不放心，伴反复检查、苦恼 2 月余。案例介绍：求助者近 2 个月来对食品安全问题越来越不放心，不敢在外边的饭店吃饭，担心饭店的菜洗不干净，炒菜用的油是泔水油。不敢吃牛肉，害怕得疯牛病；不敢吃猪肉，觉得猪饲料中激素太多。尤其是"福寿螺"事件后，不仅小龙虾之类，甚至海鲜类的食物也拒绝吃了。米饭也是尽可能少吃，感觉大米上的农药实在是太多了。求助者认为吃饭是一件令人头痛的事，"不吃饭饿死，吃饭毒死"。眼看着求助者的进食量越来越少，体重下降，她丈夫非常担心。因而，每天监督她进食，这遭到求助者的强烈反对，为此两人经常争吵，求助者为此非常苦恼。2 个多月来开始担心自己家的煤气阀和门窗没关好，每次不管出门还是晚上睡觉前都需要反复检查，为此求助者经常上班迟到，感觉非常辛苦，也想控制不检查那么多次，但又不放心。求助者在丈夫的提醒下来心理咨询，希望早日解脱烦恼。

【案例 B】

女，16 岁，3 个月前的一天突然对父母说她是学校关注的对象。自己认为很优秀，很自豪，连马路上的人都在注意她，出租车司机按喇叭是向她致以敬意。劝父亲"悬崖勒马"，要搞好人际关系。不出门，怕见生人，在家里白天要拉上窗帘，关灯。认为自己的邻居在自己家里安装了监视器和窃听器来监听自己和家人。说本校男生都在搞非常规关系，他们的眼神都不正常，现在已经涉及男老师了。有时听到电视播音员在说自己的事情，内容不固定，多是指责的话。自认为说话有逻辑，不承认有问题。家人无法管理，送来咨询求助。咨询过程中，求助者语速正常，问话能答，回答切题。诉自己感到是万人瞩目的对象，所以自己要深居简出。感到自己家的邻居为进一步了解自己不断做出监听自己的事，所以要把窗帘及灯都关好。在交谈过程中认为自己很正常，但是愿意和心理咨询师谈谈心。

答案：对上述两例进行了 SCL-90 测定，其因子分廓图见图 12-1。

病例 A 的突出症状为强迫症状，伴有焦虑、抑郁、恐惧等问题，其临床诊断是强迫障碍。病例 B 的突出症状是妄想性思维、感知觉障碍、无自知力，其临床诊断是精神分裂症，但需要说明：精神分裂症患者由于没有自知力，通常采用他评量表。

从图 12-1 来看，两例患者的症状分布有临床特征性，符合临床所见。

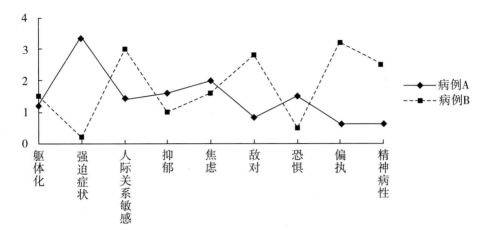

图 12 – 1　因子分廓图

参考文献

[1] 单茂洪. 正确使用 SCL – 90、16PF 量表测查心理健康水平 [J]. 中国心理卫生杂志, 1998 (2)：81 – 82.

[2] 汪向东, 王希林, 马弘. 心理卫生评定量表手册 [M]. 增订版. 北京：中国心理卫生杂志社, 1999.

[3] 王征宇. 症状自评量表 (SCL – 90) [J]. 上海精神医学, 1984 (2)：68 – 70.

[4] 金华, 吴文源, 张明园. 中国正常人 SCL – 90 评定结果的初步分析 [J]. 中国神经精神疾病杂志, 1986 (5)：260 – 263.

[5] 王晓钧. 当代心理测量 [M]. 南昌：江西科学技术出版社, 1998.

[6] 金瑜. 心理测量 [M]. 上海：华东师范大学出版社, 2001.

[7] 张明园. 精神科评定量表手册 [M]. 2 版. 长沙：湖南科学技术出版社, 2003.

[8] 郭念锋. 国家职业资格培训教程心理咨询师（二级）[M]. 北京：民族出版社, 2005.

[9] 中国就业培训技术指导中心, 中国心理卫生协会. 心理咨询师（三级）[M]. 2 版（修订本）. 北京：民族出版社, 2012.

[10] 人力资源和社会保障部教材办公室组织. 心理咨询师（国家职业资格二级）[M]. 北京：中国劳动社会保障出版社, 2009.

[11] 人力资源和社会保障部教材办公室组织. 心理咨询师（国家职业资格三级）[M]. 北京：中国劳动社会保障出版社, 2008.

教学资源清单

使用说明：建议每位学习者在教师课堂讲授本章教材之前，先通过手机扫码的方式链接到教学资源平台，自学和练习相应的教学内容，以便在课堂上能够与教师更深入和更有效率地进行教与学的研讨，见表 12 - 3。

表 12 - 3　教学资源清单

编号	类型	主题	扫码链接
12 - 1	PPT 课件	心理卫生评定量表	

 拓展阅读

1. 赵莹莹，史晓宁，王鹏飞，等. 16 项抑郁症状快速自评量表自杀条目在抑郁症自杀风险筛查中的有效性研究 [J]. 临床精神医学杂志，2023，33（1）：62 - 66.

2. 肖楚兰，李琳，熊朝叶，等. 基于 SCL - 90 的中国高原驻训新兵心理状况系统评价 [J]. 职业与健康，2024，40（1）：103 - 108.

3. 王泽惠. 乳腺癌术后化疗患者 90 项症状自评量表评分与其应对方式的相关性 [J]. 慢性病学杂志，2023，24（4）：569 - 571.

附录 12 - 1　简明精神病量表（BPRS）

圈出最适合患者情况的分数	未测	无	很轻	轻度	中度	偏重	重度	极重
1. 关心身体健康	0	1	2	3	4	5	6	7
2. 焦虑	0	1	2	3	4	5	6	7
3. 情感交流障碍	0	1	2	3	4	5	6	7
4. 概念紊乱	0	1	2	3	4	5	6	7
5. 罪恶观念	0	1	2	3	4	5	6	7
6. 紧张	0	1	2	3	4	5	6	7
7. 装相和作态	0	1	2	3	4	5	6	7
8. 夸大	0	1	2	3	4	5	6	7
9. 心境抑郁	0	1	2	3	4	5	6	7
10. 敌对性	0	1	2	3	4	5	6	7
11. 猜疑	0	1	2	3	4	5	6	7

续上表

圈出最适合患者情况的分数	未测	无	很轻	轻度	中度	偏重	重度	极重
12. 幻觉	0	1	2	3	4	5	6	7
13. 动作迟缓	0	1	2	3	4	5	6	7
14. 不合作	0	1	2	3	4	5	6	7
15. 不寻常思维内容	0	1	2	3	4	5	6	7
16. 情感平淡	0	1	2	3	4	5	6	7
17. 兴奋	0	1	2	3	4	5	6	7
18. 定向障碍	0	1	2	3	4	5	6	7

总分：因子1　　　　因子2　　　　因子3　　　　因子4　　　　因子5

附录 12 - 2　BPRS 工作用评定标准（中国量表协作组，陈彦方修订）

BPRS 主要评定最近一周内的精神症状及现场交谈情况，为 7 级评分，根据症状强度、频度、持续时间和影响有关功能的程度进行评定，包括：①无症状。②可疑或很轻，似乎有某些迹象，但临床意义不肯定。③轻度，症状虽轻，但临床意义已可肯定。④中度。⑤偏重。⑥重度。⑦极重。

如果有关项目未评定或无法评定，则计"0"，统计时应删除，以下为 1 ~ 7 分的评定标准。

1. 关心身体健康：①无。②多少提到自身健康情况，但临床意义不肯定。③过分关心自身健康的情况虽轻，但临床意义已可肯定。④显然对自身健康过分关心或有疑病观念。⑤明显突出的疑病观念或部分性疑病妄想。⑥疑病妄想。⑦疑病妄想明显影响行为。

2. 焦虑：①无。②多少有些精神性焦虑体验，但临床意义不肯定。③精神性焦虑虽轻，但临床意义已可肯定。④显然有精神性焦虑，但不很突出。⑤明显突出的精神性焦虑，如大部分时间存在精神性焦虑或有时存在明显的精神性焦虑，因此感到痛苦。⑥比⑤更严重持久，如大部分时间都存在明显的精神性焦虑。⑦几乎所有时间都存在精神性焦虑。

3. 情感交流障碍：①无。②多少观察到一点情感交流障碍，但临床意义不肯定。③情感交流障碍虽轻，但临床意义已可肯定。④显然观察到被试缺乏情感交流和感受到相互间的隔膜感，但情感交流无明显困难。⑤明显突出的情感交流障碍，例如交流中应答基本切题，但很少有眼神交流，被试眼睛往往看着地板或面向一侧。⑥比⑤更严重持久，几乎使交谈难以进行。⑦情感交流的麻痹状态，例如表现得对交谈漠不关心或不参与交谈，有时"两眼凝神不动"。

4. 概念混乱：①无。②似乎有点联想障碍，但不能肯定其临床意义。③联想障碍虽轻，但临床意义已可肯定。④显然有联想松弛，但不很突出。⑤明显突出的联想松弛或查得有临床意义的思维破裂。⑥典型的思维破裂。⑦思维破裂导致交谈很困难或言语不连贯。

5. 罪恶观念：①无。②似乎有点自责自罪，但临床意义不肯定。③自责自罪虽轻，但临床意义已可肯定。④显然有自责自罪观念，但不很突出。⑤明显突出的自责自罪观念或罪恶妄想为部分妄想。⑥典型的罪恶妄想。⑦极重，罪恶妄想明显影响行为，如引起绝食等。

6. 紧张：①无。②似乎有点焦虑性运动表现，但临床意义不肯定。③焦虑性运动表现虽轻，但临床意义已可肯定。④有静坐不能，常有手脚不停的表现，如拧手、拉扯衣服和伸屈下肢等。⑤较④的频度与强度明显增加，并在交谈中多次站立。⑥来回踱步，使交谈明显受到影响。⑦焦虑性运动使交谈几乎无法进行。

7. 装相和作态：①无。②多少有点装相作态，但临床意义不肯定。③装相作态虽然很轻，但临床意义已可肯定。④显而易见的装相作态，例如有时肢体置于不自然的位置或伸舌或扮鬼脸或摇摆身体等。⑤明显突出的装相作态。⑥比⑤更频繁、更严重的装相作态，例如交谈过程几乎一直可见到怪异动作与姿势。⑦突出而且持续的装相作态几乎使交谈无法进行。

8. 夸大：①无。②多少有点自负，但临床意义不肯定。③自负夸大虽然很轻，但临床意义已可肯定。④有夸大观念。⑤明显突出的夸大观念或部分性夸大妄想。⑥典型的夸大妄想。⑦夸大妄想明显影响行为。

9. 心境抑郁：①无。②似乎有点抑郁，但临床意义不肯定。③抑郁虽轻，但临床意义已可肯定。④显而易见的抑郁体验，例如自述经常感到心境抑郁，有时哭泣。⑤明显突出的心境抑郁，例如较持久的抑郁或有时感到很抑郁，为此极为痛苦。⑥比⑤更严重持久，例如几乎一直感到很抑郁，因此极为痛苦。⑦严重的心境抑郁体验或表现明显影响行为，例如交谈中抑郁哭泣明显影响交谈。

10. 敌对性：①无。②似乎对交谈者以外的人有点敌意，但临床意义不肯定。③敌意虽轻，但临床意义已可肯定。④交谈内容明显谈到对别人的敌意并感到愤恨。⑤经常对别人感到愤恨并策划过报复计划。⑥严重，较⑤更严重和更经常，或已经有过多次咒骂或一两次斗殴打架，但无须医学处理的损伤性后果。⑦敌对性明显影响行为，例如多次斗殴打架或造成需要医学处理的损伤性后果。

11. 猜疑：①无。②多少有点猜疑，但临床意义不肯定。③猜疑体验虽轻，但临床意义已可肯定。④有牵连观念或被害观念。⑤明显突出的牵连观念或被害观念或关系妄想，或部分性被害妄想。⑥典型的关系妄想或被害妄想。⑦关系妄想或被害妄想明显影响行为。

12. 幻觉：①无。②可疑的幻觉，但临床意义不肯定。③幻觉虽少，但临床意义已可肯定。④幻觉体验清晰，且一周内至少有过 3 天曾出现幻觉。⑤一周内至少有过 4 天出现清晰的幻觉。⑥一周内至少有 5 天曾出现清晰的幻觉，并对其行为有相当影响，例如难以集中思想以致影响工作。⑦频繁幻觉明显影响其行为，例如受命令性幻听支配产生自杀行为或攻击别人。

13. 动作迟缓：①无。②多少有点动作迟缓，但临床意义不肯定。③动作迟缓虽轻，但临床意义已可肯定。④显而易见的动作迟缓，例如语流减慢，动作减少较明显，但并非很不自然。⑤明显突出的动作迟缓，言语迟缓，使交谈发生困难。⑥比⑤更为严重和持久，使交谈很困难。⑦缄默木僵，使交谈几乎无法进行或不能进行。

14. 不合作：①无。②多少有点不合作，但临床意义不肯定。③不合作的表现虽轻，但临床意义已可肯定。④显而易见的不合作，如交谈中不愿做自发的交谈，应答显得勉强简单，易感到对交谈者和交谈场合的不友好。⑤明显突出的不合作，在整个交谈中都显得不友好，使交谈发生困难。⑥比⑤更为严重，使交谈很困难，例如拒绝回答很多问题，不但表现不友好，而且公然抗拒和表现针锋相对的愤恨。⑦不合作使交谈几乎无法进行。

15. 不寻常思维内容：①无。②多少有点异常思维内容，但临床意义不肯定。③异常思维内容程度虽轻，但临床意义已可肯定。④显然存在观念性异常思维内容，但不很突出。⑤明显突出的观念性异常思维内容或部分妄想。⑥典型的妄想。⑦妄想明显支配行为。

16. 情感平淡：①无。②多少有点情感平淡，但临床意义不肯定。③情感平淡虽轻，但临床意义已可肯定。④显而易见的情感平淡，如面部表情减弱，语调较低平，手势较少。⑤明显突出的情感平淡，如表情呆板、语声单调和手势少。⑥交谈中对大部分事情均漠不关心、无动于衷。⑦为情感流露的麻痹状态，例如整个交谈中，完全缺乏表情姿势，语声极为单调，对任何事物都漠不关心、无动于衷。

17. 兴奋：①无。②多少有点兴奋，但临床意义不肯定。③兴奋虽轻，但临床意义已可肯定。④显而易见的兴奋，但不很突出。⑤明显突出的兴奋，如情绪高涨，语声高，手势增多，有时易激惹，使交谈发生困难。⑥比⑤更严重持久，使交谈很困难。⑦情绪激怒或欣快自得，言行明显增多，使交谈不得不终止。

18. 定向障碍：①无。②似乎有定向错误，但临床意义不肯定。③有轻度的定向错误，临床意义肯定。④显而易见的定向错误，但不很突出。⑤明显突出的定向错误。⑥严重，比⑤更严重持久的定向错误，如交谈发现时间、地点、人物定向几乎无一正确。⑦定向障碍而无法进行交谈。

X1. 自知力障碍：①无。②似乎有点自知力障碍但临床意义不肯定。③自知力障碍虽轻，但临床意义已可肯定。④显然有自知力障碍，但不很突出。⑤大部分自知力丧失。⑥自知力基本丧失。⑦完全无自知力。

X2. 工作不能：①无。②多少有点工作不能，但临床意义不肯定。③工作不能虽轻，但临床意义已可肯定。④工作学习兴趣丧失，不能坚持正常工作学习，住院时参加活动比其他患者少。⑤明显突出的工作不能，如工作学习时间减少，成效明显降低，住院者活动明显减少。⑥比⑤更严重持久，例如基本停止工作学习，住院者大部分时间不参加活动。⑦停止工作学习，住院者不参加所有活动。

第十三章　生存质量评定相关量表

导读

在不同文化背景和价值体系中的个体，对于他们自身的目标、期望、标准以及所关心的事情和有关的生存状况的体验是不同的。探讨一个个体或群体的生活状况，其内容应该包括了解身体机能、心理状况、社会关系、生活环境、婚姻生活、宗教信仰等方面。本章介绍的量表功能覆盖生存质量与幸福感测查（生存质量评定量表、幸福感指数量表），应激及相关问题评定（生活事件量表、社会支持评定量表），家庭功能与家庭关系评定（婚姻质量评定量表）。通过学习和训练，掌握各量表的使用方法和结果分析。

第一节　生存质量评定量表

生存质量（quality of life，QOL），又称为生活质量、生命质量。由于生存质量的内涵存在很大的差异，因此研究报道的生存质量评定量表也有许多，其适用的对象、范围和特点各异。有适用于一般人群的普适性量表，用于了解一般人群的综合健康状况，如世界卫生组织生存质量测定量表等；有用于特定人群（患者及某些特殊人群）的疾病专表，如糖尿病患者生存质量量表，此外还有一些专用于特定领域的量表，如肝癌患者生命质量测定量表。

这里我们重点介绍世界卫生组织生存质量测定量表的使用。

一、简介

随着社会的发展，人们对健康的理解越来越全面。健康不仅意味着生理上的无疾，还包括良好的心理状态和社会关系。近年来，世界上出现了不少健康评定量表，但大多数量表制定偏重于测量疾病的症状、残疾的程度，没有全面地测定个体的生存质量，没有对健康进行全面的评价。另外，许多量表是由北美、欧洲等国家研制的，鉴于文化背景、经济的差异，这些量表未必能直接应用于其他国家和地区。在这种情形下，研制一个对个体生存质量进行全面测定、能用于不同文化背景、测定结果具有国际可比性的量表便十分必要。

按照世界卫生组织的定义，与健康有关的生存质量是指不同文化和价值体系中的个体对与他们的目标、期望、标准以及所关心的事情有关的生存状况的体验，包括个体的生理健康、心理状态、独立能力、社会关系、个人信仰和与周围环境的关系。根据上述定义，世界卫生组织研制了用于测量个体与健康有关的生存质量的国际性量表——世界卫生组织生存质量测定量表（WHOQOL－100）。该量表不仅具有较好的信度、效度、反应度等心理测量学性质，而且具有国际可比性，即在不同文化背景下测评的生存质量得分具有可比性。中山医科大学卫生统计学教研室方积乾教授领导的课题组受当时世界卫生组织和我国卫生部的委托，在 WHOQOL－100 英文版的基础上，结合中国国情，遵照世界卫生组织推荐的程序，制定了 WHOQOL－100 中文版。该中文版量表已被我国政府列为医药卫生行业标准。

二、测验内容及实施方法

（一）测验内容

WHOQOL－100 包含 100 个问题条目，覆盖了生存质量有关的 6 个领域和 24 个方面，见表 13－1，每个方面有 4 个问题条目，分别从强度、频度、能力、评价 4 个方面反映同一特质。每个问题的编码格式是"F."，其中"F"表示问题所属的方面，"."表示该方面的问题序号。例如"F7.2"表示第 7 方面的第 2 个问题。另外还包括 4 个关于总体健康状况和生存质量的问题（其编码分别是 G1、G2、G3、G4）。

表 13－1　WHOQOL－100 的结构

Ⅰ．生理领域	（11）对药物及医疗手段的依赖性
（1）疼痛与不适	（12）工作能力
（2）精力与疲倦	Ⅳ．社会关系领域
（3）睡眠与休息	（13）个人关系
Ⅱ．心理领域	（14）所需社会支持的满足程度
（4）积极感受	（15）性生活
（5）思想、学习、记忆和注意力	Ⅴ．环境领域
（6）自尊	（16）社会安全保障
（7）身材与相貌	（17）住房环境
（8）消极感受	（18）经济来源
Ⅲ．独立性领域	（19）医疗服务与社会保障：获取途径与质量
（9）行动能力	（20）获取新信息、知识、技能的机会
（10）日常生活能力	（21）休闲娱乐活动的参与机会与参与程度

续上表

（22）环境条件（污染/噪声/交通/气候）	VI. 精神支柱/宗教/个人信仰领域
（23）交通条件	（24）精神支柱/宗教/个人信仰

WHOQOL－100 中文版除了原版的 100 个问题，还附加了 3 个问题（详见附录 13－1）。

（1）家庭摩擦问题。对于大多数中国人，家庭生活是很重要的。家庭冲突会影响生存质量。尽管在原来的 100 个问题中有家庭关系的问题，但是家庭成员中存在冲突并不以家庭关系较差为主要表现，所以增加了一个新问题：家庭摩擦影响您的生活吗？

（2）食欲问题。食欲是中国人饮食文化中的重要因素，中医在问诊时首先关心的问题之一就是患者的食欲。因此附加了一个问题：您的食欲怎么样？

（3）生存质量的总评价。一般认为，受各种原因的影响，对单个问题的答案可能或多或少地偏离真值，而患者对自己生存质量的总的评价是相对稳定的。因而有了一个概括性的问题：如果让您综合以上各方面（生理健康、心理健康、社会关系和周围环境等方面）给自己的生存质量打一个总分，您打多少分？（满分为 100 分）

（二）实施方法

（1）建立合作关系。在评定前，向被试说明测验的意义、作用和要求，让被试了解测验并能认真合作地完成测验。把总的评分方法和要求向被试讲清楚，对于阅读有困难的被试，主试可逐项念给他听，并以中性的、不带任何暗示和偏向的方式把问题本身的意思告诉他。让被试做出独立的、不受别人影响的自我评定。

（2）回答问题或填写表格时，每项问题后附有 5 级评分可供选择，被试需根据自己最近 2 周内的感觉和体会选择相应的评分。

例如：您对自己的健康状况担心吗？

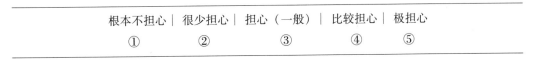

根本不担心	很少担心	担心（一般）	比较担心	极担心
①	②	③	④	⑤

被试根据自己对健康状况担心的程度在最适合的数字处打"√"。如果比较担心健康状况，就在"比较担心④"处打"√"；如果根本不担心自己的健康，就在"根本不担心①"处打"√"。

WHOQOL－100 测评的是最近 2 周的生存质量的情况，但在实际工作中，根据工作的不同阶段的特殊性，量表可以考察不同长度的时间段的生存质量。如：评价慢性疾病像关节炎、腰背痛患者的生存质量，可调查近 4 周的情况。在接受化疗的患者的生存质量评价中，主要根据所要达到的预期疗效或产生的不良反应来考虑时间框架。

（3）评定结束后，主试应仔细检查自评表，如有遗漏或者重复评定时，应让被试再考虑评定，以免影响分析的准确性。

（三）WHOQOL – 100 中文版的信度、效度分析

1996 年在广州、北京、上海、成都、沈阳、西安等地通过二阶段随机抽样用 WHOQOL – 100中文版调查了 1 654 名对象的生存质量。其中患者 877 名，正常人 777 名；男性 838 名，女性 816 名。

1. 信度

以克伦巴赫 α 系数信度为指标，在量表的 6 个领域中，生理领域最低（0.42），环境领域最高（0.93）；除独立性领域（0.56）外，其他均高于 0.70。在量表的 24 个生存质量方面，行动能力方面最低（0.38），对药物及医疗手段的依赖性方面最高（0.90）。其他方面均大于 0.65。可以认为，WHOQOL – 100 中文版具有较好的信度。

2. 内容效度

量表的各个领域及方面之间均存在一定的相关性，各方面与其所属领域之间的相关较强，而与其他领域的相关较弱。如疼痛与不适、精力与疲倦、睡眠与休息和生理领域的相关系数的绝对值均大于 0.80。可以认为 WHOQOL – 100 中文版具有较好的内容效度。

3. 区分效度

按照 WHO 研究组对 15 个国家和地区数据的做法，采用 t 检验考察各个领域和方面的得分区分患者与正常人的能力。发现除心理领域、精神支柱/宗教/个人信仰领域外，其他领域得分患者和正常人的差别都有统计学意义（$P < 0.05$）。在 24 个方面中，有 14 个方面能区分开患者和正常人（$P < 0.05$）；其余 10 个方面不能区分，它们是心理领域及其下属的 4 个方面（性生活，社会安全保障，获取新信息、知识、技能的机会，休闲娱乐活动的参与机会与参与程度，交通条件，精神支柱/宗教/个人信仰等方面）。

4. 结构效度

6 个领域对生存质量均有影响，验证性因子分析表明，结构方程模型拟合优度指数（CFI）大于 0.9 时，说明量表具有较好的结构效度。

三、结果与分析

通过归类计算得 6 个领域、24 个方面的评价得分。各个领域和方面的得分均为正向得分，即得分越高，生存质量越好。

1. 方面计分

各个方面的得分是通过累加其下属的问题条目得到的。条目的计分根据其所属方面的正负方向而定。对于正向结构的方面，所有负向问题条目须反向计分。有 3 个反向结构的方面（疼痛与不适、消极感受、对药物及医疗手段的依赖性）不包含正向结构的问题条目。各附加的问题条目归于其所属的方面，且计分方向与该方向一致。

2. 领域计分

各领域的得分通过计算其下属方面得分的平均数得到。各附加的方面归属于相应的领域，且按正向计分。

3. 得分转换

各个领域及方面的得分均可转换成百分制，方法是：

$$转换后得分 = （原来的得分 - 4）\times （100/16）$$

4. 关于数据缺失

当一份问卷中有 20% 的数据缺失时，该问卷便作废。对于生理、心理和社会关系领域，如果有一方面的得分缺失，可以用其他方面得分的平均值代替。对于环境领域可以允许有两个方面的缺失，此时用其他方面得分的平均值代替缺失值。

四、应用及现状

生存质量的研究起源于 20 世纪 30 年代的美国，当时作为一个社会学指标使用，与医学实践结合起来就形成了健康相关的生存质量。早在 1948 年，卡诺夫斯基（Karnofsky）等提出了著名的 KPS 量表，用于测量患者日常的活动能力、工作能力、症状和失能状况。1950—1960 年生存质量的研究和测量逐渐兴起。1970 年后出现了许多普适性量表。1977年 IM 第一次用生存质量（quality of life）作为医学主题词取代哲学（philosophy）收入医学主题词表。1984 年美国国家卫生统计中心设立两个"生存质量与完好状态研究室"；1992 年出版了专门的生存质量研究杂志；1994 年成立了国际性的研究协会 ISO。生存质量的测量和评价已迅速普及全球，成为国际上通行的医药疗效评价的重要标准。

无论社会科学还是医学领域，目前关于生存质量的研究均已达到较高水平，应用甚广。检索 Medline 数据库，仅 2005—2010 年中，标题中有"生存质量"一词的文章就有 1 649 篇。在流行病学研究中，WHOQOL - 100 能够帮助人们获得特定人群的详细的生存质量的资料，以便人们理解疾病和发展治疗手段。在临床实践中，生存质量的测定能够帮助临床医生判断患者受疾病影响最严重的方面，决定治疗方法，帮助医学研究者评价治疗过程中生存质量的变化。在卫生政策研究领域，WHOQOL - 100 也是有用的，并且在社会服务和卫生服务效果的监测中发挥重要作用。

已有的对一般人群的研究比较集中在对大学生生存质量的评价。如董晓梅等对粤港澳三地大学生生存质量现况进行了研究，认为三地大学生总的生存质量处于中等及以上水平，其中香港大学生总的生存质量略高。而舒剑萍等的调查结果显示，大学生的总生存质量较一般正常人略低，6 个领域中除环境领域差异无统计学意义外，其他 5 个领域差异均有统计学意义，表现为生理领域、心理领域较一般正常人低，而独立性领域、社会关系领域、精神支柱/宗教/个人信仰领域较一般正常人高。已有研究显示，影响大学生生存质量的有年龄、性别、身体状况、家庭、学习等相关因素。谢威士等的调查结果显示，安徽省大学生的生存质量处于中等水平，比发达地区稍低，但比西部地区略高，男生生理和环境两个领域的平均分均略低于女生，心理和社会关系两个领域的平均分略高于女生。董晓梅等的调查显示，广州大学生对自己目前生存质量的评价处于中等水平，学生在环境领域得分相对较低，女生在社会关系和环境领域的得分均高于男生。肖琼认为，网络交流影响了大学生的现实交流，从而影响大学生的生存质量。张静调查发现，山区大学生的生存质量处于中等水平，在环境领域的得分相对较低，对自己的居住条件、信息、交通等感觉不理想；城镇学生在心理领域得分高于农村学生；不同年级的学生在环境领域、总的生存质量和健康状况方面均存在差异。

关于其他人群生存质量的评价。在环境因素中，家庭环境对儿童智力、个性影响的研究越来越受到关注。武丽杰等研究了父母生存质量对学龄儿童智力和个性发育的影响，得出结论：父母生存质量对学龄儿童智力及个性发育有明显影响，改善家庭成员的生存质量对提高儿童心理健康水平有重要意义。医务人员作为一个特殊职业群体，其生存质量受到多方面因素的影响。刘庆武等研究发现护士的生存质量低于普通人群，临床医师的生存质量在生理领域得分显著低于全国常模。李云贵等研究发现军队疗养员生存质量高于普通社区人群。

在临床医疗当中的使用。陈银环等报告了重症急性呼吸综合征（SARS）患者治愈出院半年后生存质量追踪的结论：中医药为主治疗重症急性呼吸综合征有助于提高和改善重症急性呼吸综合征康复者的生存质量。万崇华等研究发现 WHOQOL - 100 只能反映药物成瘾者生存质量中的共性部分，不适于其生存质量的全面测评。陆敏等研究发现临床上应用世界卫生组织生存质量测定量表简表可反映脑卒中偏瘫患者不同时期生存质量的变化。曹文群等研究发现癌症患者的生存质量普遍低于正常人。李凌江报告WHOQOL - 100能较好地区分不同慢性疾病患者和照料者的生存质量。国外 Kim 等对艾滋病毒携带者和艾滋病患者的生存质量进行了评价。

当前，除了可使用世界卫生组织生存质量测定量表来进行生存质量的测评外，许多研究者还在积极研发适用于不同疾病患者的量表。还有一些量表如简明健康调查简表（Short-Form - 36 Health Survey Scale，SF - 36）也越来越得到更多人的认可和应用，被证实是一个有效的和可靠的评定生存质量的工具。SF - 36 由美国波士顿健康研究所编制，包括生理功能、生理职能、躯体疼痛、总体健康、精力、社会功能、情感职能、精神健康 8 个维度，各维度得分范围为 0～100 分，得分越高表明生存质量越高。该简表共 36 个条目，根据每个条目所测量的方面又可整合为两大维度：生理健康和心理健康。

五、世界卫生组织生存质量测定量表简表简介

虽然 WHOQOL - 100 能够详细地评估与生存质量有关的各个方面，但是有时量表显得较长。例如，在大型的流行病学研究中，生存质量是众多人感兴趣的量表之一。此时，如果量表比较简短、方便和准确，研究者更愿意把生存质量的测定纳入研究。基于此目的，世界卫生组织在 WHOQOL - 100 的基础上研制出世界卫生组织生存质量测定量表简表（WHOQOL - BREF，详见附录 13 - 2）。简表保留了量表的全面性，但仅包含 26 个问题条目，和附加 3 个问题。简表各个领域的得分与 WHOQOL - 100 相应领域的得分具有较高的相关性，皮尔逊相关系数最低为 0.89（社会关系领域），最高为 0.95（生理领域）。WHOQOL -

BREF 在测量与生存质量有关的各个领域的得分水平上能够替代 WHOQOL – 100。它提供了一种方便、快捷的测定工具，但是它不能测定每个领域下各个方面的情况。因此，在选择量表时，需综合考虑量表的长短和详细与否。表 13 – 2 列出了 WHOQOL – BREF 的结构。

表 13 – 2　WHOQOL – BREF 的结构

Ⅰ. 生理领域	Ⅲ. 社会关系领域
（1）疼痛与不适	（14）个人关系
（2）精力与疲倦	（15）所需社会支持的满足程度
（3）睡眠与休息	（16）性生活
（4）行动能力	Ⅳ. 环境领域
（5）日常生活能力	（17）社会安全保障
（6）对药物及医疗手段的依赖性	（18）住房环境
（7）工作能力	（19）经济来源
Ⅱ. 心理领域	（20）医疗服务与社会保障：获取途径与质量
（8）积极感受	（21）获取新信息、知识、技能的机会
（9）思想、学习、记忆和注意力	（22）休闲娱乐活动的参与机会与参与程度
（10）自尊	（23）环境条件（污染/噪声/交通/气候）
（11）身材与相貌	（24）交通条件
（12）消极感受	总的健康状况与生存质量
（13）精神支柱	

第二节　幸福感指数量表

一、概述

幸福感指数量表（Index of General Affect）用于测查被试目前所体验到的幸福程度。此量表由坎贝尔（A. Campbell）编制，包括两个部分，即总体情感指数量表和生活满意度问卷。前者由 8 个项目组成，它们从不同的角度描述了情感的内涵；而后者仅有 1 项（详见附录 13 – 3）。每个项目均为 7 级计分。计算总分时将总体情感指数量表的平均得分与生活满意度问卷的得分（权重为 1.1）相加。其范围在 2.1 分（最不幸福）和 14.7 分（最幸福）之间。评分越高表明被试所体验到的幸福程度越高。

1971 年夏，本量表编制者坎贝尔在全美国测试了 2 160 位 18 岁以上的成人，其中 1/6 的被试于 1972 年春再次接受了测查。整个样本的平均分为 11.8 分（标准差为 2.2），其中 31% 的被试得分在 13 分或 13 分以上。65 岁以上、高收入、已婚无子女以及居住在农村者得分超过平均水平。得分低者见于失业、低收入、离婚或分居以及未婚人群。女性得分略高于男性。同等收入的白人比黑人得分高。国内姚春生等人测试了 90 名老年人，全量表分（$\overline{X} \pm SD$）为（5.115 9 ± 2.028 2）分，明显低于上述美国资料。

二、量表信度、效度

总体情感指数与生活满意度的相交性为 0.55。285 名被试在时隔 8 个月的两次测试中，本量表得分的重测一致性为 0.43，其中总体情感指数的重测一致性为 0.56。本量表与有关恐惧和担心的量表的相关性在 0.22 ~ 0.26 之间，它与个人竞争力量表的相关性更高（0.35）。总体情感指数与另一种幸福感测查的相关性为 0.52。幸福感指数与 Crowne-Marlowe 社会期望量表中的抵制坏事分量表的相关性（0.29）优于坚持好事分量表（0.12）。根据姚春生等人（1995）的资料，本量表的重测一致性为 0.849（$P < 0.001$）。

三、应用现状

目前，在主观幸福感的测量工具中，我国使用得较广泛的除幸福感指数量表外，还有纽芬兰主观幸福度量表（MUNSH）、总体主观幸福感量表（GWB）、中国城市居民主观幸福感量表（SWBS – CC）等。

国内心理健康层面主观幸福感研究主要针对的是一些特殊群体。在老年人主观幸福感研究方面，刘仁刚等对纽芬兰纪念大学幸福度量表进行了修订。张卫东主张幸福感只是评价老年人心理健康的维度之一，认为幸福感反映的仅仅是心理健康的正性情感维度。段建华在我国大学生中试用了 Fazio 修订的总体幸福感量表（GWBS）。修改后的该量表包含 48 项，因素分析表明该量表由正性情感、负性情感和健康状况 3 个分量表组成。还有研究者对我国少儿群体主观生存质量进行了测量，他们所编制的问卷也具有明显的心理健康取向。有港台研究者在对当地居民的主观幸福感研究过程中，也在主观幸福感测量方面进行了有价值的探索。例如，一项有关社会支持对香港年轻人主观幸福感影响的研究，对 16 ~ 19 岁香港年轻人的主观幸福感进行了测量。Chou 的测量是从抑郁症倾向、积极情感状态和消极情感状态 3 个方面分别进行的。Lu Luo 对自 20 世纪 90 年代以来台湾居民的主观幸福感进行了研究，编订了中国人幸福感量表（CHI）。该量表包含 48 个项目，另外还有两种包含 20 个项目的简本形式，测量表维度包括积极情感、消极情感和生活满意感，并考虑到与中国文化有关的一些因素。这类测量基本上也是在心理健康层面上展开的。

对幸福感指数量表的研究发现与幸福感指数相关的主要生活内容是工作以外的活动、家庭生活、生活水平、工作及婚姻。与幸福感指数正相关的若干因子包括：朋友的数量、年龄、家庭收入、智力、健康以及宗教信仰。如何瑾的研究显示贫困大学生的自尊不仅直接影响其主观幸福感，还通过应对方式间接影响主观幸福感。黎光明发现人格、家庭环境特征以及家庭经济收入对创伤性儿童主观幸福感均有预测作用。在临床研究使用方面，宫玉典等对重症精神病患者的研究指出，患者病程、住院次数、年均治病费用与幸福感指数呈负相关，而患病前后家庭经济状况、年人均收入、治疗费用报销比例与幸福感指数呈正相关，其中经济负担是影响幸福感指数的最重要的因素。对乳腺癌患者的研究结果显示，术前组与术后组的幸福感指数低于健康对照，有可疑焦虑、抑郁患者的幸福感指数和社会支持相对更低。

当前主观幸福感测量的走势是主观幸福感测量指标趋于整合。基于不同研究目的和研究传统，从一开始主观幸福感测量研究中便存在着两种类型的指标，即生存质量指标和心理健康指标。但是，我们不难发现对这两类指标加以整合的努力，也几乎从一开始就存在着。尽管生存质量和心理健康的研究界限在逐渐分明，但两类指标整合的趋势在 20 世纪 90 年代以后却愈加明显。被视为生存质量指标的总体生活满意感和具体生活领域满意感，以及较多地作为心理健康指标的情感反应（正性情感与负性情感），尽管都有其自身的规律，然而从更高的层次来看，它们之间往往又存在着大量的联系，因而它们被越来越多地作为一个整体来加以考虑。不仅如此，近来有研究者指出，主观幸福感的测量还应当包括力量感、自主意识、愉悦感、自信心等指标。这类看似矛盾的提法，实际上反映了主观幸福感测量中不得不面对的一个现实，即能否以及如何实现主观幸福感的享乐性指标与发展性指标、状态性指标与倾向性指标等多方面的整合。

第三节　生活事件量表

一、概述

自 20 世纪 30 年代塞里（H. Selye）提出应激的概念以来，生活事件作为一种心理社会应激源对身心健康的影响引起广泛的关注，使用生活事件量表的目的就是对应激源进行定性和定量的评估。

所谓生活事件，是指个体生活中那些迫使人们改变生活方式的主要变化，如结婚、得子、丧失亲人、解职、亲朋好友的去世、经济状况的重大改变等。对生活事件的评价源于霍尔姆斯（T. Holmes）和拉赫（R. Rahe）于 1967 年创编的社会重新适应量表（SRRS），该量表可以测量人们在日常生活中所遭遇的紧张性生活事件。内容包括：人际关系、学习和工作方面的问题、生活中的问题、健康问题、婚姻问题、家庭和子女方面的问题、意外事件和幼年时期的经历等。生活事件在健康和疾病中的作用，已越来越引起人们的重视。生物—心理—社会医学模式的特点之一，就是强调包括生活事件在内的心理社会因素在疾病发生、发展、预后和转归中的作用。对精神医学来说，其重要性更为突出。国内外的许多研究都证明心理社会应激和各类精神疾病有着极为密切的联系。

生活事件量表（Life Events Scale，LES）由杨德森和张亚林于 1986 年编制。该量表是在 20 世纪 80 年代初引进的社会重新适应量表（SRRS）基础上根据我国实际情况修订而成的，其强调个体对生活事件的主观感受，认为只有个体实际感受到的紧张焦虑等情绪反应才对身体产生影响，并且把生活事件分为正性（积极的）和负性（消极的），认为负性事件才与疾病相关。

二、量表内容和实施方法

（一）量表内容

生活事件量表由 48 条我国较常见的生活事件组成，包括 3 个方面的问题（详见附录 13 - 4）。

（1）家庭有关问题：包括恋爱或订婚、恋爱失败、结婚、自己（爱人）怀孕、自己（爱人）流产、与爱人父母不和等生活方面的 28 条问题。

（2）工作学习中的问题：包括待业、无业、开始就业、高考失败、扣发奖金或罚款、对现职工作不满意、与上级关系紧张等 13 条问题。

（3）社交及其他问题：包括好友得病或重伤，好友死亡，被人误会、错怪、诬告、议论，介入民事法律纠纷，意外惊吓，发生事故，自然灾害共 7 条问题。

（4）空白 2 条项目：被试可填写自己经历过而表中并未列出的某些事件。

（二）实施步骤

LES 属自评量表，被试须仔细阅读和领会指导语，然后逐条一一过目。

根据量表调查的要求，被试首先将某一时间范围内（通常为一年内）的事件记录。有的事件虽然发生在该时间范围之前，如果影响深远并延续至今，可作为长期性事件记录。

然后，由被试根据自身的实际感受而不是按常理或伦理观念去判断那些经历过的事件对本人来说是好事还是坏事、影响程度如何、影响持续时间有多久。影响程度分为 5 级，从毫无影响到影响极重分别计 0、1、2、3、4 分。影响持续时间分 3 月内、半年内、1 年内、1 年以上共 4 个等级，分别计上 1、2、3、4 分。记录事件发生时间，一过性的事件如流产、失窃等要记录发生次数；长期性事件如住房拥挤、夫妻分居等不到半年计为 1 次，超过半年计为 2 次。对于表上已列出但并未经历的事件应一一注明"未经历"，不要留空白，以防遗漏。

三、结果分析

统计指标为生活事件刺激量，计算方法如下：

某事件刺激量 = 该事件影响程度分 × 该事件持续时间分 × 该事件发生次数

正性事件刺激量 = 全部好事刺激量之和

负性事件刺激量 = 全部坏事刺激量之和

生活事件总刺激量 = 正性事件刺激量 + 负性事件刺激量

另外，还可以根据研究需要，按家庭问题、工作学习问题和社交问题进行分类统计。

LES 总分越高反映个体承受的精神压力越大。95% 的正常人一年内的 LES 总分不超过 20 分，99% 的不超过 32 分。负性事件刺激量的分值越高对心身健康的影响越大，正性事件分值的意义尚待进一步的研究。

应用举例：

张某，32 岁，公司职员，因"自觉工作和生活压力大、心情不好、睡眠差 2 月余"来诊。精神检查：意识清，仪态整，接触良好，思维连贯，未引出幻觉和妄想，情绪低落，智力良好，自知力完整，能诉说内心痛苦体验，愿意配合治疗。体格检查、实验检查及其他仪器检查未见异常，建议 LES 检查。

1. 测验结果：正性事件值 9，负性事件值 33，总值 42。

2. 结果分析：根据检查结果，被试一年内的生活事件总刺激量 42 分，远大于 99% 正常人的 32 分，其中负性事件值 33 分，约占总刺激量的 78.6%。在负性事件中，尤以与爱人父母不和、对现职工作不满意为长期负性刺激持续超过 1 年以上，而近 3 个月内与上级关系紧张、失窃等事件又加重了被试的心理负荷。

四、应用现状

张亚林等编制的生活事件量表（LES）是参照国内外文献编制的。LES 适用于 16 岁以上的正常人，神经症、心身疾病、各种躯体疾病患者以及自知力恢复的重性精神病患者，主要应用于以下几种情况：①用于神经症、心身疾病、各种躯体疾病及重性精神疾病的病因学研究，可确定心理因素在这些疾病发生、发展和转归中的作用分量。②用于指导心理的治疗、危机干预，使心理治疗和医疗干预更具针对性。③甄别高危人群、预防精神障碍和心身疾病，对 LES 分值较高者加强预防工作。④指导正常人了解自己的精神负荷、维护心身健康，提高生存质量。

如吴俊端等对社区居民的研究指出城郊社区居民的躯体化、焦虑、抑郁、敌对心理症状与负性生活事件、LES 总分、消极应对呈正相关。对大学生群体的探讨发现，生活事件能显著预测大学生的心理健康状况，心理资本在生活事件对大学生心理健康的影响中发挥中介作用。大学生经历的生活事件越多，其负性行为如攻击行为越严重。曹火军认为，负性生活事件可能是老年人睡眠障碍的重要影响因素，重病重伤是负性生活事件中最重要的不良影响因素。毛巧玲认为，抑郁障碍患者生活事件繁多，多采用不成熟防御机制和中间型防御机制，缺乏升华能力；而生活事件和不适当的心理防御机制在其抑郁障碍的发病过程中起着重要的作用。王爱学则发现生活事件引起的心理应激可能导致人工荨麻疹的发病。

梁红等认为，LES 主要强调个体对生活事件主观的感受，认为只有个体实际感受到的紧张、焦虑等情绪反应才对身体产生影响。但尚存以下不足：①在计算刺激量时事件发生的次数表中未要求被试记录，对多次发生的生活事件不好判断其发生的时间。②量表中仅显示事件存在影响的时间，不好判断事件存在的时间，且在计算刺激量时把超过半年的生活事件计为 2 次同时乘以其影响时间会过高估算该事件影响程度。

人们希望通过生活事件量表的应用，可以从中发现生活事件在疾病的预防、发生、发展及转归中所起的作用，为疾病的治疗提供有效的帮助。所以，生活事件量化得越好，越能突出生活事件在疾病发生中的作用。而能针对不同群体的生活事件量表则更能有效体现测试目标。目前对于一般群体生活事件问题的探讨，除了 LES 外，使用较多的还有张明园编制的生活事件量表、郑延平等编制的紧张性生活事件评定量表、费立鹏编制的生活事件量表等。此外，还另有一些针对不同特殊人群的量表，如王宇中等编制的大中专学生生活事件量表、刘贤臣等编制的青少年自评生活事件量表、肖林编制的老年人生活事件量表及崔红编制的军人生活事件量表等。

第四节　婚姻质量评定量表

一、概述

作为影响人类心身健康与生存质量的一个重要因素，婚姻质量已日益受到心理卫生工作的重视。已有的众多研究表明，婚姻幸福与否受多维因素影响，它主要源于 3 个方面：①个体因素，包括文化背景、价值观、对婚姻的期望、在婚姻中承担的义务、个性等。②婚际因素，包括夫妻间权力与角色的分配、夫妻间交流、夫妻间解决冲突的方式与能力、性生活等。③外界因素，包括经济状态，与子女、父母的关系，与亲友的关系等。因此，研究者们都试图制定一个能从多维角度准确判别某婚姻是否幸福，能测出婚姻不幸福的症结，了解婚姻幸福原因的测评工具。据此，美国明尼苏达大学奥尔森（Olson）教授等于 1981 年将已有较好信度、效度的"婚前预测问卷"（PRE-PARE）作为基础，编制了婚姻质量问卷（Evaluating and Nurturing Relationship Issues，Communication，Happiness，ENRICH），当时，主要是用于寻求婚姻咨询者的诊断问卷。

奥尔森通过美国全国性大样本测试，得到该问卷条目内部一致性平均相关系数为 0.74，重测信度为 0.87（样本数为 1 344 名）。其判别婚姻满意与不满意的准确性（判别效度）为 85% ~ 90%（样本数为 7 261 名）。与其他婚姻问卷相比，它的信度、效度检验具有样本量大、控制了背景因素干扰、多维度、夫妇双方评估等特点。目前，它主要用于婚姻咨询工作中，用以判断婚姻的满意程度，识别婚姻的冲突所在，以便有针对性地开展婚姻治疗和效果观察。

二、测验内容及实施方法

婚姻质量问卷（ENRICH）共包含124个条目（详见附录13-5）。内容包括过分理想化、婚姻满意度、性格相容性、夫妻交流、解决冲突的方式、经济安排、业余活动、性生活、子女和婚姻、与亲友的关系、角色平等性及信仰一致性共12个因子。

每一个条目均采用5级评分制，具体说明如下：①确实是这样。②可能是这样。③不同意也不反对。④可能不是这样。⑤确实不是这样。

如果其条目为"负性"，如32条"我对夫妻间的交流不满意，我的配偶并不了解我"，该项则从"确实是这样"到"确实不是这样"1~5分计分。如果某条目为"正性"，如36条"我对夫妻间解决冲突和做决定的方式很满意"，则从"确实是这样"到"确实不是这样"5~1分计分。以此类推。

"负性"条目有：3、4、5、6、7、8、10、12、13、14、16、17、18、24、25、26、28、29、30、32、37、40、43、44、47~49、52~57、59、61、63、64、66、69~75、77~79、81、84~88、90、92~100、101、105、106、110~112、115、117、118、123。

其余为"正性"条目。

应注意，此问卷为自评量表。在主试交代清楚评分方法后，应让被试做出独立评定。对于文化程度低的被试，可由主试逐项念给他听，并以中性的、不带任何暗示和偏向的方式把问题本身的意思告诉他。一次评定一般为30分钟。评定时间范围依研究需要而定。

三、结果与分析

ENRICH的统计指标主要为总分和因子分。

1. 总分

将124条各个单项分相加，即为总分。评分高提示婚姻质量好。

2. 因子分

因子分共12个因子。每一因子反映被试的婚姻某一方面的情况。将该因子所含条目的得分相加，即为因子分。可作廓图直观显示。各因子特点如下。

（1）过分理想化：包括34、42、64、70、101、116~124共14条。测定被试对婚姻的评价是否过于理想化。评分高表明被试对婚姻的评价感情色彩浓，多见于婚前的情侣；评分低表明被试对婚姻的评价比较现实，多见于寻求婚姻咨询的配偶中。

（2）婚姻满意度：包括14、19、32、36、52、53、82、88、99、113共10条。评分高表明婚姻关系大多数方面是和谐与满意的，评分低反映婚姻不满意。

（3）性格相容性：包括8、13、24、30、37、44、63、78、95、115共10条。该因子测定被试对配偶行为方式的满意程度。评分高表明满意配偶的行为方式；评分低表示不满意，并难以容忍。

（4）夫妻交流：包括 2、6、40、54、66、73、81、91、98、109 共 10 条。该因子测定被试对夫妻间角色交流的感受、信念与态度。主要包括对配偶发出与接收信息的方式的评价，对夫妻间相互分享情感与信念程度如何的主观感受，以及对夫妻间交流是否恰当的评价。评分高表明被试对夫妻交流方式与交流量感到满意；评分低表明交流有缺陷，需改善交流技巧。

（5）解决冲突的方式：包括 4、10、39、58、71、74、79、83、96、112 共 10 条。测定被试对夫妻中存在的冲突与解决方式的感受、信念及态度。主要包括夫妻对识别与解决冲突是否坦诚相见，对其解决方式是否感到满意。评分高表明对解决冲突的方式满意，大多数冲突都能解决；评分低表明冲突往往不能解决，对解决方式也不满意。

（6）经济安排：包括 16、20、26、38、45、51、77、85、93、110 共 10 条。测定被试对夫妻管理经济方法的态度。主要包括被试经济开销的习惯与观念，对家庭经济安排的看法，夫妻间经济安排的决定方式以及被试对家庭经济状况的评价。评分高表明被试对经济安排满意，对经济的开销抱实际的态度；评分低表明夫妻间在经济安排上有矛盾。

（7）业余活动：包括 1、17、18、28、31、33、60、72、84、114 共 10 条。测定被试业余活动的安排与满意度。主要包括业余活动的种类——是集体型的还是个人的，是主动参与还是被动参与，是夫妻共同参加的还是单独活动，以及被试对业余活动的看法——是应该夫妻共同活动还是应保持相对的个人自由。评分高反映业余活动是和谐、灵活、夫妻有共感的；评分低反映夫妻业余活动有矛盾。

（8）性生活：包括 9、15、25、41、47、62、69、106、107、111 共 10 条。测定被试对夫妻感情与性关系的关注度和感受。主要包括夫妻情感表达、性问题交流的程度，对性行为与性交的态度以及是否生育子女等。评分高表示被试对夫妻间情感表达满意，对性角色的状况满意；评分低则表示不满意。

（9）子女和婚姻：包括 5、21、35、49、50、59、67、87、94、102 共 10 条。测定被试对是否生育子女以及子女数的态度。条目主要包括被试对夫妻双方担任父母角色的满意度，对生育子女的看法，对管教子女的意见是否统一，对子女的期望是否一致等。评分高表示对上述内容意见统一，满意；评分低表示不满意或有某一方面的矛盾。

（10）与亲友的关系：包括 7、27、48、57、68、86、90、92、103、108 共 10 条。测定被试对夫妻双方与亲友关系的感受。主要包括与双方亲友一起度过的时间量，对与亲友一起活动的评价，是否与亲友间存在潜在的冲突以及亲友对该婚姻的态度等。评分高表示夫妻双方与亲友关系和谐；评分低表示与亲友间存在潜在的冲突。

（11）角色平等性：包括 12、23、29、43、55、61、75、80、97、105 共 10 条。测定被试对婚姻关系中承担的各种角色的评价。包括家庭角色、性角色、父母角色以及职业角色等。评分高表示被试主张男女平等，希望夫妻角色公平分配；评分低表示被试主张传统的夫妻角色与责任分配。请注意，评分高低不表明对夫妻角色分配的满意度。如奥尔森研究发现，评分低的女性婚姻满意度高于评分高的女性。但如果夫妻双方评分均高，提示夫妻和谐度高。

（12）信仰一致性：包括3、11、22、46、56、65、76、89、100、104共10条。测定被试有关婚姻的宗教信念及对夫妻双方宗教信念的评价。评分高表明被试更倾向坚持传统的婚姻宗教信念；评分低表明被试倾向于不愿受传统观念的束缚。双方评分一致，表明夫妻双方信仰一致，评分高者提示双方均看重传统的婚姻观念。夫妻一方评分高，一方评分低，低者更可能是冲突的来源。

四、应用现状

在婚姻幸福感的研究中，学者们开发了许多量表并被应用于实际研究，不同的研究者以不同的理论基础对其进行考察，或注重婚姻满意感，或注重婚姻调适，也有综合婚姻质量，他们在概念假设上并没有达成一致，因而在操作性定义和测量指标上也有各自不同的选取。

奥尔森婚姻质量问卷属于侧重婚姻满意感、婚姻质量的测量。奥尔森等认为，以婚姻调适为基础的量表其测量婚姻质量的涵盖面不够广泛，他们认为婚姻质量是个体对婚姻的需求与期望达成的程度，并据此编制了婚姻调查表测量涵盖了婚姻质量文献中最主要的内容，包括过分理想化、婚姻满意度、性格相容性、夫妻交流、解决冲突的方式、经济安排、业余活动、性生活、子女和婚姻、与亲友的关系、角色平等性及信仰一致性12个因子。ENRICH能够比较深入地分析婚姻关系不同侧面的满意程度，识别婚姻的冲突所在，主要用于婚姻咨询工作，有助于进行有针对性的婚姻治疗，该量表在我国得到了广泛的应用。如王厚亮探讨个性、应对方式对育龄妇女婚姻质量的影响作用，研究指出，个性的精神质和神经质、消极应对方式可能是影响育龄妇女婚姻质量的重要因素。毕爱红认为，妥协对婚姻质量有正向的积极作用，而控制、服从、回避、分离和行为反应对婚姻质量有负向的消极作用。易利人在对婚姻质量与心理健康相关性研究中发现夫妻生活中那些被过分理想化的领域通常是一种比较危险的信号，表示双方深层心灵交流的程度以及双方对对方的不切实际的幻想。通常这些幻想影响沟通质量与信任。业余活动也是影响心理健康因素的重要因子，夫妻间较少或没有业余活动是产生心理问题的因素。学者刘学俊对30名离婚者和39名再婚者的婚姻质量进行了对照分析，结果发现离婚者在量表中的过分理想化、婚姻满意度、性格相容性、夫妻交流、经济安排、业余活动因子上有显著差异，认为婚姻的破裂多因夫妻之间的性格不合、情感交流的不畅、共同兴趣及活动的缺乏、家庭经济问题的纠纷所致。段卫东研究结果提示个性和沟通技巧是影响婚姻质量的重要因素。

奥尔森婚姻质量问卷在使用过程中的不足是题目量较大，条目繁多，虽然覆盖维度较全，但测评不便。为了弥补ENRICH题目量大、使用不方便的缺陷，福尔与奥尔森（Fowers & Olson，1993）又编制了简版的ENRICH：婚姻满意度问卷，其内部一致性信度、重测信度、效标效度和结构效度都经过了验证。

20世纪末，有学者提出以自我对婚姻的主观感受即婚姻满意度来测量婚姻质量，开发了一些非常简短而有效的测量工具来评估婚姻质量。例如诺顿（Norton，1953）的婚姻质量调查（Quality Marriage Index，QMI）和斯科姆（Schumm，1956）的堪萨斯婚姻满意度量表（Kansas Marital Satisfaction Scale，KMS）。QMI 和 KMS 的题目少，使用方便，信度和效度都得到了充分的验证，但是难以全面反映夫妻关系多元复杂的内涵，因此在临床咨询和评估中应用不多。

关于国内婚姻质量本土化测量。我国从 21 世纪初才开始关于婚姻质量本土化测量方面的应用研究。社会学研究者徐安琪认为婚姻质量是夫妻的感情生活、物质生活、余暇生活、性生活及其双方的凝聚力在某一时期的综合状况，它是以当事人的主观评价为主要标准，并用夫妻调适方式和结果的客观事实来描述。在此基础上编制了婚姻质量多维组合量表，包括夫妻关系满意度、物质生活满意度、性生存质量、双方内聚力、婚姻生活情趣和夫妻调适结果 6 个维度，并检验了量表的内部一致性信度和结构效度，但问卷的使用范围较为有限。程灶火等借鉴 MAT、ENRICH，结合自身的咨询经验，编制了中国人婚姻质量问卷，包括性格兼容、夫妻交流、化解冲突、经济安排、业余活动、情感与性、子女与婚姻、亲友关系、家庭角色和生活观念 10 个维度。研究表明问卷的重测信度、同质信度、结构效度、效标效度和实证效度均较理想，符合心理测量学的要求。

第五节　社会支持评定量表

一、概述

学术界对社会关系与健康的关系已有了很长时间的研究。早在 20 世纪，法国社会学家迪尔凯姆（Durkheim）就发现社会联系的紧密程度与自杀有关。21 世纪以来，社会流行学研究表明，社会隔离或社会结合的紧密程度低的个体身心健康的水平较低，而死亡率则较高。在各年龄组，缺乏稳定婚姻关系和社会关系较孤立的个体易患结核病和精神疾病，如精神分裂症，且死亡率高于有稳定婚姻关系者。对精神疾病患者的研究发现，与正常人比较，精神分裂症患者的社交面较窄，一般仅限于自己的亲人，而神经症患者社交活动少，社会关系松散。老年人如果有较密切的社会关系，则可以有效地减少抑郁症状。20 世纪 70 年代初，精神病学文献中引入社会支持的概念，社会学和医学用定量评定的方法对社会支持与身心健康的关系进行大量的研究。多数学者认为，良好的社会支持有利于健康，而劣性社会关系的存在则损害身心健康。社会支持一方面对应激状态下的个体提供保护，即对应激起缓冲作用，另一方面对维持一般的良好情绪体验具有重要意义。

为了提供评定社会支持的工具，肖水源于 1986 年设计了一个包括 10 个条目的社会支持评定量表且在小范围内试用，并于 1990 年进行了修订。

二、量表内容

社会支持评定量表是一个自评量表，包括主观支持、客观支持和对社会支持的利用度 3 个维度，共 10 个条目。其中主观支持 4 条，客观支持 3 条，对社会支持的利用度 3 条（详见附录 13 - 6）。

有学者（1987）用社会支持评定量表对 128 名二年级大学生进行测试，量表总分平均值为 34.56 分，标准差为 3.73 分。信度方面，间隔 2 个月重测信度为 0.92（$P < 0.01$），各条目的重测信度在 0.89 ~ 0.94 之间。

三、结果与分析

（一）社会支持评定量表条目计分方法

（1）第 1 ~ 4 条、第 8 ~ 10 条，每条只选一项，选择第 1、2、3、4 项分别计 1、2、3、4 分。

（2）第 5 条分 A、B、C、D 四项，计总分，每项从"无"到"全力支持"分别计 1 ~ 4 分。

（3）第 6、7 条如回答"无任何来源"计 0 分；如回答"下列来源"，则有几个来源就计几分。

（二）社会支持评定量表分析方法

（1）总分：即 10 个条目计分之和。反映被试社会支持的总体状况。

（2）客观支持分：第 2、6、7 条评分之和。反映被试认为自己实际得到的支持，包括直接援助和社会关系两方面。

（3）主观支持分：第 1、3、4、5 条评分之和。反映被试主观感受到自己被尊重、支持、理解的情感体验和满意程度。

（4）对社会支持的利用度：第 8、9、10 条。反映被试对社会支持的利用程度。

四、应用现状

国外研究已表明，社会支持对身心健康有显著的影响，即社会支持的多少可以预测个体身心健康的结果。从已有的研究结果看，社会支持评定量表的测定结果与身心健康结果具有中等程度的相关性，即该量表具有较好的预测效度。

国内关于不同群体社会支持状况的研究。如国内学者宋佳萌对社会支持与主观幸福感关系的元分析，结果显示个体的主观支持、客观支持和支持利用度，与主观幸福感总体、生活满意度、积极情感之间存在中等程度的显著正相关，与消极情感之间呈中等程度的显著负相关。王维发现小学教师的心理健康水平较低，而对社会支持的利用度与心理健康水平呈显著相关。李远则发现重庆地区健康老年人群社会支持水平较低，身心健康、经济收入、亲子关系及居住方式是其主要影响因素。斐大军对疾病患者社会支持积极关注，其研究显示社会支持状况与心血管疾病患者生存质量之间存在密切关系，提高患者的社会支持水平将有助于改善患者生存质量。卢一丹调查产后抑郁症患者的社会支持状况，认为产后抑郁症患者社会支持水平较低，建议针对低水平社会支持的相关因素，实施进一步的医疗护理干预，提高患者社会支持水平。

一些探讨社会支持评定量表在特殊群体中使用的信效度的研究。杨国渝等研究社会支持评定量表在军人群体中的信度、效度和常模，认为社会支持评定量表在军人群体中有较好的信度、效度和项目区分度，军人社会支持量表的常模样本表现出明显的性别、军龄和级别特征。路长飞等检验社会支持评定量表在农村自杀研究使用中的信度、效度，认为社会支持评定量表在自杀研究中具有较好的信度和效度，可以运用到自杀研究中，但需要修改和完善其结构效度，使之更加适合自杀研究的社会支持测评。苏莉使用社会支持评定量表在壮族农民中应用的信度和效度进行检验，并建立壮族农民 SSRS 常模。

其他的社会支持评定量表。叶悦妹等以肖水源的社会支持三因素模型（主观支持、客观支持和对社会支持的利用度）为基础编制了一个包含 17 个条目的大学生社会支持评定量表，并对量表的心理测量学指标进行了检验。其条目的鉴别指数在 0.26 ~ 0.52 之间，同质性信度（α 系数）在 0.81 ~ 0.91 之间，对第一个样本（$n=212$）进行探索性因素分析，显示 17 个条目负荷 3 个主要因素；对第二个样本（$n=211$）做验证性因素分析，证明符合三因素模型。用肖水源编制的社会支持评定量表和 SCL - 90 做效标，测量结果显示基本符合心理测量学的要求，可用于大学生社会支持的测量。崔红等修订了测量中国军人社会支持的评估工具，评定量表的内部一致性系数为 0.62，两周后的重测相关系数为 0.91；主观支持、客观支持和对社会支持的利用度等 3 个分量表得分与总分的相关均在 0.65 以上（$P < 0.001$）。具有较好的信度、效度，可用于对军人社会支持状况的评估。

关于社会支持研究存在的一些问题。关于社会支持的概念、结构与操作化定义问题。目前学术界对于什么是社会支持，如何有效地把握社会支持的概念还没有一致结论，这样就很难确定社会支持的结构与操作化定义。一般来说，社会支持可以在不同的水平得到体现：可以从个体的认知过程、价值观、信念、外显行为加以体现，可以在群体行为，例如群体凝聚力、群体规范行为等群体层次表现出来，也可以在组织人力资源管理实践、组织气氛和组织文化等组织水平上得到，这样对于如何确定社会支持的概念、结构及影响因素就存在着较大困难。因此，今后要加强社会支持概念和结构方面的研究，进而得出科学的社会支持操作性定义，这样有利于推动社会支持研究的深入。关于社会支持与身心健康关系的作用模型问题，目前社会支持与压力、身心健康关系的结论仍然存在较大分歧。有些研究支持主效应模型，有些研究支持缓冲效应模型，而目前动态效应模型逐渐引起了重视。一般来说，动态效应模型很好地统合了主效应模型与缓冲效应模型，它考虑了压力源的独特性、社会网络特征、社会支持与压力的配合度，社会支持的时间与情境独特性等因素，同时强调文化在其中的重要作用。因此，动态效应模型可以较好地揭示社会支持影响身心健康的内在作用机制。

 技能训练

请同学们就生活评定相关量表进行相互评定，并分析结果，掌握方法。

| 参考文献 |

［1］方积乾. 生存质量测定方法及应用［M］. 北京：北京大学医学出版社，2000.

［2］解亚宁，戴晓阳. 实用心理测验［M］. 北京：中国医药科技出版社，2006.

［3］CAMPBELL A，CONVERSE P E，RODGERS W L. The quality of American life：Perceptions，evaluations and satisfactions［M］. New York：Russell Sage Foundation，1976.

［4］汪向东，王希林，马弘. 心理卫生评定量表手册［M］. 增订版. 北京：中国心理卫生杂志社，1999.

［5］戴晓阳. 常用心理评估量表手册［M］. 北京：人民军医出版社，2010.

 教学资源清单

使用说明：建议每位学习者在教师课堂讲授本章教材之前，先通过手机扫码的方式链接到教学资源平台，自学和练习相应的教学内容，以便在课堂上能够与教师更深入和更有效率地进行教与学的研讨，见表 13 – 3。

表 13 – 3 教学资源清单

编号	类型	主题	扫码链接
13 – 1	PPT 课件	生存质量评定相关量表	
13 – 2	教学视频	社交生活可能是长寿的秘籍	
13 – 3		情绪体验与压力调节	

拓展阅读

1. 杨燕子. 父母婚姻质量与幼儿行为问题的关系: 父母教养效能感和父母教养方式的链式中介作用 [J]. 心理学进展, 2023, 13 (12): 5865 – 5870.

2. 贾雯, 牟亚, 王建治, 等. 医学生社会支持、生活事件与心理弹性的关系研究 [J]. 中国高等医学教育, 2023 (10): 25 – 27.

3. 刘爱楼, 张阔. 应激生活事件和社会支持对大学生抑郁风险预警阈值研究 [J]. 中国健康心理学杂志, 2024, 32 (2): 269 – 277.

附录 13 – 1　世界卫生组织生存质量测定量表（WHOQOL – 100）

指导语: 这份问卷是要了解您对自己的生存质量、健康状况以及日常活动的感觉如何, 请您一定回答所有问题。如果某个问题您不能肯定如何回答, 就选择最接近您自己真实感觉的那个答案。所有问题都请您按照自己的标准, 或者自己的感觉来回答。注意所有问题都只是您最近两星期内的情况。

1. 您对自己的疼痛或不舒服担心吗?
①根本不担心　　　　②很少担心　　　　③担心（一般）
④比较担心　　　　　⑤极担心

2. 您在对付疼痛或不舒服时有困难吗?
①根本没困难　　　　②很少有困难　　　③有困难（一般）
④比较困难　　　　　⑤极困难

3. 您觉得疼痛妨碍您去做自己需要做的事情吗?
①根本不妨碍　　　　②很少妨碍　　　　③有妨碍（一般）
④比较妨碍　　　　　⑤极妨碍

4. 您容易累吗?
①根本不容易累　　　②很少容易累　　　③容易累（一般）
④比较容易累　　　　⑤极容易累

5. 疲乏使您烦恼吗?
①根本不烦恼　　　　②很少烦恼　　　　③烦恼（一般）
④比较烦恼　　　　　⑤极烦恼

6. 您睡眠有困难吗?
①根本没困难　　　　②很少有困难　　　③有困难（一般）
④比较困难　　　　　⑤极困难

7. 睡眠问题使您担心吗？
　　①根本不担心　　　　　②很少担心　　　　　③担心（一般）
　　④比较担心　　　　　　⑤极担心

8. 您觉得生活有乐趣吗？
　　①根本没乐趣　　　　　②很少有乐趣　　　　③有乐趣（一般）
　　④比较有乐趣　　　　　⑤极有乐趣

9. 您觉得未来会好吗？
　　①根本不会好　　　　　②很少会好　　　　　③会好（一般）
　　④会比较好　　　　　　⑤会极好

10. 在您生活中有好的体验吗？
　　①根本没有　　　　　　②很少有　　　　　　③有（一般）
　　④比较多　　　　　　　⑤极多

11. 您能集中注意力吗？
　　①根本不能　　　　　　②很少能　　　　　　③能（一般）
　　④比较能　　　　　　　⑤极能

12. 您怎样评价自己？
　　①根本没价值　　　　　②很少有价值　　　　③有价值（一般）
　　④比较有价值　　　　　⑤极有价值

13. 您对自己有信心吗？
　　①根本没信心　　　　　②很少有信心　　　　③有信心（一般）
　　④比较有信心　　　　　⑤极有信心

14. 您的外貌使您感到压抑吗？
　　①根本没压抑　　　　　②很少有压抑　　　　③有压抑（一般）
　　④比较压抑　　　　　　⑤极压抑

15. 您外貌上有无使您感到不自在的部分？
　　①根本没有　　　　　　②很少有　　　　　　③有（一般）
　　④比较多　　　　　　　⑤极多

16. 您感到忧虑吗？
　　①根本没忧虑　　　　　②很少有忧虑　　　　③有忧虑（一般）
　　④比较忧虑　　　　　　⑤极忧虑

17. 悲伤或忧郁等感觉对您每天的活动有妨碍吗？
　　①根本没妨碍　　　　　②很少有妨碍　　　　③有妨碍（一般）
　　④比较妨碍　　　　　　⑤极妨碍

18. 忧郁的感觉使您烦恼吗？
　　①根本不烦恼　　　　　②很少烦恼　　　　　③烦恼（一般）
　　④比较烦恼　　　　　　⑤极烦恼

19. 您从事日常活动时有困难吗？
　　①根本没困难　　　②很少有困难　　　③有困难（一般）
　　④比较困难　　　　⑤极困难

20. 日常活动受限制使您烦恼吗？
　　①根本不烦恼　　　②很少烦恼　　　③烦恼（一般）
　　④比较烦恼　　　　⑤极烦恼

21. 您需要依靠药物的帮助进行日常生活吗？
　　①根本不需要　　　②很少需要　　　③需要（一般）
　　④比较需要　　　　⑤极需要

22. 您需要依靠医疗的帮助进行日常生活吗？
　　①根本不需要　　　②很少需要　　　③需要（一般）
　　④比较需要　　　　⑤极需要

23. 您的生存质量依赖于药物或医疗辅助吗？
　　①根本不依赖　　　②很少依赖　　　③依赖（一般）
　　④比较依赖　　　　⑤极依赖

24. 生活中，您觉得孤单吗？
　　①根本不孤单　　　②很少孤单　　　③孤单（一般）
　　④比较孤单　　　　⑤极孤单

25. 您在性方面的需求得到满足吗？
　　①根本不满足　　　②很少满足　　　③满足（一般）
　　④多数满足　　　　⑤完全满足

26. 您有性生活困难的烦恼吗？
　　①根本没烦恼　　　②很少有烦恼　　　③有烦恼（一般）
　　④比较烦恼　　　　⑤极烦恼

27. 日常生活中您感受安全吗？
　　①根本不安全　　　②很少安全　　　③安全（一般）
　　④比较安全　　　　⑤极安全

28. 您觉得自己居住在一个安全和有保障的环境里吗？
　　①根本没安全保障　　②很少有安全保障
　　③有安全保障（一般）　④比较有安全保障　　　⑤总有安全保障

29. 您担心自己的安全和保障吗？
　　①根本不担心　　　②很少担心　　　③担心（一般）
　　④比较担心　　　　⑤极担心

30. 您住的地方舒适吗？
　　①根本不舒适　　　②很少舒适　　　③舒适（一般）
　　④比较舒适　　　　⑤极舒适

31. 您喜欢自己住的地方吗?
　　①根本不喜欢　　　　②很少喜欢　　　　③喜欢（一般）
　　④比较喜欢　　　　　⑤极喜欢

32. 您有经济困难吗?
　　①根本不困难　　　　②很少有困难　　　③有困难（一般）
　　④比较困难　　　　　⑤极困难

33. 您为钱财担心吗?
　　①根本不担心　　　　②很少担心　　　　③担心（一般）
　　④比较担心　　　　　⑤极担心

34. 您容易得到好的医疗服务吗?
　　①根本不容易得到　　②很少容易得到　　③容易得到（一般）
　　④比较容易得到　　　⑤极容易得到

35. 您空闲时间享受到乐趣吗?
　　①根本没享受到　　　②很少有享受到　　③有享受到（一般）
　　④比较有享受到　　　⑤极有享受到

36. 您的生活环境对健康好吗?
　　①根本不好　　　　　②很少好　　　　　③好（一般）
　　④比较好　　　　　　⑤极好

37. 居住地的噪声问题使您担心吗?
　　①根本不担心　　　　②很少担心　　　　③担心（一般）
　　④比较担心　　　　　⑤极担心

38. 您有交通上的困难吗?
　　①根本没困难　　　　②很少有困难　　　③有困难（一般）
　　④比较困难　　　　　⑤极困难

39. 交通上的困难限制您的生活吗?
　　①根本没限制　　　　②很少有限制　　　③有限制（一般）
　　④比较限制　　　　　⑤极限制

下列问题是问过去两星期内您做某些事情的能力是否"完全有精力或根本没精力"，问题均涉及前两星期。

40. 您有充沛的精力去应付日常生活吗?
　　①根本没精力　　　　②很少有精力　　　③有精力（一般）
　　④多数有精力　　　　⑤完全有精力

41. 您觉得自己的外形过得去吗?
　　①根本过不去　　　　②很少过得去　　　③过得去（一般）
　　④多数过得去　　　　⑤完全过得去

42. 您能做自己日常生活的事情吗?

    ①根本不能　　　　②很少能　　　　　③能（一般）

    ④多数能　　　　　⑤完全能

43. 您依赖药物吗?

    ①根本不依赖　　　②很少依赖　　　　③依赖（一般）

    ④多数依赖　　　　⑤完全依赖

44. 您能从他人那里得到您所需要的支持吗?

    ①根本不能　　　　②很少能　　　　　③能（一般）

    ④多数能　　　　　⑤完全能

45. 当需要时您的朋友能依靠吗?

    ①根本不能依靠　　②很少能依靠　　　③能依靠（一般）

    ④多数能依靠　　　⑤完全能依靠

46. 您住所的质量符合您的需要吗?

    ①根本不符合　　　②很少符合　　　　③符合（一般）

    ④多数符合　　　　⑤完全符合

47. 您的钱够用吗?

    ①根本不够用　　　②很少够用　　　　③够用（一般）

    ④多数够用　　　　⑤完全够用

48. 在日常生活中您需要的信息都齐备吗?

    ①根本不齐备　　　②很少齐备　　　　③齐备（一般）

    ④多数齐备　　　　⑤完全齐备

49. 您有机会得到自己所需要的信息吗?

    ①根本没机会　　　②很少有机会　　　③有机会（一般）

    ④多数有机会　　　⑤完全有机会

50. 您有机会进行休闲活动吗?

    ①根本没机会　　　②很少有机会　　　③有机会（一般）

    ④多数有机会　　　⑤完全有机会

51. 您能自我放松和自找乐趣吗?

    ①根本不能　　　　②很少能　　　　　③能（一般）

    ④多数能　　　　　⑤完全能

52. 您有充分的交通工具吗?

    ①根本没有　　　　②很少有　　　　　③有（一般）

    ④多数有　　　　　⑤完全有

下面的问题要求您对前两个星期生活的各个方面说说感觉是如何的——是否"很满意或很不满意"，问题均涉及前两个星期。

53. 您对自己的生存质量满意吗？
　　①很不满意　　　　　　②不满意　　　　　　③既非满意也非不满意
　　④满意　　　　　　　　⑤很满意

54. 总的来讲，您对自己的生活满意吗？
　　①很不满意　　　　　　②不满意　　　　　　③既非满意也非不满意
　　④满意　　　　　　　　⑤很满意

55. 您对自己的健康状况满意吗？
　　①很不满意　　　　　　②不满意　　　　　　③既非满意也非不满意
　　④满意　　　　　　　　⑤很满意

56. 您对自己的精力满意吗？
　　①很不满意　　　　　　②不满意　　　　　　③既非满意也非不满意
　　④满意　　　　　　　　⑤很满意

57. 您对自己的睡眠情况满意吗？
　　①很不满意　　　　　　②不满意　　　　　　③既非满意也非不满意
　　④满意　　　　　　　　⑤很满意

58. 您对自己学习新事物的能力满意吗？
　　①很不满意　　　　　　②不满意　　　　　　③既非满意也非不满意
　　④满意　　　　　　　　⑤很满意

59. 您对自己做决定的能力满意吗？
　　①很不满意　　　　　　②不满意　　　　　　③既非满意也非不满意
　　④满意　　　　　　　　⑤很满意

60. 您对自己满意吗？
　　①很不满意　　　　　　②不满意　　　　　　③既非满意也非不满意
　　④满意　　　　　　　　⑤很满意

61. 您对自己的能力满意吗？
　　①很不满意　　　　　　②不满意　　　　　　③既非满意也非不满意
　　④满意　　　　　　　　⑤很满意

62. 您对自己的外形满意吗？
　　①很不满意　　　　　　②不满意　　　　　　③既非满意也非不满意
　　④满意　　　　　　　　⑤很满意

63. 您对自己做日常生活事情的能力满意吗？
　　①很不满意　　　　　　②不满意　　　　　　③既非满意也非不满意
　　④满意　　　　　　　　⑤很满意

64. 您对自己的人际关系满意吗？
①很不满意　　　　　　②不满意　　　　　　③既非满意也非不满意
④满意　　　　　　　　⑤很满意

65. 您对自己的性生活满意吗？
①很不满意　　　　　　②不满意　　　　　　③既非满意也非不满意
④满意　　　　　　　　⑤很满意

66. 您对自己从家庭得到的支持满意吗？
①很不满意　　　　　　②不满意　　　　　　③既非满意也非不满意
④满意　　　　　　　　⑤很满意

67. 您对自己从朋友那里得到的支持满意吗？
①很不满意　　　　　　②不满意　　　　　　③既非满意也非不满意
④满意　　　　　　　　⑤很满意

68. 您对自己供养或支持他人的能力满意吗？
①很不满意　　　　　　②不满意　　　　　　③既非满意也非不满意
④满意　　　　　　　　⑤很满意

69. 您对自己的人身安全和保障满意吗？
①很不满意　　　　　　②不满意　　　　　　③既非满意也非不满意
④满意　　　　　　　　⑤很满意

70. 您对自己居住地的条件满意吗？
①很不满意　　　　　　②不满意　　　　　　③既非满意也非不满意
④满意　　　　　　　　⑤很满意

71. 您对自己的经济状况满意吗？
①很不满意　　　　　　②不满意　　　　　　③既非满意也非不满意
④满意　　　　　　　　⑤很满意

72. 您对得到卫生保健服务的方便程度满意吗？
①很不满意　　　　　　②不满意　　　　　　③既非满意也非不满意
④满意　　　　　　　　⑤很满意

73. 您对社会福利服务满意吗？
①很不满意　　　　　　②不满意　　　　　　③既非满意也非不满意
④满意　　　　　　　　⑤很满意

74. 您对自己学习新技能的机会满意吗？
①很不满意　　　　　　②不满意　　　　　　③既非满意也非不满意
④满意　　　　　　　　⑤很满意

75. 您对自己获得新信息的机会满意吗？
①很不满意　　　　　　②不满意　　　　　　③既非满意也非不满意
④满意　　　　　　　　⑤很满意

76. 您对自己使用空闲时间的方式满意吗？
　　①很不满意　　　　　②不满意　　　　　③既非满意也非不满意
　　④满意　　　　　　　⑤很满意

77. 您对周围的自然环境（比如：污染、气候、噪声、景色）满意吗？
　　①很不满意　　　　　②不满意　　　　　③既非满意也非不满意
　　④满意　　　　　　　⑤很满意

78. 您对自己居住地的气候满意吗？
　　①很不满意　　　　　②不满意　　　　　③既非满意也非不满意
　　④满意　　　　　　　⑤很满意

79. 你对自己的交通情况满意吗？
　　①很不满意　　　　　②不满意　　　　　③既非满意也非不满意
　　④满意　　　　　　　⑤很满意

80. 您与家人的关系愉快吗？
　　①很不愉快　　　　　②不愉快　　　　　③即非愉快也非不愉快
　　④愉快　　　　　　　⑤很愉快

81. 您怎样评价您的生存质量？
　　①很差　　　　　　　②差　　　　　　　③不好也不差
　　④好　　　　　　　　⑤很好

82. 您怎样评价您的性生活？
　　①很差　　　　　　　②差　　　　　　　③不好也不差
　　④好　　　　　　　　⑤很好

83. 您睡眠好吗？
　　①很差　　　　　　　②差　　　　　　　③不好也不差
　　④好　　　　　　　　⑤很好

84. 您怎样评价自己的记忆力？
　　①很差　　　　　　　②差　　　　　　　③不好也不差
　　④好　　　　　　　　⑤很好

85. 您怎样评价自己可以得到的社会服务的质量？
　　①很差　　　　　　　②差　　　　　　　③不好也不差
　　④好　　　　　　　　⑤很好

下列问题有关您感觉或经历某些事情的"频繁程度"，问题均涉及前两个星期。

86. 您有疼痛吗？
　　①没有疼痛　　　　　②偶尔有疼痛　　　③时有时无
　　④经常有疼痛　　　　⑤总是有疼痛

87. 您通常有满足感吗？
　　①没有满足感　　　　②偶尔有满足感　　　③时有时无
　　④经常有满足感　　　⑤总是有满足感

88. 您有消极感受吗？（如情绪低落、绝望、焦虑、忧郁）
　　①没有消极感受　　　②偶尔有消极感受　　③时有时无
　　④经常有消极感受　　⑤总是有消极感受

以下问题有关您的工作，这里工作是指您所进行的主要活动。问题均涉及前两个星期。

89. 您能工作吗？
　　①根本不能　　　　　②很少能　　　　　　③能（一般）
　　④多数能　　　　　　⑤完全能

90. 您觉得您能完成自己的职责吗？
　　①根本不能　　　　　②很少能　　　　　　③能（一般）
　　④多数能　　　　　　⑤完全能

91. 您对自己的工作能力满意吗？
　　①很不满意　　　　　②不满意　　　　　　③既非满意也非不满意
　　④满意　　　　　　　⑤很满意

92. 您怎样评价自己的工作能力？
　　①很差　　　　　　　②差　　　　　　　　③不好也不差
　　④好　　　　　　　　⑤很好

以下问题问的是您在前两个星期中"行动的能力"如何，这里指当您想做事情或需要做事情的时候移动身体的能力。

93. 您行动的能力如何？
　　①很差　　　　　　　②差　　　　　　　　③不好也不差
　　④好　　　　　　　　⑤很好

94. 行动困难使您烦恼吗？
　　①根本不烦恼　　　　②很少烦恼　　　　　③烦恼（一般）
　　④比较烦恼　　　　　⑤极烦恼

95. 行动困难影响您的生活方式吗？
　　①根本不影响　　　　②很少影响　　　　　③影响（一般）
　　④比较影响　　　　　⑤极影响

96. 您对自己的行动能力满意吗？
　　①很不满意　　　　　②不满意　　　　　　③既非满意也非不满意
　　④满意　　　　　　　⑤很满意

以下问题有关您个人信仰，以及这些信仰如何影响您的生存质量。这些问题有关宗教、神灵和其他信仰，这些问题也涉及前两个星期。

97. 您的个人信仰增添您生活的意义吗？
　　①根本没增添　　　　②很少有增添　　　　③有增添（一般）
　　④有比较大的增添　　⑤有极大增添

98. 您觉得自己的生活有意义吗？
　　①根本没意义　　　　②很少有意义　　　　③有意义（一般）
　　④比较有意义　　　　⑤极有意义

99. 您的个人信仰给您力量去对待困难吗？
　　①根本没力量　　　　②很少有力量　　　　③有力量（一般）
　　④有比较大的力量　　⑤有极大力量

100. 您的个人信仰帮助您理解生活中的困难吗？
　　①根本没帮助　　　　②很少有帮助　　　　③有帮助（一般）
　　④有比较大的帮助　　⑤有极大帮助

附加问题：

101. 家庭摩擦影响您的生活吗？
　　①根本不影响　　　　②很少影响　　　　　③影响（一般）
　　④有比较大的影响　　⑤有极大影响

102. 您的食欲怎么样？
　　①很差　　　　　　　②差　　　　　　　　③不好也不差
　　④好　　　　　　　　⑤很好

如果让您综合以上各方面（生理健康、心理健康、社会关系和周围环境等方面）给自己的生存质量打一个总分，您打多少分？＿＿＿＿＿＿＿分。（满分为 100 分）

附录 13 - 2　世界卫生组织生存质量测定量表简表（WHOQOL - BREF）

指导语：这份问卷是要了解您对自己的生存质量、健康状况以及日常活动的感觉如何，请您一定回答所有的问题。如果某个问题您不能确定如何回答，就选择最接近您自己真实感觉的那个答案。注意所有问题都只是您近两周内的情况。

例题：您对自己的健康状况担心吗？
①根本不担心　　②很少担心　　③担心（一般）　④比较担心　　⑤极担心
请您根据您对健康状况担心的程度在最合适的数字处打"√"，如果您比较担心您的健康状况，就在"④比较担心"处打"√"。

请阅读下面每一个问题，根据您的感觉，选择最适合您情况的答案。

1. 您怎样评价您的生存质量？

   ①很差　　　　②差　　　　③不好也不差　　　　④好　　　　⑤很好

2. 您对自己的健康状况满意吗？

   ①很不满意　　②不满意　　③既非满意也非不满意　　④满意

   ⑤很满意

下面的问题是关于两周来您经历某些事情的感觉。

3. 您觉得疼痛妨碍您去做自己需要做的事情吗？

   ①根本不妨碍　　　　②很少妨碍　　　　③妨碍（一般）

   ④比较妨碍　　　　⑤极妨碍

4. 您需要依靠医疗的帮助进行日常活动吗？

   ①根本不需要　　　　②很少需要　　　　③需要（一般）

   ④比较需要　　　　⑤极需要

5. 您觉得生活有乐趣吗？

   ①根本没有乐趣　　　②很少有乐趣　　　③有乐趣（一般）

   ④比较有乐趣　　　　⑤极有乐趣

6. 您觉得自己的生活有意义吗？

   ①根本没意义　　　　②很少有意义　　　③有意义（一般）

   ④比较有意义　　　　⑤极有意义

7. 您能集中注意力吗？

   ①根本不能　　　　②很少能　　　　③能（一般）

   ④比较能　　　　⑤极能

8. 日常生活中您感到安全吗？

   ①根本不安全　　　　②很少安全　　　　③安全（一般）

   ④比较安全　　　　⑤极安全

9. 您的生活环境对健康好吗？

   ①根本不好　　　　②很少好　　　　③好（一般）

   ④比较好　　　　⑤极好

下面的问题是关于两周来您做某些事情的能力。

10. 您有充沛的精力去应付日常活动吗？

    ①根本没精力　　　②很少有精力　　　③有精力（一般）

    ④多数有精力　　　⑤完全有精力

11. 您认为自己的外形过得去吗？
　　①根本过不去　　　　②很少过得去　　　　③过得去（一般）
　　④比较过得去　　　　⑤完全过得去

12. 您的钱够用吗？
　　①根本不够用　　　　②很少够用　　　　　③够用（一般）
　　④多数够用　　　　　⑤完全够用

13. 在日常生活中您需要的信息都齐备吗？
　　①根本不齐备　　　　②很少齐备　　　　　③齐备（一般）
　　④多数齐备　　　　　⑤完全齐备

14. 您有机会进行休闲活动吗？
　　①根本没机会　　　　②很少有机会　　　　③有机会（一般）
　　④多数有机会　　　　⑤完全有机会

15. 您行动的能力如何？
　　①很差　　　　　　　②差　　　　　　　　③不好也不差
　　④好　　　　　　　　⑤很好

下面的问题是关于两周来您对自己日常生活各个方面的满意程度。

16. 您对自己的睡眠情况满意吗？
　　①很不满意　　　　　②不满意　　　　　　③既非满意也非不满意
　　④满意　　　　　　　⑤很满意

17. 您对自己做日常活动事情的能力满意吗？
　　①很不满意　　　　　②不满意　　　　　　③既非满意也非不满意
　　④满意　　　　　　　⑤很满意

18. 您对自己的工作能力满意吗？
　　①很不满意　　　　　②不满意　　　　　　③既非满意也非不满意
　　④满意　　　　　　　⑤很满意

19. 您对自己满意吗？
　　①很不满意　　　　　②不满意　　　　　　③既非满意也非不满意
　　④满意　　　　　　　⑤很满意

20. 您对自己的人际关系满意吗？
　　①很不满意　　　　　②不满意　　　　　　③既非满意也非不满意
　　④满意　　　　　　　⑤很满意

21. 您对与异性交往满意吗？
　　①很不满意　　　　　②不满意　　　　　　③既非满意也非不满意
　　④满意　　　　　　　⑤很满意

22. 您对自己从朋友那里得到的支持满意吗？

　　①很不满意　　　　　　②不满意　　　　　　③既非满意也非不满意

　　④满意　　　　　　　　⑤很满意

23. 您对自己居住地的条件满意吗？

　　①很不满意　　　　　　②不满意　　　　　　③既非满意也非不满意

　　④满意　　　　　　　　⑤很满意

24. 您对得到卫生保健服务的方便程度满意吗？

　　①很不满意　　　　　　②不满意　　　　　　③既非满意也非不满意

　　④满意　　　　　　　　⑤很满意

25. 您对自己的交通情况满意吗？

　　①很不满意　　　　　　②不满意　　　　　　③既非满意也非不满意

　　④满意　　　　　　　　⑤很满意

下面的问题是关于两周来您经历某些事情的频繁程度。

26. 您有消极感受吗？（如情绪低落、绝望、焦虑、忧郁）

　　①没有消极感受　　　　②偶尔有消极感受　　③时有时无

　　④经常有消极感受　　　⑤总是有消极感受

此外，还有 3 个问题：

27. 家庭摩擦影响您的生活吗？

　　①根本不影响　　　　　②很少影响　　　　　③影响（一般）

　　④有比较大影响　　　　⑤有极大影响

28. 您的食欲怎么样？

　　①很差　　　　　　　　②差　　　　　　　　③不好也不差

　　④好　　　　　　　　　⑤很好

29. 如果综合以上各方面（生理健康、心理健康、社会关系和周围环境等方面）
给自己的生存质量打一个总分，您打多少分？＿＿＿＿＿＿＿分。（满分为 100 分）

附录 13 - 3　幸福感指数量表（Index of General Affect）

1. 总体情感指数（权重为 1）

A.	有趣的	1	2	3	4	5	6	7 厌倦的
B.	快乐的	1	2	3	4	5	6	7 痛苦的
C.	有价值的	1	2	3	4	5	6	7 无用的
D.	朋友很多	1	2	3	4	5	6	7 孤独的
E.	充实的	1	2	3	4	5	6	7 空虚的

F.　充满希望的	1	2	3	4	5	6	7	无望的
G.　有奖励的	1	2	3	4	5	6	7	沮丧的
H.　生活对我太好了	1	2	3	4	5	6	7	生活未给予我任何机会

2. 生活满意度（权重为 1.1）

你对生活总体的满意或不满意程度如何？哪一数值最接近你的满意度或不满意度？

不满意　　　　　1　　2　　3　　4　　5　　6　　7　十分满意

注：在实际问卷中将 A，C，F，G 项颠倒。

附录 13 - 4　生活事件量表（LES）

指导语：下面是每个人都有可能遇到的一些日常生活事件，究竟是好事还是坏事，可根据个人情况自行判断。这些事件可能对个人有精神上的影响（体验为紧张、压力、兴奋或苦恼等），影响的轻重程度是各不相同的，影响持续的时间也不一样。请您根据自己的情况，实事求是地回答下列问题，填表不记姓名，完全保密，请在最合适的答案处打"√"。

生活事件名称	事件发生时间				性质		精神影响程度				影响持续时间				备注
	未发生	一年前	一年内	长期性	好事	坏事	无影响	轻度	中度	重度	极重	三月内	半年内	一年内	一年以上	
举例：房屋拆迁			√			√		√					√			
家庭有关问题																
1. 恋爱或订婚																
2. 恋爱失败、破裂																
3. 结婚																
4. 自己（爱人）怀孕																
5. 自己（爱人）流产																
6. 家庭增添新成员																
7. 与爱人父母不和																
8. 夫妻感情不好																
9. 夫妻分居（因不和）																
10. 夫妻两地分居（工作需要）																
11. 性生活不满意或独身																

续上表

生活事件名称	事件发生时间				性质		精神影响程度					影响持续时间				备注
	未发生	一年前	一年内	长期性	好事	坏事	无影响	轻度	中度	重度	极重	三月内	半年内	一年内	一年以上	
12. 配偶一方有外遇																
13. 夫妻重归于好																
14. 超指标生育																
15. 本人（爱人）做绝育手术																
16. 配偶死亡																
17. 离婚																
18. 子女升学（就业）失败																
19. 子女管教困难																
20. 子女长期离家																
21. 父母不和																
22. 家庭经济困难																
23. 欠债500元以上																
24. 经济情况显著改善																
25. 家庭成员重病、重伤																
26. 家庭成员死亡																
27. 本人重病或重伤																
28. 住房紧张																
工作学习中的问题																
29. 待业、无业																
30. 开始就业																
31. 高考失败																
32. 扣发奖金或罚款																
33. 突出的个人成绩																
34. 晋升、提级																
35. 对现职工作不满意																
36. 工作学习中压力大（如成绩不好）																
37. 与上级关系紧张																

续上表

生活事件名称	事件发生时间				性质		精神影响程度					影响持续时间				备注
	未发生	一年前	一年内	长期性	好事	坏事	无影响	轻度	中度	重度	极重	三月内	半年内	一年内	一年以上	
38. 与同事领导不和																
39. 第一次远走他乡异国																
40. 生活规律重大变动（饮食睡眠规律改变）																
41. 本人退休离休或未安排具体工作																
社交及其他问题																
42. 好友重病或重伤																
43. 好友死亡																
44. 被人误会、错怪、诬告、议论																
45. 介入民事法律纠纷																
46. 失窃、财产损失																
47. 意外惊吓、发生事故、自然灾害																
48. 如果您还经历过其他的生活事件，请依次填写																

正性事件值：	家庭有关问题：
负性事件值：	工作学习中的问题：
总值：	社交及其他问题：

附录 13 − 5　婚姻质量问卷（ENRICH）

指导语：该问卷是要了解您的婚姻状态的。虽然它不能预测您的婚姻是否成功，但可以发现婚姻中可能存在和需要解决的问题，有助于得到专家的指导。希望您如实填写，不要征求他人的意见，独立完成。请注意，条目中的"我们"，均是指您和您的配偶。谢谢合作！

1. 夫妻双方都喜爱同一类的社会活动。

2. 向配偶表达我真实的感受是非常容易的。

3. 对我所受到的有关宗教信仰的教育，我很难全盘接受。

4. 为了尽早结束争吵，我常立即让步。

5. 在我们家里，父亲与孩子待在一起所花的时间不够。

6. 当夫妻间出现矛盾时，我的配偶常沉默不语。

7. 亲友中一些人使我们的婚姻变得紧张。

8. 我的配偶过于挑剔或经常持否定的观点。

9. 我完全满意配偶对我的感情。

10. 我和配偶就如何采取最佳方法解决矛盾常常意见不一。

11. 我认为夫妻双方对宗教应有相同的理解。

12. 我认为妇女主要应待在家里。

13. 有时，我对配偶的脾气很在意。

14. 我不喜欢配偶的性格和个人习惯。

15. 为了使性关系保持乐趣，我们尝试找一些新的办法。

16. 有时，我希望配偶别乱花钱。

17. 我的配偶似乎缺少时间与精力与我一起娱乐。

18. 我宁愿做别的任何事情，也不愿独自待一个晚上。

19. 我非常满意夫妻双方在婚姻中承担的责任。

20. 我和配偶对怎样花钱总是意见一致。

21. 我很满意我们对抚养子女的责任分工。

22. 共同的信仰有助于我们的关系发展。

23. 如果夫妻双方都有工作，丈夫应该与妻子承担同样多的家务劳动。

24. 有时，我对配偶显得不愉快和孤僻感到担心。

25. 我担心配偶可能在性方面对我不感兴趣。

26. 我们很难在经济安排上做出决定。

27. 我们为亲友花费的时间很恰当。

28. 对配偶兴趣或爱好过少，我很在意。

29. 除非经济上需要，妻子不应外出工作。

30. 我配偶抽烟和/或饮酒成问题。

31. 与配偶参加社交活动，我很少感到压力。

32. 我不满意夫妻间的交流，我配偶并不理解我。

33. 对于我们家怎样和在何处度假，我总是觉得满意。

34. 我们夫妻间完全相互理解。

35. 在管教子女方面，夫妻意见一致。

36. 我非常满意我们做决定和解决冲突的方式。

37. 有时，我的配偶不依赖我，不总是人云亦云。

38. 对于家庭应储蓄多少钱的决定，我感到满意。

39. 当讨论某一问题时，我通常感到配偶是理解我的。

40. 我的配偶有时发表一些贬低我的意见。

41. 与配偶谈论性问题，对我来说是很容易和轻松的。

42. 我的配偶对我的每一次情绪变化都能完全理解并有相同的感受。

43. 在我们的婚姻中，妻子应更加顺从丈夫的愿望。

44. 当我们与别人共处时，有时我为配偶的行为感到不安。

45. 我们都知道我们所欠的债务，而且它不成问题。

46. 我的宗教信仰是影响我们婚姻的一个重要部分。

47. 有时，我担心配偶会有寻求婚外性关系的想法。

48. 我认为配偶与他/她的家里过于密切或受其影响太大。

49. 子女似乎是我们婚姻中矛盾的一个主要来源。

50. 我们对所需子女的数量意见一致。

51. 我们按我们的经济实力有规律地花钱。

52. 我不满意我们的经济地位和决定经济事务的方法。

53. 我非常满意我们的业余活动和夫妻一起度过的时间。

54. 有时，我不敢找配偶要我需要的东西。

55. 即使妻子在外工作，也应该负担管理家务的责任。

56. 夫妻双方在与宗教信仰有关的活动中意见不一。

57. 与我的或配偶家的亲戚在一起，我感到不愉快。

58. 当我遇到困难时，我总是告诉配偶。

59. 我的配偶对子女的关注超过对我们的婚姻，这使我不舒服。

60. 我觉得我们的假期和旅游过得很好。

61. 我们家丈夫是一家之主。

62. 对我来说，我们的性关系是满意与完美的。

63. 有时，我的配偶太固执。

64. 我们的婚姻是非常成功的。

65. 与配偶一起祈祷，对我很重要。

66. 我希望配偶更愿意与我分享他/她的感受。

67. 有了孩子，使我们的婚姻关系更密切。

68. 我的配偶喜欢我所有的朋友。

69. 我不愿对配偶表现出很温柔，因为这经常被误认为是一种性的表示。

70. 我觉得我们的婚姻关系缺少某些东西。

71. 有时在一些不重要的问题上我们常产生严重的争执。

72. 我感到夫妻双方没有花费足够的时间一起度过业余空暇。

73. 有时，我很难相信配偶告诉我的每一件事。

74. 我尽量避免与配偶发生冲突。

75. 对于我们来说，丈夫的职业较妻子的职业更重要。

76. 我觉得我们的婚姻受到宗教观念影响。

77. 我们的经济已变得紧张，如赊账过多。

78. 配偶经常拖拖拉拉，使我很烦恼。

79. 有时，我觉得夫妻之间的争执没完没了，从未得到解决。

80. 如果家里有很小的子女，妻子不应外出工作。

81. 我经常不把我的感受告诉配偶，因为他/她应该体会得到。

82. 对于我们夫妻之间怎样表达情感与性有关的事，我很满意。

83. 当夫妻间出现意见不一时，我们开诚布公地交流感受和决定怎样来解决它。

84. 除非与配偶在一起，否则我很少开玩笑。

85. 我们很注重决定怎样把钱花在最重要的事情上。

86. 有时我的配偶与朋友在一起的时间太多。

87. 我和配偶在对子女进行宗教教育方面有不同的意见。

88. 对于承担做父母的责任分工上，我不满意。

89. 爱配偶，使我更深地体会到：上帝是慈爱的。

90. 我觉得双方的父母过高地期望得到我们的关心与帮助。

91. 我非常满意夫妻之间相互谈话的方式。

92. 我觉得我们的父母给我们的婚姻造成问题。

93. 我很烦恼，没有配偶的允许我不能花钱。

94. 自从有了孩子，夫妻间很少有时间单独在一起。

95. 对于配偶的喜怒无常，有时我感到束手无策。

96. 我经常感到配偶没有认真对待我们的分歧。

97. 在我们家里，丈夫在大多数重要的事情上应有最后的决定权。

98. 因为担心配偶发脾气，所以我不总是把心里的一些烦恼告诉他/她。

99. 我不满意我们与双方父母、朋友的关系。

100. 我和配偶对我所受的宗教方面的教育意见不一。

101. 我从不后悔与我父母的关系，哪怕是一瞬间。

102. 应该为子女做多少事，是我们发生冲突的一个原因。

103. 我确实很高兴与配偶所有的朋友来往。

104. 因为我们的宗教信仰，我和配偶觉得很亲密。

105. 妻子在重要问题上应该相信与接受丈夫的判断。

106. 有时，我很在意配偶的性兴趣与我不一致。

107. 我很满意关于家庭计划和生育子女数的决定。

108. 我不在意配偶与异性朋友在一起。

109. 我说话时，配偶总是认真听着。

110. 我很在意谁管钱。

111. 配偶用不公平的方式同意或拒绝性生活，使我很烦恼。

112. 当我们争吵时，我通常不去想这是我的过错。

113. 对于我们的宗教信仰与价值观，我觉得很好。

114. 我和配偶在一起和分开度过的业余时间分配很公平。

115. 有时，我认为配偶过于盛气凌人。

116. 我认为任何生活在一起的配偶都没有我们夫妻和睦。

117. 有时我觉得对配偶感觉不到爱和感情。

118. 有时，配偶做一些使我不愉快的事。

119. 如果配偶有何过错，我也没意识到。

120. 即使世界上每一个异性都愿与我结婚，我也不能做出比现在婚姻更好的选择。

121. 我们夫妻比世界上任何人都相互适应得好。

122. 关于配偶的每一件新鲜事都使我高兴。

123. 我们的关系比它应有的状况更好。

124. 当我和配偶在一起时，我觉得任何人都不可能比我们幸福。

附录 13 - 6 社会支持评定量表

指导语：下面的问题用于反映您在社会中所获得的支持，请按各个问题的具体要求，根据您的实际情况回答。谢谢您的合作。

1. 您有多少关系密切，可以得到支持和帮助的朋友？（只选一项）

A. 一个也没有　　 B. 1~2个　　 C. 3~5个　　 D. 6个或6个以上

2. 近一年来您（只选一项）：

A. 远离家人，且独居一室

B. 住处经常变动，多数时间和陌生人住在一起

C. 和同学、同事或朋友住在一起

D. 和家人住在一起

3. 您与邻居（只选一项）：

A. 相互之间从不关心，只是点头之交

B. 遇到困难可能稍微关心

C. 有些邻居很关心您

D. 大多数邻居都很关心您

4. 您与同事（只选一项）：

A. 相互之间从不关心，只是点头之交

B. 遇到困难可能稍微关心

C. 有些同事很关心您

D. 大多数同事都很关心您

5. 从家庭成员得到的支持和照顾（在"无""极少""一般""全力支持"四个选项中，选择合适的选项）：

（1）夫妻（恋人）

A. 无　　　　　B. 极少　　　　　C. 一般　　　　　D. 全力支持

（2）父母

A. 无　　　　　B. 极少　　　　　C. 一般　　　　　D. 全力支持

（3）儿女

A. 无　　　　　B. 极少　　　　　C. 一般　　　　　D. 全力支持

（4）兄弟姐妹

A. 无　　　　　B. 极少　　　　　C. 一般　　　　　D. 全力支持

（5）其他成员（如嫂子）

A. 无　　　　　B. 极少　　　　　C. 一般　　　　　D. 全力支持

6. 过去，在您遇到急难情况时，曾经得到的经济支持和解决实际问题的帮助的来源有：

（1）无任何来源。

（2）下列来源（可选多项）：

A. 配偶　B. 其他家人　C. 朋友　D. 亲戚　E. 同事　F. 工作单位

G. 党团工会等官方或半官方组织　　H. 宗教、社会团体等非官方组织

I. 其他（请列出）

7. 过去，在您遇到急难情况时，曾经得到的安慰和关心的来源有：

（1）无任何来源。

（2）下列来源（可选多项）：

A. 配偶　B. 其他家人　C. 朋友　D. 亲戚　E. 同事　F. 工作单位

G. 党团工会等官方或半官方组织　　H. 宗教、社会团体等非官方组织

I. 其他（请列出）

8. 您遇到烦恼时的倾诉方式（只选一项）：

A. 从不向任何人诉述

B. 只向关系极为密切的 1~2 个人诉述

C. 如果朋友主动询问您会说出来

D. 主动诉说自己的烦恼，以获得支持和理解

9. 您遇到烦恼时的求助方式（只选一项）：

A. 只靠自己，不接受别人帮助

B. 很少请求别人帮助

C. 有时请求别人帮助

D. 有困难时经常向家人、亲友、组织求援

10. 对于团体（如党团组织、宗教组织、工会、学生会等）组织活动，您（只选一项）：

A. 从不参加

B. 偶尔参加

C. 经常参加

D. 主动参加并积极活动

第十四章　自我意识与应付方式评定相关量表

导读

　　本章主要介绍自我意识与应付方式评定的相关量表，包括应付方式问卷、一般自我效能感量表、自我和谐量表、自我描述问卷和防御方式问卷，着重介绍量表的主要内容、评估对象、计分方法、统计指标及结果分析。通过学习和训练，掌握量表的使用方法与结果分析。

第一节　应付方式问卷

一、概述

　　应付方式是个体在应激环境或事件中，对该环境或事件做出认知评价以及继认知评价之后为平衡自身精神状态所采取的措施。应付作为应激与健康的中介机制，对身心健康的保护起着重要的作用。个体在高应激状态下，如果缺乏社会支持和良好的应付方式，则心理损害的危险度为普通人群危险度的两倍。

　　个体应付方式的选择是人格特质、个体差异和应激情境相互作用的结果。良好的应付方式有助于缓解精神紧张，帮助个体最终成功地解决问题，从而起到平衡心理和保护精神健康的作用。

　　肖计划等人参照国内外学者研究应付和防御时所用的问卷内容以及有关"应付"的理论思想，根据编制问卷的要求，结合汉语的语言特点以及中国人处事的一些行为习惯，编制了应付方式问卷。

　　应付方式问卷有6个分量表，分别为退避、幻想、自责、求助、合理化和解决问题。每个分量表由若干个条目组成，每个条目只有"是"和"否"两个答案（详见附录14-1）。

二、应付方式问卷的信度和效度

　　在青少年学生组（$N = 587$）和神经症对照组（$N = 191$）中分别对应付方式问卷修订稿进行效度与信度的研究。用因子分析检验其结构效度：采取平均正交旋转，按程序默认的因子提取原则，特征值 >1，提取因子，各因子由因子内因素负荷大于或等于 0.35 的条目组成。

青少年学生组：抽出 6 个应付因子，依序分别命名为"解决问题"（F1）、"自责"（F2）、"求助"（F3）、"幻想"（F4）、"忍耐"（F5）、"合理化"（F6）。

神经症对照组：抽出 5 个应付因子，依序分别命名为"自责/回避"（F1）、"解决问题"（F2）、"求助"（F3）、"幻想"（F4）、"忍耐/合理化"（F5）。

信度检验采用再测信度检验法，各因子的重测相关系数：青少年学生组依序为 R1 = 0.72，R2 = 0.62，R3 = 0.69，R4 = 0.72，R5 = 0.67，R6 = 0.72。神经症—对照组依序为 R1 = 0.63，R2 = 0.68，R3 = 0.65，R4 = 0.73，R5 = 0.68。

三、评分方法与结果解释

1. 量表分的计分方法

（1）在"解决问题"分量表中的条目 19，在"求助"分量表中的条目 36、39 和 42，选择"否"计 1 分，选择"是"计 0 分。

（2）除（1）所举的情况外，各个分量表的计分均为选择"是"计 1 分，选择"否"计"0"分。将每个项目得分相加，即得该分量表的量表分。

2. 计算各分量表的因子分

因子分计算方法如下：

$$分量表因子分 = 分量表单项条目分之和 / 分量表条目数$$

3. 结果解释

（1）"解决问题""求助"和"合理化"为成熟型应付方式，"退避""幻想"和"自责"为不成熟型应付方式。

（2）每个人的应付行为类型均具有一定的倾向性，这种倾向性构成了 6 种应付方式在个体身上的不同组合形式，不同的组合与解释如下。

"解释问题—求助"，成熟型。这类被试在面对应激事件或环境时，常能采取"解决问题"和"求助"等成熟的应付方式，而较少使用"退避""自责"和"幻想"等不成熟的应付方式，在生活中表现出一种成熟稳定的人格特征和行为方式。

"退避—自责"，不成熟型。这类被试在生活中常以"退避""自责"和"幻想"等应付方式应付困难和挫折，而较少使用"解决问题"这类积极的应付方式，表现出一种神经症性的人格特点，其情绪和行为均缺乏稳定性。

"合理化"，混合型。"合理化"应付因子既与"解决问题""求助"等成熟型应付因子呈正相关，也与"退避""幻想"等不成熟型应付因子呈正相关，反映出这类被试的应付行为集成熟型与不成熟型的应付方式于一体，在应付行为上表现出一种矛盾的心态和两面性的人格特点。

四、测量的方法和对象

（一）测量的方法

"应付方式问卷"为自陈式个体应付行为评定量表。主试将该问卷发给被试后，要求被试首先认真阅读指导语，然后根据自己的实际情况，逐条回答问卷每个项目提及的问题。答完问题后，当场收回。

（二）测量的对象

（1）文化程度在初中和初中以上。

（2）年龄在 14 岁以上的青少年、成年和老年人。

（3）除痴呆和重性精神病之外的各种心理障碍患者。

五、应用现状

应付方式的应用研究主要集中在医学心理学、临床心理学等领域。一部分研究对象是非健康群体，如心理障碍、各类疾病患者；另一部分是社会上公认的高压力群体，如教师和学生群体、运动员等。多数研究探讨不同人群在不同的应激情境下的应付方式特点及其影响因素，试图探明什么样的应付方式会造成不适应，健康人群的应付方式是什么，旨在为应付方式的干预和训练提供依据。

应付方式问卷通常与生活事件量表、压力源、主观幸福感、社会支持等一起使用，测评个体的心理健康状况和应激能力。研究表明，大学生中成熟型的应付方式与生活事件的各因子相关性不显著，而不成熟型和混合型的应付方式则与生活事件的部分因子显著正相关。近年来对学生群体的研究不断增多，特别是大学生。黎晓娜等在对大学生的应付方式的特点研究中发现，男生多采用解决问题，女生多采用求助来解决问题、应付生活事件；女生比男生更多地使用混合型应付方式；非独生子女在遇到问题时多采用自己想办法解决问题这种成熟型应付方式；独生子女大学生在应对生活事件时多采用自责这种不成熟型应付方式。

第二节　一般自我效能感量表

一、概述

自我效能感是指个体对其组织和实施达到特定目标所需行为过程的能力的信念，直接影响人们的思维、动机与行为。它是社会认知理论的核心概念，由美国心理学家班杜拉（Bandura）于 1977 年提出。按照班杜拉的理论，不同自我效能感的人其感觉、思维和行动都不同。就感觉层面而言，自我效能感往往和抑郁、焦虑及无助相联系。

在思维方面，自我效能感能在各种场合促进人们的认知过程和成绩，这包括决策质量和学业成就等。自我效能感能增强或削弱个体的动机水平。

自我效能感主要具有水平、强度和延展性3个特征维度。自我效能感的水平维度的差别导致不同个体选择不同难度的任务。自我效能感的强度差别是指对挫败感的体验和反应不同，强的自我效能感不会因一时的失败而导致自我怀疑，而是相信自己有能力取得最后胜利，从而面对重重困难仍不放弃努力；弱的自我效能感容易受不相符的经验影响而被否定。自我效能感的延展性差异是指某个领域的自我效能感对其他相近或不同领域中的自我效能感的影响。延展性好的在很广泛的活动及情境中都具有良好的自我效能感。

二、一般自我效能感量表的结构

一般自我效能感指的是个体应付各种不同环境的挑战或面对新事物时的一种总体性的自信心。

一般自我效能感量表（General Self-Efficacy Scale，GSES），最早的德文版由德国柏林自由大学的著名临床和健康心理学家施瓦策尔（R. Schwarzer）教授和他的同事于1981年编制完成，开始时共有20个项目，后来改进为10个项目。目前该量表已被翻译成至少25种语言，在国际上广泛使用。中文版的GSES最早由张建新和施瓦策尔于1995年在香港的一年级大学生中使用。至今中文版GSES已被证明具有良好的信度和效度。

GSES共有10个项目，涉及个体遇到挫折或困难时的自信心。GSES为单维量表，没有分量表，因此只统计总量表分（详见附录14-2）。

三、一般自我效能感量表的信度和效度

根据施瓦策尔报告，在不同文化（国家）的多次测定中，GSES的内部一致性系数在0.75~0.91之间，一直有良好的信度和效度（相容效度）。比如GSES和自尊、乐观主义有正相关关系，和焦虑、抑郁及生理症状有负相关关系。根据施瓦策尔对7 767名成年人的调查，在GSES上的平均得分为2.86分。此外，男性在GSES上的得分高于女性，不同文化（国家）之间存在显著差异。

王才康发现，中文版的GSES也有良好的信度和效度。内部一致性系数为0.87，一星期间隔的重测信度为0.83。效度方面，GSES的10个项目和总量表分的相关系数在0.60~0.77之间。因素分析抽取一个因素，解释方差为47.09%，表示GSES具有很好的结构效度。我国男女大学生在GSES上的得分分别为2.69分和2.55分，和其他亚洲国家（或地区）的得分比较接近，但显著低于国际平均水平。男、女高中生在GSES上的得分分别为2.52分和2.39分。GSES和特质焦虑、状态焦虑之间的相关系数分别为-0.301和-0.422。GSES和考试焦虑也呈负相关关系，和考试焦虑量表（TAS）的相关系数为-0.253，和考试焦虑检查表（TAI）总分的相关系数为-0.305（高中生）。

四、评分方法

GSES 各项目均为 1~4 分。对每个项目，被试根据自己的实际情况回答"完全不正确""有点正确""多数正确"或"完全正确"。评分时，"完全不正确"计 1 分，"有点正确"计 2 分，"多数正确"计 3 分，"完全正确"计 4 分。把所有 10 个项目的得分加起来除以 10 即为总量表分。

五、测量的方法和对象

（1）测量的方法：量表由被试自行填写，可进行个别测试，也可用于团体测试。必须答齐全部题目，否则无效。

（2）测量的对象：适用于大、中学生群体。

六、应用现状

最初，自我效能感研究只是用于行为矫正的治疗，例如广场恐惧症等。后来随着社会学习理论和认知理论的发展，自我效能感的研究领域不断扩展到教育、医学康复、体育运动、工业和组织行为等领域。现今，一般自我效能感量表被广泛应用于各个行业领域当中，并扩展成为测量该行业领域人员的自我效能感。比如，企业管理者管理自我效能感、普通公务员职业自我效能感、导游员自我效能感、英语学习自我效能感、学习自我效能感、情绪调节自我效能感。

一般自我效能感量表通常与主观幸福感、应对方式问卷和自尊问卷等一起使用，用于测量各类人群中个体的心理健康状况。研究结果表明，一般自我效能感高的人，主观幸福感强，应对方式偏向积极，自尊较强。

第三节　自我和谐量表

一、概述

自我和谐（self consistency and congruence）是荣格人格理论中最重要的概念之一。它与心理病理学和心理治疗过程有着密切的关系。根据荣格的观点，自我是个体的现象领域中与自身有关的知觉（包括个体对外界及自己的知觉）与意义。同时，个体有着维持各种自我知觉间的一致性，以及协调自我与经验之间关系的机能，而且"个体所采取的行为大多数都与其自我观念相一致"。如果个体体验到自我与经验之间存在差距，就会出现内心的紧张和纷扰，即一种"不和谐"的状态。个体为了维持其自我概念就会采取各种各样的防御反应，并因此为心理障碍的出现提供了基础。

二、自我和谐量表的结构

荣格把自我与经验之间的不协调作为心理障碍的重要原因，在后来的临床观察和研究中，他认识到自我与经验之间的关系在心理治疗过程中的变化情况，并曾编制过一个评定量表以测量心理治疗过程中个体自我与经验之间协调程度的改善程度。荣格的量表由 7 个维度组成，分别是"情感及其个人意义""体验""不和谐""自我交流""经验的构成""与问题的关系""关系的方式"。每一个维度都由 6 个等级构成，由低到高分别代表刻板、僵化、停滞直到灵活、变通与和谐。这一量表主要由治疗者或其他的独立评分者对患者在治疗过程中的表现进行评定。然而，该量表建立起来后并未引起什么反应，其主要原因就在于其在评定上的局限性，不适合作为一般性的研究工具。

自我和谐量表（Self Consistency and Congruence Scale，SCCS）由王登峰于 1994 年编制。该量表将荣格量表中的由治疗者的主观评定变为患者的自我报告。根据荣格的自我和谐评估量表的框架编写了自我报告的句子，这些句子绝大多数来自心理治疗过程中患者的言谈，经过筛选与删除，最后保留了 35 个条目，按随机顺序排列，组成了量表。经因素分析得到 3 个分量表："自我与经验的不和谐""自我的灵活性"以及"自我的刻板性"。它的建立不仅有利于有关研究工作的开展，还将为心理治疗评估提供一种新的量表（详见附录 14 - 3）。

三、自我和谐量表的信度、效度

（一）信度

共有 502 名被试大学生完成了自我和谐量表，其中男、女生分别为 260 人和 242 人，被试平均年龄为 18.52 岁。其中 281 名被试还完成了 SCL - 90，其中男、女生分别为 146 人和 135 人，平均年龄为 18.41 岁。对 502 名大学生进行测试，采用项目间一致性的方法计算，各分量表的同质性信度较高，分别为 0.85、0.81 和 0.64。

（二）效度

对 281 名大学生进行测试发现各分量表有中等的效标关联效度。各分量表可解释 SCL - 90 所测的身心症状的总方差的 10% ~ 20%。"自我与经验的不和谐"与各身心症状呈正相关，"自我的灵活性"与各身心症状均有显著的负相关，而"自我的刻板性"仅与"偏执"的相关显著。

四、测量的方法和对象

（一）测量的方法

自我和谐量表共有 35 个条目，采用 5 点计分法。使用时，要求被试按指示语对每一个句子符合自己情况的程度进行 1（完全不符合）到 5（完全符合）的评定。

但在使用时应注意以下两点：①目前主要的常模来自大学生样本及军事飞行员样本，在应用于其他样本时还应进行进一步的标准化。②本量表仅能解释身心症状的一部分方差（10%～20%），因此用于身心症状的评估时还应与其他量表结合使用。

（二）测量的对象

（1）文化程度在初中和初中以上。

（2）年龄在14岁以上的青少年、成年和老年人。

（3）除痴呆和重性精神病之外的各种心理障碍患者。

五、评分方法和结果解释

（一）评分方法

各分量表的得分为其所包含的项目分的总分，其中"自我与经验的不和谐"为1、4、7、10、12、14、15、17、19、21、23、27、28、29、31、33这16项；"自我的灵活性"为2、3、5、8、11、16、18、22、24、30、32、35这12项；"自我的刻板性"为6、9、13、20、25、26、34这7项。

（二）结果解释

可参考的常模为502名大学生的平均得分，男生为46.13分，女生为45.44分，标准差分别为男生10.01、女生7.44，均无性别差异。

"自我与经验的不和谐"反映的是自我与经验之间的关系，包含对能力和情感的自我评价、自我一致性、无助感等，它所产生的症状更多地反映了对经验的不合理期望。"自我的灵活性"与敌对和恐惧的相关显著，可能预示了自我概念的刻板和僵化。"自我的刻板性"不仅同质性信度较低，而且仅与"偏执"有显著相关，说明这一分量表的含义有待进一步研究，在应用时也应小心。

此外，也可以计算总分，方法是将"自我的灵活性"反向计分，再与其他两个分量表得分相加。得分越高自我和谐程度越低。在大学生中，可以以低于74分划为低分组，75～102分划为中间组，103分以上划为高分组。

六、应用现状

自我和谐量表可以作为评估心理健康状况的一般工具，也可以用于心理治疗研究和实践的疗效评估。从荣格的观点看，目前大多数疗效评估主要是对症状治疗结果（如身心症状、焦虑、抑郁等的改善）的评估。而自我和谐则是对症状原因进行评价。这对心理治疗效果的评估和治疗方法的整合起到一种积极的推动作用。

自我和谐除了能在一定程度上预测心理健康的状况，还可以与应对方式、人际关系以及家庭环境进行相关研究。研究表明，采用积极的应对方式有利于提高自我和谐度，而采用消极的应对方式不利于自我的和谐；人际交往的整体状况对自我和谐状况有一定的预测作用，不良的人际交往能力会引发自我的不和谐，"自我与经验的不和谐"对交谈困扰、交际与交友困扰有重要影响，"自我的灵活性"和"自我的刻板性"显著影响人际交往困扰的 4 个维度。父母教养方式与自我和谐存在着密切关系，父母应该给予子女更多的情感温暖和理解，避免过度干涉与保护。

第四节　自我描述问卷

一、概述

自我概念是个人对自己的印象，包括对自己存在的认识，以及对个人身体能力、性格、态度、思想等方面的认识。在早期的研究中，自我概念被看作是一种在反射和社会相互作用基础上构成的单维结构产物。而现在更多的是研究自我概念各要素之间的关系、程度、组合等，而不仅仅是确认和发现这些要素。自我概念最初分为两种次级的自我概念，即学业和非学业的。后来又做了进一步划分，学业自我概念又根据学习的对象再细分，如语文、数学等，非学业的自我概念也分为社会、情绪、身体等几种更基本的自我概念。在那以后，多维量表开始问世，其中最著名的是哈特（S. Harter）于 1982 年编制的儿童感知能力量表（The Perceived Competence Scale for Children）和马什（H. W. Marsh）等人于 1984 年发表的自我描述问卷（Self Description Questionnaire，SDQ）。这类量表的一个共同特征是可以把不同维度的分量表组合成高一层次的分量表，并且在此基础上再组合为全量表，以此来全面判定一个人的自我概念。

二、SDQ 的结构

SDQ 由马什等人以莎沃森（Shavelson）的多层次、多维度的自我概念模式理论为基础于 1984 年编制而成。该量表从自我概念的角度来考察七至十年级的学生对社会的反应。

该量表一共有 102 个条目，11 个分量表，每个分量表有 8～10 题。11 个分量表中包括 3 个学业自我概念，即言语、数学和一般学校情况；还有 7 个非学业自我概念，即体能、外貌、与异性关系、与同性关系、与父母关系、诚实—可信赖和情绪稳定性；还有 1 个是一般自我概念。每个条目都有 6 个答案，分别是"完全不符合""不符合""基本不符合""基本符合""符合"和"完全符合"（详见附录 14－4）。

三、SDQ 的信度、效度

（一）信度

马什的原版 SDQ 的常模是取自 5 494 名澳大利亚学生，有一个总的常模和不同性别的常模。全量表的内在稳定性系数达到 0.94，各分量表的内在稳定性系数在 0.83 ~ 0.91 之间，各分量表的重测信度在 0.72 ~ 0.88 之间。

国内学者为了了解该量表在中国使用的可行性，把该量表翻译为符合国情的中文，并进行修订。这次修订的抽样为上海地区，被试从上海近十所学校中随机挑选，从六年级到高三。每个年级 140 人左右，其中高三因临近高考少抽 40 人。被试总人数 946 人，其中男生 461 名，女生 485 名，男女生比例为1：1.05。对每个被试首先用瑞文标准推理测验联合型进行智商筛查测试，结果基本呈正态分布。统计结果显示，各年级在全量表中的内在稳定性系数在 0.92 ~ 0.96 之间，平均为 0.94，这一结果与马什的原版 SDQ 的内在稳定性系数完全相符。各分量表的内在稳定性系数在 0.66 ~ 0.91 之间，其中年级越高，稳定性系数越大。重测信度为随机选某中学初一 47 名被试，两次测验相隔一个月。各分量表的重测信度在 0.56 ~ 0.75 之间。

（二）效度

1. 各分量表之间的相关

11 个分量表的相关矩阵中的相关系数从总体上来看都很低，除个别超过 0.40 以外，大多数都在 0.40 以下。彼此间相关不高说明相对独立。

2. 测题同质性分析

从每一个分量表中随机抽取两题分别计算与各分量表总分间的相关。结果发现所有题目与本分量表的相关远高于其他分量表的相关。说明这套测验的同质性很好。

3. 自我概念与学习成绩及智商的相关

在 11 个分量表中有 3 个是涉及学业自我概念，即一般学校情况、言语、数学和一般学校情况分量表。我们取被试在测验前最近一次语文、数学和英语的考试成绩以及智商同 3 个学业自我概念分量表做相关分析，结果表明，各年级语文成绩与言语分量表、数学成绩与数学分量表均有非常显著的相关，而英语成绩与上述两个分量表在低年级中也有显著性相关，而到了初二以后基本没有相关。这 3 种学习成绩与一般学校情况分量表在各个年级都有显著性相关。

四、测量的方法和对象

1. 测量的方法

自我描述问卷为个体对自己存在认识的自我评定量表。主试将该问卷发给被试后，要求被试首先认真阅读指导语，然后根据自己的实际情况，逐条回答问卷每个项目提及的问题。答完问题后，当场收回。

2．测量的对象

测量的对象为六年级至高三的学生。

五、评分方法

问卷采用6点计分法，从"完全不符合"到"完全符合"，计为1～6分。其中2、4、6、8、10、11、12、14、16、18、20、24、26、28、30、32、33、34、36、38、40、42、46、48、50、52、54、55、56、58、60、62、64、68、70、72、73、74、76、77、78、80、82、84、86、91、92、95、96、97、100、101这52项为反向计分。分量表采用平均分，得分越高说明在该项目上的自我概念水平越高。

六、应用现状

在青少年儿童个性发展中，自我概念是一个重要的方面，自我概念的形成和发展也会对青少年儿童的社会性发展产生广泛的影响。自我概念是多维的，涉及个体对自己学业、身体、社会互动关系、情绪、品德等多方面的知觉评价，而这种不同的自我概念会对个体发展产生不同的影响，如学业自我概念会对学生的学习产生影响，人际自我概念与情绪自我概念会对个体的社会适应和心理健康产生影响。因此，自我描述问卷一般可应用于教育和医疗领域。

自我描述问卷通常可与父母教养方式、同伴关系、师生关系以及学校投入等一起使用，探讨如何促进中小学生自我概念的发展，对于教育实践有着重要的意义。研究表明，父母的情感理解、温暖与学业自我概念呈显著正相关，而父母的拒绝、否认与学业自我概念呈显著负相关；在同伴关系中，被拒斥学生的数学自我概念、一般学校自我概念、与同性关系自我概念、与父母关系自我概念、诚实—可信赖自我概念等方面显著低于受欢迎、被忽视、有争议的学生和普通组学生；亲密型师生关系比冲突型和冷漠型师生关系更有利于学生的自我概念的发展；而自我概念、言语自我概念和数学自我概念均对学校投入有显著预测作用。另外，自我描述问卷中的学业自我概念可独立使用，其与学业成绩呈正相关，与考试焦虑呈负相关。

第五节　防御方式问卷

一、概述

防御机制是精神分析理论的基本概念之一，弗洛伊德在1900年时就已经使用防御这个术语。在弗洛伊德早期理论中，防御机制与压抑是同义词，是焦虑体验让人们产生了压抑的需要，进而阻止或减少痛苦体验。其女儿安娜·弗洛伊德认为防御方式是一种自我保护的功能，借助它，自我可以降低甚至摆脱由外界影响或内心冲突导致的失落和焦虑，控制过度的冲动、情感和本能欲望，以保持心理的平衡。防御机制具有发展的阶段性，不同的发展阶段出现不同的防御机制：从总体上看表现为不成熟机制的逐渐减少，成熟机制的逐渐增加。因此，防御机制的逐渐发展与大脑皮质的逐渐成熟是相一致的，也就是说防御机制的发展受成熟的制约，而防御机制的不断改善则是成熟的标志。此外，亲子关系对于孩子日后养成的防御方式具有很大影响，爱护关心与通情达理的父母培养出来的儿童，很少使用具有破坏性的防御机制并善于处理各种冲突和应激，对自己充满信心，也能够正确认识自己的得失。反之，在冷漠、受惩罚的环境中成长起来的儿童，会过度地应用防御机制，并易产生心理障碍。

弗洛伊德认为，防御方式包括压抑、隔离、取消、否认、自我分裂。安娜·弗洛伊德描述了 5 种不同的防御机制，包括升华、移置、幻想否认、言语行为否认、攻击和利他性认同。科恩伯格（Kernberg）和克莱恩（Klein）描述了分裂、伴无能的全能、简单的理智化、投射性认同和精神病性否认 5 种防御机制。文莱特（Vaillant）描述了幻想、被动攻击、疑病、潜意显现、压制、幽默和期望 7 种防御机制，并且认为防御机制可分为如下 4 种层次：①自恋型防御机制，包括精神病性否认、妄想性投射和对现实的歪曲。②不成熟防御机制，包括幻想、投射、被动攻击、疑病和潜意显现。③神经症性防御机制，包括理想化、潜抑、转移、反向形成、分离。④成熟防御机制，包括升华、压抑、期望、利他和幽默 5 种防御机制。后来文莱特又对防御方式提出了 3 级分法：①成熟的防御机制，包括升华、压抑、幽默、期望和利他。②中间型或神经症性防御机制，包括转移、潜抑、隔离、反向形成。③不成熟防御机制，包括投射、分裂性幻想、被动攻击、潜意显现、疑病和分离。

二、各种防御方式的定义

（1）幽默：使潜在烦扰的情境变得更加轻松，更容易接受。

（2）升华：是将痛苦的情感和冲动变成合意的追求，并在过程中调节消极状态的意识。

（3）期望：是将注意力从当前的经历转移到为一些预料的结果做准备。

（4）利他：是给予他人确实想接受的东西，使个人需要得到替代性满足。

（5）压抑：指减少对内部状态的关注，将注意力从心灵深处转移开，同时还维持一些意识。

（6）理智化：在很大程度上是通过有意识思维过程的过多使用，将事情转变为非情绪的经历状态。

（7）合理化：指使一些不可接受的态度、信念和行为转变为社会可接受的意义。

（8）反向形成：是将难以接受的冲动转变为人们可以接受的行为。

（9）分离：它被严格界定为心理机能的损坏和自身性格的严重扭曲。

（10）破裂：指对外在物体的区分通常从一个极端走向另一个极端。

（11）理想化和贬损：指给予那些十足好的和十足坏的物体以强大的力量，把前者看作理想化的，把后者看作毫无价值的。

（12）投射：指改变经验认识，使人们相信那些不被接受的冲动和态度并非来自自己而是来自外在物体，当你真的做出攻击行为时，它们往往被看成由他人做出的，并由他人做出反应。

（13）癔症：是将对他人的责备转为自责和对疾病的抱怨。

（14）躯体化：是将精神性症状转变为相应的身体症状。

（15）抵消：指做出相反的行为来否认那些不可接受的行为。

（16）表演：是将烦扰的冲动迅速转变为行为，以致人们根本来不及思考或做出情绪反应。

（17）分裂样幻想：指人完全进入幻想世界而脱离现实。

（18）否认：通常是完全否定对一些痛苦经历的意识。

三、防御方式问卷（DSQ）的由来

对防御机制进行研究较为困难，因此在 20 世纪 60 年代以前，人们采用的方法主要是面谈、自传分析、生活方式和行为分析。1964 年莱文（Levine）和斯伯万（Spivak）尝试使用罗夏墨迹测验测量防御机制，提出了"压抑方式的罗夏指数"（Rorschach Index of Repressive Style，RIRS）。1969 年格莱斯（Gleses）和伊勒瑞可（Ihilerical）设计了"防御机制问卷"（DMI），对 4 种防御机制进行了定量的研究，这是方法学上的一个进步，但条目极少，反映防御机制的种类也少，使用有局限性。1976 年文莱特等设计了"防御机制评定量表"（DMRS），条目增多，防御机制种类也增加，但是和 DMI 一样均属他评量表，由主试根据对被试的询问、观察和分析来填写。因此，主试之间难以有较好的信度，效度也差。在总结前人经验的基础上，加拿大的伯德（M. Bond）认为防御机制术语所描述的不仅是潜意识的精神内在过程，也是行为，他把这种行为表现称为防御方式，对这种防御行为自己可以评价。他于 1983 年编制出防御方式问卷（DSQ），这是一种自评问卷，并分别在 1986 年和 1989 年进行了两次修订。

四、中文版防御方式问卷的信度、效度及结构

1993 年路敦跃等将 DSQ 引入中国，并且对原版进行修正。路敦跃等对 44 名神经症患者及 47 名正常人的对照实验得出各条目与总分的相关系数在 0.31 以上，条目的内部一致性信度在 0.74 以上，四周后重测信度为 0.84 以上。路敦跃等对各指标进行多元相关分析得出，不成熟防御机制和 SCL – 90 总分、EPQ 的 N、LCU 呈正相关（$P < 0.05$），SCL – 90 总分和 EPQ 的 N、LCU 呈正相关（$P < 0.05$），EPQ 的 E 和结构性社会支持呈负相关（$P < 0.05$），EPQ 的 E 和功能性社会支持、社会支持的自我体验呈正相关（$P < 0.05$），EPQ 的 P 和社会支持的结构呈负相关（$P < 0.05$），EPQ 的 N 和

社会支持的自我体验呈负相关（$P < 0.05$）、和 LCU 呈正相关（$P < 0.05$），社会支持的自我体验和 LCU 呈负相关（$P < 0.05$）。

防御方式问卷共有 88 道题目，每道题目为 1～9 级评分。得分越高，表示此防御方式的应用频率越高。量表可以测量 24 种防御方式，按其成熟程度分为 3 种类型：不成熟型、中间型和成熟型。其中，不成熟防御因子包括：投射、被动攻击、潜意显现、抱怨、幻想、分裂、退缩、躯体化；中间型防御因子包括：反向形成、解除、制止、回避、理想化、假性利他、伴无能的全能、隔离、同一化、否认、交往倾向、消耗倾向、期望；成熟防御因子包括：升华、压抑、幽默（详见附录 14-5）。

刘国华和孟宪璋在对防御方式问卷进行信度和效度的研究中，将所有被试按其防御方式的得分高低，以 27% 为界，分成高分组、中间组、低分组，计算高分组和低分组在各条目上防御方式得分的差为鉴别力指数。结果显示，DSQ 88 个条目中，鉴别力指数大于 0.3 的条目有 22 个（25%），小于 0.3 而大于 0.2 的条目有 49 个（56%），小于 0.2 的有 17 个（19%）。其中，不成熟防御方式分量表、成熟防御方式分量表和掩饰分量表都只占 1 个，其余都属于中间防御方式分量表。刘国华和孟宪璋对各条目与其所属的防御方式之间的相关性进行研究指出，不成熟型分量表 30 个条目中，只有分裂防御方式的一个条目与其所属防御方式的相关稍低（为 0.162），其他在 0.323～0.599 之间；中间型分量表 40 个条目中，相关系数低于 0.3 的条目有 9 个，其中条目 29 低于 0.2（为 0.146）；成熟型分量表 8 个条目的相关系数均较高，在 0.353～0.765 之间；10 个掩饰条目中，只有条目 38 与掩饰分量表的相关较低（为 0.245），其他条目均在 0.390 以上。各防御方式与其所属分量表的相关均极显著（$P < 0.005$），相关系数均在 0.3 以上。刘国华和孟宪璋的研究中 DSQ 的重测信度大于 0.7，内部一致性信度为 0.9。

五、统计指标

（一）4 个因子分及因子均分

各因子分为其所属各防御机制分之和，因子均分的计算公式如下：

$$因子均分 = 因子分/因子所属条目数$$

因子均分反映的是被试在某因子上自我评价介于 1～9 的哪种程度。4 个因子分别为：成熟防御机制、中间型防御机制、不成熟防御机制、掩饰度。越靠近 9 即应用某类机制频率越高，其掩饰度越小。

（二）各防御机制分及均分

各防御机制分为反映该机制项目评分之和，防御机制均分的计算公式如下：

$$防御机制均分 = 防御机制分/防御机制所属条目数$$

此指标目的在于了解被试在某防御机制上自我评价介于 1～9 的哪种程度。越接近 9 则应用此种防御机制的频度越大。

（三）因子分类

（1）因子1：不成熟防御机制（列出所属防御机制及所反映相应防御机制条目，下同）。

投射：4、12、25、36、55、60、66、72、87。

被动攻击：2、22、39、45、54。

潜意显现：7、21、27、33、46。

抱怨：69、75、82。

幻想：40。

分裂：43、53、64。

退缩：9、67。

躯体化：28、62。

（2）因子2：成熟防御机制。

升华：5、74、84。

压抑：3、59。

幽默：8、34、61。

（3）因子3：中间型防御机制。

反向形成：13、47、56、63、65。

解除：71、78、88。

制止：10、17、29、41、50。

回避：32、35、49。

理想化：51、58。

假性利他：1。

伴无能的全能：11、18、23、24、30、37。

隔离：70、76、77、83。

同一化：19。

否认：16、42、52。

交往倾向：80、86。

消耗倾向：73、79、85。

期望：68、81。

（4）因子4：掩饰度。

掩饰因子：6、14、15、20、26、31、38、44、48、57。

六、问卷适用人群

此问卷的目的是收集较完整的防御机制资料，应用范围可以是正常人，也可以是各种精神障碍人群。这个问卷的优点是：①属自评问卷，消除了主试间的信度问题，同时不受主试专业水平的限制。②条目所反映的防御机制是目前公认的防御机制。③省时。④条目较多，反映的机制也多。

七、应用现状

以往了解防御机制的方法，主要是会谈和自传分析。而应用问卷能较全面、省时地收集较标准的资料，便于比较和研究。此问卷能够提供一个连续的心理社会成熟程度指标，不仅适用于研究常人的防御行为，也适用于各种精神障碍和躯体疾病患者的防御行为。要特别注意的是，此问卷目前国内外尚无常模，研究时应设立对照组，实际应用时应参考相关文献。

 技能训练

请同学们进行应付方式问卷测试，并分析结果，掌握使用方法。

参考文献

[1] 汪向东，王希林，马弘. 心理卫生评定量表手册 [M]. 增订版. 北京：中国心理卫生杂志社，1999.

[2] 杨广业，田言杰，刘明. 大学生生活事件与应付方式的相关研究 [J]. 怀化学院学报，2012，31 (4)：98 – 101.

[3] 肖计划. 应付与应付方式 [J]. 中国心理卫生杂志，1992 (4)：181 – 183.

[4] 叶一舵，申艳娥. 应对及应对方式研究综述 [J]. 心理科学，2002 (6)：755 – 756.

[5] 肖计划，许秀峰. "应付方式问卷"效度与信度研究 [J]. 中国心理卫生杂志，1996 (4)：164 – 168.

[6] 黎晓娜，马琪山，何兆东. 大学生应对方式特点研究 [J]. 卫生职业教育，2009，27 (17)：22 – 24.

[7] 张作记. 行为医学量表手册 [M]. 北京：中华医学电子音像出版社，2005.

[8] 周文霞，郭桂萍. 自我效能感：概念、理论和应用 [J]. 中国人民大学学报，2006 (1)：91 – 97.

[9] 王登峰. 自我和谐量表的编制 [J]. 中国临床心理学杂志，1994 (1)：19 – 22.

[10] 刘肖肖，鲁华章. 自我和谐研究现状的文献计量学分析 [J]. 中国电力教育，2011 (32)：155 – 156，158.

[11] 温子栋，高健，朱莹，等. 大学生自我和谐与心理健康水平关系研究 [J]. 中国健康心理学杂志，2008，16 (10)：1120 – 1123.

[12] 陈国鹏，朱晓岚，叶澜澜，等. 自我描述问卷上海常模的修订报告 [J]. 心理科学，1997 (6)：499 – 503，574 – 575.

［13］王振宏，郭德俊，方平. 不同同伴关系初中生的自我概念与应对方式［J］. 心理科学，2004（3）：602 –605.

［14］姜金伟，姚梅林. 学业自我概念对技工学生学校投入的影响：群体内部认同的中介作用［J］. 心理发展与教育，2011，27（1）：59 –64.

［15］郭成，何晓燕，张大均. 学业自我概念及其与学业成绩关系的研究述评［J］. 心理科学，2006，29（1）：133 –136.

［16］姚计海，屈智勇，井卫英. 中学生自我概念的特点及其与学业成绩的关系［J］. 心理发展与教育，2001，17（4）：57 –64.

［17］FREUD A. The ego and the mechanisms of defense ［M］. London：Hogarth Press，1936.

［18］KERNBERGO. Notes on countertransference ［J］. J Am Psychoanal Assoc，1976，15：641 –685.

［19］KLEIN M. The psychoanalysis of children ［M］. London：Hogarth Press，1973.

［20］VAILLANT G E. Natural history of male psychological health ［J］. Arch Gen Psychiatry，1976，33（5）：535 –545.

［21］VAILLANT G E. Ego mechanisms of defense and personality psychopathology ［J］. Journal of Abnormal Psychology，1994，103（1）：44 –50.

［22］BOND M，GARDNER S T，CHRISTIAN J，et al. Empirical study of self-rated defense styles ［J］. Archives of Geweral Psychiatry，1983，40（3）：333 –338.

［23］路敦跃，张丽杰，赵瑞，等. 防御方式问卷初步试用结果［J］. 中国心理卫生杂志，1993（2）：54 –56，53，94.

［24］刘国华，孟宪璋. 防御方式问卷（DSQ）信度和效度研究［J］. 中国临床心理学杂志，2004（4）：352 –353.

教学资源清单

使用说明：建议每位学习者在教师课堂讲授本章教材之前，先通过手机扫码的方式链接到教学资源平台，自学和练习相应的教学内容，以便在课堂上能够与教师更深入和更有效率地进行教与学的研讨，见表14 –1。

表 14 –1　教学资源清单

编号	类型	主题	扫码链接
14 –1	PPT 课件	自我意识与应付方式评定相关量表	

拓展阅读

1. 吴庆，王莹，费龙才. 双相障碍缓解期自我和谐与应对方式［J］. 中国健康心理学杂志，2017，25（3）：327 – 330.

2. 常碧如，张思纯，李泽凯. 新冠疫情校园管控期间大学生应对方式在时间洞察力与焦虑、抑郁间的中介作用［J］. 中国社会医学杂志，2024，41（1）：64 – 67.

3. 梁淑婷，郭华贵，朱进才. 服刑人员防御机制研究及其影响因素分析［J］. 齐齐哈尔医学院学报，2019，40（8）：1009 – 1011.

4. 胡金菊，杨晓宇，王真真. 曼陀罗绘画训练对高危妊娠产妇负性情绪、应对方式及睡眠质量的影响［J］. 国际精神病学杂志，2023，50（6）：1556 – 1558，1566.

5. 邹霜，王杨，王冉. 时效性激励理论干预对 MHD 患者情绪和应对方式的影响［J/OL］.（2024–02–07）［2024–03–25］. https://link. cnki. net/urlid/11. 5257. r. 20240204. 1606. 018，2024.

附录 14 – 1　应付方式问卷

指导语：这是关于个体面对应激环境时的应对方式，此表每个条目有两个答案"是""否"。请您根据自己的情况在每一条目后选一个答案。

1. 能理智地应付困难。　　　　　　　　　　　　　　　　　　是　　否
2. 善于从失败中吸取教训。　　　　　　　　　　　　　　　　是　　否
3. 制订一些克服困难的计划并按计划去做。　　　　　　　　　是　　否
4. 常希望自己已经解决了面临的困难。　　　　　　　　　　　是　　否
5. 对自己取得成功的能力充满自信。　　　　　　　　　　　　是　　否
6. 认为"人生经验就是磨难"。　　　　　　　　　　　　　　是　　否
7. 常感叹生活的艰辛。　　　　　　　　　　　　　　　　　　是　　否
8. 专心于工作或学习以忘却不快。　　　　　　　　　　　　　是　　否
9. 常认为"生死有命，富贵在天"。　　　　　　　　　　　　是　　否
10. 常常喜欢找人聊天以减少烦恼。　　　　　　　　　　　　　是　　否
11. 请求别人帮助自己克服困难。　　　　　　　　　　　　　　是　　否
12. 常只按自己想做的做，且不考虑后果。　　　　　　　　　　是　　否
13. 不愿过多思考影响自己情绪的问题。　　　　　　　　　　　是　　否
14. 投身其他社会活动，寻找新寄托。　　　　　　　　　　　　是　　否
15. 常自暴自弃。　　　　　　　　　　　　　　　　　　　　　是　　否
16. 常以无所谓的态度来掩饰内心的感受。　　　　　　　　　　是　　否
17. 常想"这不是真的就好了"。　　　　　　　　　　　　　　是　　否

18. 认为自己的失败多系外因所致。 是 否

19. 对困难采取等待、观望、任其发展的态度。 是 否

20. 与人冲突，常是对方性格怪异引起。 是 否

21. 常向引起问题的人和事发脾气。 是 否

22. 常幻想自己有克服困难的超人本领。 是 否

23. 常自我责备。 是 否

24. 常用睡觉的方式逃避痛苦。 是 否

25. 常借娱乐活动来消除烦恼。 是 否

26. 常爱想些高兴的事自我安慰。 是 否

27. 避开困难以求心中宁静。 是 否

28. 为不能回避困难而懊恼。 是 否

29. 常用两种以上的办法解决困难。 是 否

30. 常认为没有必要那么费力去争成败。 是 否

31. 努力去改变现状，使情况向好的一面转化。 是 否

32. 借烟或酒消愁。 是 否

33. 常责怪他人。 是 否

34. 对困难常采用回避的态度。 是 否

35. 认为"退后一步自然宽"。 是 否

36. 把不愉快的事埋在心里。 是 否

37. 常自卑自怜。 是 否

38. 常认为这是生活对自己不公平的表现。 是 否

39. 常压抑内心的愤怒和不满。 是 否

40. 吸取自己或他人的经验去应对困难。 是 否

41. 常不相信那些对自己不利的事。 是 否

42. 为了自尊，常不愿让人知道自己的遭遇。 是 否

43. 常与同事、朋友一起讨论解决问题的办法。 是 否

44. 常告诫自己"能忍者自安"。 是 否

45. 常祈祷神灵保佑。 是 否

46. 常用幽默或玩笑的方式缓解冲突或不快。 是 否

47. 自己能力有限，只有忍耐。 是 否

48. 常怪自己没出息。 是 否

49. 常爱幻想一些不现实的事来消除烦恼。 是 否

50. 常抱怨自己无能。 是 否

51. 常能看到坏事中有好的一面。 是 否

52. 自感挫折是对自己的考验。 是 否

53. 向有经验的亲友、师长求教解决问题的方法。	是	否
54. 平心静气，淡化烦恼。	是	否
55. 努力寻找解决问题的办法。	是	否
56. 选择职业不当，是自己常遇挫折的主要原因。	是	否
57. 总怪自己不好。	是	否
58. 经常是看破红尘，不在乎自己的不幸遭遇。	是	否
59. 常自感运气不好。	是	否
60. 向他人诉说心中的烦恼。	是	否
61. 常自感无所作为而任其自然。	是	否
62. 寻求别人的理解和同情。	是	否

附录 14-2 一般自我效能感量表（GSES）

指导语：请仔细阅读下面的一些描述，每个描述后有 4 个选项，请根据真实情况，在最符合您情况的一项上打"√"。

1. 如果我尽力去做的话，我总是能够解决问题的。
①完全不正确　　②有点正确　　③多数正确　　④完全正确

2. 即使别人反对我，我仍有办法取得我所要的。
①完全不正确　　②有点正确　　③多数正确　　④完全正确

3. 对我来说，坚持理想和达成目标是轻而易举的。
①完全不正确　　②有点正确　　③多数正确　　④完全正确

4. 我自信能有效地应付意料之外的情况。
①完全不正确　　②有点正确　　③多数正确　　④完全正确

5. 以我的才智，我定能应付意料之外的情况。
①完全不正确　　②有点正确　　③多数正确　　④完全正确

6. 如果我付出必要的努力，我一定能解决大多数的难题。
①完全不正确　　②有点正确　　③多数正确　　④完全正确

7. 我能冷静地面对困难，因为我信赖自己处理问题的能力。
①完全不正确　　②有点正确　　③多数正确　　④完全正确

8. 面对一个难题时，我通常能找到一些应付的方法。
①完全不正确　　②有点正确　　③多数正确　　④完全正确

9. 有麻烦的时候，我通常能想到一些应付的方法。
①完全不正确　　②有点正确　　③多数正确　　④完全正确

10. 无论什么事在我身上发生，我都能应付自如。
①完全不正确　　②有点正确　　③多数正确　　④完全正确

附录 14 - 3　自我和谐量表

指导语：下面是一些个人对自己的看法的陈述。填答时，请您看清楚每句话的意思，然后圈选一个数字（1 代表该句话完全不符合您的情况；2 代表比较不符合您的情况；3 代表不确定；4 代表比较符合您的情况；5 代表完全符合您的情况）。答案是没有对错之分的，您只要如实回答就可以了。

1. 我周围的人往往觉得我对自己的看法有些矛盾。　　　　　　　　1 2 3 4 5
2. 有时我会对自己在某方面的表现不满意。　　　　　　　　　　　1 2 3 4 5
3. 每当遇到困难，我总是首先分析造成困难的原因。　　　　　　　1 2 3 4 5
4. 我很难恰当地表达我对别人的情感反应。　　　　　　　　　　　1 2 3 4 5
5. 我对很多事情都有自己的观点，但我并不要求别人也与我一样。　1 2 3 4 5
6. 我一旦形成对事情的看法，就不会再改变。　　　　　　　　　　1 2 3 4 5
7. 我经常对自己的行为不满意。　　　　　　　　　　　　　　　　1 2 3 4 5
8. 尽管有时得做一些不愿做的事，但我基本上是按自己的愿望办事的。1 2 3 4 5
9. 一件事情好就是好，不好就是不好，没有什么可以含糊的。　　　1 2 3 4 5
10. 如果我在某件事上不顺利，我就往往会怀疑自己的能力。　　　　1 2 3 4 5
11. 我至少有几个知心的朋友。　　　　　　　　　　　　　　　　　1 2 3 4 5
12. 我觉得我所做的很多事情都是不该做的。　　　　　　　　　　　1 2 3 4 5
13. 不论别人怎么说，我的观点决不改变。　　　　　　　　　　　　1 2 3 4 5
14. 别人常常会误解我对他们的好恶。　　　　　　　　　　　　　　1 2 3 4 5
15. 很多情况下我不得不对自己的能力表示怀疑。　　　　　　　　　1 2 3 4 5
16. 我朋友中有些是与我截然不同的人，这并不影响我们的关系。　　1 2 3 4 5
17. 与别人交往过多容易暴露自己的隐私。　　　　　　　　　　　　1 2 3 4 5
18. 我很了解自己对周围人的情感。　　　　　　　　　　　　　　　1 2 3 4 5
19. 我觉得自己目前的处境与我的要求相距太远。　　　　　　　　　1 2 3 4 5
20. 我很少去想自己所做的事是否应该。　　　　　　　　　　　　　1 2 3 4 5
21. 我所遇到的很多问题都无法自己解决。　　　　　　　　　　　　1 2 3 4 5
22. 我很清楚自己是什么样的人。　　　　　　　　　　　　　　　　1 2 3 4 5
23. 我能很自如地表达我想表达的意思。　　　　　　　　　　　　　1 2 3 4 5
24. 如果有了足够的证据，我也可以改变自己的观点。　　　　　　　1 2 3 4 5
25. 我很少考虑自己是一个什么样的人。　　　　　　　　　　　　　1 2 3 4 5
26. 把心里话告诉别人不仅得不到帮助，还可能招致麻烦。　　　　　1 2 3 4 5
27. 在遇到问题时，我总觉得别人都离我很远。　　　　　　　　　　1 2 3 4 5
28. 我觉得很难发挥出自己应有的水平。　　　　　　　　　　　　　1 2 3 4 5

29. 我很担心自己的所作所为会引起别人的误解。　　　　　1 2 3 4 5

30. 如果我发现自己在某些方面表现不佳，总希望尽快弥补。　　1 2 3 4 5

31. 每个人都在忙自己的事情，很难与他们沟通。　　　　　1 2 3 4 5

32. 我认为能力再强的人也可能会遇上难题。　　　　　　　1 2 3 4 5

33. 我经常感到自己是孤立无援的。　　　　　　　　　　　1 2 3 4 5

34. 一旦遇到麻烦，无论怎样做都无济于事。　　　　　　　1 2 3 4 5

35. 我总能清楚地了解自己的感受。　　　　　　　　　　　1 2 3 4 5

附录 14－4　自我描述问卷（SDQ）

指导语：这是关于个体对自我概念的认识的量表，数字 1~6 分别代表了完全不符合、不符合、基本不符合、基本符合、符合和完全符合。请根据实际情况，报告以下陈述与您情况相符合的程度。

1. 数学是我学得最好的学科之一。　　　　　　　　　　1 2 3 4 5 6

2. 没有人认为我长得好看。　　　　　　　　　　　　　1 2 3 4 5 6

3. 总的来说，我有不少值得自豪的地方。　　　　　　　1 2 3 4 5 6

4. 我有时拿别人的东西。　　　　　　　　　　　　　　1 2 3 4 5 6

5. 我喜欢体育、体操和舞蹈之类的活动。　　　　　　　1 2 3 4 5 6

6. 我的语文是学不好了。　　　　　　　　　　　　　　1 2 3 4 5 6

7. 我常常是比较放松的。　　　　　　　　　　　　　　1 2 3 4 5 6

8. 我的所作所为常使我父母不高兴和失望。　　　　　　1 2 3 4 5 6

9. 在大多数课程的学习中，同学们都会来找我帮忙。　　1 2 3 4 5 6

10. 我与同性别的人交朋友是困难的。　　　　　　　　　1 2 3 4 5 6

11. 我喜欢的那些异性却不喜欢我。　　　　　　　　　　1 2 3 4 5 6

12. 在学习数学时我经常需要帮助。　　　　　　　　　　1 2 3 4 5 6

13. 我的脸长得很好看。　　　　　　　　　　　　　　　1 2 3 4 5 6

14. 总的来说，我觉得自己很差劲。　　　　　　　　　　1 2 3 4 5 6

15. 我是诚实的。　　　　　　　　　　　　　　　　　　1 2 3 4 5 6

16. 我懒得参加费力的体育锻炼。　　　　　　　　　　　1 2 3 4 5 6

17. 我很想上语文课。　　　　　　　　　　　　　　　　1 2 3 4 5 6

18. 我过于忧虑。　　　　　　　　　　　　　　　　　　1 2 3 4 5 6

19. 我与父母相处得很好。　　　　　　　　　　　　　　1 2 3 4 5 6

20. 我很笨，所以进不了大学。　　　　　　　　　　　　1 2 3 4 5 6

21. 我很容易和男孩子交朋友。　　　　　　　　　　　　1 2 3 4 5 6

22. 我很容易和女孩子交朋友。　　　　　　　　　　　　1 2 3 4 5 6

23. 我很想上数学课。　　　　　　　　　　　　　　1 2 3 4 5 6

24. 我的绝大多数朋友长得比我好看。　　　　　　　1 2 3 4 5 6

25. 我做的大多数事情都做得很好。　　　　　　　　1 2 3 4 5 6

26. 为避免麻烦我有时说谎。　　　　　　　　　　　1 2 3 4 5 6

27. 我很擅长体育、体操和舞蹈等活动。　　　　　　1 2 3 4 5 6

28. 在需要阅读能力的测验中我总是考不好。　　　　1 2 3 4 5 6

29. 我不容易懊丧。　　　　　　　　　　　　　　　1 2 3 4 5 6

30. 我与父母谈话很困难。　　　　　　　　　　　　1 2 3 4 5 6

31. 要是我真的努力学习，我就会成为同年级中最好的学生之一。　　　1 2 3 4 5 6

32. 同性别的人中喜欢我的并不多。　　　　　　　　1 2 3 4 5 6

33. 喜欢与我交往的异性并不多。　　　　　　　　　1 2 3 4 5 6

34. 与数学有关的任何问题我都难以理解。　　　　　1 2 3 4 5 6

35. 我长得好看。　　　　　　　　　　　　　　　　1 2 3 4 5 6

36. 我做的事好像没有一件是正确的。　　　　　　　1 2 3 4 5 6

37. 我总是讲真话。　　　　　　　　　　　　　　　1 2 3 4 5 6

38. 在体育、体操和舞蹈等活动中我很笨拙。　　　　1 2 3 4 5 6

39. 对我来说学语文很容易。　　　　　　　　　　　1 2 3 4 5 6

40. 我经常抑郁消沉，忧心忡忡。　　　　　　　　　1 2 3 4 5 6

41. 我的父母待我很公正。　　　　　　　　　　　　1 2 3 4 5 6

42. 我大多数课程成绩很差。　　　　　　　　　　　1 2 3 4 5 6

43. 男孩子们都喜欢我。　　　　　　　　　　　　　1 2 3 4 5 6

44. 女孩子们都喜欢我。　　　　　　　　　　　　　1 2 3 4 5 6

45. 我喜欢数学。　　　　　　　　　　　　　　　　1 2 3 4 5 6

46. 我长得难看。　　　　　　　　　　　　　　　　1 2 3 4 5 6

47. 总的来说，我做的事情绝大多数都是对的。　　　1 2 3 4 5 6

48. 只要不被抓住，在考试中作弊是可以的。　　　　1 2 3 4 5 6

49. 在体育、体操和舞蹈等活动中，我比我的大多数朋友都强。　　　1 2 3 4 5 6

50. 我在阅读方面不太好。　　　　　　　　　　　　1 2 3 4 5 6

51. 在一些事情上别人比我更容易懊丧。　　　　　　1 2 3 4 5 6

52. 我常与父母有争论。　　　　　　　　　　　　　1 2 3 4 5 6

53. 对绝大多数课程我都学得很快。　　　　　　　　1 2 3 4 5 6

54. 我不能很好地与男孩子相处。　　　　　　　　　1 2 3 4 5 6

55. 我不能很好地与女孩子相处。　　　　　　　　　1 2 3 4 5 6

56. 我的数学测验成绩总是不好。　　　　　　　　　1 2 3 4 5 6

57. 别人认为我长得好看。　　　　　　　　　　　　1 2 3 4 5 6

58. 我没有多少值得骄傲的地方。 1 2 3 4 5 6

59. 诚实对我来说很重要。 1 2 3 4 5 6

60. 只要我能够，我都尽量逃避体育运动和体育课。 1 2 3 4 5 6

61. 语文是我学得最好的课程之一。 1 2 3 4 5 6

62. 我很容易紧张。 1 2 3 4 5 6

63. 我的父母理解我。 1 2 3 4 5 6

64. 在绝大多数课程的学习中我都显得很笨。 1 2 3 4 5 6

65. 我有一些同性别的好朋友。 1 2 3 4 5 6

66. 我有许多异性朋友。 1 2 3 4 5 6

67. 我的数学成绩很好。 1 2 3 4 5 6

68. 我很丑。 1 2 3 4 5 6

69. 我能做得和大多数人一样好。 1 2 3 4 5 6

70. 我有时骗人。 1 2 3 4 5 6

71. 我可以连续不停地跑很远。 1 2 3 4 5 6

72. 我讨厌阅读。 1 2 3 4 5 6

73. 我常常感到思路混乱。 1 2 3 4 5 6

74. 我不是很喜欢我的父母。 1 2 3 4 5 6

75. 我绝大多数课程的成绩都挺好。 1 2 3 4 5 6

76. 绝大多数男孩子都躲开我。 1 2 3 4 5 6

77. 绝大多数女孩子都躲开我。 1 2 3 4 5 6

78. 我永远不想再上数学课。 1 2 3 4 5 6

79. 我的体型很好看。 1 2 3 4 5 6

80. 我感到我的人生没有价值。 1 2 3 4 5 6

81. 答应的事我总是尽力去做。 1 2 3 4 5 6

82. 我讨厌体育、体操和舞蹈之类的活动。 1 2 3 4 5 6

83. 我的语文成绩很好。 1 2 3 4 5 6

84. 我容易懊丧。 1 2 3 4 5 6

85. 我的父母确实很爱我。 1 2 3 4 5 6

86. 我学习大多数课程都有困难。 1 2 3 4 5 6

87. 我容易和同性别的人交朋友。 1 2 3 4 5 6

88. 我很受异性的注意。 1 2 3 4 5 6

89. 我的数学总是很好。 1 2 3 4 5 6

90. 只要我真的努力，我想做的事几乎都能做成。 1 2 3 4 5 6

91. 我经常说谎。 1 2 3 4 5 6

92. 在写作中我总是表达不好。 1 2 3 4 5 6

93. 我是一个安静的人。 1 2 3 4 5 6

94. 我绝大多数课程都学得很好。 1 2 3 4 5 6

95. 我没有几个同性别的朋友。 1 2 3 4 5 6

96. 我讨厌数学。 1 2 3 4 5 6

97. 总的来说，我是一个失败者。 1 2 3 4 5 6

98. 人们确实可以相信我能把事情做好。 1 2 3 4 5 6

99. 我在语文课上学得很快。 1 2 3 4 5 6

100. 我对许多事情感到担忧。 1 2 3 4 5 6

101. 大多数课程对我来说太难。 1 2 3 4 5 6

102. 我很乐意与同性别的朋友在一起。 1 2 3 4 5 6

附录 14 – 5　防御方式问卷（DSQ）

姓名_____　性别_____　年龄_____

指导语：请仔细阅读每一个问题，然后根据自己的实际情况认真填写，不要去猜测怎样才是正确的答案，因为这里不存在正确或错误的问题，也无故意捉弄人的问题。每个问题有 9 个答案，分别用 1、2、3、4、5、6、7、8、9 来表示（1. 完全反对 2. 很反对　3. 比较反对　4. 稍微同意　5. 既不反对也不同意　6. 稍微同意 7. 比较同意　8. 很同意　9. 完全同意）。

1. 我从帮助他人而获得满足，如果不这样做，我就会变得情绪抑郁。

　　　　　　　　　　　　　　　　　　　1 2 3 4 5 6 7 8 9

2. 人们常说我是个脾气暴躁的人。 1 2 3 4 5 6 7 8 9

3. 在我没有时间处理某个棘手的事情时，我可以把它搁置一边。 1 2 3 4 5 6 7 8 9

4. 人们总是不公平地对待我。 1 2 3 4 5 6 7 8 9

5. 我通过做一些积极的或预见性的事情来摆脱自己的焦虑不安，

　如绘画、做木工活等。 1 2 3 4 5 6 7 8 9

6. 偶尔，我把一些今天该做的事情推迟到明天做。 1 2 3 4 5 6 7 8 9

7. 我不知道为什么总是遇到相同的受挫情境。 1 2 3 4 5 6 7 8 9

8. 我能够相当轻松地嘲笑我自己。 1 2 3 4 5 6 7 8 9

9. 我受到挫折时，表现就像个孩子。 1 2 3 4 5 6 7 8 9

10. 在维护我的利益方面，我羞于与人计较。 1 2 3 4 5 6 7 8 9

11. 我比我认识的人中大多数都强。 1 2 3 4 5 6 7 8 9

12. 人们往往虐待我。 1 2 3 4 5 6 7 8 9

13. 如果某人骗了我或偷了我的钱，我宁愿他得到帮助，而不是

　受惩罚。 1 2 3 4 5 6 7 8 9

14. 偶尔，我想一些坏得不能说出口的事情。　　　　　　1 2 3 4 5 6 7 8 9

15. 偶尔，我因一些下流的笑话而大笑。　　　　　　　　1 2 3 4 5 6 7 8 9

16. 人们说我像一只鸵鸟，把自己的头埋入沙中，换句话说，
我往往有意忽视一些不愉快的事情。　　　　　　　　1 2 3 4 5 6 7 8 9

17. 我常常不能竭尽全力地与人竞争。　　　　　　　　　1 2 3 4 5 6 7 8 9

18. 我常感到比和我在一起的人强。　　　　　　　　　　1 2 3 4 5 6 7 8 9

19. 某人正在想剥夺我所得到的一切。　　　　　　　　　1 2 3 4 5 6 7 8 9

20. 我有时发怒。　　　　　　　　　　　　　　　　　　1 2 3 4 5 6 7 8 9

21. 我时常在某种内在力量的驱使下，不由自主地做出些行为。1 2 3 4 5 6 7 8 9

22. 我宁愿饿死而不愿被迫吃饭。　　　　　　　　　　　1 2 3 4 5 6 7 8 9

23. 我常常故意忽视一些危险，似乎我是个超人。　　　　1 2 3 4 5 6 7 8 9

24. 我以有贬低别人威望的能力而自豪。　　　　　　　　1 2 3 4 5 6 7 8 9

25. 人们告诉我：我总有被害的感觉。　　　　　　　　　1 2 3 4 5 6 7 8 9

26. 有时感觉不好时，我就发脾气。　　　　　　　　　　1 2 3 4 5 6 7 8 9

27. 当某些事情使我烦恼时，我常常不由自主地做出些行为。1 2 3 4 5 6 7 8 9

28. 当遇事不顺心时，我就会生病。　　　　　　　　　　1 2 3 4 5 6 7 8 9

29. 我是一个很有自制力的人。　　　　　　　　　　　　1 2 3 4 5 6 7 8 9

30. 我简直就像一个不得志的艺术家一样。　　　　　　　1 2 3 4 5 6 7 8 9

31. 我不总是说真话。　　　　　　　　　　　　　　　　1 2 3 4 5 6 7 8 9

32. 当我感到自尊心受伤害时，我就会回避。　　　　　　1 2 3 4 5 6 7 8 9

33. 我常常不由自主地迫使自己干些过头的事情，以至于其他
人不得不限制我。　　　　　　　　　　　　　　　　1 2 3 4 5 6 7 8 9

34. 我的朋友们把我看作乡下佬。　　　　　　　　　　　1 2 3 4 5 6 7 8 9

35. 在我愤怒的时候，我常常回避。　　　　　　　　　　1 2 3 4 5 6 7 8 9

36. 我往往对那些确实对我友好的人，比我应该怀疑的人保持
更高的警惕性。　　　　　　　　　　　　　　　　　1 2 3 4 5 6 7 8 9

37. 我已学得特殊的才能，足以使我毫无问题地度过一生。　1 2 3 4 5 6 7 8 9

38. 有时，在选举的时候，我往往选那些我几乎不了解的人。1 2 3 4 5 6 7 8 9

39. 我常常不能按时赴约。　　　　　　　　　　　　　　1 2 3 4 5 6 7 8 9

40. 我幻想得多，可在现实生活中做得少。　　　　　　　1 2 3 4 5 6 7 8 9

41. 我羞于与人打交道。　　　　　　　　　　　　　　　1 2 3 4 5 6 7 8 9

42. 我什么都不怕。　　　　　　　　　　　　　　　　　1 2 3 4 5 6 7 8 9

43. 有时我认为我是个天使，有时我认为我是个恶魔。　　1 2 3 4 5 6 7 8 9

44. 在比赛时，我只能赢而不能输。　　　　　　　　　　1 2 3 4 5 6 7 8 9

45. 在我愤怒的时候，我变得很愿挖苦人。　　　　　　　1 2 3 4 5 6 7 8 9

46. 在我自尊心受伤害时，我就公开反击。　　　　　　1 2 3 4 5 6 7 8 9

47. 我认为当我受伤害时，我就应该翻脸。　　　　　1 2 3 4 5 6 7 8 9

48. 我每天读报时，不是每个版面都读。　　　　　　1 2 3 4 5 6 7 8 9

49. 我沮丧时，就会避开。　　　　　　　　　　　　1 2 3 4 5 6 7 8 9

50. 我对性问题感到害羞。　　　　　　　　　　　　1 2 3 4 5 6 7 8 9

51. 我总是感到我所认识的某个人像个保护神。　　　1 2 3 4 5 6 7 8 9

52. 我的处世哲学是："非理勿信，非理勿做，非理勿视"。　1 2 3 4 5 6 7 8 9

53. 我认为：人有好坏之分。　　　　　　　　　　　1 2 3 4 5 6 7 8 9

54. 如果我的上司惹我生气，我可能会在工作中找麻烦或磨洋
    工，以报复他。　　　　　　　　　　　　　　　1 2 3 4 5 6 7 8 9

55. 每个人都和我对着干。　　　　　　　　　　　　1 2 3 4 5 6 7 8 9

56. 我往往对那些我讨厌的人表示友好。　　　　　　1 2 3 4 5 6 7 8 9

57. 如果我乘坐的飞机的一个发动机失灵，我就会非常紧张。　1 2 3 4 5 6 7 8 9

58. 我认识这样一个人，他什么都能做而且做得合理正直。　1 2 3 4 5 6 7 8 9

59. 如果我感情的发泄会妨碍我正从事的事业，那么我就能控
    制住它。　　　　　　　　　　　　　　　　　　1 2 3 4 5 6 7 8 9

60. 一些人正在密谋要害我。　　　　　　　　　　　1 2 3 4 5 6 7 8 9

61. 我通常可以看到恶境当中好的一面。　　　　　　1 2 3 4 5 6 7 8 9

62. 在我不得不去做一些我不愿做的事情时，就头痛。　1 2 3 4 5 6 7 8 9

63. 我常常发现我对那些理应仇视的人，表示很友好。　1 2 3 4 5 6 7 8 9

64. 我认为："人人都有善意"是不存在的，如果你不好，那么
    你一切都不好。　　　　　　　　　　　　　　　1 2 3 4 5 6 7 8 9

65. 我决不会对那些我讨厌的人表示愤怒。　　　　　1 2 3 4 5 6 7 8 9

66. 我确信生活对我是不公正的。　　　　　　　　　1 2 3 4 5 6 7 8 9

67. 在严重的打击下，我就会垮下来。　　　　　　　1 2 3 4 5 6 7 8 9

68. 在我意识到不得不面临一场困境的时候，如考试、招工会谈，
    我就试图想象它会如何，并计划出一些方法去应付它。　1 2 3 4 5 6 7 8 9

69. 医生们决不会真的弄清我患的是什么病。　　　　1 2 3 4 5 6 7 8 9

70. 当某个和我很亲近的人死去时，我并不悲伤。　　1 2 3 4 5 6 7 8 9

71. 在我为了利益和人争斗之后，我往往因为我的粗鲁而向人
    道歉。　　　　　　　　　　　　　　　　　　　1 2 3 4 5 6 7 8 9

72. 发生与我有关的大部分事情并不是我的责任。　　1 2 3 4 5 6 7 8 9

73. 当我感觉情绪压抑或焦虑不安时，吃点东西，可以使我感
    觉好些。　　　　　　　　　　　　　　　　　　1 2 3 4 5 6 7 8 9

74. 勤奋工作使我感觉好些。　　　　　　　　　　　1 2 3 4 5 6 7 8 9

75. 医生不能真的帮我解决问题。   1 2 3 4 5 6 7 8 9

76. 我常听人们说我不暴露自己的感情。   1 2 3 4 5 6 7 8 9

77. 我认为，人们在看电影、戏剧或书籍时所领悟的意义，比
     这些作品所要表达的意义要多。   1 2 3 4 5 6 7 8 9

78. 我感觉到我有一些不由自主要去做的习惯或仪式行为，并
     给我带来很多麻烦。   1 2 3 4 5 6 7 8 9

79. 当我紧张时，就喝酒或吃药。   1 2 3 4 5 6 7 8 9

80. 当我心情不愉快时，就想和别人待在一起。   1 2 3 4 5 6 7 8 9

81. 当我能够预感到我会沮丧的话，我就能更好地应付它。   1 2 3 4 5 6 7 8 9

82. 无论我怎样发牢骚，从未得到过满意的结果。   1 2 3 4 5 6 7 8 9

83. 我常常发现当环境要引起我强烈的情绪反应时，我就会麻
     木不仁。   1 2 3 4 5 6 7 8 9

84. 忘我地工作，可使我摆脱情绪上的忧郁和焦虑。   1 2 3 4 5 6 7 8 9

85. 紧张的时候，我就吸烟。   1 2 3 4 5 6 7 8 9

86. 当我陷入某种危机时，我就会寻找另一个和我具有同样命
     运的人。   1 2 3 4 5 6 7 8 9

87. 如果我做错了事情，不能受责备。   1 2 3 4 5 6 7 8 9

88. 如果我有攻击他人的想法，我就感觉有种做点事情的需要，
     以转移这种想法。   1 2 3 4 5 6 7 8 9

第十五章　行为类型测验

导读

　　传统中医学和现代行为医学都发现不同性格的人往往有不同的行为模式或行为类型，而不同的行为类型对健康和疾病又有不同的影响。所谓行为类型是指一个人在日常生活中所表现出来的言谈举止、认知信仰，情绪情感反应的一种相对稳定的整体风格或特征。对一个人行为类型的测量不仅有助于疾病的诊断和预后，而且有助于指导患者的行为治疗和疾病的康复。

　　传统中医早就发现，同一个民族的个体之间的行为虽然有差异，但大体可以分为五种类型，即"有太阴之人，少阴之人，太阳之人，少阳之人，阴阳和平之人。凡五人者，其态不同，其筋骨气血各不等"。而且已经观察到五种类型的人在性格、言行、举止、习惯、为人处世态度与风格，乃至在疾病易感性等多方面的差异。基于中西医跨文化比较可以发现，中西医在行为类型方面的认识具有许多通约性。

　　本章主要介绍与心身性疾病关系密切的 A 型行为测验、C 型行为测验、D 型人格测验，以及网络成瘾行为测验和患病行为测验等几种行为类型测验。有关中医学行为类型的理论与方法在其他章节介绍。

第一节　A 型行为测验

一、概述

　　A 型行为类型是美国著名心脏病专家米尔顿·弗里德曼（Milton Friedman）和罗森曼（R. H. Roseman）于20世纪50年代首次提出的概念。他们在临床工作中发现许多冠心病患者都表现出共同而典型的行为特点，如雄心勃勃、争强好胜、醉心于工作，但缺乏耐心，容易产生敌意情绪，常有时间匆忙感和时间紧迫感等。他们把具有这类特点的人的行为表现称之为"A 型行为"，而相对地缺乏这类特点的行为表现称之为"B 型行为"。A 型行为类型被认为是一种冠心病的易患行为模式。调查研究表明，冠心病患者中有较多的人是属于 A 型行为类型，而且 A 型行为类型的冠心病患者复发率高，预后较差。

1983 年在张伯源教授的主持下成立了全国性的"A 型行为类型与冠心病研究协作组"，他在研究和参考了美国的有关 A 型行为测查量表的内容并结合中国人自身特点的基础上，通过协作组在全国范围内试用测试，经过 3 次修订，最后完成了具有较高信度和效度的中国版的 A 型行为类型问卷（Type A Behavior Pattern Scale，TABP），两年后 TABP 开始在全国范围内广泛使用，用于鉴定被试的行为类型是属于 A 型还是 B 型。

二、问卷内容

整个问卷包含 60 个题目（详见附录 15 - 1），分成以下 3 个部分。

TH：共有 25 个题目，表示时间匆忙感（time hurry）、时间紧迫感（time urgency）和做事忙、节奏快（do something rapidly）等特点。

CH：共有 25 个题目，表示竞争性（competitive）、缺乏耐性（impatience）和敌意情绪（hostility）等特征。

L：共有 10 个题目，作为测谎题，用以考查被试回答问题是否诚实、认真。

三、问卷计分

每个项目回答按"是"或"否"评分。

（一）答"是"计分

表 15 - 1　答"是"计分题目列表

维度	计分题目	题目数/题
TH	2，3，6，7，10，11，21，22，26，27，32，34，40，42，44，46，50，53，55，58	20
CH	4，5，9，12，15，16，17，23，25，28，29，31，35，38，39，41，47，57，59，60	20
L	8，20，24，43，52	5

（二）答"否"计分

表 15 - 2　答"否"计分题目列表

维度	计分题目	题目数/题
TH	1，14，19，30，54	5
CH	18，36，45，49，51	5
L	13，33，37，48，56	5

作为评定 A 型行为的评分是由 TH 和 CH 两部分的分数相加（即 TH + CH）来确定的，L 部分的分数不算在内，所以最高分为 50 分。

计分时先计算 L 量表，若计分≥7分，证明问卷真实性不大，作废卷处理；若计分 <7 分，证明问卷有价值。

四、结果分析

（一）我国行为类型分型

我国将对行为类型的评定分为以下 5 种。

（1）A 型。即较强的 A 型。

（2）MA 型。以 A 型为主的中间偏 A 型（亦称 A¯型）。

（3）M 型。即中间型。

（4）MB 型。以 B 型为主的中间偏 B 型（亦称 B¯型）。

（5）B 型。即较强的 B 型。

（二）分型标准

A 型：37 ~ 50 分；MA 型：30 ~ 36 分；M 型：27 ~ 29 分；MB 型：20 ~ 26 分；B 型：1 ~ 19 分。

（三）表现特点

A 型人的表现特点是：好胜心强，追求成就，具有竞争性，做事匆忙、急躁，反应快而强烈，行动迅疾，易受激怒，常有时间紧迫感和敌意倾向。

B 型人的表现特点是：人际关系随和，很少生气动怒，不易紧张，不赶时间，竞争性不强，喜欢平静生活，悠然自得。

M 型人的特点是介于 A 型及 B 型之间。

TH：具有时间匆忙、紧迫感特征（满分 25 分）。①高分者：惜时如金，生活和工作节奏快，总是匆匆忙忙，感到时间不够用。渴望在最短的时间内完成最多的事情，对于节奏缓慢和浪费时间的工作或事情会不耐烦、不适应。容易粗心大意，急躁。②低分者：时间利用率不高，生活、工作节奏不快，悠闲自得。心态平和，喜欢休闲和娱乐，做事有耐心，四平八稳，容易给人一种慢条斯理的感觉。

CH：具有争强好胜、怀有戒心或敌意特征（满分 25 分）。①高分者：生活及工作压力大，渴望事业有所成就，竞争意识强烈，争强好胜，希望能出人头地，并对阻碍自己发展的人或事表现出激烈的反感或攻击意识。②低分者：与世无争，容易与人平和相处，生活和工作压力不大，也可能生活标准要求不高，随遇而安，或是过于现实。

L：掩饰分（满分 10 分）。对自己不利的评价好掩饰，为人容易表现出虚伪、圆滑，也可能是由自身定位不准确、自我认识不清或理解能力不足造成的。

五、应用现状

该量表在临床上可用于评价和测定成人 A 型行为类型，用于冠心病、心肌梗死、脑血管疾病患者的行为指导。还可用作正常人群的健康指标，有助于常人了解、评估并进而有意识地改变自身的行为模式。该量表还被广泛地运用于心理学、社会学、精神病学以及组织调查等领域的调查研究。

张亚哲等在冠心病行为模式与心理状态的相关性探讨研究中，发现冠心病患者的行为模式与病后的某些心理表现呈正相关。夏大胜等则探讨 A 型行为对急性心肌梗死患者左室容量及功能的影响，发现 A 型行为对急性心肌梗死患者左室容量及功能的变化有一定的影响，对患者的预后可能产生不利影响。李令华等监测了 A 型行为高血压患者 24 小时的动态血压变化，结果表明：血压昼夜节律与 A 型行为显著相关，提示 A 型行为可能为高血压患者靶器官损害的危险因素。崔杨义等采用 A 型行为类型问卷对心脑血管病患者及正常人各 110 例进行调查，结果显示，心脑血管病患者 A 型的比例显著高于对照组，病例组有心理社会因素者 A 型性格与对照组有高度显著差异（$P < 0.005$），说明心脑血管病患者 A 型性格、心理社会因素与心脑血管病急性发作呈正相关，心脑血管病急性发作与 A 型性格、心理社会因素关系密切。

此外，鹿兴河等人研究了 472 名工人的行为模式，结果提示，A 型行为主要损害消化、脑和神经、呼吸、循环和皮肤健康，并使人经常伴有疲劳感。戴琴在研究中发现，A 型行为者对愤怒面孔有明显的注意偏向，对充满敌意的愤怒面孔存在更深的认知加工，这在潜移默化中使得 A 型行为得以持续和发展。刘连龙考察了 403 名大学生心理健康状况与 A 型行为类型之间的关系，发现大学生中的 A 型行为者比 B 型行为者更容易出现心理障碍。

快节奏的社会环境、生存压力和竞争环境容易催生出越来越多的 A 型行为者，因此，指导 A 型行为者改变自身的行为模式或防止出现 A 型行为的急剧增加也是今后学校、社会所应注意的重要教育内容。

第二节　C 型行为测验

一、概述

巴尔特鲁施（Baltrusch）于 1988 年首先提出 C 型行为，认为其主要特征为：①童年形成压抑、内心痛苦不向外表达及克制的性格。如童年丧失父母、父母分居、缺乏双亲抚爱等，这种压抑性格可使正常细胞的原癌基因转变为癌基因，并称之为遗传性致癌因素。②行为特征为：过分合作、协调，姑息，谦虚，不过分自信，过分忍耐，回避矛盾，调和行为愤怒不向外发泄而压抑，屈服于外界权势，压抑自己的情绪，焦虑，应急反应强。③伴有生理、免疫改变：压抑愤怒，导致体内细胞免疫和体液免疫功能降低；社会依从性增高，使交感神经活化，皮肤电位升高；内源性阿片能神经活化，通过改变甲状腺、肾上腺、性腺功能，使循环、消化、呼吸、行为免疫功能发生相应变化。

C 型行为可通过降低机体免疫力，减少内脏器官血流量，引致代谢障碍，损伤脱氧核糖核酸（DNA）自然修复过程，因而被认为是易发癌症的一种行为类型。张瑶等将 C 型行为量表引入我国后，临床虽有一些研究报告，但尚未取得肯定性的报告。不少学者对 C 型行为问题的研究仍持有争议。

二、问卷内容

C 型行为问卷包含 97 个题目（详见附录 15 - 2），分成 9 个因子，包括：焦虑（A）、抑郁（D）、愤怒（Ang）、愤怒向内（Exin）、愤怒向外（Exout）、理智（Rat）、控制（Cont）、乐观（Opt）、社会支持（Sup）。

每一个题目的答案均为以下 4 种：几乎没有、偶尔、常常、几乎总是。由被试选择符合其自身实际情况的选项。如问卷中的第 1 题"我感到我的身体良好"，阅题完毕后被试根据自身情况选择上述的一个选项。

三、问卷计分与参考值

表 15 - 3　C 型行为问卷计分与参考值

分量表	计分题目	正常人常模		癌症患者
		男	女	
焦虑（A）	1R、4、10R、13、24、28R、32R、39、46、50R、54、58、62R、67R、71R、77R、81、86、90R、94	40.06 ± 5.89	40.35 ± 5.71	应高于常模
抑郁（D）	2、7R、11、15、20R、22R、25、30、36、40、43R、51R、55、61R、70、75R、82、87R、92、96R	36.76 ± 4.90	38.06 ± 5.14	应高于常模
愤怒（Ang）	9、19、33、44、52、64、74、85、89、95	22.40 ± 5.97	22.76 ± 11.46	应高于常模
愤怒向内（Exin）	3、8、27、45、69、72	13.48 ± 2.09	13.88 ± 2.52	应高于常模
愤怒向外（Exout）	14、17、31、34、49、56	17.48 ± 3.18	17.29 ± 3.6	应低于常模
理智（Rat）	6、12、18、29、35、41、47R、53、59、63、68、73、79、84、91R	40.26 ± 5.63	40.04 ± 4.58	应高于常模

续上表

分量表	计分题目	正常人常模		癌症患者
		男	女	
控制 （Cont）	21、23、38、42、60、65	17.12±4.51	17.06±5.42	应高于常模
乐观（Opt）	5、16R、26、37、48、57、66、78	24.12±3.46	23.77±3.33	应低于常模
社会支持 （Sup）	76、80、83、88、93、97	18.52±2.57	18.65±4.62	应低于常模

注：表中数字为题目序列号，R表示该题得分为反向计分。

分量表计出各题目的总分，方法是将该量表各题得分依次相加而得出总分。每题回答为4级计分，计1、2、3、4分（答"几乎没有"计1分，答"偶尔"计2分，答"常常"计3分，答"几乎总是"计4分）。例如焦虑因子（A）的1R，意即第1题为反向计分，答"几乎总是"则计1分，答"常常"计2分，答"偶尔"计3分，答"几乎没有"计4分。又如焦虑因子（A）的4，意即第4题为正向计分，答"几乎没有"计1分，答"偶尔"计2分，答"常常"计3分，答"几乎总是"计4分。将焦虑（A）项各题（共20题）所得分相加，即为焦虑的总分。

如果A、D、Ang、Exin、Rat、Cont的分值均高于正常人，而Exout、Opt和Sup的分值均低于正常人，则说明符合C型行为。

四、应用情况

很多学者对C型行为与疾病的关系做了调查，认为C型行为是一种容易发生癌症的行为模式。有文献报道显示，具有C型行为的人群中宫颈癌、食管癌和黑色素瘤等的发生率比正常人明显增高，并可促进恶性肿瘤的转移，促使癌前病变恶化。因此该问卷除了用于评价和测定成人C型行为类型外，临床上还多用于癌症与C型行为关系的研究。例如王莉珊等研究肺癌患者的C型行为，发现患者在C型行为问卷中各个因子均与对照组有显著差异。在对正常人群的研究中，牛晓丽等人调查了1662名高职生的社会支持、网络成瘾、C型行为与抑郁之间的关系，发现具有偏C和C型行为的学生抑郁发生率分别是72.9%和90.1%，高于非偏C和非C型行为学生的发生率，调查中还发现约1/5的学生具有偏C和C型行为特征，需要引起学校和社会的关注。

第三节　D 型人格测验

一、概述

Johan Denollet（1996）研究发现，D 型人格的冠心病患者预后较差，死亡的风险要大得多（27% vs 7%，$P < 0.00001$）；多元逻辑回归分析结果显示，当控制一系列生物医学预测因子时，D 型人格的影响仍然显著 {OR = 4.1 [95% CI（1.9 ~ 8.8）]，$P = 0.000\ 4$}，这表明 D 型人格是冠心病患者长期死亡率的独立预测因子。

D 型人格是指苦恼型人格（distressed personality），具有两大特征，即消极情感和社交抑制（Denollet，2005）。消极情感（negative affectivity，NA）是指在不同时间或情况下体验消极情绪的倾向。高 NA 的个体会体验更多的烦躁、焦虑和易怒的感觉；对自己有消极的看法；并扫描世界以寻找即将到来的麻烦迹象。社交抑制（social inhibition，SI）是指在社交互动中抑制情绪或行为表达，以避免他人反对的倾向。高 SI 个体在与他人相处时往往会感到压抑、紧张和缺乏安全感。Denollet 多次强调，D 型人格不是心理疾病，而是一种正常的人格特质。

为了开发简明的工具来测量 D 型人格，Denollet 相继建构出 DS16（16 个题目）、DS24（24 个题目）、DS14（14 个题目）等量表，这一系列量表在荷兰、丹麦、德国、加拿大等十几个西方国家被广泛使用，显示出良好的心理测量学特征。目前 DS14 作为评估 NA、SI 和 D 型人格的标准测量工具，具有简短、操作性强、很少增加患者负担等特点，特别适合在流行病学和临床研究中作为筛选工具。

DS14 中文版修订工作由中国科学院心理研究所与荷兰蒂尔堡大学、香港中文大学合作完成。研究结果表明，该量表具有较高的信度、效度，两个分量表的内部一致性系数 NA 是 0.92，SI 是 0.79；结构效度符合两因素的理论构想（2006 年）。

二、量表内容

Type D Personality Scale - 14（DS14）有两个分量表：①消极情感（NA），包括项目 2、4、5、7、9、12、13。②社交抑制（SI），包括项目 1、3、6、8、10、11、14，共有 14 个李克特式的问题，采用 5 点计分法，从 0（很不符合）到 4（很符合）（详见附录 15 -3）。

三、计分和参考值

DS14 有两个分量表：①消极情感（NA）。②社交抑制（SI）。每个分量表有 7 个问题，分数范围为 0 ~ 28 分。

消极情感 = 项目 2 + 4 + 5 + 7 + 9 + 12 + 13 的分数总和；

社交抑制＝项目 1（反向计分）＋3（反向计分）＋6＋8＋10＋11＋14 的分数总和。

Denollet（2005）报告了荷兰和比利时常模（普通人群，$N = 2\,508$），见表 15 - 4。

表 15 - 4　荷兰和比利时常模（普通人群，$N = 2\,508$）

NA	M（SD）	非常低	低	低于平均	平均	高于平均	高	非常高
男（$N = 1\,235$）	6.3（5.3）	0	1	2 ~ 3	4 ~ 6	7 ~ 10	11 ~ 16	17 ~ 28
女（$N = 1\,273$）	8.0（5.6）	0	1 ~ 2	3 ~ 5	6 ~ 8	9 ~ 12	13 ~ 18	19 ~ 28
SI	M（SD）	非常低	低	低于平均	平均	高于平均	高	非常高
男（$N = 1\,235$）	10.2（6.6）	0	1 ~ 3	4 ~ 7	8 ~ 11	12 ~ 15	16 ~ 21	22 ~ 28
女（$N = 1\,273$）	9.7（6.2）							

Denollet 以心脏病患者 NA 和 SI 得分的中位数作为 D 型人格的划分准则，两个量表的划分标准均为 10，即 $NA \geqslant 10$ 且 $SI \geqslant 10$ 的被试可以归类为 D 型人格。Denollet（2005）的研究结果显示，在普通人群中 D 型人格的比率为 21%，在冠心病患者中为 28%，在高血压患者中为 53%；控制年龄和性别，D 型人格使心血管疾病（冠心病或高血压）发病风险增加 4 倍。

四、应用现状

D 型人格测验主要应用于研究 D 型人格与疾病的关系的研究。自从 D 型人格提出以来，它与心脏病的关系一直是研究的重点。大量研究证明 D 型人格与心脏预后较差有关。两项独立的分析分别研究了 D 型人格与心血管疾病（CVD）患者健康状况之间的关系，表明 D 型人格是患者报告的身体和心理健康状况受损的独立相关因素。

而且，D 型结构具有跨文化有效性。其与 CVD 的关系已在 22 个国家或地区对约 6 222 名患者进行了研究，揭示了 D 型人格与一些心血管危险因素之间的泛文化关系，支持 D 型人格在不同文化和国家中的作用。

此外研究还发现，D 型人格是一个脆弱性标志物（因素），它不仅影响心血管疾病患者，还影响许多其他医学疾病（如慢性疼痛、哮喘、耳鸣、睡眠呼吸暂停、外阴阴道念珠菌病、轻度创伤性脑损伤、眩晕、黑色素瘤、糖尿病足、勃起功能障碍等）。一般来说，它现在被认为是任何一种心理困扰的脆弱性因素，并与健康个体的疾病促进机制有关。

第四节　网络成瘾行为测验

一、概述

网络成瘾（Internet Addiction Disorder，IAD）的概念是 1994 年美国精神病医师伊万·戈德伯格（Ivan Goldberg）首先提出的，一般将网络成瘾定义为个体由于过度使用网络而导致明显的社会、心理功能损害的一种现象，临床上又称病理性网络使用（Pathological Internet Use，PIU）。美国匹兹堡大学的杨（K. S. Young）教授根据网络所能提供的特殊功能将 IAD 分为 5 种类型，分别是网络性成瘾（cyber-sexual addiction）、网络关系成瘾（cyber-relational addiction）、上网冲动（net compulsions）、信息超载（information overload）和电脑成瘾（computer addiction）。也可简单地划分为网络关系成瘾、网络交易成瘾、网络色情成瘾、网络游戏成瘾和网络信息成瘾。

二、网络成瘾诊断标准的发展与问卷结构

关于网络成瘾的诊断，目前世界上还没有完全统一的标准。其中应用最广的是由杨教授根据《美国精神病分类与诊断手册》（DSM－Ⅳ）中病理性赌博成瘾的诊断标准为参照提出的网络成瘾的 8 条诊断标准。他认为，DSM－Ⅳ上列出的所有标准中，病理性赌博成瘾的诊断标准最接近网络成瘾的病理特征。他在 1996 年设计了一套 20 题的调查问卷，在问卷调查中所得的分数越高，表明沉迷于互联网的程度就越严重。此后又进行了修订，调整为 8 个题项，评价内容包括耐受症状、戒断症状、对上网节制失败、为上网甘愿冒险、隐瞒上网的程度、逃避问题及不良感受、上网行为失控及渴望使用网络 8 个方面。

如果被试对其中的 5 个以上题项给予肯定回答，就可诊断为网络成瘾。比尔德（Beard）则在此基础上再一次进行了修订，制定出"5＋3"的诊断标准，前提条件是每天上网超过 4 个小时（详见附录 15－4）。

三、评分方法与诊断标准

被试进行测验时只需对问题做"是"或"否"的回答。诊断标准的前 5 个标准是网络成瘾的必要条件，此外还必须满足至少后 3 个标准中的 1 个，只要满足"5＋1"个标准，就可以诊断为网络成瘾。前提条件是每天上网超过 4 个小时。

例：骆某，男，小学六年级学生。身体健康，发育良好。性格内向，但言语表达清楚，喜欢玩电脑游戏，见了电脑眼睛就发光，操作电脑灵活自如。主要行为包括痴迷于电脑游戏，如果不玩会出现焦虑、心慌、坐立不安等，同时还有不愿意上学或逃学等心理行为。该生自己认为：学习不好是自己笨、记不住，而且觉得教师和家长也

是这么认为的。所以不想上学，想离家出走。对玩电脑游戏，他感到很过瘾，玩得很开心。如果不让他玩，会很难过，所以每天不由自主地要玩，拦也拦不住，每天至少要玩 4~5 个小时，且时间越来越长。

评估与诊断：该生对网络游戏的态度包括不由自主地要玩，感觉玩游戏很过瘾，玩游戏时间也越来越长，不玩就难过、心慌、焦虑等，基本符合诊断标准的前 5 项。每天至少要玩 4~5 个小时，符合网络成瘾诊断的前提条件。该生由于学习困难，自我评价低，教师和家长也认为他很笨，因此不愿上学或逃学。其表现符合诊断标准后 3 项的第 6、第 8 两项。根据网络成瘾的诊断标准，该生可被诊断为网络成瘾。

四、测试的对象与方法

该测试可采用被试自评或主试问答的方式，对象为一般人群，有基本的理解能力即可完成。该标准仅 8 道题，完成时间较短且题目内容简单易懂，容易取得被试的配合。

五、应用现状

杨教授的诊断标准目前是世界上使用最多的网络成瘾标准之一，国内学者对网络成瘾的研究大多采用这一量表，主要用于调查普通人群如大学生的网络成瘾情况。比如张玲玲所做的大学生网络成瘾调查，发现可以诊断为网络成瘾的学生（网络成瘾自测量表得分为 6~10 分）有 8 人，占总人数的 2.96%，这个比值远远低于中国青少年网络协会于 2005 年发布的《中国青少年网瘾数据报告（2005）》的数据（13.2%）；也有学者以该标准来探究网络成瘾的影响因素，如吴汉荣以 1 712 名大学生为调查对象，对影响大学生网络成瘾的可能因素进行路径分析，发现网络吸引与自信，性别，焦虑性因子与专业满意度，抑郁性与对他人怀疑性在不同的逻辑层次影响网络成瘾的发生。

然而，越来越多的学者对该诊断标准进行批判，基本有以下观点。其优点是简单、方便、结果直观，但存在方法学上的缺陷，主要表现为：①测量工具的名称和题项都能让被试清楚知道这些量表所要测的是什么。②题项不具有预测性，只是定性的描述和对病态症状的简单罗列。③网络成瘾的测量工具未按严格的心理测量学程序来编制，因此该诊断标准没有一般量表所必备的信度、效度和常模。此外，杨教授对于 PIU 的鉴别采用了两分法的结论，即"是"或"不是"网瘾者。但网络沉溺的人群确实存在中间状态，简单地将其一分为二是不科学的。格罗霍尔（Grohol）则怀疑杨教授所编制问卷的效度，他认为，网络成瘾和病态赌博是两个完全不同的概念，即使两者有某些地方相似，但仍缺乏充分的理由将两者等同起来，更不能以此为依据来编制测量工具。

因此，在目前的论文文献中我们也看到了其他的诊断标准或测量问卷。主要包括：戴维斯（Davis）编制的"戴维斯在线认知量表"（Davis Online Cognition Scale，DOCS），伊万·戈德伯格提出的 7 项标准，布瑞纳（Brenner）编制的"互联网相关成瘾行为量表"（Internet – Related Addictive Behavior Inventory，IRABI）中文版，陈淑惠编制的"中文网络成瘾量表"（CIAS），北京军区总医院制定的我国首个《网络成瘾临床诊断标准》等。这些量表或标准或多或少地进行相互之间的修补，或增加评估维度，或增加评分等级，或增加信效度检验，唯独没有量表公布其关于网络成瘾的常模。而问卷编制的文化、经济、政治背景也会影响到其推广使用。此外，国内学者也开始针对具体的网络成瘾类型进行研究，并尝试编制相应的问卷，如大学生网络关系依赖倾向量表、网络依赖诊断量表、青少年网络游戏成瘾量表、大学生网络成瘾类型问卷、大学生电脑游戏成瘾量表等。

编者认为，杨教授的诊断标准虽然备受批评，但仍被众多研究者所喜爱，其中一个重要原因是：该网瘾诊断 8 条标准实质上囊括了其他量表所提出的次级因子。

第五节　患病行为测验

一、概述

患者在就诊过程中，向医生叙述其问题的同时，也表露出对自己身体状况的态度、对医学解释及医疗服务的态度。前者是医学教科书上所说的主诉，而后者就是所谓的患病行为（illness behavior）。这个概念是麦肯龙克（Mechanic）和沃尔特（Volkart）于 1962 年提出来的，最初指患者对自身症状的反应，如是否到医院就诊，就诊是否及时等。他们认为，患病行为应当是患者作为一个人的一种正常功能。从患病行为的角度进行考察可以发现，有部分患者这种功能并不正常，突出表现为两个极端：①明显有诊断明确的疾病，但却不承认自己有病（否认），不愿意接受医疗照顾。②没有明确的躯体疾病，却经常以各种身体不适到各医疗机构就医，且医生合理的检查及恰当的解释、处理也不能改变其根本态度。为此，澳大利亚学者菲罗斯基（I. Pilowsky）于 1969 年明确提出"异常患病行为"（abnormal illness behavior）概念。上述第二种异常即为心理科、精神科所说的"疑病倾向"或"躯体化倾向"。

在国内精神科服务尚欠完善、普及的前提下，引进"患病行为问卷"（Illness Behavior Questionnaire）对提高临床医生对异常患病行为的认识，尽早识别和处理这类问题会有所帮助，以减少患者不必要的检查痛苦和医疗付出，使之尽早得到有效的干预，从而减少医疗纠纷。

二、患病行为问卷的结构

患病行为问卷是澳大利亚学者菲罗斯基于 20 世纪 70 年代在原"怀特利（Whiteley）疑病问卷"基础上编制的，是一个较成熟的临床诊断辅助工具和临床科研工具。此问卷集中反映了菲罗斯基提出的"异常患病行为"概念，即"尽管医生对患者的健康状况已经给予了准确的评估，并以患者能理解的方式做出了清晰的说明，而且做到倾听患者意见，进一步澄清问题，与之商讨并达成妥协，此后又给予了恰当的处理，患者对自己健康状况的体会模式、思考模式、感受及行为模式仍旧是异常的"。

该问卷共 62 道题，题目集中于患者对待身体不适或疾病的态度，要求被试回答"是"或"否"（详见附录 15 - 5）。问卷包括 7 个首级因子、2 个次级因子，并以疼痛中心的慢性疼痛患者和一般腰痛患者为样本产生了判别方程（DF）和怀特利疑病指数（Whiteley index of hypochondriasis，WI），共 11 个因子，见表 15 - 5。中文版因缺少判别方程，故量表为 10 个因子。

表 15 - 5　患病行为测验结构

因子	因子名称	备注
首级因子（7）	1. 一般疑病（general hypochondriasis，GH）	
	2. 疾病信念（disease conviction，DC）	
	3. 心理取向（psychological vs somatic perception of illness，P/S）	
	4. 情感压抑（affection inhibition，AI）	
	5. 情绪紊乱（affective disturbance，AD）	
	6. 否认心因（denial，D）	
	7. 易激惹性（irritability，I）	
次级因子（2）	8. 情绪状态（affection state，AS）	
	9. 疾病确信（disease affirmation，DA）	
	10. 判别方程（DF）	中文版暂缺
	11. 怀特利疑病指数（WI）	

其中，GH、AD、I 及 AS 属于反映不良情绪的因子，得分高提示负性情绪明显；DC、D、P/S、DA 和 WI 属于反映"病感"的因子，得分高提示病感严重。

三、中文版患病行为问卷的信度和效度

1997 年，国内学者胜利等引进了"患病行为问卷"，中文版回译回译，即英文版问卷翻译为中文版，中文版问卷重新翻译为英文版，再与原英文版问卷进行对照，一致率达 95%（按意义判断），重测信度为 0.83，部分题目的应答一致性低于 0.7。

在效标效度上，反映情绪的 4 个因子（一般疑病、情绪紊乱、易激惹性和情绪状态）与一般健康问卷 28 个题目版本、医院内焦虑抑郁量表、汉密尔顿焦虑量表、汉密顿抑郁量表的测量结果均为中等相关（$R = 0.5 \sim 0.6$，$P < 0.01$）。在区分效度上，该问

卷能区分出内科住院患者中精神状态较好者和较差者（存在精神障碍或处于精神科亚临床状态），也能将后者与到精神科就诊的神经症患者区分开来，表明该问卷具有良好的效标效度与区分效度。

四、评分方法、参考值及使用注意事项

（一）计分方法

GH 因子：第 9、20、21、24、29、30、32、37、38 题回答"是"，每题计 1 分，其他为 0 分。

DC 因子：第 2、3、10、41 题回答"是"，第 7、35 题回答"否"，每题计 1 分，其他为 0 分。

P/S 因子：第 11、44、57 题回答"是"，第 16、46 题回答"否"，每题计 1 分，其他为 0 分。

AI 因子：第 36、53、62 题回答"是"，第 22、58 题回答"否"，每题计 1 分，其他为 0 分。

AD 因子：第 12、18、47、54、59 题回答"是"，每题 1 分，其他为 0 分。

D 因子：第 55 题回答"是"，第 27、31、43、60 题回答"否"，每题计 1 分，其他为 0 分。

I 因子：第 17、51、56、61 题回答"是"，第 4 题回答"否"，每题计 1 分，其他为 0 分。

WI 因子：第 1、2、8、9、10、16、21、24、33、38、39、41、50 题回答"是"，每题计 1 分，其他为 0 分。

（二）正常范围的临界参考值

正常范围的临界参考值见表 15 - 6。

表 15 - 6　正常范围的临界参考值

DC	P/S	WI
3 ~ 6	0 ~ 1	8 ~ 14

次级因子：

AS = GH + AD + I

DA = DC + 5 - P/S（参考值 7 ~ 11）

国内正常范围的临界参考值为：若测量目的是筛查，临界值可选取疾病信念（DC）为 2 ~ 3 之间，疑病指数（WI）为 5 ~ 6 之间；若兼顾敏感度与特异度，宜分别选取 3 ~ 4 之间和 6 ~ 7 之间；若测量目标是识别能确诊为精神障碍患者，则参考值与手册参考值相同，分别是 2 ~ 3 之间和 7 ~ 8 之间。临界值选取有所不同的原因在于针对的患者群不同。其他因子参考值还有待进一步研究确定。

判别方程一般需以自身的样本得出，且原英文版本的判别方程经检验不符合中国内科住院患者进行心理状况评定的要求，故省略。

（三）评分注意事项

该问卷为自陈式问卷，要求被试意识清楚，受过初等教育，能理解问卷内容。个别理解有困难的被试可在医务人员的协助下完成。

除被试本人外，量表还可用于被试家属或知情人对被试患病行为的评价，与被试自评结果进行两相比较，可以反映出被试对自身患病行为的自知力。

五、测试的方法与对象

该量表为自陈量表，所有题目均以"是"或"否"作答，被试接受问卷测量时，只需具备基本的理解阅读能力即可单独作答，问卷共62道题，测试时间需要15～20分钟。个别理解有困难的被试，主试可协助其完成。

该量表适用对象广泛，小学教育程度即可独立完成此量表。量表中部分题目涉及性相关问题，18岁以下青少年不适合回答该部分题目，建议接受测试的对象为18岁及以上的成人，或对该部分题目进行适当修改。

六、应用现状

目前，国内关于该量表的研究较少，主要测量对象有临床住院患者、心理疾病患者以及护士、学生等，测量对象大部分为成年人，少数研究中涉及未成年人。如李党香采用患病行为问卷调查273名护士对自身疾病的认识，其行为的现状及工龄对患病行为的影响，其中，疾病信念异常者占27.8%，心理取向异常者占8.4%，疾病确信因子异常者占13.2%，疑病指数异常者占15.0%。不同工龄段的护士的心理取向和疑病指数两因子存在统计学差异，提示护士应重视对自身疾病的正确认识，调整好自己的心理状态。解凤英对97例冠心病住院患者进行患病行为问卷调查，结果发现，心理取向异常的患者占38.1%，疾病确信因子异常者占47.4%，疑病指数异常者占45.4%，影响患病行为的主要因素有年龄、文化程度和自觉工作紧张程度，提示应重视冠心病患者的患病认知教育，特别是做好年龄较大、文化程度较高、自觉工作紧张患者的健康教育和心理护理。此外，也有学者研究患病行为与其他因素的关系，如周朝当等人的"癔症患病行为与家庭动力的相关性研究"，薛晓琳等人的"慢性疲劳综合征患者的预后与睡眠质量患病行为及生活质量的关系"，文传凤等人的"骨不连伴发惊恐障碍患者行为特点及其与心理控制源的关系"。

编者在对文献进行研究时发现，有小部分研究者对因子的正常范围界定错误，导致研究结果的准确性有所偏颇；大部分研究者则忽略了因子的正常范围，采取与不同研究对象进行比较，或与其他量表做相关性研究的方法。研究中还发现，国内有些研究结论与国外有所区别，提示在引进或使用国外量表时需注意文化的差异。对该量表的使用，国内研究目前仅用于相关内容的测量，没有对量表的内容、使用范围或注意事项提出建议。量表还欠缺部分因子的正常范围及判别方程，亟待进一步完善。

技能训练

1. 某被试 TH 得分为 14 分，CH 得分为 20 分，L 得分为 6 分，请判断测试是否有效，被试属于哪种行为类型？

2. 结合网络成瘾的诊断标准，评估周围人是否存在网络成瘾。

3. 从心理咨询的角度，如何看待患者的患病行为？

︱参考文献︱

[1] 张作记. 行为医学量表手册 [M]. 北京：中华医学电子音像出版社，2005.

[2] 崔杨义，孟改君，杨樱梅. 心脑血管病与 A 型性格、心理社会因素关系 [J]. 中原精神医学学刊，1998（3）：140-141.

[3] 张亚哲，韩自力，赵耕源，等. 冠心病行为模式与心理状态的相关性探讨 [J]. 中国行为医学科学，1997，6（2）：52-54.

[4] 夏大胜，赵莹，胡随瑜，等. A 型行为对急性心肌梗死患者左室容量及功能的影响 [J]. 中国现代医学杂志，2000，10（4）：36.

[5] 赵凯国，冯仲华. 应激、A 型行为与高血压病的探讨 [J]. 河北医学，2000（5）：412-413.

[6] 李令华，杨成悌，张缤，等. A 型行为高血压患者 24 小时动态血压分析 [J]. 中国行为医学科学，2002，11（5）：36-37.

[7] 王莉珊，孔繁荣. 肺癌患者的 C 型行为研究 [J]. 中华医学研究杂志，2004，4（7）：607-608.

[8] 卜志强，沙连生，丁守华，等. C 型行为与肿瘤关系研究进展 [J]. 中国实用医药，2008（10）：189-191.

[9] 陈侠，黄希庭，白纲. 关于网络成瘾的心理学研究 [J]. 心理科学进展，2003（3）：355-359.

[10] 雷雳，李宏利. 病理性使用互联网的界定与测量 [J]. 心理科学进展，2003（1）：73-77.

[11] 张玲玲. 大学生网络成瘾调查报告 [J]. 中国校外教育，2011（6）：11.

[12] 吴汉荣，朱克京. 影响大学生网络成瘾相关因素的路径分析 [J]. 中国公共卫生，2004（11）：1363-1364.

[13] 汪向东，王希林，马弘. 心理卫生评定量表手册 [M]. 增订版. 北京：中国心理卫生杂志社，1999.

［14］胜利，蒋宝琦，方耀奇，等.《患病行为问卷》的信度、效度初步测试［J］. 中国心理卫生杂志，2001（1）：9－12.

［15］周朝当，王丽芳，王秀锦. 癌症患病行为与家庭动力的相关性研究［J］. 临床心身疾病杂志，2006（3）：187－189.

［16］薛晓琳，王天芳，刘娟，等. 慢性疲劳综合征患者的预后与睡眠质量患病行为及生活质量的关系［J］. 中国行为医学科学，2004（4）：385－386，465.

［17］文传凤，孟增红，刘华. 骨不连伴发惊恐障碍患者行为特点及其与心理控制源的关系［J］. 中国现代医生，2010（7）：3－4，76.

［18］DENOLLET J，SYS S U，STROOBANT N，et al. Personality as independent predictor of long－term mortality in patients with coronary heart disease［J］. Lancet，1996，347（8999）：417－421.

［19］JOHAN D. DS14：Standard assessment of negative affectivity，social inhibition，and type D personality［J］. Psychosomatic Medicine，2005，67（1）：89－97.

［20］于肖楠，张建新. D型人格量表（DS14）在中国两所大学生样本中的试用［J］. 中国心理卫生杂志，2006（5）：313－316.

 教学资源清单

使用说明：建议每位学习者在教师课堂讲授本章教材之前，先通过手机扫码的方式链接到教学资源平台，自学和练习相应的教学内容，以便在课堂上能够与教师更深入和更有效率地进行教与学的研讨，见表15－7。

表15－7 教学资源清单

编号	类型	主题	扫码链接
15－1	PPT课件	行为医学测验	

拓展阅读

张瑛，杨永，杨连招. A型行为类型原发性高血压患者的用药依从性及干预现状研究［J］. 黑龙江科学，2021，12（8）：162－164.

附录15－1 A型行为类型问卷

指导语：请根据您的日常行为习惯，对以下每题进行判断选择。注意，每道题只能回答"是"或者"否"。

1. 我总是力图说服别人同意我的观点。
2. 即使没有什么要紧的事,我走路也很快。
3. 我经常感到应该做的事太多,有压力。
4. 我自己决定的事,别人很难让我改变主意。
5. 有些人和事常常使我十分恼火。
6. 有急需买的东西但又要排长队时,我宁愿不买。
7. 有些工作我根本安排不过来,只能临时挤时间去做。
8. 上班或赴约会时,我从来不迟到。
9. 当我正在做事,谁要是打扰我,不管有意无意,我总是感到恼火。
10. 我总看不惯那些慢条斯理、不紧不慢的人。
11. 我常常忙得透不过气来,因为该做的事情太多了。
12. 即使跟别人合作,我也总想单独完成一些更重要的部分。
13. 有时我真想骂人。
14. 我做事总是喜欢慢慢来,而且思前想后,拿不定主意。
15. 排队买东西,要是有人加塞,我就忍不住要指责他或出来干涉。
16. 我觉得自己是一个无忧无虑、悠闲自在的人。
17. 有时连我自己都觉得,我所操心的事远远超过我应该操心的范围。
18. 无论做什么事,即使比别人差,我也无所谓。
19. 做什么事我也不着急,着急也没有用,不着急也误不了事。
20. 我从来没想过要按自己的想法办事。
21. 每天的事情都使我精神十分紧张。
22. 就是逛公园、赏花、观鱼等,我也总是先看完,等着同来的人。
23. 我常常不能宽容别人的缺点和毛病。
24. 在我认识的人里面,个个我都喜欢。
25. 听到别人发表不正确的见解,我总想立即就去纠正他。
26. 无论做什么事,我都比别人快一些。
27. 当别人对我无礼时,我对他也不客气。
28. 我觉得我有能力把一切事情办好。
29. 聊天时,我总是急于说出自己的想法,甚至打断别人的话。
30. 人们认为我是个安静、沉着、有耐性的人。
31. 我觉得在我认识的人之中值得我信任和佩服的人实在不多。
32. 对未来我有许多想法和打算,并总想能尽快实现。
33. 有时我也会说人家的闲话。
34. 尽管时间很宽裕,我吃饭也会很快。
35. 听人讲话或报告如讲得不好,我就非常着急,总想还不如我来讲。
36. 即使有人欺侮了我,我也不在乎。

37. 我有时会把今天该做的事拖到明天去做。

38. 人们认为我是一个干脆、利落、高效率的人。

39. 有人对我或我的工作吹毛求疵时，很容易挫伤我的积极性。

40. 我常常感到时间已经晚了，可一看表还早呢。

41. 我觉得我是一个非常敏感的人。

42. 我做事总是匆匆忙忙的，力图用最少的时间办尽量多的事情。

43. 如果犯有错误，不管大小，我全都主动承认。

44. 坐公共汽车时，我常常感到车开得太慢。

45. 无论做什么事，即使看着别人做不好我也不想拿来替他做。

46. 我常常为工作没做完，而一天又过去了感到忧虑。

47. 很多事情如果由我来负责，情况要比现在好得多。

48. 有时我会想到一些坏得说不出口的事。

49. 即使领导我的人能力差、水平低，不怎么样，我也能服从和合作。

50. 必须等待的时候，我总是心急如焚，缺乏耐心。

51. 我常常感到自己能力不够，所以在做事遇到不顺利时就想放弃不干了。

52. 我每天都看电视，也看电影，不然心里就不舒服。

53. 别人托我办的事，只要答应了，我从不拖延。

54. 人们都说我很有耐性，干什么事都不着急。

55. 外出乘车、船或跟人约好时间办事时，我很少迟到，如对方耽误我就恼火。

56. 偶尔我也会说一两句假话。

57. 许多事本来可以大家分担，可我喜欢一个人去干。

58. 我觉得别人对我的话理解太慢，甚至理解不了我的意思似的。

59. 我是一个性子暴躁的人。

60. 我常常容易看到别人的短处而忽视别人的长处。

附录 15-2　C 型行为问卷

指导语：在以下的问卷中，都是人们在自我描述中喜欢使用的一些句子。请您仔细阅读每一个句子，并从答卷纸上的四种答案中找出最符合您的情况的数字，把这些数字填在相应题号的空格中。这里所指的是您的一般感觉和举止，答案无所谓对错，请不要反复琢磨，要快一点决定，逐题回答所有的问题。

问题	几乎没有	偶尔	常常	几乎总是
1. 我感到我的身体良好。	1	2	3	4
2. 我感到闷闷不乐和沮丧。	1	2	3	4

续上表

问题	几乎没有	偶尔	常常	几乎总是
3. 我生气或恼怒时，会把它藏于内心，不表露出来。	1	2	3	4
4. 我感到烦躁和不安。	1	2	3	4
5. 当感到可能有困难时，我相信前途是光明的。	1	2	3	4
6. 与他人接触时，我理智从事。	1	2	3	4
7. 我觉得自己早晨身体最好。	1	2	3	4
8. 当我感到恐惧或忧虑时，我不使它流露出来。	1	2	3	4
9. 我易于激动。	1	2	3	4
10. 我对自己感到满意。	1	2	3	4
11. 我想大哭一场。	1	2	3	4
12. 我宁愿理智地解决与他人的矛盾，而不愿感情用事。	1	2	3	4
13. 当不成功时，我就觉得一切都完了。	1	2	3	4
14. 当我忧伤时，就把它表现出来。	1	2	3	4
15. 我睡觉不好，容易早醒。	1	2	3	4
16. 我一遇到挫折便会表现出来。	1	2	3	4
17. 当我生气时，便会表现出来。	1	2	3	4
18. 当有人阻挠我的愿望与要求时，我试图理解他。	1	2	3	4
19. 我容易发火。	1	2	3	4
20. 我吃的同以前一样多。	1	2	3	4
21. 当我胆怯或发愁时，我能控制自己的举止。	1	2	3	4
22. 我喜欢看有魅力的异性，并乐意与其交往。	1	2	3	4
23. 当我忧伤或沮丧时，我能控制自己的感情。	1	2	3	4
24. 我觉得我想干的事老实现不了。	1	2	3	4
25. 我觉得自己正在走下坡路。	1	2	3	4
26. 我较为乐观地看待一切。	1	2	3	4
27. 当我恼怒时，心里的愤怒比表现出来的还要厉害。	1	2	3	4

续上表

问题	几乎没有	偶尔	常常	几乎总是
28. 我觉得自己休息得很好。	1	2	3	4
29. 我试图用理智，而不是用感情对别人做出反应。	1	2	3	4
30. 我希望我像别人那样快乐。	1	2	3	4
31. 当我恐惧或发愁时，我就表露出自己的情感。	1	2	3	4
32. 我觉得自己很冷静。	1	2	3	4
33. 我性情暴躁。	1	2	3	4
34. 当我忧伤或沮丧时，我就表露出自己的感情。	1	2	3	4
35. 当我和别人闹矛盾时，我试图不流露感情。	1	2	3	4
36. 我的心跳得比一般人快。	1	2	3	4
37. 我的出发点总是：什么事也不能打扰我。	1	2	3	4
38. 当我恼怒和生气时，我能控制自己的举止。	1	2	3	4
39. 我觉得有不可克服的困难。	1	2	3	4
40. 我无缘无故地感到疲倦。	1	2	3	4
41. 如果谁伤害了我的感情，我还试图理解他。	1	2	3	4
42. 当我恐惧或忧愁时，我能控制自己的感情。	1	2	3	4
43. 我的思路仍与以前一样清楚。	1	2	3	4
44. 我容易生气。	1	2	3	4
45. 当我忧伤或沮丧时，我能自我控制。	1	2	3	4
46. 我对那些确实不重要的事情想得太多了。	1	2	3	4
47. 我跟着感觉走。	1	2	3	4
48. 我对未来抱乐观态度。	1	2	3	4
49. 当我生气及恼怒时，就会流露出来。	1	2	3	4
50. 我很幸福。	1	2	3	4
51. 我感到和以前一样无忧无虑。	1	2	3	4
52. 我易大发雷霆。	1	2	3	4
53. 我试着以理智行事，而不感情用事。	1	2	3	4
54. 我被一些琐事所困扰。	1	2	3	4

续上表

问题	几乎没有	偶尔	常常	几乎总是
55. 我无缘无故地觉得心里难受。	1	2	3	4
56. 当我恐惧或忧虑时，就流露出自己的感情。	1	2	3	4
57. 事情进展得像我所期待的一样。	1	2	3	4
58. 我缺乏自信。	1	2	3	4
59. 当我受到伤害时，我设法克制自己的情感。	1	2	3	4
60. 当我感到忧伤或沮丧时，我能自制。	1	2	3	4
61. 我对未来充满信心。	1	2	3	4
62. 我觉得自己很安全。	1	2	3	4
63. 我设法理解我所遇到的所有的人。	1	2	3	4
64. 我很快就会暴跳如雷。	1	2	3	4
65. 当我生气和恼怒时，我能控制自己。	1	2	3	4
66. 当遇到困难时，我相信一切都会变好。	1	2	3	4
67. 我对自己的处境满意。	1	2	3	4
68. 我凭感觉判断一个人的好坏。	1	2	3	4
69. 当我恐惧或发怒时，我能压抑自己的情绪。	1	2	3	4
70. 我比以前容易闷闷不乐。	1	2	3	4
71. 我的情绪十分平稳。	1	2	3	4
72. 当我忧伤时，我内心的感受比表现出来的还要严重。	1	2	3	4
73. 我尽量避免与别人闹矛盾。	1	2	3	4
74. 当我愤怒时，就会变得不顾脸面。	1	2	3	4
75. 我很容易做出决断。	1	2	3	4
76. 我觉得与我交往的人都喜欢我。	1	2	3	4
77. 我心满意足。	1	2	3	4
78. 我确信，我尽碰上好事。	1	2	3	4
79. 我设法在与他人交往中，不受自己的感情支配。	1	2	3	4
80. 我觉得我周围的人能容忍我的缺点。	1	2	3	4

续上表

问题	几乎没有	偶尔	常常	几乎总是
81. 我觉得自己有用，别人需要我。	1	2	3	4
82. 有些念头，我很难摆脱。	1	2	3	4
83. 我在与他人的交往中，能够得到帮助与支持。	1	2	3	4
84. 即使有足够的理由，我也不对别人发火。	1	2	3	4
85. 当着别人的面批评我，我就要发火。	1	2	3	4
86. 我深感失望，以致不能从中解脱。	1	2	3	4
87. 我的生活很充实。	1	2	3	4
88. 当我需要时，与我交往的人能给予我安慰。	1	2	3	4
89. 我易于烦躁。	1	2	3	4
90. 我是一个平静的人。	1	2	3	4
91. 我的举止受自己感情的影响。	1	2	3	4
92. 我感到，如果自己死了，对别人可能会更好些。	1	2	3	4
93. 当我处于困境时，与他人交往会使我好受些。	1	2	3	4
94. 当我想起不久前的烦恼，我就陷入紧张与不安之中。	1	2	3	4
95. 如果我做了某件好事而未能得到表扬，我就会生气。	1	2	3	4
96. 我现在工作或学习的能力和从前差不多。	1	2	3	4
97. 我能从我周围的人那里得到好主意。	1	2	3	4

附录 15 – 3 Type D Personality Scale – 14（DS14）

指导语：以下是人们经常用来描述自己的一些陈述。请阅读每条陈述，并在该陈述旁边圈出适当的数字以表明您的答案。答案无所谓对错，你自己的印象是唯一重要的事情。

问题	很不符合	基本不符合	中立	基本符合	很符合
1. 我善于与人打交道	0	1	2	3	4
2. 我常常为一些琐事而小题大做	0	1	2	3	4

续上表

问题	很不符合	基本不符合	中立	基本符合	很符合
3. 我常常与陌生人交谈	0	1	2	3	4
4. 我经常感到不开心	0	1	2	3	4
5. 我经常感到烦躁不安	0	1	2	3	4
6. 与人交往时，我常常感到很拘谨	0	1	2	3	4
7. 我对待事物的态度是悲观的	0	1	2	3	4
8. 我觉得很难打开话题	0	1	2	3	4
9. 我常常心情不好	0	1	2	3	4
10. 我是一个自我封闭的人	0	1	2	3	4
11. 我较喜欢与人保持距离	0	1	2	3	4
12. 我常常忧心忡忡	0	1	2	3	4
13. 我经常感到闷闷不乐	0	1	2	3	4
14. 跟别人相处时，我找不到合适的话题	0	1	2	3	4

附录 15 - 4　网络成瘾诊断标准

1. 我会全神贯注于网络或在线服务活动，并且在下网后总念念不忘网事。
2. 我觉得需要花更多的时间在网络上才能得到满足。
3. 我曾多次努力想控制或停止使用网络，但并没有成功。
4. 当我企图减少或停止使用，我会觉得沮丧、心情低落或是容易暴躁。
5. 我花费在网络上的时间比原先计划的还要长。
6. 我会为了上网而甘愿冒重要的人际关系、工作、教育或工作机会损失的危险。
7. 我曾向家人、朋友或他人说谎以隐瞒我涉入网络的状态。
8. 我上网是为刻意逃避问题或试着释放一些感觉，诸如无助、罪恶感、焦虑或沮丧。

前5个标准是网络成瘾的必要条件，此外还必须满足至少后3个标准中的1个。只要满足"5＋1"个标准，就可以诊断为网络成瘾。前提条件是每天上网超过4个小时。

附录 15 - 5　患病行为问卷

指导语：下面是一些与您的疾病有关的问题，请按您的情况回答"是"或"否"。

1. 您很为自己的健康状况烦恼吗？

2. 您认为自己的身体出了严重问题吗？

3. 您的病对生活影响很大吗？

4. 得病后别人还容易与您相处吗？

5. 您的家族中有类似疾病吗？

6. 您认为自己比别人更容易得病吗？

7. 如果医生告诉您没发现您有什么病，您能相信吗？

8. 您能轻松地做到暂时忘掉自己而去思考其他事情吗？

9. 当您觉得自己病了，而别人却说您看上去好多了，这会惹您不快吗？

10. 您是否经常意识到身体的各种变化？

11. "得病是自己以前做错了什么的一种报应"，您有过这种想法吗？

12. 您觉得自己的神经出毛病了吗？

13. 当您感到自己病了或心烦时，医生容易使您打起精神来吗？

14. 您认为其他人能认识到得病是什么滋味吗？

15. 和医生谈起自己的病会使您感到不安吗？

16. 有多种疼痛困扰您吗？

17. 您的病很影响您和朋友或家人的交往吗？

18. 您容易着急吗？

19. 您认识跟您患同样疾病的人吗？

20. 您比别人对疼痛更敏感吗？

21. 您害怕得病吗？

22. 您能顺畅地向他人表达自己的感受吗？

23. 您病了有人为您感到难过吗？

24. 您比大多数人更担心自己的健康吗？

25. 您的病影响您的性关系吗？

26. 您为自己的病经受了许多痛苦吗？

27. 除了病，您的生活中还有其他问题吗？

28. 您在意有人了解或不了解您的病吗？

29. 别人身体健康您感到嫉妒吗？

30. 关于得病，您有看上去可笑，但怎么努力也去不掉的想法吗？

31. 您有经济上的困难吗？

32. 别人对待您的疾病的方式使您感到不安吗？

33. 医生告诉您没有什么可担心的。您很难相信吗？

34. 您是否经常担心自己可能得大病？

35. 您睡得好吗？

36. 当您生气时，您倾向于忍住不发作出来吗？

37. 您经常想到自己会突然病倒吗？

38. 如果某种疾病引起您的注意（如您通过广播、电视、报纸或从您认识的人那里听到、看到），您担心自己患这种病吗？

39. 您是否觉得有人对您的病不够重视？

40. 您因为脸色和体态而感到不安吗？

41. 有许多不同的症状搅扰您吗？

42. 您经常力图向别人解释您的感受吗？

43. 您家里有什么矛盾吗？

44. 您认为有些事情与您的心理有关吗？

45. 您饮食方面还好吗？

46. 健康不佳是您生活中最大的困难吗？

47. 您发现自己很容易难过吗？

48. 大多数人看来都不重要的细节您却烦恼甚至大惊小怪吗？

49. 您是一个合作的患者吗？

50. 您总受严重疾病症状的困扰吗？

51. 您容易生气、发火吗？

52. 您工作中有麻烦吗？

53. 您喜欢将感受只留在自己心里吗？

54. 您经常情绪消沉吗？

55. 只要身体好了，您所有的烦恼就都过去了，是吗？

56. 您比别人容易被惹恼吗？

57. （您认为）您的症状可能是烦恼（心情不舒畅）引起的吗？

58. 让别人知道您对他们不满，对您来说是件容易的事吗？

59. 您难以放松吗？

60. 您有不是疾病引起的个人烦恼吗？

61. 您经常对别人失去耐心吗？

62. 向别人表达您个人的感受对您来说困难吗？

第十六章 少年儿童心理测量

导读

　　少年儿童期是心理生理发育的关键时期，也是某些心理和行为问题的高发阶段，其心理行为问题应该得到全社会的重视并有针对性地开展相应的早期干预。本章主要介绍评估少年儿童人群的心理卫生健康状况、情绪、行为特征以及生活事件的相关测量工具。主要有儿童感觉统合能力发展评定量表、儿童社交焦虑量表、儿童孤独量表、青少年生活事件量表、Achenbach 儿童行为量表、父母教养方式评价量表等。量表按评定方式分为自评量和他评量表。

第一节 儿童感觉统合能力发展评定量表

一、概述

　　感觉统合术语是由谢灵顿（C. S. Sherrington）和拉胥利（K. S. Lashley）于 1960 年提出的，并广泛应用于行为和脑神经科学的研究。爱尔丝（A. J. Ayres）于 1972 年根据对脑功能研究、职业治疗及实验的研究结果，首先系统地提出了感觉统合理论（sensory integration theory）。她认为，感觉统合是指将人体器官各部分感觉信息输入组合起来，经大脑整合作用，完成对身体内外知觉，并做出反应。只有经过感觉统合，神经系统的不同部分才能协调整体工作，使个体与环境接触顺利。这一理论涉及脑功能及发展、学习及学习障碍和治疗这 3 部分。

　　依据感觉统合的理论，感觉输入的控制是学习活动的主要环节，学习障碍可能是由于对感觉信息组织不良所致。即当感觉系统无法正常运转时，就称之为感觉统合失调（sensory integrative disfunction）。爱尔丝根据研究结果提出：学习困难儿童存有感觉统合失调的问题。克拉克（F. A. Clark）等对爱尔丝的理论进行了较全面的分析，得出感觉统合失调主要有以下 5 个方面。

（一）身体运动协调障碍

　　身体运动协调障碍指身体运动的协调能力存在问题，会导致运动障碍。儿童早期表现为穿脱衣裤、扣纽扣、拉拉链、系鞋带动作缓慢及笨拙；运动协调不佳；吃饭时常掉饭粒；由于控制小肌肉及手眼协调的肌肉发育欠佳，影响舌头及唇部肌肉、呼吸器官和声带的运动，会造成发音及语言表达能力不佳。爱尔丝等认为：运动协调不良是由感觉统合障碍所致，在学习困难儿童中较正常儿童更为多见。

（二）结构和空间知觉障碍

结构和空间知觉障碍可表现为不同形式，主要涉及视知觉问题，一方面可能与躯体感觉过程有关，另一方面与右脑半球的功能有关。这类障碍在儿童中可表现为对空间距离知觉不准确，左右分辨不清，易迷失方向。儿童还会表现为视觉的不平顺。视觉的跳动原本是婴幼儿的自然现象，人的视觉天生是不稳定的，所以婴幼儿最喜欢看车子外的移动物体，跳动的物体比静止的东西更容易引起他们的注意。随着年龄的增长，视觉也逐渐稳定，便能做左右或上下的移动，这也是阅读的开始。儿童若视觉不稳定，便无法做平顺移动，所以看书会跳字、跳行，严重的无法进行阅读，做功课眼睛也容易疲劳，造成学习能力的不足。

（三）前庭平衡功能障碍

这可能与前庭功能障碍关系密切。爱尔丝在研究中发现：学习困难儿童可能前庭功能未见下降，但他们往往对前庭刺激的统合存在问题。前庭功能影响身体和周围环境协调。胎位不正、爬行不足及早年活动不足都会引起前庭功能不足。

（四）听觉语言障碍

一种观点认为这种障碍与左脑半球有关，而与感觉统合过程无关；另一种观点却认为它与前庭平衡功能统合障碍有关。人类的听觉神经形成比较早，但成熟却比较晚。由于儿童早年的听觉较弱，故受不了太高或太大的声音。因此，环境嘈杂声音太多、父母经常发脾气或责骂儿童，都会造成儿童在听觉上形成一层自我的保护膜，养成拒绝听别人讲话的习惯。在儿童长大后，就会表现为听力不佳，不知如何与人沟通，还会表现出语言发展迟缓，语言表达能力不佳。

（五）触觉防御障碍

近来有很多研究都证实它与不安、活动过多有关。当对这类儿童进行触知觉检查时，儿童常表现出过分防御、躯体和情绪反应过度。怀德（Head）提出，人的触觉反应系统有两种：一种是自卫性或保护性反应，另一种是辨别性反应。爱尔丝据此提出有触觉防御障碍的儿童，当外界刺激作用于皮肤时，就会做出过分的触觉防御性反应。有些儿童由于早期的不良因素，如早产、剖腹产及活动限制，这些均会引起儿童的触觉过分防御性反应。日常生活中触觉过分防御可表现为：胆小、害怕陌生环境、害羞、不安、黏妈妈、怕黑；咬指甲、偏食、挑食；独占性强。

二、量表内容及结构

在过去的 40 年里，爱尔丝设计了一系列临床评定测验。为了对感觉统合进行研究，爱尔丝对感觉统合失调的每一亚型编制了检核表。检核表由父母填写。由施测者对儿童感觉统合失调的严重程度做评定。中国台湾地区郑信雄于 1985 年根据中国文化背景，将几种综合症状检核表综合起来，编制成儿童感觉统合能力发展评定量表。北京医科大学精神卫生研究所于 1994 年从台湾奇德儿脑力开发联盟引进此表，经在大陆十余个地区的施测，具有较好的信度和效度。

此量表适用于 6～11 岁学龄儿童的感觉统合能力发展的评定。量表由 58 个问题组成（详见附录 16－1）。按"从不这样、很少这样、有时候、常常如此、总是如此"1～5 级评分。"从不这样"得最高分，"总是如此"得最低分。量表又分成 5 项，每一项内容如下。

（1）大肌肉及平衡：主要涉及身体的大运动能力。包括"手脚笨拙，容易跌倒"等 14 题。

（2）触觉过分防御及情绪不稳（触觉过分防御）：主要对情绪的稳定性及过分防御行为进行评定。包括"害羞、不安、喜欢孤独、不爱和别人玩；看电视或听故事，容易大受感动、大叫或大笑"等 21 题。

（3）本体感不佳，身体协调不良：主要涉及身体的本体感及平衡协调能力。包括"穿脱衣服、系鞋带动作缓慢；不喜欢翻跟头、打滚及爬高"等 12 题。

（4）学习能力发展不足或协调不良：主要涉及由于感觉统合不良所造成的学习能力不足。包括"阅读常跳字，抄写常漏字或行，写字笔画常颠倒；不专心，坐不住，上课常左右看；对老师的要求及作业无法有效完成，常有严重挫折"等 8 题。

（5）大年龄的特殊问题：有 3 题，此项包括对使用工具及做家务的评定，主要评定 10 岁以上的儿童。

三、计分方法与结果分析

此量表由 58 个问题组成，分为 5 个大项，根据年龄及性别将各项原始分转换成标准 T 分数（即均数为 50，标准差为 10）。凡标准分≤40 分者说明存在感觉统合失调现象。一般来说，标准分在 30～40 分之间为轻度，20～30 分为中度，20 分以下为重度。有一项得分低于正常值，则判定在这一方面有感觉统合的失调。如有多项低于正常值，则表明在多个感觉系统方面存在问题。

计算方法：

6 岁以内儿童感觉统合能力评定量表原始分与标准分的换算，见表 16－1。

表 16－1　6 岁以内儿童感觉统合能力评定量表原始分与标准分换算表

标准分/分	原始分/分			
	前庭失衡	触觉过分防御	本体感失调	学习能力发展不足
10	31	50	26	13
20	38	60	33	18

续上表

标准分/分	原始分/分			
	前庭失衡	触觉过分防御	本体感失调	学习能力发展不足
30	44	70	39	23
40	51	80	46	29
50	58	90	52	33

评定结果：　　　　　　　　　　原始分　　　　　　　　标准分

1. 前庭失衡　　　　　　　　_____　　　　　　_____
2. 触觉过分防御　　　　　　_____　　　　　　_____
3. 本体感失调　　　　　　　_____　　　　　　_____
4. 学习能力发展不足　　　　_____　　　　　　_____
5. 10 岁以上儿童的特殊问题　_____　　　　　　_____

感觉统合综合评定：　　　　属感觉统合_____度失调

　　计算出原始分（即某一项中的各条目得分之和），再换算成标准分进行评定。如前庭失衡原始分为 37 分，则标准分小于 20 分，说明可能存在重度前庭失衡现象。

　　儿童感觉统合能力发展评定量表在中西方文化背景下均已应用。应用结果表明，儿童感觉统合能力发展评定量表有较好的信度和效度。儿童感觉统合能力发展评定量表引进大陆后，首先对北京地区进行了测试，之后又在全国 14 省市地区进行了测试，得出了常模。此表的评分选用了按年龄转换的标准 T 分，保证了评定结果的准确性及客观性。

第二节　儿童社交焦虑量表

一、概述

　　儿童社交焦虑障碍（social anxiety disorder of childhood）又称儿童社交恐惧症（social phobia），指儿童持久地害怕一个或多个社交场合，在这些场合中，患儿被暴露在陌生人面前，或者被其他人过多地关注时出现焦虑反应。5.5% 的女性青少年和 2.7% 的男性青少年患有社交焦虑障碍，早在 1966 年由马克思（Marks）和高德（Gelder）首次描述，但一直未被重视，直到 1980 年才作为明确的临床疾病记载在 DSM－Ⅲ－R 上。

　　儿童社交焦虑量表（Social Anxiety Scale for Children，SASC）是拉格瑞卡（Lagreca）编制的一种儿童社交焦虑症状的筛查量表，用于评估儿童焦虑性障碍，可作为辅助临床诊断、科研及流行病学调查的筛查工具。该量表由两个因子组成，即害怕否定评价、社交回避及苦恼，其信度与效度好，是一种有效的筛选工具，可为临床儿童社交焦虑障碍的诊断提供帮助。

该量表把社交焦虑定义得非常广泛，不但包括了主观上的焦虑，而且包括了社交回避及害怕否定评价。

对应于这个定义，儿童社交焦虑量表的条目涉及社交焦虑所伴发的情感、认知及行为。本章附录 16 – 2 所附上的量表为最新的 10 个条目版本。条目使用 3 级评分制（0：从不这样；1：有时这样；2：一直这样）。量表的得分从 0 分（可能性最低）到 20 分（可能性最高）。

对本量表主成分因子分析的结果表明，它包含两个大因子：其一为害怕否定评价（第 1、2、5、6、8、10 条），其二为社交回避及苦恼（第 3、4、7、9 条）。这两大因子的分数中度相关，但又有显著意义（$r = -0.27$）。心理测量学数据表明：将量表分成两个分量表将使量表的信度降至可接受的标准以内。

由于 SASC 是一个新的量表，标准化的数据很少。小学二年级和三年级的被试评分显著高于四、五、六年级（其中二年级的均值为 10.4，三年级的均值为 9.9，四年级的均值为 8.9，五年级的均值为 7.7，六年级的均值为 8.4）。在不分年级的测查中，女生的评分（均值为 9.8）显著高于男生（均值为 8.3）。

二、信度、效度

整个 SASC 的克伦巴赫 α 值为 0.76，两周重测信度为 0.67（$N = 102$）。

SASC 的评分与修订的儿童外显焦虑量表的评分高度相关（$r = 0.57$），但与儿童外显焦虑说谎量表则不相关。此外，合群儿童的评分显著低于不合群儿童的评分（后者在社会测量学中被称为"被忽视"和"被拒绝"的儿童）。SASC 评分与同龄儿童总体评分的相关系数为 -0.18（$P < 0.001$）。

国内李飞等探讨儿童社交焦虑量表的中国城市常模。在全国 14 个城市采样 2 019 例（男 1 012 例，女 1 007 例），平均年龄（11.29 ± 2.34）岁，由学生填写 SASC，焦虑组儿童填写 SASC、SCARED，其父母填 Achenbach 儿童行为量表（Achenbach Child Behavior Checklist，CBCL）。结果显示，量表的重测信度为 0.538 ~ 0.839，半分信度为 0.81，克伦巴赫 α 系数为 0.58 ~ 0.79，项目与总分的一致性在 0.27 ~ 0.76 之间。量表的效度较好，与 Achenbach CBCL、SCARED 的相应分量表相关，社交焦虑组儿童得分高于常模组，对社交焦虑性障碍诊断的灵敏度为 0.69，特异度为 0.75。

三、应用现状

SASC 作为测量儿童社交困难的工具，其效度已经得到了初步的数据支持。然而从现有的研究看，该表能否有效地将社交焦虑与其他个人及人际的问题区分开来，还很难得知。此外，10 个条目中仅有 2 条（第 3 和第 7 条）直接评定体验社交焦虑的倾向本身，其余均为认识上的畏惧和社交回避。

即使如此，SASC 仍然提供了一个测量儿童社交焦虑及其相关问题的工具，填补了这方面文献的空白。但是，在对 SASC 的用途做出最终判别之前，还要对该表做进一步研究。

第三节　儿童孤独量表

一、概述

儿童孤独量表（Children's Loneliness Scale，CLS），主要用于评定儿童的孤独感与社会不满程度，并了解那些最不被同学所接受的儿童是不是更孤独。

儿童孤独量表有 24 个条目，可用于评定三至六年级学生的孤独感—社会不满程度。16 个条目评定孤独感、社会适应与不适应感以及对自己在同伴中地位的主观评价，其中 10 个用语指向孤独，6 个指向非孤独。另外 8 个为补充条目，询问一些课余爱好和活动偏好，加上这 8 个是为了使儿童在说明对其他问题的态度时更坦诚和放松（详见附录 16 − 3）。

该量表采用 5 级评分，选择项从"一直如此"到"绝非如此"，选择对应自身情况的答案。被试认为自己"一直如此"的话，计 1 分；认为"绝非如此"的话，计 5 分；处于这两者之间的可计 2 ~ 4 分。凡标有"R"的条目表示反向计分，即将被试的答分先倒过来（如将 5 分变为 1 分，将 1 分变为 5 分）再计分；插入题不计分。计分标准：总分范围为 16 ~ 80 分。

例如：条目 1"在学校交新朋友对我很容易"。

1	2	3	4	5
一直如此				绝非如此

在阿瑟（Asher）等的研究中，训练了儿童对某种陈述进行评定的方法，如"我喜欢滑旱冰"，然后由一个陌生人在课堂上读这 24 个条目，共测试了 506 名孩子。对 16 个基本条目分做简单叠加（有些项目需反向计分），高分表示孤独感—社会不满程度较重。总分范围为 16 ~ 80 分，该研究实际得分范围为 16 ~ 79 分［（32.5 ± 11.8）分］。

在他们的第一次研究中，该量表的目的是确定不合群的或在社交中受孤立的儿童是否感到不满和孤独。先挑选不合群的孩子用外部评价标准评价（如同伴评价），然后给他们进行社交技巧训练。阿瑟等利用主观自评方式研究能否挑出需要做这种训练的孩子。所选的孩子中相当一部分感到孤独和被置之不理；在回答"我孤独"时，6% 答"对我来说一直如此"，另外 6% 答"对我来说多数时间如此"。

二、信度、效度

内部一致性：对 16 个基本条目与 8 个插入条目做因子分析发现，所有 16 个孤独条目负荷于单一因子上。插入条目无一在此因子上负荷显著。16 个基本条目的克伦巴赫

α 系数为 0.90。未校正的条目与总分相关值为 0.50~0.72。

重测一致性：没有直接测试。但在该量表测试两周后又做了教室内社会计量与状态测试（即外部评价），这两个很不相同的变量存在较高的显著负相关，提示孤独与社会不满程度具有相当的时间稳定性。

相容效度：孤独与两种社会计量学状态显著相关。16 个基本条目与同伴评分和同伴对其合群程度的评价相关值大约为 -0.30（$P<0.001$），这种相关性因儿童年龄和性别不同而有些差别。阿瑟等认为这种相关性是很高的，因为大多数孤独条目并未直接涉及学校的情况，也就是说，孩子们可以校外有朋友，这可以拮抗他们在校园内的孤立状态。

班上没人拿他当朋友的孩子平均孤独得分为 36.3 分；班上至少有 5 个人拿他当朋友的孩子平均分为 27.8 分，差异非常显著。

区分效度：孤独与 8 个插入条目无相关，与两个学生成就的测试也基本无关；与基本技能综合测验的相关值为 0.02，与斯坦福阅读诊断测验的相关值为 0.01。孤独与社会状态评价之间相关不同，不能认为两者不可分。

三、应用现状

儿童孤独量表在某些方面与用于成人的 UCLA 孤独量表类似。两者都涉及与孤独有关的一些事实与体验（感到缺少社交技巧，缺乏社会信任，感到孤立）。大多数条目似乎都描述行为与技巧，如"在学校交朋友对我很容易"。谈到体验的不多（"我感到寂寞""我孤独"）。但量表一致性很好，概念性关键条目"我孤独"在第一主成分上载荷最大，与总分相关最好。因而该量表作为儿童孤独量表是恰如其分的。

我国学者高金金等尝试验证儿童孤独量表在一、二年级小学生中的适用性，并调查一、二年级小学生的孤独水平。选取北京某小学 251 名学生（一、二年级 89 名，三至六年级 162 名），用 CLS 对其施测，并将自尊量表（The Self-Esteem Scale，SES）作为效标工具，对一、二年级的数据进行了信度、效度检验。结果显示，CLS 在一、二年级样本中的内部一致性系数克伦巴赫 α 系数为 0.87，验证性因素分析显示模型的关键拟合指标均大于 0.80，与 SES 具有较强的关联性（$\gamma = -0.64$，$P < 0.001$）；一、二年级小学生的 CLS 得分为（1.66±0.59）分，其中有孤独倾向者（CLS > 2.5 分）占 11.2%。

第四节　青少年生活事件量表

一、概述

自 20 世纪 30 年代塞里提出应激的概念以来，生活事件作为一种心理社会应激源对身心健康的影响引起广泛的关注。1967 年霍尔姆斯和拉赫编制了第一份包含 43 个项目的社会重新适应量表（SRRS），开辟了生活事件量化研究的途径。由于不同民族、文化背景、年龄、性别及职业群体中生活事件发生的频度及认知评价方式的差异，针对特殊群体的生活事件量表也相继问世。国内 20 世纪 80 年代杨德森和张明园教授等结合我国国情先后编制了两份生活事件量表，两份量表各有特色，已被多项研究引用。我国学者刘贤臣等在综合概括国内外文献的基础上，结合青少年的生理心理特点和所扮演的家庭、社会角色，于 1987 年编制了青少年生活事件量表（Adolescent Self-Rating Life Events Check List，ASLEC），经过对 1 474 名中学生的测试，证明该量表有较好的信度和效度。

二、量表内容

该量表适用于青少年尤其是中学生和大学生生活事件发生频率和应激强度的评定。ASLEC 包含 6 个因子：

（1）人际关系因子：包括条目 1、2、4、10、15、25。

（2）学习压力因子：包括条目 3、9、16、18、22。

（3）受惩罚因子：包括条目 17、18、19、20、21、24。

（4）丧失因子：包括条目 12、13、14。

（5）健康适应因子：包括条目 5、8、11、27。

（6）其他：包括条目 6、7、23、26。

三、实施方法

ASLEC 为自评问卷，由 27 项可能给青少年带来心理反应的负性生活事件构成。评定期限依研究目的而定，可为最近 3 个月、6 个月、9 个月或 12 个月。对每个事件的回答方式应先确定该事件在限定时间内发生与否，若未发生过仅在未发生栏内打"√"，若发生过则根据事件发生时的心理感受分 5 级评定，即无影响（1）、轻度（2）、中度（3）、重度（4）或极重度（5）（详见附录 16-4）。

统计指标包括事件发生的频度和应激量两部分，事件未发生按无影响统计，累积各事件评分为总应激量。若进一步分析可分 6 个因子进行统计。

应用举例：

对某军校 180 名大学生进行应激性生活事件调查，采用青少年生活事件量表。

按 0 分（未发生）至 5 分（发生并产生极重影响）计分，统计指标包括事件的发生频度（事件是否发生）和应激量（被试各事件的得分）两部分。各事件人均分数为各事件平均应激量，各因子的人均分数为各因子平均应激量。

结果：

（1）统计分数显示发生频度高于 50% 的依次是：学习负担重（91.9%）、考试失败（84.4%）、远离家人（84.4%）、被人误会（83.2%）、生活习惯变化（82.7%）、好友纠纷（69.1%）。

（2）各事件因子应激量：人际关系因子（4.89±3.71）、学习压力因子（5.81±3.85）、受惩罚因子（2.54±1.19）、丧失因子（1.78±0.25）、健康适应因子（2.81±1.57）、其他（1.78±0.74）。总应激量为（19.25±8.18）。

四、应用现状

该量表有以下特点。

（1）简单易行，可以自评也可以访谈评定。

（2）评定期限依研究目的而定，可以是最近3个月、6个月、9个月或12个月。

（3）应激量根据事件发生后的心理感受进行评定，考虑了应付方式的个体差异。

（4）ASLEC 仅包含青少年时期常见的负性生活事件。

（5）ASLEC 有较好的信度、效度。

（6）统计指标包括发生频度和应激量两部分。

该量表可用于精神科临床诊断、心理卫生咨询和心理卫生研究，对于研究青少年心理应激程度、特点及其与心身发育和心身健康的关系有十分重要的理论意义和应用价值。

第五节　Achenbach 儿童行为量表

一、概述

Achenbach 儿童行为量表（Achenbach Child Behavior Checklist，CBCL）是美国心理学家阿肯巴克（T. M. Achenbach）及艾德布鲁克（Edelbrock）于 1976 年编制、1983 年修订的父母用儿童行为量表，是一个评定儿童广谱的行为和情绪问题及社会能力的量表。1991 年阿肯巴克对 CBCL 再次进行修订。CBCL 是美国最常用的儿童行为评定量表之一，可以用于流行病学调查、临床行为评定，也可以用于追踪治疗效果。荷兰、加拿大、波多黎各、泰国、澳大利亚等国家引进该量表并广泛应用，其间进行了一系列跨文化研究，一致认为其信度、效度较好。我国苏林雁以 1991 年版为蓝本，在湖南省城乡采样，制定了湖南常模。

二、量表内容

CBCL 评估的内容包括社会能力和行为问题两部分。社会能力包括 7 个项目（参加运动、参加活动、参加课余爱好小组、参加家务劳动、交往能力、与人相处、在校学习）。这部分内容组成 3 个分量表，即活动能力、社交能力、学习能力，并计算社会能力总分，供 6~8 岁儿童使用。

行为问题共 120 项（包括 2 个由家长自行填写的开放项），按 0、1、2 分 3 级评分。有些项目需描述，评分者应根据描述内容判断是否计分，例如：第 28 题"吃喝不能作为食物的东西"（指异食癖），家长描述为"吃油漆"计 1 分或 2 分，描述为"吃未经洗过的水果"则计 0 分。

4 ~ 11 岁男/女性有 9 个分量表：退缩、躯体主诉、焦虑/抑郁、社交问题、思维问题、注意问题、违纪行为、攻击性行为、性问题。12 ~ 16 岁男/女性则有 8 个分量表（无性问题分量表），每一分量表由 7 ~ 20 个项目组成，将每一分量表的项目得分相加，即得到该分量表的粗分。

按照行为问题两维度划分法，又分为内化性（internalizing）和外化性（externalizing）。内化性是以退缩、躯体化、焦虑/抑郁为主要表现的情绪问题，外化性是以攻击、违纪为主要表现的行为问题，并计算行为问题总分。

三、实施与计分方法

量表要求父母或与儿童密切接触的监护人填写，具有初中以上文化程度的家长一般 15 ~ 20 分钟即可完成。如果家长填写有困难，可以由调查者读给家长听并记录其答案。

（一）社交能力

Ⅰ. 参加运动：分为 A、B 两项。

A. 运动项目：要求家长在左边一栏填写儿童参加运动的项目内容。计分方法为，凡参加 3 项或 3 项以上计 2 分，参加 2 项计 1 分，参加 1 项或不喜欢任何运动计 0 分，即得到项目分数。

B. 参加运动的数量和质量：要求家长在中间和右边的空格内打"√"。计分方法为，"与同龄儿童相比，他（她）在这些项目上花去的时间如何？"一项中，"较少"计 0 分，"一样"计 1 分，"较多"计 2 分；"与同龄儿童相比，他（她）的运动水平如何？"一项中，"较低"计 0 分，"一样"计 1 分，"较高"计 2 分。将这些得分相加，除以所填的空格数，即得到参加运动的数量和质量的均分（如填"不知道"不计分，此项应减去不算）。

将 A、B 项的得分相加，即为参加运动分。本项最高分为 4 分。

Ⅱ. 参加活动：指非运动性活动，不包括看电视、玩网络游戏、打麻将等活动。计分方法与参加运动分相同，但 A 活动项目不计分，本项最高分为 2 分。

Ⅲ. 参加家务劳动：也分为 A、B 两项，B 项仅评价做家务事较差还是较好，本项最高分为 4 分。

Ⅳ. 参加课余爱好小组（团体）：也分为 A、B 两项，计分方法与 Ⅰ 相同，本项最高分为 4 分。

将 Ⅰ、Ⅱ、Ⅲ、Ⅳ 的得分相加，即为活动能力分量表分，最高分为 10 分。

Ⅴ．交往能力：分为 A、B 两项。

A 项——有多少好朋友："无或 1 个"计 0 分，"2 ~ 3 个"计 1 分，"4 个或以上"计 2 分；

B 项——每周与同龄儿童在一起活动的次数："少于 1 次"计 0 分，"1 ~ 2 次"计 1 分，"3 次或以上"计 2 分。

将 A、B 项的得分相加，即为交往能力分。本项最高分为 4 分。

Ⅵ．与人相处：分为 A、B 两项。

A．与人相处时的表现。

（1）与兄弟姐妹能否和睦相处："较差"计 0 分，"差不多"计 1 分，"较好"计 2 分。

（2）与其他儿童能否和睦相处："较差"计 0 分，"差不多"计 1 分，"较好"计 2 分。

（3）对父母的言谈举止："较差"计 0 分，"差不多"计 1 分，"较好"计 2 分。

将（1）（2）（3）的得分相加，除以项目数，即为与人相处时的表现得分。

B．独立做事的表现。

（4）独立玩耍或做事的情况："较差"计 0 分，"差不多"计 1 分，"较好"计 2 分。

将 A、B 项的得分相加，即为与人相处得分。本项最高分为 4 分。

将 Ⅴ、Ⅵ 的得分相加，即为社交能力分量表分，最高分为 12 分。

Ⅶ．在校学习。

（1）您孩子是否在特殊班级（这里的特殊班级指的是针对特殊学习困难或行为问题儿童的特殊班级）："是"计 0 分，"不是"计 1 分。

（2）您孩子是否留过级："没有"计 1 分，"留过"（无论什么原因）均计 0 分。

（3）您孩子在学校里有无学习或其他问题：家长描述"有问题"计 0 分，"没有"计 1 分。

（4）当前学习成绩：指主要功课与班上同学比较的水平，不包括体育、音乐、美术。按 0 ~ 3 分 4 级评分。"不及格"计 0 分，"较低"计 1 分，"中等"计 2 分，"较高"计 3 分，把得分相加，除以功课门数，得到平均分。

将（1）（2）（3）（4）项相加，即为学习能力分量表分，最高分为 6 分。

将活动能力、社交能力、学习能力 3 个分量表相加，即得到社会能力总分。

（二）行为问题

行为问题有 113 个项目，其中 56 题包括 8 个小项，实际项目为 120 项，按 3 级评分，即"根本不出现的行为"计 0 分，"有时出现或有一点儿的行为"计 1 分，"非常明显或常常出现的行为"计 2 分。填表时按最近半年（6 个月）内的表现计分。

行为问题分为 9 个分量表进行计分，分别为退缩、躯体主诉、焦虑/抑郁、社交问题、思维问题、注意问题、违纪行为、攻击性行为以及性问题。

行为问题总分：第 2 题（过敏性症状）和第 4 题（哮喘病）不参与计分。将 118 个单项相加（包括 2 个开放项，但无论家长在开放项中填了多少项，仅计得分最高的一项，即 2 分），则得到行为问题总分。

四、结果分析

（一）划界分

1. 社会能力

量表规定以社会能力各分量表第 2 百分位（T 分 30）作为划界分，低于第 2 百分位则表示存在该方面能力不足。社会能力总分则以第 10 百分位为划界分。社会能力划界分见表 16 – 2。

表 16 – 2　社会能力划界分

分量表	6 ~ 11 岁		12 ~ 16 岁	
	男	女	男	女
活动能力	0.50	0.50	0.85	1.23
社交能力	3.30	3.30	3.00	2.60
学习能力	1.00	1.90	3.00	3.00
社会能力总分	11.00	12.00	12.66	13.66

2. 行为问题

量表规定行为问题总分以第 90 百分位为划界分，行为问题各分量表以第 98 百分位为划界分，高于第 98 百分位即认为该儿童可能存在这方面的问题。

（二）得分意义

1. 行为问题各得分的意义

（1）分量表分的意义：各分量表名称是根据各项目所集中反映的问题命名的，得分越高表明该问题越多越严重。

（2）内化—外化两维度划分：内化性问题指胆小、害羞、退缩、焦虑/抑郁、躯体化等过度抑制症状，原来称神经症性行为或情绪问题；外化性问题指违纪、攻击等抑制不足症状，原来称反社会行为或行为问题。原量表规定两者 T 分差值超过 10 分才有意义。

（3）行为问题总分：反映儿童行为问题总的严重程度。

2. 社会能力各得分的意义

由于儿童在发育过程中可能出现各种行为和情绪症状，为了界定哪些是行为问题，哪些达到了行为障碍，在精神障碍诊断标准中强调严重程度标准，即是否达到了社会功能受损。阿肯巴克设置社会能力部分，要求行为问题高于划界分，且社会能力低于划界分才认为其行为问题具有临床意义。但在我国应用发现，社会能力部分的效果不够理想，可能与我国文化背景有关。

五、应用现状

本量表已译成多种文字版本，在许多国家中应用，为同类量表中应用最广泛者。以其详细的精神病理学评定为"金标准"，发现它检出异常儿童的预测效果甚佳。CBCL 在国内已经用于各种科研项目，用于评估儿童注意缺陷多动障碍（ADHD）、对立违抗障碍、品行障碍、焦虑障碍、抑郁障碍等。

第六节　父母教养方式评价量表

一、概述

父母教养方式评价量表（Egma Minnen av Bardndosnauppforstran，EMBU）是 1980 年由瑞典于默奥（Umea）大学精神医学系佩里斯（C. Perris）等人共同编制的，用以评价父母教养态度和行为的问卷。EMBU 原文为瑞典文，中国医科大学岳东梅等人于 1993 年采用澳大利亚罗素（Ross）教授寄来的英文版作为原量表，对 EMBU 进行了修订。

人们对父母教养方式的研究最早起源于对精神病和神经症患者致病起因的探讨。20 世纪五六十年代，在精神医学领域人们意识到家庭环境与子女患精神疾病有很大关系。当时多注意从父母的早逝、离异、分居等角度去考虑这种关系，而很少探讨父母教养行为与子女心理健康的关系。但当时也出现过几种父母教养方式的评价问卷（Schaefer，1959；Slater，1962；Becker，1964），其中较有影响的是 1959 年由舍夫勒（Schaefer）编制的子女对父母行为的评价问卷（Children's Report of Parental Behavior Inventory，CRPBI）。这一量表把父母教养方式分三个维度：接纳—拒绝（acceptance - rejection）、心理自主—心理受控（psychological autonomy - psychological control）、严厉—放纵（firm control - lax control）。但是佩里斯等人认为，上述维度并不能包括父母教养方式的全部内涵，起码是不充分的。而越来越多的人在临床实践中观察到子女健康的人格和良好的社会适应能力与父母教养方式似乎密切相关，但由于缺乏客观、全面的评价工具，使这一领域的研究滞留不前。因此，他们认为需要编制一份全面而深入地评价父母教养方式的问卷。开始他们采用半定式会谈方式帮助患者回忆父母的教养行为。然而很快他们就意识到为了保证信息的客观性、真实性以及评价的方便，标准的问卷是一种更为恰当的方式。最终，他们根据舍夫勒提出的父母教养方式维度的概念，编制了该套反映父母教养方式全貌的问卷。

问卷一经发表，立即引起许多临床心理学家的关注，英国、澳大利亚、荷兰、意大利等国先后对它进行修订，并在这些国家进行父母教养方式的跨文化研究。他们以 EMBU 为测验工具，对神经症患者父母教养方式的特征进行了探讨，并得出较为一致的结论，即神经症患者的父母较正常人的父母对子女缺乏情感温暖、理解、信任和鼓励，但却有过多的拒绝和过度保护。

因此，EMBU 从问世开始，就为人们提供了一个探讨父母教养方式与子女心理健康关系的有力而客观的工具。从另一个角度说，为我们探讨心理疾病的病因学提供了一条途径。同时，EMBU 也可以用来探讨父母教养方式对人格形成的影响，让更多的人意识到哪些教养方式是不当的，从而改善、调整并最终放弃不当的教养方式，让更多的子女在良好的教养环境中成长并形成健全的人格。从这个角度讲，EMBU 的应用对提高青年人的心理健康水平起到一定作用。

二、量表介绍

（一）量表内容

EMBU 是一个自评量表，让被试通过回忆来评价父母的教养方式。EMBU 原量表有 81 个条目，涉及父母 15 种教养行为：辱骂、剥夺、惩罚、羞辱、拒绝、过分保护、过分干涉、宽容、情感、行为取向、归罪、鼓励、偏爱同胞、偏爱被试和非特异性行为。

中文版 EMBU 是由岳东梅等于 20 世纪 80 年代末引进并进行修订的。他们对 81 个条目进行主因素分析，经因素旋转确定因素数目和条目的归属与取舍，组成 6 个父亲教养方式和 5 个母亲教养方式的分量表。父亲教养方式分量表包括 6 个因子（"情感温暖、理解"，"惩罚、严厉"，"过分干涉"，"偏爱被试"，"拒绝、否认"，"过度保护"），共 58 个条目；母亲教养方式分量表包括 5 个因子（"情感温暖、理解"，"惩罚、严厉"，"过分干涉、过度保护"，"偏爱被试"，"拒绝、否认"），共 57 个条目。（详见附录 16 – 6）

各分量表所包含的条目见表 16 – 3 和表 16 – 4。

表 16 – 3　父亲教养方式分量表及其包含的条目

分量表	包含的条目	条目数/条
因子 1：情感温暖、理解	2、4、6、7、9、15、20、25、29、30、31、32、33、37、42、44、60、61、66	19
因子 2：惩罚、严厉	5、13、17、18、43、49、51、52、53、55、58、62	12
因子 3：过分干涉、过渡保护	1、10、11、12、14、16、27、36、39、40、46、48、50、56、57、59	16
因子 4：偏爱被试	3、8、22、64、65	5
因子 5：拒绝、否认	21、23、28、34、35、45	6

表 16 - 4　母亲教养方式分量表及其包含的条目

分量表	包含的条目	条目数/条
因子 1：情感温暖、理解	2、4、6、7、9、15、25、29、30、31、32、33、37、42、44、54、60、61、63	19
因子 2：惩罚、严厉	13、17、43、51、52、53、55、58、62	9
因子 3：偏爱被试	3、8、22、64、65	5
因子 4：过分干涉、过度保护	1、11、12、14、16、19、24、27、35、36、41、48、50、56、57、59	16
因子 5：拒绝、否认	23、26、28、34、38、39、45、47	8

（二）中文版 EMBU 信度、效度

测试样本为 390 名高中生和大学生，年龄为 17～23 岁，平均 19.5 岁，男 183 人，女 207 人。

对所抽取的主因素分别进行同质性信度、分半信度的测定，并在间隔 3 个月后重新施测。结果见表 16 - 5、表 16 - 6。

表 16 - 5　父亲教养方式的同质性信度、分半信度、重测信度的测定

分量表	同质性信度	分半信度	重测信度
因子 1：情感温暖、理解	0.85	0.88	0.63
因子 2：惩罚、严厉	0.83	0.76	0.58
因子 3：过分干涉	0.46	0.50	0.64
因子 4：偏爱被试	0.85	0.89	0.73
因子 5：拒绝、否认	0.70	0.61	0.65
因子 6：过度保护	0.59	0.68	0.65

表 16 - 6　母亲教养方式的同质性信度、分半信度、重测信度的测定

分量表	同质性信度	分半信度	重测信度
因子 1：情感温暖、理解	0.88	0.91	0.73
因子 2：过分干涉、过度保护	0.69	0.69	0.73
因子 3：拒绝、否认	0.75	0.77	0.71
因子 4：惩罚、严厉	0.80	0.82	0.80
因子 5：偏爱被试	0.84	0.87	0.82

为了评价修订后 EMBU 的效度，还对 66 名神经症患者和 66 名健康人（在性别、年龄、父母的职业和文化程度 4 个层次与实验组配对）进行了测试，发现两组被试在情感温暖、理解，惩罚、严厉，拒绝、否认 3 个分量表上差异明显，实验组的父母比

对照组的父母表现出较小的情感温暖、过多的惩罚和拒绝、否认。这一结果从一定程度上证明了修订后 EMBU 的效度。

三、结果与分析

将问卷中父亲和母亲教养方式的不同方面的题目得分相加，分别得到父母不同教养方式的总分。某方面分数越高，表明父母教养其子女此方面的程度越突出。

量表采用 4 点评分方法，即"总是"计 4 分，"经常"计 3 分，"偶尔"计 2 分，"从不"计 1 分。各分量表所含条目分之和即为各分量表的总分，其中：条目 20、50、56 需要反向计分；父亲教养方式分量表中不含有条目 19、24、26、38、41、47、54、63 共 8 项；母亲教养方式分量表中不含有条目 5、10、18、20、21、40、46、49、66 共 9 项。但为了方便，可以让被试对所有问题进行回答，但在计算分析时不将以上条目计算在内。

四、应用现状

EMBU 可以用于任何一位为人子女的人，其范围十分广泛，应用于什么样的群体主要取决于主试的研究目的。但年龄是应该考虑的因素。年龄过小的被试可能对父母的评价失之偏颇，缺乏客观性，而年龄过大回忆起来又缺乏准确性。青中年期的被试对问卷的回答较为客观、稳定。EMBU 既可以个别施测又可以群体施测。

修订后的 EMBU 并未建立全国性常模，修订的目的是确定中国父母教养方式的维度和量表本身的信度和效度。因而用 EMBU 对特殊群体进行测验时，还应相应建立一个取自一般群体的对照组。

随着父母教养方式评价量表 EMBU 的修订及使用，涌现出许多有关父母教养方式的研究。目前，该问卷在国内获得广泛的应用，并取得大量的研究成果。有父母教养方式对子女的心理健康、焦虑、抑郁、自尊、社会化、人格发展、问题行为的产生以及道德行为等方面影响的相关研究。如朱志红研究发现高职生父母教养方式与生命意义密切相关，自尊在两者关系中有着中介作用。王冬梅的研究显示父母的不良教养方式可以促使青少年不良的人格发展，与子女人格特质有相关关系；过分掩饰和内向可以使人体的免疫功能发生改变。也有对影响父母教养方式因素的研究，以及对不同人群父母教养方式的差异研究。如张小菊发现对于不同家庭结构和不同性别的子女，父亲的教养方式存在显著性差异；在正常结构家庭中，母亲的情感温暖、理解，惩罚、严厉对子女的成熟防御机制有显著的预测作用；在特殊结构家庭中，父亲的拒绝、否认对子女的成熟防御机制有预测作用；在正常结构家庭中，母亲的拒绝、否认对中间型防御机制有显著的预测作用。

技能训练

1. 请针对感觉统合失调儿童进行能力发展水平评定。
2. 请前往小学对儿童孤独感和社交焦虑情况进行调查。

参考文献

［1］任桂英. 儿童感觉统合与感觉统合失调［J］. 中国心理卫生杂志, 1994 (4): 186 – 188.

［2］廖文武. 儿童与感觉统合［M］. 台北: 心理出版社, 1991.

［3］杨霞, 叶蓉. 儿童感觉统合训练实用手册［M］. 上海: 第二军医大学出版社, 2007.

［4］GRECA A M L, DANDES S K, WICK P, et al. Journal of clinical child psychology development of the social anxiety scale for children: reliability and concurrent validity［J］. Journal of Clinical Child Psychology, 1988, 17 (1): 84 – 91.

［5］CARTWRIGHT-HATTON S, HODGES L, PORTER J. Social anxiety in child-hood: the relationship with self and observer rated social skills［J］. Journal of Child Psychology and Psychiatry, and Allied Disciplines, 2003, 44 (5): 737 – 742.

［6］李飞, 苏林雁, 金宇, 等. 儿童社交焦虑量表的中国城市常模［J］. 中国儿童保健杂志, 2006 (4): 335 – 337.

［7］ASHER S R, HYMEL S, RENSHAW P D. Loneliness in children［J］. Child Development, 1984, 55 (4): 1456 – 1464.

［8］汪向东, 王希林, 马弘. 心理卫生评定量表手册［M］. 增订版. 北京: 中国心理卫生杂志社, 1999.

［9］高金金, 陈毅文. 儿童孤独量表在 1 ~ 2 年级小学生中的应用［J］. 中国心理卫生杂志, 2011, 25 (5): 361 – 364.

［10］HOLMES T H, RAHE R H. The social readjustment rating scale［J］. Journal of Psychosomatic Research, 1967, 11 (2): 213 – 218.

［11］张明园. 精神科评定量表手册［M］. 长沙: 湖南科学技术出版社, 1993.

［12］刘贤臣, 刘连启, 杨杰, 等. 青少年生活事件量表的信度效度检验［J］. 中国临床心理学杂志, 1997 (1): 34 – 36.

［13］ACHENBACH T M. Manual for the child behavior checklist 14 – 18 and 1991 profile［M］. Burlington, VT: University of Vermont, Department of Psychiatry, 1991.

［14］苏林雁, 李雪荣, 万国斌, 等. Achenbach 儿童行为量表的湖南常模［J］. 中国临床心理学杂志, 1996 (1): 24 – 28, 64.

[15] 戴晓阳. 常用心理评估量表手册 [M]. 北京：人民军医出版社，2010.

[16] PERRIS C, JACOBSSON L, LINNDSTRÖM H, et al. Development of a new inventory for assessing memories of parental rearing behavior [J]. Acta Psychiatrica Scandinavica, 1980, 61 (4): 265 –274.

[17] ROSS M W, CAMPBELL R L, CLAYER J R, Clayer J R. New inventory for measurement of parental rearing patterns: an english form of the EMBU [J]. Acta Psychiatrica Scandinavica, 1982, 66 (6): 499 –507.

[18] 朱志红，孙配贞，郑雪，等. 高职生父母教养方式与生命意义：自尊的中介作用 [J]. 中国心理卫生杂志，2011, 25 (9): 695 –699.

[19] 王冬梅，贾春梅，楚文英，等. 父母教养方式对青少年人格的影响及其与免疫功能的关系 [J]. 临床儿科杂志，2011, 29 (3): 252 –254.

[20] 张小菊，周绮云，茹秀华. 不同家庭结构大学生父母教养方式与防御机制的关系研究 [J]. 中国特殊教育，2011 (7): 92 –96.

 教学资源清单

使用说明：建议每位学习者在教师课堂讲授本章教材之前，先通过手机扫码的方式链接到教学资源平台，自学和练习相应的教学内容，以便在课堂上能够与教师更深入和更有效率地进行教与学的研讨，见表16 –7。

表16 –7　教学资源清单

编号	类型	主题	扫码链接
16 –1	PPT 课件	少年儿童心理测量相关量表	
16 –2		什么是孤独？	
16 –3		为什么你在社交的时候会焦虑	
16 –4	教学视频	父母教养方式对人格的影响	
16 –5		感统觉障碍及其训练	

拓展阅读

1. 黄亦明，刘金珍，徐雁，等. Achenbach 儿童行为量表（CBCL）在孤独症谱系障碍儿童中的应用研究［J］. 中国社会医学杂志，2022，39（5）：571－575.

2. 王欣，刘凌. 国外近十年父母教养方式研究的热点与前沿：基于 CiteSpace 的科学知识图谱分析［J］. 早期教育，2023（4）：46－51.

3. 姚紫珺，李菊，李冬，等. 学龄前儿童生长发育状况与感觉统合失调的关系研究［J］. 重庆医学，2022，51（11）：1835－1840.

4. 李梦龙，任玉嘉，蒋芬. 中国农村留守儿童社交焦虑状况的 meta 分析［J］. 中国心理卫生杂志，2019，33（11）：839－844.

附录 16－1 儿童感觉统合能力发展评定量表

指导语：此量表由 58 个问题组成。由儿童的父母或知情人根据儿童最近 1 个月的情况认真填写。括号内按实际情况填写：A——从不这样；B——很少这样；C——有时候；D——常常如此；E——总是如此。

1. 特别爱玩旋转的凳椅或游乐设施，而不会晕。 （　）
2. 喜欢旋转或绕圈子跑，而不晕不累。 （　）
3. 虽看到了仍常碰撞桌椅、旁人、柱子、门墙。 （　）
4. 行动、吃饭、敲鼓、画画时双手协调不良，常忘了另一边。 （　）
5. 手脚笨拙、容易跌倒，拉他时仍显得笨重。 （　）
6. 俯卧地板和床上，头、颈、胸无法抬高。 （　）
7. 爬上爬下、跑进跑出，不听劝阻。 （　）
8. 不安地乱动，东摸西扯，不听劝阻，处罚无效。 （　）
9. 喜欢惹人、捣蛋、恶作剧。 （　）
10. 经常自言自语，重复别人的话，并且喜欢背诵广告语言。 （　）
11. 表面左撇子，其实左右手都用，而且不固定使用哪只手。 （　）
12. 分不清左右方向，鞋子衣服常常穿反。 （　）
13. 对陌生地方的电梯或楼梯，不敢坐或动作缓慢。 （　）
14. 组织力不佳，经常弄乱东西，不喜欢整理自己的环境。 （　）
15. 对亲人特别暴躁，强词夺理，到陌生环境则害怕。 （　）
16. 害怕到新场合，常常不久便要求离开。 （　）
17. 偏食、挑食，不吃青菜或软皮。 （　）
18. 害羞，不安，喜欢孤独，不爱和别人玩。 （　）
19. 容易黏妈妈或固定某人，不喜欢陌生环境，喜欢被搂抱。 （　）
20. 看电视或听故事，容易大受感动，大叫或大笑，害怕恐怖镜头。 （　）

21. 严重怕黑，不喜欢在空屋，到处要人陪。 （　　）
22. 早上赖床晚上睡不着，上学时常拒绝到学校，放学后又不想回家。 （　　）
23. 容易生小病，生病后便不想上学，常常没有原因拒绝上学。 （　　）
24. 常吸吮手指或咬指甲，不喜欢别人帮忙剪指甲。 （　　）
25. 换床睡不着，不能换被或睡衣，出外常担心睡眠问题。 （　　）
26. 独占性强，别人碰他的东西，常会无缘无故发脾气。 （　　）
27. 不喜欢和别人聊天，不喜欢和别人玩碰触游戏，视洗脸和洗澡为痛苦。 （　　）
28. 过分保护自己的东西，尤其讨厌别人由后面接近他。 （　　）
29. 怕玩沙土，有洁癖倾向。 （　　）
30. 不喜欢直接视觉接触，常必须用手来表达其需要。 （　　）
31. 对危险和疼痛反应迟钝或反应过于激烈。 （　　）
32. 听而不见，过分安静，表情冷漠又无故嬉笑。 （　　）
33. 过度安静或坚持奇怪玩法。 （　　）
34. 喜欢咬人，并且常咬固定的友伴，并无故碰坏东西。 （　　）
35. 内向，软弱，爱哭又常会触摸生殖器官。 （　　）
36. 穿脱衣裤、纽扣、拉链、系鞋带动作缓慢、笨拙。 （　　）
37. 顽固，偏执，不合群，孤僻。 （　　）
38. 吃饭时常掉饭粒，口水控制不住。 （　　）
39. 语言不清，发音不佳，语言能力发展缓慢。 （　　）
40. 懒惰，行动慢，做事没有效率。 （　　）
41. 不喜欢翻跟头、打滚、爬高。 （　　）
42. 上幼儿园仍不会洗手、擦脸、剪纸及自己擦屁股。 （　　）
43. 上幼儿园（大、中班）仍无法用筷子，不会拿笔、攀爬或荡秋千。 （　　）
44. 对小伤特别敏感，依赖他人过度照料。 （　　）
45. 不善于玩积木、组合东西、排队、投球。 （　　）
46. 怕爬高，拒走平衡木。 （　　）
47. 到新的陌生环境很容易迷失方向。 （　　）
48. 表面上看有正常智慧，但学习阅读或做算数特别困难。 （　　）
49. 阅读常跳字，抄写常漏字、漏行，写字笔画常颠倒。 （　　）
50. 不专心，坐不住，上课常左右看。 （　　）
51. 用蜡笔着色或用笔写字也写不好，写字慢而且常超出格子外。 （　　）
52. 看书容易眼酸，特别害怕数学。 （　　）
53. 认字能力虽好，却不知其意义，而且无法组成较长的语句。 （　　）
54. 混淆背景中的特殊圆形，不易看出或认出。 （　　）
55. 对老师的要求及作业无法有效完成，常有严重挫折。 （　　）
56. 使用工具能力差，对劳作或家事均做不好。 （　　）

57. 自己的桌子或周围无法保持干净，收拾上很困难。　　　　　　（　　）

58. 对事情反应过强，无法控制情绪，容易消极。　　　　　　　　（　　）

附录 16-2　儿童社交焦虑量表

指导语：请指出每句话对你的适用程度。
0——从不这样　1——有时这样　2——一直这样

1. 我害怕在别的孩子面前做没做过的事情。
2. 我担心被人取笑。
3. 我周围都是我不认识的小朋友时，我觉得害羞。
4. 我和小伙伴一起时很少说话。
5. 我担心其他孩子会怎样看待我。
6. 我觉得小朋友们取笑我。
7. 我和陌生的小朋友说话时感到紧张。
8. 我担心其他孩子会怎样说我。
9. 我只同我很熟悉的小朋友说话。
10. 我担心别的小朋友会不喜欢我。

附录 16-3　儿童孤独量表（CLS）

指导语：请根据自己的实际情况回答下列问题。

计分

题　目 ——　1　2　3　4　5
　　　（一直如此）　　　　　（绝非如此）

1. 在学校交新朋友对我很容易。
2. 我喜欢阅读。（插入题）
3. 没有人跟我说话。
4. 我跟别的孩子一起时干得很好。
5. 我常看电视。（插入题）
6. 我很难交朋友。（R）
7. 我喜欢学校。（插入题）
8. 我有许多朋友。
9. 我感到寂寞。（R）
10. 需要时我可以找到朋友。
11. 我常常锻炼身体。（插入题）

12. 很难让别的孩子喜欢我。（R）

13. 我喜欢科学。（插入题）

14. 没有人跟我一起玩。（R）

15. 我喜欢音乐。（插入题）

16. 我能跟别的孩子相处。

17. 我觉得在有些活动中受冷落。（R）

18. 需要帮助时我无人可找。（R）

19. 我喜欢画画。（插入题）

20. 我不能跟别的小朋友相处。（R）

21. 我孤独。（R）

22. 班上的同学很喜欢我。

23. 我很喜欢下棋。（插入题）

24. 我没有任何朋友。（R）

注：R 表示反序计分；插入题不计分。

附录 16 - 4　青少年生活事件量表（ASLEC）

指导语：该量表由 27 个题目组成，每个题目都简单地陈述一个生活事件，请仔细阅读每个题目，并思考在过去 12 个月内，您或您的家庭是否发生过下列事件？如果该事件发生过，请根据事件给您造成的苦恼程度在相应方格内打"√"。如果该事件未发生，仅在事件未发生栏内打"√"。

生活事件名称	未发生	发生过，对您影响的程度				
		无影响	轻度	中度	重度	极重度
1. 被人误会或错怪						
2. 受人歧视冷遇						
3. 考试失败或成绩不理想						
4. 与同学或好友发生纠纷						
5. 生活规律（饮食、休息）等明显变化						
6. 不喜欢上学						
7. 恋爱不顺利或失恋						
8. 长期远离家人不能团聚						
9. 学习负担重						

续上表

生活事件名称	未发生	发生过，对您影响的程度				
		无影响	轻度	中度	重度	极重度
10. 与老师关系紧张						
11. 本人患急重病						
12. 亲友患急重病						
13. 亲友死亡						
14. 被盗或丢失东西						
15. 当众丢面子						
16. 家庭经济困难						
17. 家庭内部有矛盾						
18. 预期的评选（如三好学生）落空						
19. 受批评或处分						
20. 转学或休学						
21. 被罚款						
22. 升学压力						
23. 与人打架						
24. 遭父母打骂						
25. 家庭施加学习压力						
26. 意外惊吓，事故						
27. 其他的挫折事件						

附录 16 – 5 Achenbach 儿童行为量表（CBCL）

（家长用，适用于 4 ~ 16 岁儿童）

儿童姓名_____ 年龄_____ 性别_____ 院（编）号_____

填表人姓名_____ 与儿童的关系_____

联系地址_____ 邮编_____ 电话_____

指导语：请根据您孩子的情况，真实地填写下列内容，将您孩子喜欢的运动或活动内容填写在左边格子内，在中间、右边的空格打"√"。

Ⅰ. 请列出您孩子最喜欢的体育运动项目（例如游泳、棒球等）	与同龄儿童相比，他（她）在这些项目上花去的时间如何？				与同龄儿童相比，他（她）的运动水平如何？			
爱好运动项目	不知道	较少	一样	较多	不知道	较低	一样	较高
1								
2								
3								

　无爱好□

Ⅱ. 请列出您孩子除体育运动以外的爱好（例如集邮、看书、弹琴等，不包括看电视）	与同龄儿童相比，他（她）在这些活动上花去的时间是多少？				与同龄儿童相比，他（她）在这项活动中的水平如何？			
爱好活动项目	不知道	较少	一样	较多	不知道	较低	一样	较高
1								
2								
3								

　无爱好□

Ⅲ. 请列出您孩子承担的家务劳动（例如整理床铺、照看小孩、扫地、倒垃圾等）	与同龄儿童相比，他（她）做的家务事的水平如何？			
家务劳动项目	不知道	较差	一样	较好
1				
2				
3				

　没承担家务□

Ⅳ. 请列出您孩子参加的课外组织、训练团队或小组的名称，如乐器、书画、体育等	与同龄儿童相比，他（她）参加这些团体活动的时间如何？			
团体活动项目	不知道	较少	一样	较多
1				
2				
3				

　没参加□

Ⅴ. 1. 您孩子有多少个好朋友？（请将符合的情况圈上）

无或 1 个□　　　　　　　　2~3 个□　　　　　　　　4 个或以上□

2. 您孩子每周有多少次与其他的小朋友在一起活动？

少于 1 次□　　　　　　　　1~2 次□　　　　　　　　3 次或以上□

Ⅵ. 与同龄儿童相比，您孩子在下列方面表现如何？

1. 与兄弟姐妹相处

较差□　　　　　　　　　　差不多□　　　　　　　　较好□

2. 与其他儿童相处

较差□　　　　　　　　　　差不多□　　　　　　　　较好□

3. 对父母的言谈举止

较差□　　　　　　　　　　差不多□　　　　　　　　较好□

4. 独自玩耍或做事的情况

较差□　　　　　　　　　　差不多□　　　　　　　　较好□

Ⅶ. 1. 当前学习成绩（对 6 岁以上的儿童而言）

科目	不及格	较低	中等	较高
（1）语文				
（2）数学				
（3）				
（4）				
（5）				
（6）				
（7）				

未上学□

2. 您孩子是否在特殊班级？

不是□　　　　　　　　是□（请注明是什么性质的特殊班级：＿＿＿＿＿＿）

3. 您孩子是否留过级？

没有□　　　　　　　　留过□（几年级留级？留级理由：＿＿＿＿＿＿＿＿）

4. 您孩子在学校里有无学习或其他问题？（请描述）（不包括上面三个问题）

没有□　　　　　　　　有问题□

（1）问题内容：

（2）问题何时开始：

（3）问题是否已解决？

未解决□　　　　　　　　已解决□，何时解决？

Ⅷ. 请根据您孩子最近 6 个月的表现填写下表，凡是非常明显或常常出现的行为则在右侧的 2 字上画圈，如果有时出现或有一点儿的行为则在 1 字上画圈，如果根本不出现的行为则在 0 字上画圈。请不要遗漏，每条都要填写。

1. 行为幼稚与其年龄不符。　　　　　　　　　　　　　0　1　2
2. 过敏性症状。（填具体表现）　　　　　　　　　　　0　1　2
3. 喜欢争论。　　　　　　　　　　　　　　　　　　　0　1　2
4. 哮喘病。　　　　　　　　　　　　　　　　　　　　0　1　2
5. 举动像异性。　　　　　　　　　　　　　　　　　　0　1　2
6. 随地大便。　　　　　　　　　　　　　　　　　　　0　1　2
7. 喜欢吹牛或自夸。　　　　　　　　　　　　　　　　0　1　2
8. 精神不能集中，注意力不能持久。　　　　　　　　　0　1　2
9. 老是要想某些事情不能摆脱，强迫观念。（说明内容）0　1　2
10. 坐立不安或活动过多。　　　　　　　　　　　　　0　1　2
11. 喜欢缠着大人或过分依赖。　　　　　　　　　　　0　1　2
12. 常说感到寂寞。　　　　　　　　　　　　　　　　0　1　2
13. 糊里糊涂，如坠云里雾中。　　　　　　　　　　　0　1　2
14. 常常哭叫。　　　　　　　　　　　　　　　　　　0　1　2
15. 虐待动物。　　　　　　　　　　　　　　　　　　0　1　2
16. 虐待、欺侮别人或吝啬。　　　　　　　　　　　　0　1　2
17. 好做白日梦或呆想。　　　　　　　　　　　　　　0　1　2
18. 故意伤害自己或企图自杀。　　　　　　　　　　　0　1　2
19. 需要别人经常注意自己。　　　　　　　　　　　　0　1　2
20. 破坏自己的东西。　　　　　　　　　　　　　　　0　1　2
21. 破坏家里或其他儿童的东西。　　　　　　　　　　0　1　2
22. 在家不听话。　　　　　　　　　　　　　　　　　0　1　2
23. 在校不听话。　　　　　　　　　　　　　　　　　0　1　2
24. 不肯好好吃饭。　　　　　　　　　　　　　　　　0　1　2
25. 不与其他儿童相处。　　　　　　　　　　　　　　0　1　2
26. 有不良行为后不感到内疚。　　　　　　　　　　　0　1　2
27. 易嫉妒。　　　　　　　　　　　　　　　　　　　0　1　2
28. 吃喝不能作为食物的东西。（说明内容）　　　　　0　1　2
29. 除怕上学外，还怕某些动物、处境或地方。（说明内容）0　1　2
30. 怕上学。　　　　　　　　　　　　　　　　　　　0　1　2
31. 怕自己想坏念头或做坏事。　　　　　　　　　　　0　1　2
32. 觉得自己必须十全十美。　　　　　　　　　　　　0　1　2
33. 觉得或抱怨没有人喜欢自己。　　　　　　　　　　0　1　2

34. 觉得别人存心捉弄自己。	0	1	2
35. 觉得自己无用或有自卑感。	0	1	2
36. 身体经常弄伤，容易出事故。	0	1	2
37. 经常打架。	0	1	2
38. 常被人戏弄。	0	1	2
39. 爱和惹麻烦的儿童在一起。	0	1	2
40. 听到某些实际上没有的声音。（说明内容）	0	1	2
41. 冲动或行为粗鲁。	0	1	2
42. 喜欢孤独。	0	1	2
43. 撒谎或欺骗。	0	1	2
44. 咬指甲。	0	1	2
45. 神经过敏，容易激动或紧张。	0	1	2
46. 动作紧张或带有抽动性。（说明内容）	0	1	2
47. 做噩梦。	0	1	2
48. 不被其他儿童喜欢。	0	1	2
49. 便秘。	0	1	2
50. 过度恐惧或担心。	0	1	2
51. 感到头昏。	0	1	2
52. 过分内疚。	0	1	2
53. 吃得过多。	0	1	2
54. 过分疲劳。	0	1	2
55. 身体过重。	0	1	2
56. 找不出原因的躯体症状。	0	1	2
a. 疼痛。	0	1	2
b. 头痛。	0	1	2
c. 恶心想吐。	0	1	2
d. 眼睛有问题。（说明内容，不包括近视及器质性眼病）	0	1	2
e. 发疹或其他皮肤病。	0	1	2
f. 腹部疼痛或绞痛。	0	1	2
g. 呕吐。	0	1	2
h. 其他。（说明内容）	0	1	2
57. 对别人身体进行攻击。	0	1	2
58. 挖鼻孔、抓皮肤或身体其他部位。（说明内容）	0	1	2
59. 公开玩弄自己的生殖器。	0	1	2
60. 过多地玩弄自己的生殖器。	0	1	2
61. 功课差。	0	1	2

62. 动作不灵活。 0　1　2

63. 喜欢和年龄较大的儿童在一起。 0　1　2

64. 喜欢和年龄较小的儿童在一起。 0　1　2

65. 不肯说话。 0　1　2

66. 不断重复某些动作，强迫行为。（说明内容） 0　1　2

67. 离家出走。 0　1　2

68. 经常尖叫。 0　1　2

69. 守口如瓶，有事不说出来。 0　1　2

70. 看到某些实际上没有的东西。（说明内容） 0　1　2

71. 感到不自然或容易发窘。 0　1　2

72. 玩火（包括玩火柴或打火机等）。 0　1　2

73. 性方面的问题（说明内容）。 0　1　2

74. 夸耀自己或胡闹。 0　1　2

75. 害羞或胆小。 0　1　2

76. 比大多数孩子睡得少。 0　1　2

77. 比大多数孩子睡得多。（说明多多少，不包括赖床） 0　1　2

78. 玩弄粪便。 0　1　2

79. 言语问题。（说明内容，例如口齿不清） 0　1　2

80. 茫然凝视。 0　1　2

81. 在家偷东西。 0　1　2

82. 在外偷东西。 0　1　2

83. 收藏自己不需要的东西。（说明内容，不包括收集喜好的东西） 0　1　2

84. 怪异行为。（说明内容，不包括其他条已提及者） 0　1　2

85. 怪异想法。（说明内容，不包括其他条已提及者） 0　1　2

86. 固执、绷着脸或容易激怒。 0　1　2

87. 情绪突然变化。 0　1　2

88. 常常生气。 0　1　2

89. 多疑。 0　1　2

90. 咒骂或讲粗话。 0　1　2

91. 声言要自杀。 0　1　2

92. 说梦话或有梦游。（说明内容） 0　1　2

93. 话太多。 0　1　2

94. 常戏弄他人。 0　1　2

95. 乱发脾气或脾气暴躁。 0　1　2

96. 对性的问题想得太多。 0　1　2

97. 威胁他人。 0　1　2

98.	吮吸大拇指。	0 1 2
99.	过分要求整齐清洁。	0 1 2
100.	睡眠不好。（说明内容）	0 1 2
101.	逃学。	0 1 2
102.	不够活跃，动作迟钝或精力不足。	0 1 2
103.	闷闷不乐，悲伤或抑郁。	0 1 2
104.	说话声音特别大。	0 1 2
105.	喝酒或使用成瘾药。（说明内容）	0 1 2
106.	损坏公物。	0 1 2
107.	白天遗尿。	0 1 2
108.	夜间遗尿。	0 1 2
109.	爱哭诉。	0 1 2
110.	希望成为异性。	0 1 2
111.	孤独、不合群。	0 1 2
112.	忧虑重重。	0 1 2
113.	其他问题。（说明内容）	0 1 2

附录 16 – 6　父母教养方式评价量表

姓名_____　性别_____　年龄_____

出生日期_____　年级_____

在回答问卷之前，请您认真阅读下面的指导语：

指导语：父母的教养方式对子女的发展和成长是至关重要的。让您确切回忆小时候父母对您说教的每一个细节是很困难的。但我们每个人都对我们成长中父母对待我们的方式有深刻印象。回答这一问卷，就是请您努力回想小时候留下的这些印象。

问卷由很多题目组成，每个题目答案均有 1、2、3、4 四个等级。请您分别在最适合您父亲和母亲的等级数字上画"○"。每题只准选一个答案。您父亲和母亲对您的教养方式可能是相同的，也可能是不同的。请您实事求是地分别回答。

如果您幼小时候父母不全，可以只回答父亲或母亲一栏。如果是独生子女，没有兄弟姐妹，相关的题目可以不答。

1——从不　2——偶尔　3——经常　4——总是

1. 我觉得父母干涉我所做的每一件事。		父	1 2 3 4
		母	1 2 3 4
2. 我能通过父母的言谈、表情感受他（她）很喜欢我。		父	1 2 3 4
		母	1 2 3 4

3. 与我的兄弟姐妹相比，父母更宠爱我。　父　1 2 3 4
　　母　1 2 3 4

4. 我能感到父母对我的喜爱。　父　1 2 3 4
　　母　1 2 3 4

5. 即使是很小的过失，父母也惩罚我。　父　1 2 3 4
　　母　1 2 3 4

6. 父母总试图潜移默化地影响我，使我成为出类拔萃的人。　父　1 2 3 4
　　母　1 2 3 4

7. 我觉得父母允许我在某些方面有独到之处。　父　1 2 3 4
　　母　1 2 3 4

8. 父母能让我得到其他兄弟姐妹得不到的东西。　父　1 2 3 4
　　母　1 2 3 4

9. 父母对我的惩罚是公平的、恰当的。　父　1 2 3 4
　　母　1 2 3 4

10. 我觉得父母对我很严厉。　父　1 2 3 4
　　母　1 2 3 4

11. 父母总是左右我该穿什么衣服或该打扮成什么样子。　父　1 2 3 4
　　母　1 2 3 4

12. 父母不允许我做一些其他孩子可以做的事情，因为他们害怕我会出事。　父　1 2 3 4
　　母　1 2 3 4

13. 在我小的时候，父母曾当着别人的面打我或训斥我。　父　1 2 3 4
　　母　1 2 3 4

14. 父母总是很关注我晚上干什么。　父　1 2 3 4
　　母　1 2 3 4

15. 当遇到不顺心的事时，我能感到父母在尽量鼓励我，使我得到一些安慰。　父　1 2 3 4
　　母　1 2 3 4

16. 父母总是过分担心我的健康。　父　1 2 3 4
　　母　1 2 3 4

17. 父母对我的惩罚往往超过我应受的程度。　父　1 2 3 4
　　母　1 2 3 4

18. 如果我在家里不听吩咐，父母就会恼火。　父　1 2 3 4
　　母　1 2 3 4

19. 如果我做错了什么事，父母总是以一种伤心样子使我有一种犯罪感或负疚感。　父　1 2 3 4
　　母　1 2 3 4

20. 我觉得父母难以接近。　父　1 2 3 4
　　母　1 2 3 4

21.	父母曾在别人面前唠叨一些我说过的话或做过的事，这使 我感到很难堪。	父	1 2 3 4
		母	1 2 3 4
22.	我觉得父母更喜欢我，而不是我的兄弟姐妹。	父	1 2 3 4
		母	1 2 3 4
23.	在满足我需要的东西上，父母是很小气的。	父	1 2 3 4
		母	1 2 3 4
24.	父母常常很在乎我取得的分数。	父	1 2 3 4
		母	1 2 3 4
25.	如果面临一项困难的任务，我能感到来自父母的支持。	父	1 2 3 4
		母	1 2 3 4
26.	我在家里往往被当作"替罪羊"或"害群之马"。	父	1 2 3 4
		母	1 2 3 4
27.	父母总是挑剔我所喜欢的朋友。	父	1 2 3 4
		母	1 2 3 4
28.	父母总以为他们的不快是由我引起的。	父	1 2 3 4
		母	1 2 3 4
29.	父母总试图鼓励我，使我成为佼佼者。	父	1 2 3 4
		母	1 2 3 4
30.	父母总向我表示他们是爱我的。	父	1 2 3 4
		母	1 2 3 4
31.	父母对我很信任且允许我独自完成某些事。	父	1 2 3 4
		母	1 2 3 4
32.	我觉得父母很尊重我的观点。	父	1 2 3 4
		母	1 2 3 4
33.	我觉得父母很愿意跟我在一起。	父	1 2 3 4
		母	1 2 3 4
34.	我觉得父母对我很小气、很吝啬。	父	1 2 3 4
		母	1 2 3 4
35.	父母总是向我说类似这样的话——"如果你这样做我会 很伤心"。	父	1 2 3 4
		母	1 2 3 4
36.	父母要求我回到家里必须得向他们说明我在做的事情。	父	1 2 3 4
		母	1 2 3 4
37.	我觉得父母在尽量使我的青春更有意义和丰富多彩（如 给我买很多的书，安排我去夏令营或参加俱乐部）。	父	1 2 3 4
		母	1 2 3 4
38.	父母经常向我表述类似这样的话——"这就是我们为你 整日操劳而得到的报答吗？"	父	1 2 3 4
		母	1 2 3 4

39. 父母常以不能娇惯我为借口不满足我的要求。	父	1 2 3 4
	母	1 2 3 4
40. 如果不按父母所期望的去做，就会使我在良心上感到很不安。	父	1 2 3 4
	母	1 2 3 4
41. 我觉得父母对我的学习成绩、体育活动或类似的事情有较高的要求。	父	1 2 3 4
	母	1 2 3 4
42. 当我感到伤心的时候可以从父母那儿得到安慰。	父	1 2 3 4
	母	1 2 3 4
43. 父母曾无缘无故地惩罚我。	父	1 2 3 4
	母	1 2 3 4
44. 父母允许我做一些我的朋友们做的事情。	父	1 2 3 4
	母	1 2 3 4
45. 父母经常对我说他们不喜欢我在家的表现。	父	1 2 3 4
	母	1 2 3 4
46. 每当我吃饭时，父母就劝我或强迫我再多吃一些。	父	1 2 3 4
	母	1 2 3 4
47. 父母经常当着别人的面批评我既懒惰又无用。	父	1 2 3 4
	母	1 2 3 4
48. 父母常常关注我与什么样的朋友交往。	父	1 2 3 4
	母	1 2 3 4
49. 如果发生什么事情，我常常是家庭成员中唯一受责备的一个。	父	1 2 3 4
	母	1 2 3 4
50. 父母能让我顺其自然地发展。	父	1 2 3 4
	母	1 2 3 4
51. 父母经常对我粗俗无礼。	父	1 2 3 4
	母	1 2 3 4
52. 有时甚至为一点儿鸡毛蒜皮的小事，父母也会严厉地惩罚我。	父	1 2 3 4
	母	1 2 3 4
53. 父母曾无缘无故地打我。	父	1 2 3 4
	母	1 2 3 4
54. 父母通常会参与我的业余爱好活动。	父	1 2 3 4
	母	1 2 3 4
55. 我经常挨父母的打。	父	1 2 3 4
	母	1 2 3 4

56. 父母常常允许我到我喜欢去的地方，而他们又不会过分担心。　父　1 2 3 4
　　　　　　　　　　　　　　　　　　　　　　　　　　　　　　母　1 2 3 4

57. 父母对我该做什么、不该做什么都有严格的限制而且绝不让步。　父　1 2 3 4
　　　　　　　　　　　　　　　　　　　　　　　　　　　　　　母　1 2 3 4

58. 父母常以一种使我很难堪的方式对待我。　父　1 2 3 4
　　　　　　　　　　　　　　　　　　　　　母　1 2 3 4

59. 我觉得父母对我可能出事的担心是夸大的、过分的。　父　1 2 3 4
　　　　　　　　　　　　　　　　　　　　　　　　　母　1 2 3 4

60. 我觉得与父母之间存在一种温暖、体贴和亲热的感觉。　父　1 2 3 4
　　　　　　　　　　　　　　　　　　　　　　　　　母　1 2 3 4

61. 父母能容忍我与他们有不同的见解。　父　1 2 3 4
　　　　　　　　　　　　　　　　　母　1 2 3 4

62. 父母常常在我不知道原因的情况下对我大发脾气。　父　1 2 3 4
　　　　　　　　　　　　　　　　　　　　　　　母　1 2 3 4

63. 当我所做的事取得成功时，我觉得父母很为我自豪。　父　1 2 3 4
　　　　　　　　　　　　　　　　　　　　　　　　　母　1 2 3 4

64. 与我的兄弟姐妹相比，父母常常偏爱我。　父　1 2 3 4
　　　　　　　　　　　　　　　　　　　母　1 2 3 4

65. 有时即使错误在我，父母也把责任归咎于我的兄弟姐妹。　父　1 2 3 4
　　　　　　　　　　　　　　　　　　　　　　　　　　母　1 2 3 4

66. 父母经常拥抱我。　父　1 2 3 4
　　　　　　　　　母　1 2 3 4

第十七章　中医五态人格测验

导读

　　本章主要介绍中医五态人格测验的基本思想和操作方法，测量结果的解释，以及五态人格测验的应用现状。

第一节　中医人格理论

　　中国医学在阴阳整体论基础上构建了其独特的人格学说——阴阳人格体质论，其最大特点是将各种个性对应于一定的体形、生理特点及其病理特点和相应的治疗原则，因而具有明显的临床实用性。

一、人格与体质的关系

　　人格是心理学概念，而体质则属于生理和病理学范畴，系指遗传禀赋、生理素质等多方面的个体差异。中医学在论述人格时，往往结合人的体质因素一起讨论，反映出了形神合一这种一贯的辩证法思想。按照辩证唯物主义原则，心理活动是以生理活动为基础的，离开了生理活动而讨论心理活动，就会倒向唯心主义，就会把心理现象神秘化。正由于此，阐明心理活动的生理机制才成为心理学的主要研究任务。

　　中医学一向认为心理活动是与生理活动互相联系的。从这一原则出发，在讨论人格问题时，中医认为，一定的人格与一定的体质也有某种关联。《内经》中有很多篇章讨论了人格问题，在讨论不同人格时，多结合不同的体态、体质、行为和生理病理因素一起讨论。《灵枢·通天篇》《灵枢·阴阳二十五人篇》《灵枢·论勇篇》《灵枢·论痛篇》《灵枢·行针篇》及《灵枢·逆顺肥瘦篇》等都反映了这种特点。

　　如讨论阴阳五态人的不同人格时，强调"凡五人者，其态不同，其筋骨气血各不等"（《灵枢·通天篇》）。讨论阴阳二十五人的不同人格时，强调要"先立五形金木水火土，别其五色，异其五形之人，而二十五人具矣"（《灵枢·阴阳二十五人篇》）。这里指出了探讨人的个性差别时应以人的体态形色和生理素质为前提的原则。其他如讨论勇怯性格的差别时，指出"勇士者，目深以固，长衡直扬，三焦理横，其心端直，其肝大以坚，其胆满以傍"；"怯士者，目大而不减，阴阳相失，其焦理纵，髑骭短而小，肝系缓，其胆不满而纵，肠胃挺，胁下空"（《灵枢·论勇篇》）。这里指出了勇敢与怯懦这两种不同性格有其不同的生理基础和体质条件。在论述"重阳之人"与"重阴之人"的性格特征时，指出"重阳之人"的"心肺之脏气有余，阳气滑盛而扬"（《灵枢·行针篇》）。在论述肥人"贪于取与"的性格时，同时指出肥人的体形体质是"广肩腋，项肉薄，厚皮而黑色，唇临临然，其血黑以浊，其气涩以迟"（《灵枢·逆顺肥瘦篇》）。如此之类论述，都是把人格与生理体质因素互相联系起来考察的，而在其具体论述中始终强调和突出体质因素，在心理与生理的关系中总是把生理放在第一位。这是中医学中人格学说的主要特点之一，是坚持形神统一思想的观点。

这种观点的优点在于它是立足于从生理机制上去阐述个性心理现象的，认为生理活动或生理条件决定心理现象，这符合唯物论原则。而且这种观点还始终是为临证诊断、治疗服务的，有利于帮助人们从个性心理的差异中去探求不同的病因病机，从而指导治疗。

当然，生理与心理的关系是十分复杂的，这种观点还有待进一步研究。因为心理问题远比生理问题复杂得多，人的个性的形成或改变，生理体质因素与后天环境因素的作用究竟是什么关系，还远没有定论。相同体质的人完全可以有不同的个性，同样，属于同一个性类型的人也完全可以有不同的体质。对于这些问题，仅仅局限于生理体质因素是不能正确回答的，但是离开了生理体质因素也同样不能正确回答。

二、阴阳五行人格类型

人的种种不同的个性心理表现，早在古代就被人们系统地观察了。人们在观察不同的个性心理特征时，试图给予归纳分析，做出理论上的说明。具有代表性的有"阴阳五态"人格分类和"阴阳二十五人"人格分类等。

（一）"阴阳五态人"人格分类

《灵枢·通天篇》提出了阴阳五态人的人格类型，认为有"太阴之人、少阴之人、太阳之人、少阳之人、阴阳和平之人"。各自的个性特征如下。

太阴之人的人格特点是贪而不仁，多表面谦虚，内心阴险，好得恶失，喜怒不形于色，不识时务，只知利己，惯于后发制人。基于此种个性心理特点，太阴之人表现为面色阴沉，假意谦虚，身体长大却卑躬屈膝，故作姿态。

少阴之人的人格特点是喜贪小利，暗藏贼心，时欲伤害他人，见人有损失则幸灾乐祸，对别人的荣誉则气愤嫉妒，对人没有感情。基于这种个性心理特点，少阴之人的行为表现为貌似清高而行动鬼祟，站立时躁动不安，走路时似伏身向前。

太阳之人的人格特点是好表现自己，惯说大话，能力不大却言过其实，好高骛远，作风草率，不顾是非，意气用事，过于自信，事败而不知改悔。基于这种个性心理特点，太阳之人表现为高傲自满，仰胸挺腹，妄自尊大。

少阳之人的人格特点是做事谨慎，很有自尊心，但是爱慕虚荣，稍有地位则自夸自大，好交际而难以埋头工作。基于这种个性心理特点，少阳之人的行为则表现为行走站立都好自我表现，仰头而摆体，手常背于后。

阴阳和平之人的人格特点是能安静自处，不慕名利，心安无惧，寡欲无喜，顺应事物，适应变化，位高而谦恭，以理服人而不以权势压人。基于这种个性心理特点，阴阳和平之人表现为从容稳重，举止大方，为人和顺，适应变化，态度严肃，品行端正，胸怀坦荡，乐天达观，处事理智，为众人所尊敬。

以上是中医学对人格的阴阳分类，这种分类是较高层次的分类，表现了比较典型而纯粹的个性类型，但是大多数人不具备这种典型表现。这种分类抽象、概括程度较高，但是具体针对性不强，因此在实践中以这种分类去一一对照每一个人则有困难。对于这种情况《内经》已有所认识，《灵枢·通天篇》在论述阴阳五态人时曾指出："众人之属，不如五态之人者，……五态之人，尤不合于众者也。"因此，为克服这种困难，《内经》对人格还进行了比较详细具体的分类。

（二）"阴阳二十五人"人格分类

《灵枢·阴阳二十五人篇》具体论述了二十五种人格类型。这种分类是把人按五行归类，分成木、火、土、金、水五种类型，然后再以五音类比，将上述五种类型的每一型分成一个具有典型特征的主型和四个与主型不同又各自互有区别的亚型，共计得出二十五种类型。每一类型的具体特点如下。

木形之人：有才智，好用心机，体力不强，多忧劳于事。禀木气全者为主型，称之为上角之人，其特征是雍容柔美。其四种亚型为禀木气不全者，其中大角之人谦和优柔，左角之人随和顺从，右角之人努力进取，判角之人正直不阿。

火形之人：行走时身摇步急，心性急，有气魄，轻财物，但少信用，多忧虑，判断力敏锐，性情急躁。禀火气全者为主型，称之为上徵之人，其特征是做事重实效，认识明确深刻。其四种亚型为禀火气不全者，其中质徵之人认识浅薄，少徵之人多疑善虑，右徵之人勇猛不甘落后，判徵之人乐观无忧、怡然自得。

土形之人：行步稳重，做事取信于人，安静而不急躁，好帮助别人，不争权势，善与人相处。禀土气全者为主型，称之为上宫之人，其特征是诚恳忠厚。其四种亚型为禀土气不全者，其中大宫之人平和柔顺，加宫之人喜乐快活，少宫之人圆滑灵活，左宫之人极有主见。

金形之人：禀性廉洁，性情急躁，行动猛悍刚强，有管理才能。禀金气全者为主型，称之为上商之人，其特征是坚韧刚毅。其四种亚型为禀金气不全者，其中太商之人廉洁自守，右商之人潇洒舒缓，大商之人明察是非，少商之人威严庄重。

水形之人：为人不恭敬不畏惧，善于欺诈。禀水气全者为主型，称之为上羽之人，其特征是人格卑下。其四种亚型是禀水气不全者，其中大羽之人常洋洋自得，少羽之人忧郁内向，众羽之人文静清廉，桎羽之人安然少动。

以上是对人格进行的五行分类，这种分类首先指出了五行之人的共性，然后又再分析各自不同的个性，从而区别了许多具体情况，因此其具体适用性要广泛一些，针对性较强。

上述两种分类法实际上是一个体系，可归并为太阳——火，少阳——木，阴阳和平——土，少阴——金，太阴——水，阴阳理论纵贯其中，构成了阴阳体质人格学说的基本框架。五态分类重视个性心理特征与脏腑阴阳的关系，而五行分类则重视个性心理特征与体格形态的关系。前者代表了典型的个性类型，后者则同时注意到那些不典型的"混合型"个性。

（三）其他人格分类

除"阴阳五态人""阴阳二十五人"人格分类之外，中医学还有勇怯、肥瘦体形等人格分类法，并认识到由于性别、年龄等的不同而形成的人格差异。

如对性格的意志特征，《内经》提出了勇与怯的区分。《灵枢·论勇篇》曾描述了勇怯不同性格的表现，勇士"怒则气盛而胸张，肝举而胆横，眦裂而目扬，毛起而面苍"，怯士"虽方大怒，气不能满其胸，肝肺虽举，气衰复下，故不能久怒"；同篇还有，勇士"见难则前""见难不恐"，怯士"闻难则恐""恐不能言，失气惊，颜色变更，乍死乍生"，体现了勇怯不同性格对困难的不同态度。

对不同性格的情绪特征，《内经》也进行过讨论和区分。《灵枢·行针篇》说，"重阳之人，熇熇高高，言语善疾，举足善高，心肺之脏气有余，阳气滑盛而扬"，体现了重阳之人热情激动的情绪，并且简洁概括了多阳与多阴不同性格的情绪，认为"多阳者多喜，多阴者多怒"。

对各年龄阶段的行为特征，《内经》也加以区分。《灵枢·天年篇》指出：人生十岁，好走；二十岁，好趋；三十岁，好步；四十岁，好坐；五十岁，性情安静，感觉不灵；六十岁，心情悲苦忧愁，形体怠惰而好卧；七十岁，皮肤枯槁不泽；八十岁，魂魄相离而失守，语言常有错乱；九十岁，脏气经脉均亏虚；百岁，神气不藏而消失，形骸独居而命终。

三、中医人格分类的理论基础

中医学之所以有阴阳五态人和阴阳二十五人的人格分类，除了具有观察的客观内容外，还有多方面的理论知识作为基础，从而产生了这种人格分类的许多特点。

（一）哲学理论基础

首先，这种人格分类是以古代阴阳五行学说哲学思想为理论原则的，这表现了哲学和心理学的联系。

《素问·宝命全形论篇》指出："人生有形，不离阴阳。"这是讨论一切生命现象的总原则。生理问题如此，心理问题同样如此，所以《内经》在探讨人格分类时具体贯彻了这一原则。《灵枢·通天篇》对阴阳五态人的分类，是以阴阳之气的多少来确定的，认为"太阴之人，多阴而无阳"，"少阴之人，多阴而少阳"，"太阳之人，多阳而少（无）阴"，"少阳之人，多阳而少阴"，"阴阳和平之人，其阴阳之气和"。这些具体论述反映出阴阳学说这种哲学观念，强烈地影响了中医学个性分类的认识。这是把阴阳矛盾双方的具体比例作为人格划分的依据，这种从阴阳哲学观念出发去进行观察，然后又以阴阳哲学观念去总结观察结果，最后得出的结论可以认为是阴阳学说在心理学领域的具体运用。因此，这种阴阳五态人的人格分类的某些特点是由阴阳学说所规定和影响的。

五行学说是中医学讨论生命问题的又一基本概念。《灵枢·通天篇》提出："天地之间，六合之内，不离于五，人亦应之，非徒一阴一阳而已也。"这一原则与阴阳原则具有同等重要的意义。《灵枢·阴阳二十五人篇》在讨论二十五种人格类型时就遵循了五行归类的原则，明确指出："先立五形金木水火土，别其五色，异其五形之人，而二十五人具矣。"根据这一原则，首先把人进行五行归类，分成五种基本类型，然后对这五种基本类型，以五音、上下左右类比再进行一次五行分类，这样五行之人的每一行又衍生为五，共计得出二十五种类型。从中可以看出，不论"五"还是"二十五"，其核心还是"不离于五"。五行学说决定了这种分类形式。

从上述可见，阴阳五态人和阴阳二十五人的人格分类，不仅是观察的结论，而且也是古代哲学原理的引申和发挥。这是因为观察总是由思维伴随和指导的，而要思维便离不开哲学。

（二）医学理论基础

中医学对人格的分类除了具有哲学上的根据之外，还有医学的形态、生理知识作为重要基础。当讨论每一种人格类型时，总是同时讨论其形态特征和生理素质。这体现了医学与心理学的联系。

如《灵枢·通天篇》在讨论阴阳五态人的不同个性时，就指出了各自不同的生理体质因素。"太阴之人，多阴而无阳，其阴血浊，其卫气涩，阴阳不和，缓筋而厚皮"；"少阴之人，多阴而少阳，小胃而大肠，六腑不调，其阳明脉小，而太阳脉大"；"太阳之人，多阳而少（无）阴"；"少阳之人，多阳而少阴，经小而络大，血在中而气在外，实阴而虚阳"；"阴阳和平之人，其阴阳之气和，血脉调"。这就是阴阳五态人不同的生理体质基础。

《灵枢·阴阳二十五人篇》在讨论二十五种不同个性时，也指出了各自不同的形态体质条件。木形之人"苍色，小头长面，大肩背，直身，小手足"；土形之人"黄色，圆面大头，美肩背，大腹，美股胫，小手足，多肉，上下相称"；金形之人"白色，方面小头，小肩背，小腹，小手足，如骨发踵外，骨轻"；水形之人"黑色，面不平大头，廉颐，小肩，大腹，动手足，发行摇身，下尻长，背延延然"；火形之人"赤色，广䏢，锐面，小头，长面，大肩背，直身，小手足"。

从这些形态、生理方面的叙述中可以看出，正是由于受中医学独到的医学理论体系的影响，才有了这些独到的人格分类。

（三）传统文化的影响

中医学的人格划分，除有以上哲学与医学的基础外，从其描述的具体内容分析，还受到了中国传统文化的影响。中国的自然、社会的历史条件使中国传统文化的特点是以政治伦理为中心，这种文化特点影响了中医学对人格的认识，使中医学的人格学说也带上了鲜明的政治伦理色彩。如中医学对不同的人格类型的阐述，十分重视政治伦理内容，而很少去做纯粹的心理学描述。诸如"贪而不仁""念然下意""小贪而贼心""无能而虚说""轻财少信""不敬畏""善为吏""君子"等，多属道德伦理范畴。当然，这些带有道德色彩的行为描述，包含了心理学内容，在相当程度上也反映了不同的个性心理特征，但它毕竟还不是纯粹的心理学概念。这种情况体现了中医心理学与中国传统文化的联系，也提示我们要着眼于从中国传统文化背景去考察中医心理学的特点，这样才能对中医心理学的很多思想内容给予正确的阐释和说明。这方面的任务是艰巨的，但其意义也将是巨大的。

四、中医人格体质学说的临床意义

中医学对人格的研究，其目的是为临床实践服务的，因而更侧重研究人格个性对人的健康、疾病、诊治等的影响。《内经》凡是论及人的个性类型时，总是综合个性心理特征、个体生理素质、病理特点及诊治原则等方面的内容一并论述，这反映了中医理论从宏观上揭示了这些因素之间的有机联系，从而使得人们有可能把人的个性心理特征作为诊治躯体疾病的一种手段。《灵枢·通天篇》在论述阴阳五态人之后明确指出"古之善用针艾者，视人五态乃治之，盛者泻之，虚者补之"，并具体对阴阳五态人提出了各自不同的生理病理特点和诊治原则。

太阳之人的生理特点是"多阳而少阴"，故治疗此类患者，"必谨调之，无脱其阴，而泻其阳"；但要避免泻之太过，否则"阳重脱者易狂，阴阳皆脱者，暴死不知人"。

少阳之人的生理特点是"多阳而少阴，经小而络大，血在中而气在外"，故可根据气质判断其体质状况，并据此在治疗时充实内在的阴经，而泻外在的阳络；但要注意少阳之人以气为主，若单独泻其脉络或泻之太过，会致阳气耗脱，"中气不足，病不起也"的结果。

阴阳和平之人的生理病理特点都是常态的，若患病，则会有阴阳盛衰的变化，但不似其他类型那样，生理素质本来就有阴阳之多少。因此，治疗时当谨察阴阳之盛衰、邪正之虚实，并注意观察其面容仪态，以推断脏腑、经脉、气血的有余或不足，采取相应治疗方法，"盛则泻之，虚则补之，不盛不虚，以经取之"。

少阴之人的生理特点是"多阴而少阳，小胃而大肠"，病理特点是"其血易脱，其气易败"，故强调治疗"必审调之"，否则会出现血脱气败。

太阴之人的生理特点是"多阴而无阳"，阴多则血浓浊，卫气运行不畅，致"阴阳不和，缓筋而厚皮"，故治疗原则是急泻其阴分，否则不能使病情好转（"不之疾泻，不能移之"）。

《灵枢·阴阳二十五人篇》在讨论人格时也遵循了上述原则，还提出了不同类型的人对不同季节的耐受能力不同，因此发病也具有不同的季节性。如木形之人和火形之人，"能春夏不能秋冬"，所以多在秋冬季节"感而病生"；土形之人、金形之人和水形之人"能秋冬不能春夏"，故多"春夏感而病生"。这是因为木、火和春、夏皆属阳，土、金、水和秋、冬均属阴的缘故。

不同人格特点的人，除具有发病季节性差别外，还有许多具体情况的区别。如火形之人"不寿暴死"，这符合其性格特征，现代心理学研究也证明了这一结论。再如水形之人"戮死"，这与其"善欺绐人"的人格特点也有一定联系。

此外，《灵枢·阴阳二十五人篇》还提出了"形胜色、色胜形""形色相得""胜时年加"的诊断原则，指出了逢"人之大忌，不可不自安也，感则病行，失则忧矣。当此之时，无为奸事"的预防思想。个性类型（"形"）与面色（"色"）均受到体内阴阳气血虚实盛衰的影响，是以两者有一定的联系。至于大忌之年要注意心身调护的积极预防思想是应当肯定的。古人的这些思想未必科学，但基本精神是积极主动的，其思想是有价值的。

从以上可见，中医的人格学说，是从临床实践出发，又回归到为临床实践服务中去。这种实践的观点十分可贵，也是应该坚持的。

第二节　中医五态人格测验的思想

一、中医的个性分型与国外著名的相关学说的比较

中医的五态人分型侧重于对性格与体质的描述，而五形人则侧重于体形。这两种分类法不仅较系统，且为国外古今一些权威性分型的前驱。德国克瑞其麦（Krestchmer）的"人体构造与性格的关系"学说所做的分型与五形人分型近似，克瑞其麦就人的高矮、胖瘦、五官位置、形状、皮色、须发分布及姿势等不同而分为5种类型，计为瘦长、肥满、强壮、形态异常与混合等，相当于五形人的木、土、火、水、金各型，性格的描述亦颇相似。克氏的观察发表于1921年，晚于《内经》两千余年。

古希腊学者希波克拉底（Hippocrates）根据恩培多克勒（Empedocles）提出的人由空气、火、水及土4种元素构成的学说发展为四液学说，四液即血液、黄胆汁、黑胆汁、黏液。盖伦（Galenus）认为，四液含量决定人的气质。多血质者活泼敏捷、乐观机智、好动、善变、轻浮、缺乏耐力及毅力，相似于中医的少阳型；黄胆汁质者野心勃勃、勇敢激昂、暴躁易怒、主观傲慢、沉着果断、有耐力及决心，相似于中医的太阳型；黑胆汁质者考虑多、深谋远虑、怀疑重、乱想象、悲观失望、多愁善感、懦弱

而无决断，相似于中医的太阴型；黏液质者冷静安闲、不易激动、柔弱而乏勇气、对人冷淡、善辨是非，相似于中医的少阴型。巴甫洛夫（Pavlov）在其著名的条件反射试验中，注意到不同的狗对相同的刺激发生不同的反应，关系某种条件反射的建立和准确与建立后的稳定情况等，认为与神经的兴奋和抑制过程的优势和平衡性等有关，于是分成了4种神经类型，即兴奋型、灵活型、惰性型和抑制型。这种分法也适用于人，而且即为人的气质。在性格的具体表现上，兴奋型勇敢、有攻击性；灵活型活泼生动、反应灵敏；惰性型镇静、警惕性高、有节制；抑制型胆小、畏缩、多被动防御反应。巴甫洛夫把他的分型的性格表现分别与古希腊的分型相对应起来，即黄胆汁质—兴奋型、多血质—灵活型、黏液质—惰性型和黑胆汁质—抑制型。从古希腊分型和巴甫洛夫分型的性格表现上看，与中医的五态分型有明显的对应关系。然而五态人的分型早于盖伦三百余年，早于巴甫洛夫两千余年，足见中医气质分型建立之早及先见。中医以阴阳含量的多少决定性格表现，阳包含兴奋之意，阴包含抑制之意，表明了神经系统两个过程的相互关系。故从学理而论，中医的五态分型与巴甫洛夫的神经类型学说有共通之处。

二、五态人格测验表的制定与常模的建立

20世纪70年代，西方医学由"生物医学模式"转变为"生物—心理—社会医学模式"，是一个巨大的变革。医学心理学工作随之蓬勃发展，我国所用心理评估工具都来自英美等国家，中医界也不例外。我国学者薛崇成认为，中医学的医学模式除包含社会、心理、生物因素外，还有天地阴阳、四时经纪等"时""空"因素，突出"天人相应，心身合一，人事相通"的整体性，进而提出了"时—空—社会—心理—生物"的中医学整体医学模式，其优越于现代医学的"生物—心理—社会医学模式"，且具有前瞻性。在人格测验中，国际出现"有无根据自己国家传统文化制定的这类测验，标志一个国家的文化水平"的见解，因此，我国薛崇成、杨秋莉两位学者以"五态人"的阴阳理论为基础，使用现代心理学测量与统计方法，经标准化工作制定了"五态性格测验"，后更名为"五态人格测验"，这是我国第一个自主编制的本土人格测量工具。该工作经过全国60余家单位协作，1.5万份样本的施测，建立并修订了全国、地区、性别、教育程度及年龄等常模，经由国内外心理学界著名专家组成的鉴定委员会严格评审，具有较高的信度、效度，于1988年正式应用于临床、科研及社会各领域。五态人格测验的建立有力地推动了中医心理学的发展，测验应用20余年得到了本领域的一致认可，被载入《心理学大辞典》，称其"是对《内经》理论的有效应用和继承、发扬，填补了中国没有自己的人格测验的空白，推动心理测验和中医的发展"。

两位学者对测验命名的缘由阐释如下：《内经》词义典雅，按原来记载制定测验难适用于今日，故必须释为现代通用文辞。原文中的描述多呈偏态，《内经》中也提到"五态之人尤不合于众也"，表明其对各型的描述是针对极为典型者或呈偏态者而言。

且两千余年时代更易、社会变迁，人的个性也会有改变，因而不能尽照古人辞义，原封不动地作为标准以测试今人的个性。故在制定测验表时，只本其精神，修正其偏向与不普遍存在的性格，参照后世医家解释，结合现实情况，保存原来五态人特征，从而达到今日适用的目的。如将少阴之人"好伤好害、幸灾乐祸、心疾无恩"的一类内容，改为嫉妒、深沉、冷淡、寡情等。按此原则归纳五态人的个性特征如下。

太阳：傲慢、自用、主观、冲动、有野心、有魄力、任性而不顾是非、暴躁易怒、不怕打击、刚毅勇敢、激昂、有进取心、敢坚持自己观点、敢顶撞等。

少阳：好社交、善交际、开朗、敏捷乐观、轻浮易变、机智、动作多、随和、漫不经心、喜欢谈笑、不愿静而愿动、朋友多、喜文娱活动、做事不易坚持等。

太阴：外貌谦虚、内怀疑虑、考虑多、悲观失望、胆小、优柔寡断、与人保持一定距离、内省孤独、不愿接触人、不喜欢兴奋的事、不合时尚、保守、自私、先看他人的成败而定自己的动向、不肯带头行事等。

少阴：冷淡沉静、心有深思而不外露、善辨是非、能自制、警惕性高、有嫉妒心、柔弱、做事有计划、不乱说、不轻举妄动、谨慎、细心、稳健、有持久能力、耐受性好等。

阴阳和平：态度从容，尊严而又谦谨，有品而不乱，不剧生喜怒，喜怒不形于色，居处安静，不受物惑，无私无畏，不患得患失，不沾沾自喜、忘乎所以，能顺应事物发展规律等，是一种有高度平衡能力的性格。

测验表与样本按国际同类测验进行标准化、聚类分析，信度、效度、样本分布检验等，都达到标准，并建立常模，编写成《五态人格测验表手册》。

常模有全国总体、性别、年龄阶段、不同文化水平、不同职业与各地区总体与性别等维度。结果具体反映当时我国人群的实际情况，如全国都以少阴型得分最高，持久而稳健、谨慎而有节制是中华民族的传统性格；太阴型得分最少，孤独疑忌、悲观失望不是我民族的主流性格。男性阳分高，女性阴分高，符合中医男女阴阳有殊的情况。北方与西南太阳分高，沿海与中南则低，验证了一般对地区性格差异的印象。年长者、教育程度高者、专业人员等太阳分高，表明了人中成熟者有主见。少阳分男高于女，随年龄的增加而减少，随职业的接触面增加而增加等，都反映了现实情况。对罪犯测试太阳、太阴得分均高，为不稳定性格；对重精神病患者的测试，精神分裂症患者的太阴得分较高，而躁狂症患者太阳得分高于常模，印证了中医学理。

三、对于五态人理论的探讨

五态人的体质所含阴阳量有别，个性也就有差异，这是符合生理基础的。正常情况下，孤阴不生，独阳不长，所以正常人中不能有阴无阳或有阳无阴，但阴阳含量则可有多有少，且保持相对平衡与稳定。

各种心理活动的阴阳比例不同，其表现各异，是可以理解的。如非常冲动，为99

分阳与 1 分阴构成，冲动而不造成伤害，可能即因有 1 分阴的缘故；悲观失望由 99 分阴与 1 分阳组成，失望而未至绝望，可能即因有 1 分阳的缘故。此 1 分阳或 1 分阴若丧失，即出现伤害、犯罪、自戕等，便成非常情况了。又如 77 分阳与 23 分阴组成轻浮易变，属少阳性格；77 分阴与 23 分阳组成稳重谨慎的少阴性格；50 分阴与 50 分阳组成四平八稳而不剧生喜怒，为阴阳和平性格。99 分在两端，50 分居中央，以此而分为 5 个维度。假定 99~78 分阳与 1~22 分阴之间的各种阴阳含量比数组成的各种个性特征属于太阳；77~56 分阳与 23~44 分阴的各种阴阳含量比数组成的各种个性特征属于少阳，按此顺序则太阴最后的一个组合即有阴无阳。相反组合，太阳也就有阳无阴。在中央阴阳各为 50 分时，最为平衡，在此两侧阴阳量接近，但各距中线 5 分时，量差都达 10 分，亦即趋向于不平衡。因而，阴阳和平的性格即难以保持无偏向。由于这一情况，阴阳和平型的个性特征即相对地少于其他各型，社会中这种人少也是事实。

由于阴阳量的不同所组成的各种人格特征，成为 5 型，亦即 5 个人格维度。无论从个性的气质论或特质论而言，可以认为太阳这个维度的特性为对事物反应的强度，少阳为灵活性，阴阳和平为平衡性，少阴为持久性，太阴为趋近性。每一型中所有的不同阴阳量的组合，为该型中次级心理特征，个体都具备，但其隐现则因遗传和后天因素等影响而异，故个性特征有一定的稳定性，但隐显不定，也可改变。

从个性特质论与类型论而言，五态融会了两者，阴阳相互连续变化不是一个人格维度，它构成几种类型，类型的特质为一般因子，其下又有其群因子。特质是神经心理活动，与兴奋和抑制相关，属于阴阳范畴。

人格维度为正态曲线，若阴阳两变为人格维度，则世上阴阳平衡的人为多数，但事实不是如此；如果它是一个人格维度，则一个人只能有一种阴阳量所组成的特质，故不能够只把阴阳相互连续变化看成人格维度。

薛崇成和杨秋莉认为，个性特征为不同阴阳量组成，故提出"个性特征阴阳含量不同比例组成论"，为个性学说的一种新论点。一个人可以同时具有 5 种类型中的某些个性特征，多少各异，不是非此即彼，仅仅属于某一类型。

《灵枢·阴阳系日月篇》谓："阴阳者，有名而无形。"故阴阳两字只代表事物的对立属性，不代表特定的事物。阳代表事物的积极、主动、进取、光明等方面，而阴则相反。将其作为神经活动两个基本过程即兴奋和抑制的同义词，未为不可。从而上述各类个性特征由不同阴阳量组成的论点即为个性特征由不同兴奋与抑制量组成。在正常情况下，不应有纯阴纯阳，同理，在正常情况下，神经系统功能也不是纯兴奋或抑制。据此，五态人的 5 型是有现代生理学基础的。

从气质学说而言，气质作为一种心理特征时，为身体素质对刺激反应中情绪体验的快慢、强弱、隐显、久暂与范围的不同，平衡能力的大小，适应能力的难易，动作的水平，灵敏与迟缓，反应的节奏与趋近性等。巴甫洛夫认为，气质是高级神经活动类型在人的行为和活动中的表现，神经活动两个基本过程的强度、平衡性与灵活性，乃是人的气质的基础。五态人所代表的 5 个维度是合宜的。

　　就医学而言，气质被定义为人的身躯结构特征与精神活动模式，乃个体智慧、情绪、观念与体质的综合，体现于行为，涉及个性。气质由遗传而来，在生理素质的基础上，在出生后各发育阶段受环境影响而逐渐形成。这些见解，中西医并无二致，但中医早已有之。

第三节　中医五态人格测验结果的解释

一、量表功能与适用范围

　　中医五态人格测验表，又名五态性格测验表，简称为 DY 量表，由中国中医研究院 1986 年研制而成。该量表根据中医的气质阴阳学说制定而成，是我国第一个自建的人格测定类量表，已通过大样本的流行病学调查修订，并结合国情建立了全国和各个地区的常模，是目前唯一全面测量、研究中医阴阳气质的量表。目前，该量表常模的建立主要为城市成年人口，关于农村人口的常模还需另建，对于儿童的测验有待在此基础上做进一步的发展，所以目前主要适用于城市成年人口的测查。

二、量表的信度与效度

　　该表经过同质性信度检验，各量表题目的内部一致性的 r 都高于 0.70，表明具有较高的信度。经专家效度和临床效度的检验，具有良好的效度。效度资料包括：专家评定和临床资料。测谎量表的使用，各分量表的同质性信度和重测信度，已有数据表明，该测验具有较好的信度和效度。

三、使用方法与计算方法

（一）量表构成

　　该表包括 6 个分量表，共 103 个题目，分为太阳、少阳、阴阳和平、少阴、太阴 5 个量表以及为测试被试的掩饰、朴实与测试的信度的掩饰量表。太阳量表 20 题，少阳量表 22 题，阴阳和平量表 10 题，少阴量表 21 题，太阴量表 22 题，掩饰量表 8 题。以这 6 个量表来判断被调查者每个量表得分的高低。为避免"测谎、太阳、太阴"一类词语引起被试疑忌或反感，影响测验，在答卷上以代号 Tya、Sya、Yy、Syi、Tyi 与 L 分别代表 6 个分量表（详见附录 17 - 1）。

（二）实施操作的基本步骤与方法

1. 建立合作关系

向被试说明测验的意义、作用和要求，让被试了解测验并能认真合作地完成测验。

2. 回答问题或填写表格

6个量表的各项目混合排列。被试对每一项目选择回答"是"或"否"。若符合自身实际情况时，即在答卷上相同编号的"是"字上画圈；若不符合时，则在"否"字上画圈。

3. 评分与解释

对所有题目都以答"是"为得分，每题计1分，答"否"者不计分。测试完后计各分量表的总分。各分量表的最高分，即为它们的题目数，很少有人得满分或零分。凡答卷中未答题目超过5个时，即作废卷，不超过此数的未答题目，按答"否"计，不计分。同一题目既答"是"又答"否"者，以未答计，不计分。

各分量表主题目号：

太阳（Tya）：1，5，11，15，21，26，31，36，40，45，50，54，59，64，68，73，78，86，95，100。

少阳（Sya）：2，6，12，16，22，27，32，37，41，46，51，55，60，65，69，74，79，82，87，91，96，101。

阴阳和平（Yy）：7，17，23，33，47，61，75，85，94，99。

少阴（Syi）：3，8，13，18，24，28，34，38，42，48，52，57，62，66，70，76，80，83，88，92，97。

太阴（Tyi）：4，9，14，19，25，29，35，39，43，49，53，58，63，67，71，77，81，84，89，93，98，103。

掩饰（L）：10、20、30、44、56、72、90、102。

各分量表所得总分是粗分或原始分，参考使用手册再换算成 T 分，制剖析图（详见附录17 – 2、17 – 3）。

某一分量表得分高低，表示被试该维度性格的特点，也反映被试反应的强度、灵活性、平衡性、持久性与趋近性等。如太阳得分高表示反应强度大，反之则小；少阳得分高为灵活性大，反之则小；阴阳和平的得分高为平衡性好，反之则差；少阴得分高为持久性好，反之则差；太阴得分高为趋近性差，反之则较好。太阳与太阴两者得分都突出时，要考虑被试的性格不稳定，但在测验表中未列为一型而已。

各量表的最高分数，太阳、少阳、太阴和少阴各为20、22、22、21分，阴阳和平为10分。掩饰分高，表示被试无虚假、无掩饰、朴实，掩饰分低则要考虑答卷的可靠性（≥5分为答卷有效）。

太阳分高：刚毅勇敢、激昂、有魄力、坚持己见、有进取心、不怕打击、主观、有野心、任性而不顾是非、暴躁易怒、冲动、敢顶撞、傲慢、刚愎自用等。

少阳分高：善交际、好社交、朋友多、喜欢谈笑、开朗、喜文娱活动、敏捷乐观、随和、机智、动作多、愿动不愿静、漫不经心、轻浮易变、做事不易坚持等。

太阴分高：外貌谦虚，内怀疑忌，考虑多，悲观失望，胆小，优柔寡断，与人保持一定距离，内省，孤独，先看他人的成败而定自己的动向、动而后之，不肯带头行事，不愿接触人，不喜欢兴奋的事，不合时尚，保守，自私。

少阴分高：谨慎、稳健、细心、耐受性好、有持久能力、冷淡、沉静、心有深思而不外露、善辨是非、有节制、警惕性高、有嫉妒心、柔弱、做事有计划、不轻举妄动。

阴阳和平分高：态度从容，尊严而又谦谨，有品而不乱，喜怒不形于色，居处安静，不因物惑而遽有喜怒，无私无畏，不患得患失，不沾沾自喜、忘乎所以，能顺应事物发展规律，是一种有高度适应能力的性格。

第四节　中医五态人格测验的应用现状

中国中医科学院薛崇成和杨秋莉等主持编制的五态人格测验表，是我国目前唯一的一套科学化、标准化的具有中华民族传统文化色彩的性格测验量表。它的理论依据是我国古代的医学宝典《内经》。该书再三强调重视心理因素，接触患者时不仅要知道他的年龄、遗传因素、饮食起居，还必须了解他的社会处境、遭遇、智慧、心境、情绪、能力与性格等。这种"身心合一"或"形神合一"的观点正是中医心身相关思想的核心，也是人格测验所应遵循的重要原则。显然，据此编制的五态人格测验表（在这里，性格的定义已远远超越了自身的内涵，与人格等同）仅仅用于临床和医学领域是远远不够的，它完全可以作为正常人性格测验的一种工具。该量表是我国第一个自建的人格测定类量表，是目前唯一全面测量、研究中医阴阳气质的量表，广泛应用于临床和科研等诸多方面。

一、应用于特殊群体的测查和筛选

（一）学生群体

李秀和杜广东对安徽某专科学校 366 名女护理专科生进行问卷调查，结果显示：女护理专科生太阳、少阴、太阴维度得分低于全国常模，阴阳和平维度高于全国常模，差异均有统计学意义；社会支持和人格障碍均与五态人格呈现一定的相关，其中太阴人格为人格障碍的危险因素。

梁瑞琼和王苑芮采用五态人格测验表对 188 名广州某大学心理学专业大学生进行调查，结果显示男生和女生在阴阳和平维度上得分最高，且男生得分高于女生；在少阴维度上，男生得分高于女生；大一学生在太阴维度上的得分低于其他年级的学生。

刘怡桐对北京中医药大学 672 名本专科学生进行问卷调查，结果显示样本组太阳、少阳、少阴、太阴人格维度得分明显低于常模组（$P < 0.01$），阴阳和平人格维度得分明显高于常模组（$P < 0.01$）；男生组太阳、阴阳和平、少阴人格维度明显高于女生组（$P < 0.01$），太阴人格维度得分明显低于女生组（$P < 0.01$），少阳人格维度与女生组无显著差异（$P > 0.05$）；城镇组少阳人格维度明显高于农村组（$P < 0.01$），太阳、阴

阳和平、少阴、太阴人格维度城镇组与农村组无显著差异（$P > 0.05$）。

于迎对北京中医药大学 990 名新生进行问卷调查，结果显示大学新生组与全国同年龄（18~29 岁）常模相比，太阳、少阳、少阴、太阴型人格维度得分大学新生组明显低于全国同年龄常模（$P < 0.01$，$P < 0.05$）；男女生比较，太阳、阴阳和平、少阴型人格得分，男生得分明显高于女生（$P < 0.01$）。

石丽运用五态人格测验表，对体育专业、文史专业和理工专业大学生的性格进行测验，结果显示，少阳性格是体育专业大学生的主流性格，男体育专业大学生比女体育专业大学生在少阳性格上更为突出。与总体水平相比，体育专业大学生在少阳上的得分偏高；在少阴、太阴上的得分偏低；在太阳和阴阳和平上，体育专业大学生与总体水平基本保持一致。说明乐观、开朗、敏捷、机智、随和、漫不经心、做事不易坚持、喜谈笑、不愿静等少阳性格是体育专业大学生身上具有的突出性格特点；而悲观、胆小、优柔寡断、内省孤独、谨慎细心、稳健、自制等是体育专业大学生非主流的性格。

张国龙等采用五态人格测验表和大学生适应性量表对 209 名入学 4 周的大学本科护理专业女生进行测量，结果提示该群体太阳性格与人际关系，少阴性格与自尊问题，太阴性格与人际关系、职业问题、自杀倾向呈正相关（$P < 0.05$）；太阳性格与抑郁，少阳性格与焦虑、人际关系、物质滥用呈负相关（$P < 0.05$）。

宋婧杰运用五态人格测验表对山东中医药大学 48 例躯体形式障碍大学生（研究组）和 48 名健康大学生（对照组）进行测评，结果表明：研究组太阴得分显著高于对照组，其他维度得分无显著差异。这说明大学生躯体形式障碍患者的人格在阴阳含量上阴偏盛，即抑制多于兴奋。在体质上，《内经》中描述："太阴之人，多阴而无阳，其阴血浊，其卫气涩，阴阳不和，缓筋而厚皮，不之疾写，不能移之。"由此看出太阴人的体质较差，这容易引起其对身体的过多关注和担心。在个性上，内向敏感、多疑虑、多愁善感，情感体验深刻；胆小，看待问题的角度刻板而消极，在遇到事情之后易悲观失落，较少使用积极的防御方式。平时，他们对人疏远，与同学关系表面较好，很少有真实情感的沟通和交流，内省孤独，自我和谐状态差，充满矛盾和冲突；在与同学发生矛盾时素不争吵，不直接表达内心对他人的不满。这些学生中大多存在人际关系问题，内心压抑与舍友之间的矛盾是其主要的心理冲突之一。太阴人格兴奋性差，常使自己深刻的情绪和情感体验处于抑制状态，自我克制，形成述情障碍。

张杰运用五态人格测验表、社交焦虑量表和社会支持评定量表，通过对北京中医药大学 400 名在校大学生进行调查，结果显示：该校学生少阳、少阴得分与全国常模没有差异，在太阳、太阴得分上低于全国常模，阴阳和平得分高于全国常模，说明该校学生的人格特征更趋于稳定、平和；社交焦虑与五态人格中的太阳、少阳呈负相关，与太阴、少阴呈正相关。

刘婕和杨振宁抽取某高校 218 名大学生进行问卷调查，发现大学生孤独感与太阴、少阳和阴阳和平的人格特点具有相关性。其中孤独感与太阴之人的个性特点呈显著正相关，即孤独感得分越高，其性格越具太阴之人的个性特征；而孤独感与少阳和阴阳和平之人的个性特点呈负相关，即孤独感得分越低，其性格越具少阳之人和阴阳和平之人的个性特征。

郭泽军和张永平对新疆医科大学 230 名维吾尔族学生和 240 名汉族学生进行五态人格测验，发现维吾尔、汉两族医学生在阴阳和平维度得分高于全国同年龄组常模，而其余各项均低于全国同年龄组常模；维吾尔族医学生在少阴性格维度得分高于汉族学生，而其他各项差别不明显。

（二）飞行员群体

在航天员和飞行员的选拔中，个性特征的测查是个十分重要的方面，张其吉等应用五态人格测验表对 129 名飞行员和 6 375 名正常人进行测定和比较，探讨我国飞行员的个性特征，结果表明：我国飞行员中少阳性格和阴阳和平性格得分明显高于正常人群，提示灵活性或多血质者占多数；而太阴性格得分显著低于正常人，提示趋近性差或忧郁质的人少。此项研究为今后航天员和飞行员的选拔提供科学依据。

（三）运动员群体

黎劲红等把中医阴阳个性理论引入运动心理学，对 142 名少年乒乓球运动员性格做分析，并与运动员比赛时心理类型做相关研究，初步认为：阴阳性格中太阳、阴阳和平、少阴等因素对乒乓球运动员技术发挥是有利的；太阴则相反；其中，少年乒乓球选手最好具备太阳加阴阳和平型或少阴加阴阳和平型的性格特征。

二、与其他心理测验的相关性研究

（一）与艾克森人格测验（EPQ）相关分析

白炳清和刘雅茹通过对 60 例神经症患者的中医五态人格分型与艾森克个性分型对照比较发现，两种测评方法显著相关，并指出阴阳五行人格分型是源于《周易》之四象图，即以"阴—阳"维度和"水—火"维度来表示的；艾森克人格分型是以"内—外倾"维度和"稳定—不稳定"维度来表示的。两者虽然各自独立，内涵有异，但又相互联系，有相同的思维方法和表达形式，其内涵意义也相近似。两者对照更具有科学性，为临床辨证治疗提供了理论依据。

叶蕾在研究中发现神经质（N 分）与太阳、太阴呈正相关，与阴阳和平呈负相关（$P < 0.01$）；精神质（P 分）与太阳呈正相关（$P < 0.01$）；内外倾性（E 分）与太阳、少阳呈正相关（$P < 0.01$），与太阴、少阴呈负相关（$P < 0.01$）。

（二）与 SCL-90 的相关分析

郭泽军在对新疆医科大学 450 名维吾尔、汉两族医学生进行研究，得出 SCL-90 与五态人格测验表的典型相关分析结论：五态人格的太阴型人格与心理健康的四个因子"强迫症状、敏感、抑郁、焦虑"主要表现为正相关；五态人格的少阳型人格与心理健康的四个因子"强迫症状、敏感、抑郁、焦虑"主要表现为负相关。五态人格的太阳型人格与心理健康的三个因子"敌对、精神症状、睡眠等"主要表现为正相关；五态人格的少阴型人格与心理健康的三个因子"敌对、精神症状、睡眠等"主要表现为负相关。SCL-90 与五态人格测验表的 Pearson 相关矩阵结论：①太阴型人格特征的人容易在各个方面出现心理健康问题，但主要集中在"强迫症状、敏感、抑郁、焦虑"等方面。②少阳型人格特征的人不易在"强迫症状、敏感、抑郁、焦虑"方面出现问题。③太阳型人格特征的人主要容易在"敌对、精神症状、睡眠等"方面出现心理健康问题。④少阴型人格特征的人不易在"敌对、精神症状、睡眠等"方面出现心理健康问题。⑤阴阳和平型人格特征的人在各方面均不容易出现心理健康问题。

（三）与 16PF 的相关分析

王爱平等对 237 名大学生进行人格特质测量，研究表明五态人格测验与 16PF 在相对应的维度上均有显著相关，如表 17-1 所示。

表 17°-1 五态性格测验与 16PF 因子匹配及相关方向

五态分型	16PF	
	正相关	负相关
太阳（强度）	恃强性、兴奋性、有恒性、敢为性、内向与外向、感情与安详性、怯懦与果断性、心理健康、专业成就	忧虑性、紧张性、适应与焦虑性
少阳（灵活性）	乐群性、恃强性、兴奋性、敢为性、内向与外向、感情与安详性、心理健康	忧虑性、独立性、紧张性、适应与焦虑性、环境适应
阴阳和平（平衡性）	稳定性、有恒性、自律性、感情与安详性、心理健康、专业成就、环境适应	怀疑性、忧虑性、紧张性、适应与焦虑性
少阴（持久性）	自律性、环境适应	兴奋性、敢为性、内向与外向
太阴（趋近性）	敏感性、怀疑性、忧虑性、紧张性、适应与焦虑性	稳定性、恃强性、兴奋性、有恒性、敢为性、自律性、内向与外向、感情与安详性、心理健康、专业成就

（四）与明尼苏达多项人格问卷（MMPI）的相关分析

吕梦涵研究抑郁症患者的五态人格维度与 MMPI 中的临床量表相关性统计结果显示：太阳人格维度与 Ma 呈正相关，与 HS、D、Hy、Pd、Mf、Pa、Pt、Si、F、K 呈负相关；少阳人格维度与 Ma 呈正相关，与 HS、D、Hy、Pd、Pa、Pt、Sc、Si 呈负相关；阴阳和平人格维度与 L 呈正相关，与 Hs、D、Hy、Pd、Mf、Pa、Pt、Sc、Si、F 呈负相关；少阴人格维度与 L 呈正相关，与 Hs、D、Hy、Pd、Mf、Pa、Pt、Sc、Ma、L 呈负相关；太阴人格维度与 Hs、D、Hy、Pd、Pa、Pt、Sc、Ma、Si、F 呈正相关，与 Mf、L、K 呈负相关。研究抑郁症患者的五态人格维度与 MMPI 中因子量表 P、N、I 的相关性发现：P 与少阳人格维度呈正相关；N 与少阳人格维度呈负相关；I 与太阴人格维度呈正相关，与少阳、太阳人格维度呈负相关。

三、广泛应用于精神科临床、心身疾病及心理治疗研究

（一）精神科临床研究

甘景梨用五态人格测验表测试 206 例精神分裂症患者，结果表明精神分裂症患者少阴和太阴得分明显高于正常人群，提示持久性和趋近性差，或黏液质和抑郁质性格占多数；五态性格与艾森克个性维度、精神分裂症的临床类型、临床表现症状群及社会功能缺陷等均存在一定的关系。说明五态性格测验在临床中有一定的适用性。

王德等将五态人格测验表应用于诊治的 31 例情志患者，发现情志患者的五态性格特征与正常人有明显区别，主要表现在情志患者太阴性格得分明显高于正常人，太阴得分高代表情志患者的趋近性大，性格内向明显；而情志患者的太阳、少阳及阴阳和平性格得分又分别明显低于正常人，说明情志患者的强度、灵活性及平衡性都较常人差。这些情况与临床相符合。他们依据所测的不同的性格体质特征予以"舒肝养心祛痰"的中药结合传统的心理疗法，取得初步满意的疗效。

韩小燕以广州中医药大学第一附属医院心理科门诊 40 例神经症患者为研究对象，发现"阴有余而阳不足"的以太阴人格为主的人格特征是神经症患者的主要人格素质或人格基础；HTP 绘画测验能从情绪、思维、自我意识、人际知觉、态度、观念等多个层面和角度反映神经症患者的心理特质，且这些心理特征与神经症患者的五态人格特征在一定程度上具有较大的一致性；神经症患者 HTP 绘画测验中的部分绘画特征与五态人格具有特异的显著相关。

王晓同按照中医气质学说阴阳分型方法探讨性格与酗酒的关系，对 50 例酗酒者的随机调查发现，太阳型性格特征的人酗酒发生率为其他类型性格特征的 7 倍，从心理因素为如何防止酗酒行为提供了依据。

闵妍使用五态人格测验对在中国中医科学院广安门医院心理科就诊的 72 例抑郁症患者进行人格测试，结果表明抑郁症患者的太阳、少阳、阴阳和平维度得分明显低于全国常模组（$P < 0.01$），而太阴维度得分明显高于全国常模组（$P < 0.01$）。治疗 6 个月，电针组内比较能够使抑郁症患者少阳、阴阳和平心理特征得分高于治疗前（$P < 0.05$），而太阴心理特征得分低于治疗前（$P < 0.05$）。

李雯对 118 例神经症患者进行五态人格分析，结果表明：强迫症患者太阳及少阴量表分高于常模，少阳量表分低于常模，且差异有显著性（$P < 0.01$）；恐惧症患者太阴得分高于常模（$P < 0.05$），太阳及少阳得分低于常模，结果差异有显著性（$P < 0.01$）；抑郁症患者太阴和少阴均高于常模（$P < 0.05$），少阳得分低于常模

（$P < 0.01$），差异有显著性；焦虑症患者太阳、少阴和太阴得分均高于常模（$P < 0.05$，$P < 0.01$），少阳得分低于常模，差异有极显著性。神经症患者的五态性格测查结果与常人比较具有阴阳成分的明显不同，反映了神经系统平衡协调功能不足。118 例不同类型的神经症患者，少阳得分均明显低于正常人群，说明此类人群的应激能力较差。

郑开梅等采用成组设计的回顾性临床对照研究，使用五态人格测验表，对 308 例抑郁症患者进行调查，同时以 322 例健康志愿者做对照。调查结果为：太阳、少阳与阴阳和平人格维度的得分，病例组明显低于对照组；而少阴和太阴人格维度的得分，病例组明显高于对照组。结果均具统计学意义，与全国常模相比得到了相同的结果。

（二）心身医学研究

人格特点与疾病发生的关系，在现代心身医学中是一个重要的研究领域。戴晓玲对 78 名萎缩性胃炎患者进行五态性格的研究，发现萎缩性胃炎患者阴阳和平量表及少阴量表得分均显著低于健康对照组（$P < 0.01$，$P < 0.05$），其中症状明显组太阳、少阳得分显著低于症状不明显组（$P < 0.01$，$P < 0.05$）；太阴得分显著高于症状不明显组（$P < 0.01$）。结果提示，情绪不稳易冲动，遇事不冷静，在外界环境改变时不能迅速调节心理达到平衡以适应外界环境，自制能力差等是萎缩性胃炎患者的个性特征。

朱林等采用五态人格测验表、生活事件体验调查表和社会支持测定表三种问卷来观察心理社会因素与肺癌的关系。结果显示肺癌患者太阳性格分值高于正常健康人常模（$P < 0.05$），太阴性格分值低于正常健康人常模（$P < 0.01$）。肺癌患者生活事件的频度与强度分值分别高于健康对照组和复治肺结核组（$P < 0.05$）。社会支持测定结果显示肺癌组与各对照组间均无统计学显著差异（$P > 0.05$）。研究结果表明，性格、生活事件与肺癌有一定的联系。

汤小京等对 67 例原发性肝癌患者的五态人格测验表和明尼苏达多项人格测验表进行相关分析，发现原发性肝癌患者的性格特征趋向于阴、阳两极型，即以太阴、太阳型性格为主要外显行为模式。其阴盛者，表现为精神病态、精神衰弱、妄想狂精神分裂型人格特征；阳盛者，行为征象多以兴奋为主。

郑壁伟等对来自广州中医药大学第一附属医院心血管内科病区确诊为冠心病心绞痛的 74 例住院患者进行问卷调查，结果发现 CHD 心绞痛患者五态性格多趋向于阴阳两极，即以"太阴""太阳"为主；痰阻心脉者多为太阴、太阳性格，而心血瘀阻、气虚血瘀、气阴两虚者则以太阴性格为主。

徐莲香从五态人格探讨冠心病的高危因素为太阴性格偏高而太阳性格偏低。即冠心病患者以太阴、太阳性格为主要外显模式，且不同年龄、不同性别、不同中医证型五态人格特征各有差异，男性冠心病患者较女性患者更具明显的太阳和太阴性格气质。太阳、太阴两种性格的冠心病患者群均有较为明显的年龄区间，50 岁以下年龄组的冠心病患者，有偏向太阳性格的发展趋势，50 岁以上年龄组则偏向太阴性格的发展趋势。太阳之人，少阳之人，中医辨证分型多为痰瘀阻滞型；少阴之人，太阴之人，中医辨证多为气阴两虚型。无论中医证候如何，冠心病患者普遍存在着"阴不平，阳不秘"的现象。

杜丽红等运用五态人格测验表调查 300 例高血压病患者，与全国常模对照，结果显示，太阳、少阳人格维度得分明显高于全国常模，少阴、太阴、阴阳和平维度低于全国常模，因此太阳分和少阳分偏高是社区高血压病患者的显著人格特征。

邱华云对 291 例慢性肾衰患者进行五态人格分布研究，结果显示阴多阳少型患者占 44%（太阴型占 26%，少阴型占 18%），阴阳和平型占 32%，阴少阳多型占 24%（少阳和太阳型分别占 16% 和 8%），接受测验的患者的五态人格分布性别差异不大，只在少阳人格维度女性患者的得分稍高于男性患者。

丁铁岭等以 79 例原发性肝癌患者与 81 例其他非原发性肝癌的恶性肿瘤患者对照，研究 A 型行为与五态性格的关系，发现原发性肝癌组和非原发性肝癌组的太阳及少阳得分与 TH、CH、TH + CH 得分呈高度相关（$P < 0.01$），肝癌组的少阴得分与 TH 得分呈负相关（$P < 0.05$），提示五态性格中太阳及少阳性格与 A 型行为呈高度正相关，由此推论原发性肝癌组和非原发性肝癌组的太阳及少阳性格在行为模式上会有相似之处。

齐斯文对 79 例不同证型偏瘫患者进行五态人格测验，发现与病例所在华东地区常模比较，中风偏瘫患者的少阳、阴阳和平原始分显著高于常模（$P < 0.05$，$P < 0.01$）；不同证型患者在阴阳和平、少阴维度上差异显著（$P < 0.01$，$P < 0.05$），得分情况为痰瘀阻络证 > 风痰瘀阻证 > 气虚血瘀证 > 肝阳上亢证 > 肝肾阴虚证、痰瘀阻络证 > 气虚血瘀证 > 风痰瘀阻证 > 肝肾阴虚证 > 肝阳上亢证。

叶蕾对武汉市区绝经过渡期女性进行问卷调查，结果提示五态人格测试量表各维度中太阳型、少阴型人格维度得分明显低于常模组，而太阴型人格维度得分明显高于常模组，差异具有统计学意义。

汪红梅对 58 例心胆气虚型失眠症患者进行调查研究，发现在太阴维度得分高于正常人（$P < 0.05$），阴阳和平维度得分低于正常人（$P < 0.05$），太阳、少阳、少阴三个维度得分无明显差异（$P > 0.05$）；夜间易醒型样本的少阴维度得分高于常模组得分（$P < 0.05$）。

李小利通过研究发现心脏手术前具有阳性兴奋型人格特征，术前恐惧程度较为强烈且压抑内心情感的心理行为特点的患者，术后发生不良精神反应的可能性较大。

（三）心理诊断与治疗研究

孙乡等对 40 位女性和 10 位男性被试的发声、朗读故事、回答问题进行了录音，并用 Praat 4.2.07 软件提取了音高、共振峰、音强、音长、微扰、噪音比、语速和语断等语音参数，用五态人格测验表获取了五态人格参数，用 SPSS 17.0 与 R 软件进行了语音与人格的相关性统计和线性回归分析。结果表明五态人格各自与多个语音特征相关。用 34 个语音参数的多元线性回归能建立一个有效模型，预测 38 位女性被试的五态人格参数，五态人格决定系数 $R^2 > 0.77$，模型 $P \leqslant 0.03$，提示通过语音参数预测人格特征的闻诊技术有很大的发展空间。

李学菊以北京中医药大学96名在校大学生为被试进行研究，发现放松训练可以使五态性格中具有平衡能力的阴阳和平性格的比例增高，而太阴性格成分降低，体现了放松训练良好的心理调整作用，即是可以调整阴阳平衡，达到阴平阳秘。

 技能训练

1. 请自行完成中医五态人格量表，并按照前文的程序计算6个分量表的原始分。
2. 请参照 T 分表将原始分转换成 T 分（注意性别的差异）。
3. 绘制五态性格测验剖析图。

┆参考文献┆

[1] 杨秋莉，薛崇成. 中医学心理学的个性学说与五态人格测验 [J]. 中国中医基础医学杂志，2006（10）：777 – 779.

[2] 薛崇成，杨秋莉. 五态性格测验表手册 [M]. 北京：中国中医研究院针灸研究所，1988.

[3] 薛崇成，杨秋莉. 五态性格测验论文集 [C]. 北京：中国中医研究院针灸研究所，1995.

[4] 林崇德，杨治良，黄希庭. 心理学大辞典：上册 [M]. 上海：上海教育出版社，2003.

[5] 林崇德，杨治良，黄希庭. 心理学大辞典：下册 [M]. 上海：上海教育出版社，2003.

[6] 李秀，杜文东. 女护专生五态人格与社会支持和人格障碍关系研究 [J]. 中国中医基础医学杂志，2014，20（5）：625 –626.

[7] 梁瑞琼，王苑芮. 心理学专业大学生五态人格的调查研究 [J]. 中国健康心理学杂志，2012，20（3）：409 –411.

[8] 刘怡桐. 大学生五态人格和心理健康的相关性研究 [D]. 北京：北京中医药大学，2011.

[9] 于迎. 大学新生中医五态人格、体质与心理健康的关系调查研究 [D]. 北京：中国中医科学院，2011.

[10] 石丽.《五态性格测验》在体育院校大学生人格测评中的应用研究 [J]. 武汉体育学院学报，2002（6）：68 –70.

[11] 张国龙，陈佩仪，李月珠，等. 本科护理女性新生心理适应性与五态性格相关性分析 [J]. 护理学报，2009，16（11）：74 –76.

[12] 巴莺乔. 中医大学生中医五态性格研究 [J]. 国际中华神经精神医学杂志，

2002, 3 (4): 276 - 277.

[13] 宋婧杰. 48 例大学生躯体形式障碍相关心理因素及其情欲顺势心理干预研究 [D]. 济南: 山东中医药大学, 2012.

[14] 张杰. 北京中医药大学学生社交焦虑与五态人格、社会支持的相关性研究 [D]. 北京: 北京中医药大学, 2012.

[15] 刘婕, 杨振宁. 大学生孤独感与五态人格相关性研究 [J]. 中国中医基础医学杂志, 2012, 18 (12): 1390 - 1391, 1393.

[16] 郭泽军, 张永平. 新疆医科大学医学生五态性格的调查研究 [J]. 新疆中医药, 2008 (3): 51 - 52.

[17] 张其吉, 王芳琳, 赵国璇, 等. 飞行员中医五态性格的分析 [J]. 中医杂志, 1992 (2): 32 - 33.

[18] 黎劲红, 欧阳孝, 莫绍宽, 等. 少年乒乓球运动员中医阴阳性格分析 [M] //陈光山. 广东心理学纵横. 广州: 华南理工大学出版社, 1992.

[19] 白炳清, 刘雅茹. 神经症人格分型与中医五态人格的对照研究 [J]. 天津中医, 2002 (6): 46.

[20] 叶蕾. 武汉市区绝经过渡期女性人格特征与心理健康状况的相关性研究 [D]. 武汉: 湖北中医药大学, 2011.

[21] 郭泽军. 医学生五态人格及其与心理健康关系的调查研究 [D]. 乌鲁木齐: 新疆医科大学, 2009.

[22] 王爱平, 许燕, 刘云. 五态性格测验对大学生人格测量的适用性: 与 16PF 的对比研究 [J]. 中国健康心理学杂志, 2008 (7): 737 - 740.

[23] 吕梦涵. 抑郁症患者五态人格与明尼苏达多相人格特点及相关性研究 [D]. 北京: 中国中医科学院, 2010.

[24] 甘景梨. 精神分裂症的五态性格测验分析 [J]. 河北精神卫生, 1995 (2): 75 - 77.

[25] 韩小燕. 神经症 HTP 测验与五态人格相关性的研究 [D]. 广州: 广州中医药大学, 2011.

[26] 闵妍. TIP 和电针对抑郁症患者治疗前后心理特征和症状表现影响的研究 [D]. 北京: 中国中医科学院, 2012.

[27] 李雯. 118 例神经症患者中医五态性格分析 [J]. 中医杂志, 2001 (2): 107.

[28] 郑开梅, 薛蕾, 甄红旭, 等. 抑郁症的五态人格研究 [J]. 天津中医药大学学报, 2007 (2): 61 - 62.

[29] 汤小京, 申杰, 林平. 原发性肝癌患者的阴阳五态性格与 MMPI 的相关性 [J]. 河南中医, 1994 (1): 17 - 18.

[30] 郑璧伟, 李思宁, 魏丹蕾. 冠心病心绞痛中医证候类型与阴阳五态人相关性

的初探 [J]. 陕西中医, 2012, 33 (6): 643 - 645.

[31] 徐莲香. 冠心病中医证型分布特征及与相关个性特征、心理状态的初步研究 [D]. 广州: 广州中医药大学, 2008.

[32] 杜丽红, 王昊, 李扬, 等. 基于五态辨识社区高血压病患者人格特征的研究 [J]. 中医学报, 2013, 28 (4): 581 - 583.

[33] 邱华云. 慢性肾衰患者五态人格和心理健康状况的调查研究 [D]. 广州: 广州中医药大学, 2012.

[34] 丁铁岭, 林平, 程万里, 等. A 型行为与五态性格的相关性 [J]. 河南中医, 1992, 12 (3): 121 - 122.

[35] 齐斯文. 不同证型中风偏瘫患者心理行为特征及心理干预研究 [D]. 济南: 山东中医药大学, 2012.

[36] 汪红梅. 心胆气虚型失眠症患者的五态人格特征初探 [D]. 北京: 北京中医药大学, 2012.

[37] 李小利. 心脏手术患者术后不良精神反应的心理基础及情志顺势心理治疗研究 [D]. 济南: 山东中医药大学, 2012.

[38] 孙乡, 杨学智, 李海燕, 等. 成人语音特征与中医五态人格的相关性研究 [J]. 北京中医药大学学报, 2012, 35 (4): 251 - 254, 260, 290.

[39] 李学菊. 从脑电、五态性格等变化探讨放松训练心身调节机制 [D]. 北京: 北京中医药大学, 2004.

 教学资源清单

使用说明: 建议每位学习者在教师课堂讲授本章教材之前, 先通过手机扫码的方式链接到教学资源平台, 自学和练习相应的教学内容, 以便在课堂上能够与教师更深入和更有效率地进行教与学的研讨, 见表 17 - 2。

表 17 - 2　教学资源清单

编号	类型	主题	扫码链接
17 - 1	PPT 课件	中医五态人格测验	

 拓展阅读

1. 张明明.《黄帝内经》阴阳五行人格 [M]. 北京: 北京科学技术出版社, 2012.
2. 王睿琼, 杜渐, 王子旭, 等. 中医五态人格与大学生心理危机的关系研究 [J]. 中国中医基础医学杂志, 2023, 29 (12): 2026 - 2031.

3．李自艳，刘鑫子，杜渐，等．双相情感障碍的中医五态人格特征初探［J］．首都医科大学学报，2021，42（3）：408－411．

附录 17－1 中医五态人格测验

中医五态人格测验

Tya	Sya	Yy	Syi	Tyi	L

编号：

指导语：测验表中共 103 个题目，请您阅读题目后想想是否符合您的情况，若符合，则在答卷上相同编号的"是"字上画圈；若不符合时，则在"否"字上画圈。这项测验只是医学上的一种调查，作为心理诊断治疗的参考，请不要有什么顾虑，请如实回答，保证为您保密。

1．凡是我认为正确的事情，我都要坚持。 …………………………… 是 否
2．我对日常生活中感兴趣的事太多了。 …………………………… 是 否
3．人家对我特别好时，我常疑心他们另有目的。 ………………… 是 否
4．好像我周围的人都不怎么了解我。 …………………………… 是 否
5．不管别人对我有什么看法，我都不在乎。 ……………………… 是 否
6．我和周围的人都合得来。 …………………………………… 是 否
7．我说话做事，很有分寸。 …………………………………… 是 否
8．我遇事镇静，不容易激动。 ………………………………… 是 否
9．我时常感到悲观失望。 ……………………………………… 是 否
10．我读报纸时，对我所关心的事看得详细些，有的我只看标题。 … 是 否
11．在排队的时候，有人插队，我就向他提意见，不惜与他争吵一番。 ……
…………………………………………………………………… 是 否
12．我喜欢人多热闹的场合。 …………………………………… 是 否
13．我认为对任何人都不要太相信，比较安全。 ………………… 是 否
14．我喜欢独自一人。 …………………………………………… 是 否
15．我自信心很强。 ……………………………………………… 是 否
16．我经常是愉快的，很少忧郁。 ……………………………… 是 否
17．我说话做事，不快不慢，从容不迫。 ……………………… 是 否
18．我不爱流露我的感情。 ……………………………………… 是 否
19．我优柔寡断，不能当机立断，所以把许多机会都丢掉了。 …… 是 否
20．有时我也找关系买东西，但次数不多。 …………………… 是 否
21．我的朋友们说我是急性子。 ………………………………… 是 否

22. 我对任何事情都抱乐观态度，对困难并不忧心忡忡。 …………… 是　否

23. 我性情不急躁，也不疲沓。 ……………………………………… 是　否

24. 当我要发火的时候，我总尽力克制下来。 ………………………… 是　否

25. 我缺乏自信心。 ……………………………………………………… 是　否

26. 我认为毫不动摇地维护自己的观点是必要的。 ………………… 是　否

27. 对不同种类的游戏和娱乐，我都喜欢。 ………………………… 是　否

28. 我认为对人不能过于热情。 ……………………………………… 是　否

29. 我不愿意同人讲话，即使他先开口，我也只应付一下。 ……… 是　否

30. 有时我也说一两句违心的话。 …………………………………… 是　否

31. 我不轻率做决定，一旦做出决定后，也不轻易更改。 ………… 是　否

32. 我爱好很广，但我并不长期坚持某一项目。 …………………… 是　否

33. 我处理问题，必定反复考虑其正反两方面。 …………………… 是　否

34. 我的态度从容，举止安详。 ……………………………………… 是　否

35. 就是在人多热闹的场合，我也感到孤独，或者提不起兴趣。 …… 是　否

36. 照我的意见做的事，即使失败了，我也并不后悔。 …………… 是　否

37. 在公共场所，我不怕生人，常跟生人交谈。 …………………… 是　否

38. 我不愿针对别人的行为表示强烈的反对或同意。 ……………… 是　否

39. 我不喜欢交际，总避开人多的地方。 …………………………… 是　否

40. 我认为一个人应具有不屈不挠的精神。 ………………………… 是　否

41. 我容易对一件事做出决定。 ……………………………………… 是　否

42. 我很拘谨，我认为不能随随便便。 ……………………………… 是　否

43. 我常感到自己什么都不行。 ……………………………………… 是　否

44. 太忙时，我就有些急躁。 ………………………………………… 是　否

45. 我要做的事，不管碰到什么困难，也要争取完成。 …………… 是　否

46. 有人夸奖我时，我就感到扬扬得意。 …………………………… 是　否

47. 我不容易生气。 ……………………………………………………… 是　否

48. 我性情温和，不愿与人争吵，也不与人深交。 ………………… 是　否

49. 我常担心会发生不幸事件。 ……………………………………… 是　否

50. 我爱打抱不平。 ……………………………………………………… 是　否

51. 我活泼热情，主动交朋友。 ……………………………………… 是　否

52. 我觉得做事要有耐心，急也无用。 ……………………………… 是　否

53. 我常常多愁善感，忧虑重重。 …………………………………… 是　否

54. 要说服我改变主意是不容易的。 ………………………………… 是　否

55. 有人挑剔我工作中的毛病时，我就不积极了。 ………………… 是　否

56. 我对我的朋友和同事并不都是一样喜欢，对有的人好些，对有的人则
　　差些。 …………………………………………………………… 是　否

57. 我脚踏实地做事，但主动性不够。 ………………………………………… 是　否

58. 我的情绪时常波动。 ………………………………………………………… 是　否

59. 我总是昂首（头）挺胸。 …………………………………………………… 是　否

60. 在沉闷的场合，我能给大家添些生气，使气氛活跃起来。 ………………… 是　否

61. 我处理问题不偏不倚，所以很少出错误。 ………………………………… 是　否

62. 我的朋友们说我稳健。 ……………………………………………………… 是　否

63. 我没什么爱好，兴趣很窄。 ………………………………………………… 是　否

64. 有人挑剔我的工作时，我必定与他争论一番。 …………………………… 是　否

65. 我常争取机会到外地观光访问。 …………………………………………… 是　否

66. 我说话做事不求快，慢腾腾的，有条有理。 ……………………………… 是　否

67. 我有时无缘无故感到不安。 ………………………………………………… 是　否

68. 压是压不服我的，口服都不容易，更不用说心服。 ……………………… 是　否

69. 我说话时常指手画脚。 ……………………………………………………… 是　否

70. 出风头的事，我不想干。 …………………………………………………… 是　否

71. 我宁愿一个人待在家里而不想出去访朋会友。 …………………………… 是　否

72. 我认为人多少都有点自私心，我自己也不例外。 ………………………… 是　否

73. 我想做的事，说干就干，恨不得立即就做成。 …………………………… 是　否

74. 人少时我就感到寂寞。 ……………………………………………………… 是　否

75. 我常悠闲自得。 ……………………………………………………………… 是　否

76. 我不容易改变观点，但我却并不为此与人争辩。 ………………………… 是　否

77. 我容易疲倦，且无精打采。 ………………………………………………… 是　否

78. 我不怕打击。 ………………………………………………………………… 是　否

79. 我认为不需要谨小慎微，不要过于注意小节。 …………………………… 是　否

80. 我对人处事都比较有节制。 ………………………………………………… 是　否

81. 我对什么事都无所谓。 ……………………………………………………… 是　否

82. 别人说我开朗随和。 ………………………………………………………… 是　否

83. 我从不冒险。 ………………………………………………………………… 是　否

84. 人家说我对人冷淡，缺乏热情。 …………………………………………… 是　否

85. 我对人对事既热情又冷静。 ………………………………………………… 是　否

86. 朋友们说我办事有魄力，敢顶撞。 ………………………………………… 是　否

87. 我不拘谨，往往有些粗心。 ………………………………………………… 是　否

88. 我的言谈举止都很稳重。 …………………………………………………… 是　否

89. 我不想大有作为而得过且过。 ……………………………………………… 是　否

90. 我有时完不成当天的工作而拖到第二天。 ………………………………… 是　否

91. 我处理事情快、果断，但不老练。 ………………………………………… 是　否

92. 我对人总是有礼貌而谦让的。 ……………………………………………… 是　否

93. 我宁愿依赖他人而不愿自立门户。 …………………………………… 是 否
94. 我的态度往往是和悦而严肃的。 ……………………………………… 是 否
95. 假如人们说我乐观，我不以为然。 …………………………………… 是 否
96. 我对事物的反应很快，从这件事一下就联系到别的事上了。 ……… 是 否
97. 我觉得察言观色而后行事，是必要的。 ……………………………… 是 否
98. 我时常生闷气。 ………………………………………………………… 是 否
99. 无论是高兴或不高兴的事，我都坦然处之。 ………………………… 是 否
100. 我自信我的理想若能实现，就可以做出成绩。 ……………………… 是 否
101. 我喜欢说笑话和谈论有趣的事。 ……………………………………… 是 否
102. 我认为一个人一辈子很难不说一两次谎话。 ………………………… 是 否
103. 我常沉思默想，有时想脱离现实。 …………………………………… 是 否

附录 17 – 2　中医五态人格测验剖析图

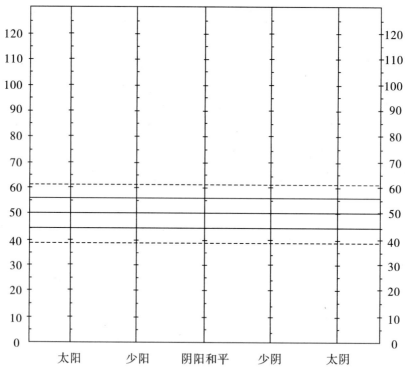

图 17 – 1　五态人格测验剖析图

附录 17 – 3 中医五态人格测验常模表

表 17 – 3 全国总体和不同性别 T 分表 太阳（甲）

T 分	总体	男性	女性	T 分
120				120
115				115
110				110
105				105
100				100
95				95
90				90
85				85
80				80
75				75
70	19 ~ 20	19 ~ 20	19 ~ 20	70
65	17 ~ 18	18	17 ~ 18	65
60	16	16 ~ 17	15 ~ 16	60
55	14 ~ 15	14 ~ 15	14	55
50	12 ~ 13	12 ~ 13	12 ~ 13	50
45	10 ~ 11	11	10 ~ 11	45
40	8 ~ 9	9 ~ 10	8 ~ 9	40
35	7	7 ~ 8	6 ~ 7	35
30	5 ~ 6	6	4 ~ 5	30
25	3 ~ 4	4 ~ 5	2 ~ 3	25
20	1 ~ 2	2 ~ 3	0 ~ 1	20
15	0	0 ~ 1		15
10				10
5				5
0				0

表 17 - 4　全国总体和不同性别 T 分表　少阳（甲）

T 分	总体	男性	女性	T 分
120				120
115				115
110				110
105				105
100				100
95				95
90				90
85				85
80				80
75	21 ~ 22	22	21 ~ 22	75
70	19 ~ 20	20 ~ 21	19 ~ 20	70
65	17 ~ 18	17 ~ 19	17 ~ 18	65
60	15 ~ 16	15 ~ 16	15 ~ 16	60
55	13 ~ 14	13 ~ 14	13 ~ 14	55
50	11 ~ 12	11 ~ 12	11 ~ 12	50
45	9 ~ 10	9 ~ 10	8 ~ 10	45
40	7 ~ 8	7 ~ 8	6 ~ 7	40
35	5 ~ 6	5 ~ 6	4 ~ 5	35
30	3 ~ 4	3 ~ 4	2 ~ 3	30
25	0 ~ 2	1 ~ 2	0 ~ 1	25
20		0		20
15				15
10				10
5				5
0				0

表 17 – 5　全国总体和不同性别 T 分表　阴阳和平（甲）

T 分	总体	男性	女性	T 分
120				120
115				115
110				110
105				105
100				100
95				95
90				90
85				85
80				80
75				75
70	10	10	10	70
65	9	9	9	65
60	8	8	8	60
55	7	7	7	55
50	6	6	5 ~ 6	50
45	4 ~ 5	5	4	45
40	3	4	3	40
35	2	2 ~ 3	2	35
30	1	1	1	30
25		0	0	25
20	0			20
15				15
10				10
5				5
0				0

表 17 - 6　全国总体和不同性别 T 分表　少阴（甲）

T 分	总体	男性	女性	T 分
120				120
115				115
110				110
105				105
100				100
95				95
90				90
85				85
80				80
75				75
70	20 ~ 21	20 ~ 21	20 ~ 21	70
65	18 ~ 19	18 ~ 19	18 ~ 19	65
60	16 ~ 17	16 ~ 17	16 ~ 17	60
55	14 ~ 15	14 ~ 15	14 ~ 15	55
50	12 ~ 13	12 ~ 13	13	50
45	11	10 ~ 11	11 ~ 12	45
40	9 ~ 10	9	9 ~ 10	40
35	7 ~ 8	7 ~ 8	7 ~ 8	35
30	5 ~ 6	5 ~ 6	5 ~ 6	30
25	3 ~ 4	3 ~ 4	3 ~ 4	25
20	1 ~ 2	1 ~ 2	1 ~ 2	20
15	0	0	0	15
10				10
5				5
0				0

表 17 - 7　全国总体和不同性别 T 分表　太阴（甲）

T 分	总体	男性	女性	T 分
120				120
115				115
110				110
105				105
100				100
95				95
90				90
85				85
80				80
75	21 ~ 22	20 ~ 22	21 ~ 22	75
70	18 ~ 20	18 ~ 19	18 ~ 20	70
65	16 ~ 17	15 ~ 17	16 ~ 17	65
60	13 ~ 15	13 ~ 14	14 ~ 15	60
55	11 ~ 12	10 ~ 12	11 ~ 13	55
50	8 ~ 10	8 ~ 9	9 ~ 10	50
45	6 ~ 7	5 ~ 7	6 ~ 8	45
40	3 ~ 5	3 ~ 4	4 ~ 5	40
35	1 ~ 2	0 ~ 2	1 ~ 3	35
30	0		0	30
25				25
20				20
15				15
10				10
5				5
0				0